Successive Leaders

历任领导

无锡市高速公路工程指挥部工程管理办公室

主任　方建人　1992年02月—1996年10月
　　　周敏炜　1996年10月—2000年04月

无锡市高速公路建设指挥部办公室

徐洪旺　2000年04月—2002年08月
夏正兴　2002年08月—2003年08月
周立军　2003年08月—2007年03月
夏正兴　2007年03月—2007年07月
陆国平　2007年07月—2009年12月
刘震宇　2010年01月—至今

注：2001年08月成立法人机构

Project 历建项目

高速公路	Highway
1992—1996年	沪宁高速公路无锡段
1996—1999年	锡澄高速公路
2000—2003年	锡宜高速公路
2001—2004年	宁杭高速公路宜兴段、沿江高速公路江阴段
2003—2005年	环太湖公路、沪宁高速公路无锡段扩建、锡宜高速公路陆马支线
2005—2006年	环太湖高速公路、硕放枢纽一期
2007—2008年	苏锡高速公路无锡段
2008—2010年	锡张高速公路无锡段

城市道路	Urban road
1998—1999年	锡北路（今通江大道江海路~无锡互通）、凤翔路
2002年	太湖大道
2003年	青祁路
2004年	五里湖大桥
2005年	春阳路、惠山大桥
2006年	342省道（无锡市区段）
2007年	机场路、雪梅互通
2008年	钱姚路、机场互通
2009年	惠澄大道、中惠路、硕放互通、锡西大道、运河西路（太科院代建段）

1999

1999年9月江泽民总书记亲切慰问江阴长江公路大桥建设者。

1996

1996年12月原交通部部长黄镇东和副省长俞兴德为锡澄高速公路奠基培土。

领导关怀

2004年4月省委常委、常委副省长蒋定之和无锡市领导在蠡湖大桥通车典礼现场。

2004

2004

2004年9月省委副书记、省长梁保华亲切慰问宁杭高速施工人员。

2006

2006年9月市委书记杨卫泽、市长毛小平、副市长周敏炜、副市长吴建选在市交通局局长顾韬的陪同下参加342省道先导段通车典礼。

1.机场路高架桥效果图

2.蠡湖大桥

3.太湖大道夜景

4.陆马公路（闾江口互通）

5.环太湖公路

6.环太湖高等级公路彩色路面

Urban road

城市道路

1 | 2 | 3
5 | 4 |
6 | 7 | 8 | 9

7.广南立交

8.十八湾生态公路

9.342省道（无锡市区段）惠翔立交效果图

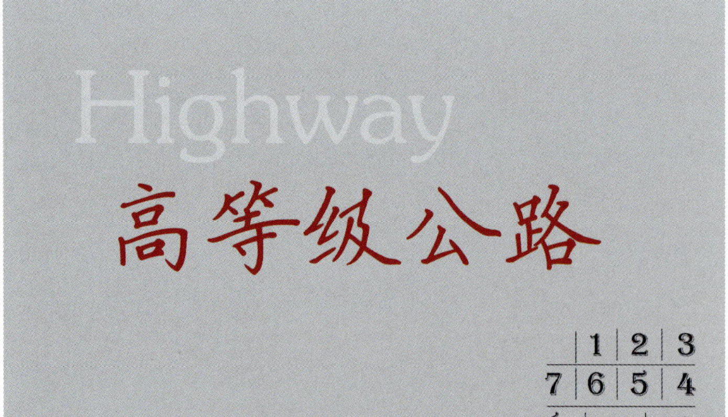

1.锡宜高速公路京杭运河特大桥

2.沿江高速公路青阳收费站

3.锡澄高速公路堰桥服务区

4.宁杭高速公路梯子山隧道

5.江阴大桥

6.宁杭生态

7.沪宁高速公路全景

8.锡澄高速公路全景

9.沪宁高速公路北兴塘大桥

10.锡宜高速公路西氿大桥

无锡市高速公路工程建设

Wuxishi Gaosu Gonglu Gongcheng Jianshe

论文集

Lunwenji

(1992-2010)

主办单位： 无锡市高速公路建设指挥部办公室

协办单位： 江苏省交通科学研究院有限公司
无锡路桥集团股份有限公司
无锡大诚建设有限公司
南京东交工程咨询（检测）有限公司
江苏省交通工程有限公司

人民交通出版社
China Communications Press

内 容 提 要

本论文集由无锡市高速公路建设指挥部组织编写，内容包括领导关怀、典型项目展示和58篇精选论文。论文作者以无锡高速公路建设实体项目为依托，介绍了他们多年来在公路设计、施工、监理、管理等方面积累的经验和心得，可供广大公路建设者借鉴和学习。

图书在版编目(CIP)数据

无锡市高速公路工程建设论文集：1992～2010／无锡市高速公路建设指挥部办公室编．—北京：人民交通出版社，2010.9

ISBN 978－7－114－08687－8

Ⅰ.①无… Ⅱ.①无… Ⅲ.①高速公路－道路工程－建设－无锡市－1992～2010－文集 Ⅳ.①U412.36－53

中国版本图书馆CIP数据核字(2010)第181878号

书　　名：无锡市高速公路工程建设论文集(1992－2010)
著 作 者：无锡市高速公路建设指挥部办公室
责任编辑：张征宇　郭红蕊
出版发行：人民交通出版社
地　　址：(100011)北京市朝阳区安定门外外馆斜街3号
网　　址：http://www.ccpress.com.cn
销售电话：(010)59757969、59757973
总 经 销：人民交通出版社发行部
经　　销：各地新华书店
印　　刷：北京盛通印刷股份有限公司
开　　本：880×1230　1/16
印　　张：15.75
插　　页：8
字　　数：496千
版　　次：2010年9月　第1版
印　　次：2010年9月　第1次印刷
书　　号：ISBN 978-7-114-08687-8
定　　价：135.00元
(如有印刷、装订质量问题的图书由本社负责调换)

无锡市高速公路工程建设论文集
(1992-2010)

编委会

目　　录

1 Superpave 技术在无锡太湖大道路面改造中的应用

夏正兴　周德生　龚涌峰

（无锡市高速公路建设指挥部办公室）

摘　要　结合太湖大道路面改造工程，从配合比设计及施工工艺两方面研究 Superpave 技术应用于城市道路的适用性。

关键词　Superpave　路面改造　配合比设计　碾压

1　概述

长期以来，我国城市道路沥青路面的使用状况并不容乐观，车辙、拥包、推移、坑槽、龟裂等病害十分普遍，有的地方甚至很严重。这一方面是由于对城市道路沥青路面使用情况中行车速度慢，制动频繁，车辆荷载对路面产生的剪切应力远大于普通道路的特殊性没有充分了解；另一方面由于缺乏对城市道路沥青路面的深入研究，沥青混合料级配选择存在不足之处。我国目前城市道路沥青路面大都采用较细的 AC－I 型混合料级配。使用经验表明：AC－I 型混合料为悬浮结构，高温稳定性差，且表面光滑易泛油。城市道路一般交叉口较多，车辆制动、启动频繁，传统的 AC－I 沥青混合料类型难以适应这种要求。必须尝试运用新的沥青混合料类型，其目的是提高改建的沥青路面的使用寿命和服务质量。

太湖大道是联系沪宁高速公路无锡东连接线与太湖旅游区的一条市内便捷通道，沿路交叉口多，交通量大，重车比例高；而且太湖大道地处江南多雨地区，这就对沥青混合料类型的选用提出了较高要求。不仅要满足均匀、嵌挤、密实，还要能抵抗重载交通频繁的制动、启动对路面产生的高剪切应力，即应有优良的抗车辙能力。而 Superpave 混合料能满足此种性能要求，且设计中考虑了交通量的影响。本文结合太湖大道路面改造工程，研究适于交通量较大的城市道路的新型沥青混合料设计方法——Superpave 的应用技术。

2　Superpave 目标配合比设计方法

太湖大道路面结构为下面层 7cm Superpave 20 + 上面层 5cm Superpave 13。考虑该路段交通量大，重车比例高，采用旋转压实仪成型试件，设定旋转压实仪的单位压力为 0.6MPa，设计时取交通量等级为大于20 000 000次，选择压实次数 $N_{最初}=8$ 次，$N_{设计}=100$ 次，$N_{最大}=160$ 次。

2.1　Superpave20 设计步骤

2.1.1　原材料

集料为宜兴产石灰岩，沥青为壳牌普通 AH-70 重交沥青。依据 Superpave 设计要求，进行了集料共性试验（试验结果汇总于表 1）和各种集料的密度试验（试验结果汇总于表 2）。

集料共性试验结果汇总表　　表1

试验项目	试验值	Superpave规范要求
粗集料棱角性(%)	100	≥100
细集料棱角性(%)	46.8	>40
扁平颗粒(%)	3.9	<10
坚固性(%)	21.6	<35~45
安定性(%)	4.3	<10~20
黏土含量(砂当量)(%)	85.0	>50

集料密度试验结果表　　表2

矿　料	视密度(g/cm^3)	饱和面干密度(g/cm^3)	吸水率(%)
1号料	2.733	2.711	0.29
2号料	2.729	2.691	0.51
3号料	2.714	2.696	0.69
4号料	2.711	2.676	1.29
矿　粉	2.704	—	—

从表1可见,本工程所用的石灰岩完全符合Superpave规范要求。

2.1.2　设计集料结构的选择

依据Superpave设计的一般方法,在选择集料结构时,首先调试,选出粗、中、细三个级配,根据集料的性质(密度和吸水率)计算出三个级配的初始用油量;然后用初始用油量成型试件。根据试验结果,计算出这三个级配的沥青混合料在空隙率为4%时所需的沥青用量及相应的沥青混合料其他性质,粒料间隙率(*VMA*)、饱和度(*VFA*)、矿粉与有效沥青之比(*F/A*)、初始旋转次数的压实度($\%\ Gmm_{at\ in}$)。表3为三个试验级配各筛孔尺寸粒料通过率明细表,表4为估算沥青用量汇总表。

试验混合物级配明细表　　表3

筛孔尺寸(mm)	通过率(%)		
	级配1	级配2	级配3
26.5	100.0	100.0	100.0
19	98.9	98.7	98.6
13.2	80.7	77.3	75.7
9.5	64.0	60.7	59.9
4.75	43.4	41.1	41.8
2.36	27.5	26.7	26.2
1.18	21.7	21.3	20.6
0.6	14.1	14.1	13.2
0.3	8.7	9.0	8.1
0.15	6.9	7.2	6.3
0.075	5.0	5.4	4.5

估算沥青用量汇总表 表4

试验级配	G_{sb} (g/cm³)	G_{sa} (g/cm³)	G_{se} (g/cm³)	V_{ba}	V_{be}	W_s	P_{bi} (%)
1	2.693	2.722	2.716	0.008	0.090	2.351	4.12
2	2.694	2.723	2.717	0.007	0.090	2.352	4.12
3	2.694	2.723	2.717	0.007	0.090	2.352	4.11

注：G_{sb}——级配集料毛体积密度；

G_{sa}——级配集料表观密度；

G_{se}——级配集料有效密度；

V_{ba}——集料吸收的沥青胶结料体积；

V_{be}——有效沥青胶结料的体积；

W_s——每立方厘米混合料中集料质量；

P_{bi}——估算沥青用量。

根据各个级配的估算沥青用量，选用4.1%的沥青用量成型试件，将旋转压实次数设定在$N_{设计}$ = 100，根据旋转压实试件的试验结果，然后得空隙率为4%时估算沥青用量及其对应体积指标，见表5。

三种级配估算沥青用量试验结果评价表 表5

级配	4%空隙率沥青用量(%)	VMA(%)(设计次数)	VFA(%)(设计次数)	矿粉/有效沥青	初始次数压实度(%)
1	3.76	12.2	67.4	1.45	85.3
2	3.68	12.1	67.2	1.61	85.1
3	4.39	13.8	70.7	1.10	85.3
	Superpave 标准	不小于13.0	65 ~ 75	0.6 ~ 1.2*	≤89.0

注：* 表示当级配通过禁区下方，粉胶比可增加到0.8 ~ 1.6。

依据表5的评价指标，可以得出级配3满足Superpave设计要求，选择级配3为设计级配。

2.1.3 选择设计级配的沥青用量

设计级配确定后，就要确定设计沥青用量P_b，所谓设计沥青用量就是指在设计旋转压实条件下得到空隙率为4%的沥青用量。根据Superpave设计方法，一般选择四种沥青用量，它们分别为P_b、$P_b \pm 0.5\%$、$P_b + 1\%$。由表5取P_b为4.4%，因此，四个沥青用量分别为：3.9%、4.4%、4.9%、5.4%。

根据3.9%、4.4%、4.9%、5.4%四个沥青用量的体积性质，通过图表插值法（图1）得到设计沥青用量为4.22%及其对应的体积性质（表6中沥青用量4.22%）。

四种沥青用量沥青混合料体积性质 表6

沥青用量(%)	在压实次数时			矿粉/有效沥青	初始压实度(%)
	压实度(%)(设计次数)	VMA(%)	VFA(%)		
3.9	94.9	13.7	62.9	1.26	84.2
4.4	96.8	13.1	75.6	1.10	85.7
4.9	97.9	13.3	84.2	0.98	86.7
5.4	98.5	13.8	89.1	0.89	87.4
4.22(计算)	96.0	13.3	70.2	1.18	85.0
Superpave 标准		≥13	65 ~ 75	0.6 ~ 1.20*	≤89

注：* 表示当级配通过禁区下方，粉胶比可增加到0.8 ~ 1.6。

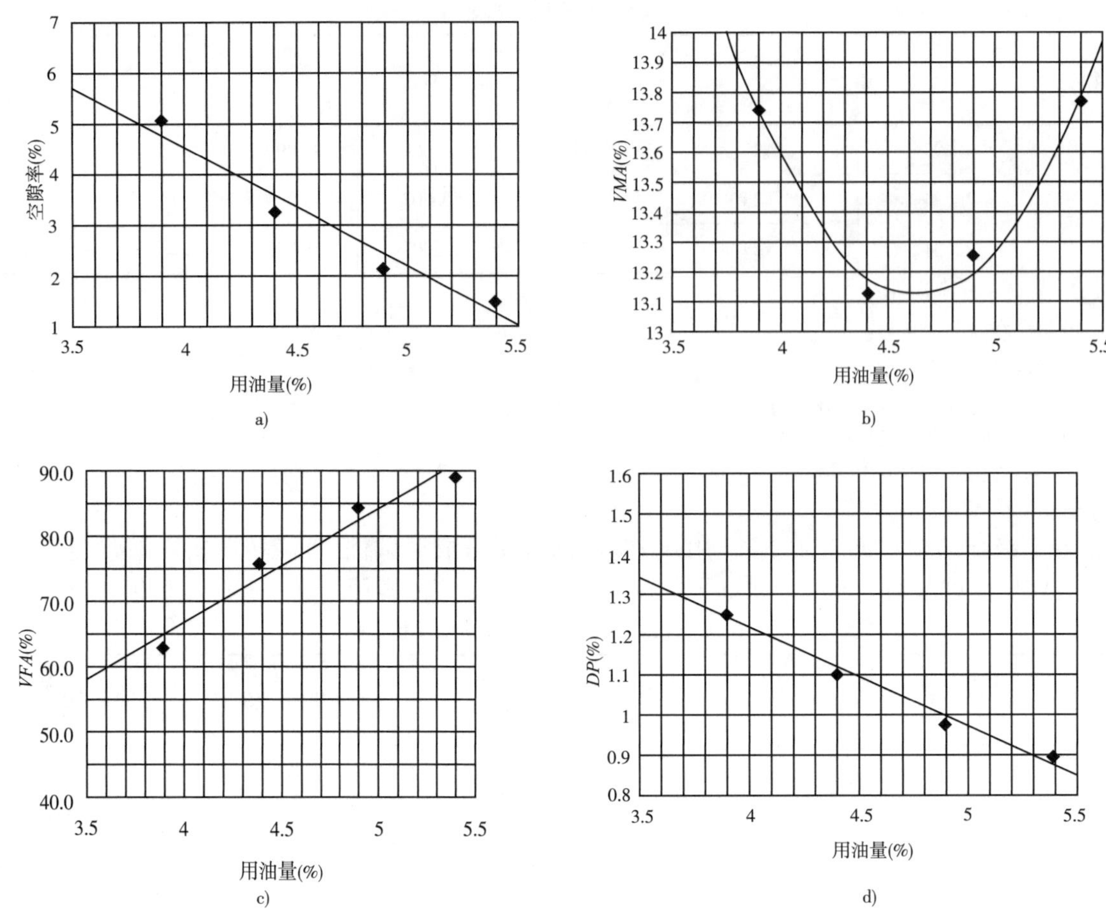

图1　四种沥青用量对应的体积性质

2.1.4　马歇尔试验结果汇总

由于工地实验室不具备 Superpave 旋转压实机，只能以马歇尔方法进行质量控制，因此对于依据 Superpave 设计方法得到的沥青混合料，在目标配合比设计时亦采用马歇尔试验方法成型试件，得到对应的马歇尔指标，以便施工时进行质量控制。试验结果汇总于表7。

Superpave 20 马歇尔试验技术指标表　　表7

试验项	试验结果	我国规范要求
击实次数(次)	75	75
稳定度(kN)	13.45	>7.5
流值(0.1mm)	36.3	20~40
空隙率(%)	4.4	3~6
沥青饱和度(%)	69.29	70~85
残留稳定度(%)	98.5	>75

表7中数据表明，Superpave 混合料以马歇尔方法成型，其饱和度指标与我国规范要求相比略低一些，更适用于重交通路段。

2.1.5　高温稳定性和水稳定性验证试验

为了检验 Superpave 20 沥青混合料的高温稳定性和抗水损害能力，按照有关规范进行了车辙试验和水损害试验，试验结果汇总于表8和表9。

车辙试验结果汇总表　　表8

混合料类型	沥青用量(%)	动稳定度(次/mm)				
		1	2	3	平均	要求
Superpave 20	4.2	1 313	1 703	1 969	1 662	≥800

水损害试验结果 表9

混合料类型	马歇尔残留稳定度 S_0 (%)	冻融劈裂 TSR 比 (%)	AASHTO T283 TSR 比 (%)
Superpave 20	98.5	82.37	86.36
要求	≥75	≥80	≥80

室内验证试验结果表明,Superpave20 混合料具有优良的高温稳定性和水稳定性,适用于太湖大道路面结构的下面层。

2.2 Superpave 13 设计步骤

上面层 Superpave 13 所用集料为茅迪产玄武岩,沥青为壳牌改性沥青,整个设计过程与下面层 Superpave 20 一致。得到最佳级配和沥青用量见表 10。

Superpave 13 混合料级配与沥青用量 表10

沥青用量(%)	通过筛孔(方孔筛,mm)百分率(%)										
	19	16.0	13.2	9.5	4.75	2.36	1.18	0.6	0.3	0.15	0.075
4.9	100	—	98.6	75.4	44.9	30.8	25.5	18.8	12.2	8.8	5.7

3 Superpave 路面施工工艺研究

3.1 生产配合比调试

在进行生产配合比调试时应注意使设计级配与目标级配尽量接近,但更应重视体积指标(*VMA*、空隙率等)与目标级配的一致性。由于生产配合比的集料是从热料仓中取样,与目标配合比时的冷集料相比,棱角性相对差一些,因而体积指标会有所衰减。为了保证体积指标达到要求,可适当调整级配或减少沥青用量。试验中发现,当其他筛孔通过率基本一致时,2.36mm 筛孔通过率对混合料级配的体积性质影响较大。例如,对于下面层 Superpave 20,2.36mm 筛孔的设计通过率为 26.2%,当通过率为 21.4% 时,马歇尔试件空隙率可达 4.5%,施工现场表现为此时混合料较难压实;而当通过率为 31.8% 时,同样成型条件下,马歇尔试件空隙率只有 2.6%,施工现场表现为细料偏多,压实后路表面有沥青膜连成片的现象。由此可见,在进行生产配合比设计时,除了考虑级配与目标配合比的一致性,还应充分考虑体积性质的一致性。从生产配合比调试结果看,2.36mm 筛孔通过率与设计值的允许误差在 ±4% 是比较合适的。

3.2 施工工艺

Superpave 沥青混合料的拌和、运输与摊铺都和普通密级配混合料基本一致,几乎无特殊之处,而碾压工艺却有所不同。

由于 Superpave 混合料级配粗细集料比例合适,高温碾压一般不会产生推移现象,因此施工 Superpave 混合料强调紧跟碾压,确保路面获得理想的密实度。

3.3 施工质量检验

由于太湖大道的交通量较大,因此在路面摊铺冷却后要求立即通车。试验发现,对于一些压实度相对略差、达不到要求的局部路面,在通车 48h 后,压实度却能较好地满足要求,且渗水系数很小,仅有 1.0mL/min 左右。由此可见,对于 Superpave 这种较难碾压的沥青混合料,施工后尽早通车有利于此种混合料的密实和稳定,即城市道路施工后尽快通车的状况更适用于 Superpave 沥青混合料。对施工后路面 Superpave 13 上面层进行摩擦系数和构造深度试验,结果摩擦系数平均值约为 71BPN,构造深度平均值约为 0.70mm。由此可见,Superpave 沥青路面的各项质量指标都能很好地满足要求。

4 小结

通过配合比设计方法与施工工艺两方面的研究,表明 Superpave 沥青混合料能较好地用于城市道路,尤其适用于交通量大、重车比例较高的路段。

2 太湖大道路面改造工程施工组织与实施

夏正兴 周德生 蒋东方

（无锡市高速公路建设指挥部办公室）

摘 要 简要介绍太湖大道路面改造工程的施工组织计划；工程施工质量控制；在我市城市道路中首次采用水泥稳定碎石作基层；首次在国内将 Superpave 技术应用于城市道路；采用路面再生技术，充分利用老路废料，节省造价，加快进度；对危险桥梁进行加固。

关键词 太湖大道 路面改造 施工总结

1 前言

太湖大道原名金匮路，西起环湖路，向东经过滨湖区、南长区、锡山区至东亭互通立交，与洪桥路、隐秀路、蠡溪路、青祁路、湖滨路、红星路、清扬路、塘南路、兴竹公铁立交、长江北路、G312 广南立交、东亭路、友谊路、春阳路等 14 条城市主要道路、沪宁铁路、国道公路相交，全长 14. 262km。它是东西横贯我市市区的一条城市主干道。

该路在 20 世纪 80 年代末到 90 年代中期逐段分期建设，并且由最初的双向四车道逐段拓宽至双向六车道及两侧的非机动车道和人行道。全线设计标准不一，路面结构各不相同。有水泥路面，也有沥青路面。全线有大桥二座（金匮大桥、金塘大桥），中桥三座（马蠡港桥、冷渎桥、龙舌尖桥），小桥八座（百合桥、西园桥、临溪桥、知足桥、春星桥、龙舌尖小桥、春丰桥、春阳桥），立交三座（清扬路上跨立交、兴竹公铁立交、G312 广南互通立交）。其中马蠡港桥、金匮大桥、金塘大桥、兴竹铁路立交、冷渎桥、广南立交为双向四车道，清扬路上跨立交为双向二车道。

太湖大道建成后已经运营十多年，但一方面由于路面结构设计薄弱，路基处理、路面施工质量差；另一方面，随着经济发展，道路交通量增长速度加快，至 2001 年估计日混合交通量已超过 30 000 辆次，并且重车比例在 60% 以上，道路路面病害日趋严重，水泥路面板块纵横向开裂、板块拱起、挠曲、板块间错台，板底脱空，沥青路面沉陷、坑塘、龟裂。全线有三座小桥，桥面铺装开裂，桥台台背墙破坏，急需进行修复。金匮大桥纵向水平位移不稳定，产生隐患，结构急需进行加固。在施工过程中，发现金塘大桥桥面铺装纵向裂缝严重，马蠡港桥桥面微弯板发生破坏，急需进行加固。太湖大道的状况，已极不适应当前交通运输增长的需要。市委、市政府正确决策，为提升城市品位，营造良好的城市窗口形象，优化城市生态环境，改善投资环境，整治路况路貌，完善水、电、气等配套基础设施，把太湖大道路面改造工程列为我市重点道桥建设目标工程之一。

2 工程概况

太湖大道改造工程按城市主干道标准设计，红线宽度 40 ~ 45m，双向六车道，设计车速 60km/h。其中环湖路—湖滨路段（K0 +000 ~ K3 +685），广南立交至春阳路（K11 +350 ~ K13 +910）为四块板断面，中间设 5m 宽绿带，两侧各 2m 机非绿带，湖滨路至兴竹立交（K11 +685 ~ K8 +585），冷渎桥—广南立交（K9 +280 ~ K9 +694）为三块板断面，中间双黄线，两侧各设 3m 宽机非绿带。兴竹立交及引道（K8 +500 ~ K9 +280）维持老路。广南立交维持原设计技术标准，仅东西引道沥青路面进行改造。春阳路—设计终点(K13 + 190 ~ K14 + 262)为东亭互通立交的引道,维持原设计,仅进行路面改造。太湖广场段(K5 +740 ~ K6 +350)中间设绿带宽9.0m。

本工程于2002年2月15日开工准备,2月18日正式开工,至7月15日除局部路段外主车道沥青路面摊铺结束,8月30日全线主车道、慢车道完工,9月30日交通标志、标线、交通信号与监控系统、公交站台、人行道、路灯照明等工程除两座天桥装饰工程未完外,全部完成。

全线凿除老水泥路面189 312m², 完成路基土方145 513m³, 底基层111 201m², 二灰碎石基层768 175m², 水泥稳定碎石基层306 391m², 沥青混凝土下面层301 217m², 沥青混凝土上面层(包括慢车道)384 490m²。完成桥梁加固改造11座(其中马蠡港桥拓宽至45.0m,临溪桥拓宽至53.0m),新建人行天桥二座,拆除清扬路上跨立交一座,广南立交与兴竹立交美化涂装33 120m²,五座大中桥梁及东亭互通立交桥梁伸缩缝改造32道676.10m。完成13种规划管线入地,横穿太湖大道管线264道。完成交通道路标线39 000m²,各类交通标志标牌120个。完成14个主要道路交叉口设置智能化交通指挥系统和监控系统,其中信号机14套,长悬臂信号灯43套,一体式信号灯85根,电子警察51套,电视监控13套,情报板7块。完成公交站台47个,安装路灯1 035杆。在太湖大道中段(湖滨路—广南立交)两侧人行道上设置了盲人道。稻香新村、金星一支路、塘南中学三个路口设置了触摸式信号灯。由于太湖大道拓宽需要移植香樟、雪松、法桐、水杉等2 485棵,移植各类灌木273 000株及25 000m²百花三叶草坪。太湖大道改建后,绿化中分带和机非隔离带,绿化面积762 000m²,其中植乔灌木1 225 000棵,草坪11 700m²。

道路路基、路面底基层、桥梁加固改造按二级公路标准验收,主车道水泥稳定碎石基层和沥青面层按高速公路标准验收。工程质量经检验,合格率100%,达到设计要求。

3 工程组织与计划

3.1 工程组织

太湖大道路面改造工程中路桥工程分四个标段,通过国内公开招标,选择施工、监理单位。本工程项目建设由无锡市高速公路建设指挥部下设的太湖大道改造工程项目管理办公室负责工程的组织与管理。工程质量监督由无锡市交通质量监督站负责。

第一标段(TH-1)自环湖路至临溪桥东桥头(K0 +000 ~ K2 +475)全长2 475m,由无锡市交通工程总公司负责施工。

第二标段(TH-2)自临溪桥至金匮大桥东桥头(K2 +475 ~ K5 +585)全长3 110m,由无锡市市政工程建设总公司负责施工。

第三标段(TH-3)自金匮大桥—广南立交西引道(K5 +585 ~ K9 +694.5)全长4 109.5m,由无锡市政设施管理处负责施工。

第四标段(TH-4)自广南立交西引道至东亭互通立交(K9 +694.5 ~ K14 +262.6)全长4 568.1m,由无锡市交通工程总公司负责施工。

四个路桥标段分别由上述三个施工单位成立各标段的项目经理部。

路桥施工的工程质量监理由山东省交通工程监理咨询公司负责。

道路交通工程分两个标,其中交通安全设施(TH-30)由无锡市中路交通工程有限公司中标并负责施工,交通指挥系统、监控系统(TH-90)由北京维特创业发展有限公司中标并负责施工,交通安全设施和交通指挥系统的基础土建部分的监理也由山东省交通工程监理咨询有限公司负责,交通指挥系统的关键线路、各类指挥系统、监控系统的设备的检测和安装质量均由无锡市交巡警支队负责。

全线绿化分为西、中、东三个标段,分别为锡山东珠绿化公司、南长区绿化处、滨湖区绿化处中标并负责施工,由无锡市园林绿化建设监理站负责监理。

各类管线改造和新设入地埋设,其中自来水、污水、煤气、热力、电力管线由各管线单位自己组织施工和质量检验。信息管廊由于设计为同沟同井,由各信息管线单位(电信、联通、网通、移动、广电、铁通)一起研究决定,太湖大道南半幅的所有纵向管线及横穿太湖大道的横向管线的排管、管井由无锡电信公司统一组织并负责施工。太湖大道北半幅的所有纵向管线的排管、管井由无锡广电集团统一组织并负责施工,并各自负责质量检验。工程经费由六家信息管线单位负责分担。

路灯由无锡市照明公司负责,灯杆灯具由上海大明光电有限公司提供。公交站台由无锡市公交公司负责,海南白马公司提供设备及安装。

3.2 工程实施计划

按照市领导要求,太湖大道路面改造工程必须于2002年7月1日完工通车。工程难、工期紧、任务重,我们按照倒排工期,编制了指导性施工总体的进度计划。要求各施工单位、管线单位编制详细的实施性施工组织计划,精心组织,相互密切协调配合,尽力完成任务。并请交巡警支队民警全力协助,开工前,临时交通标志、标线请交警支队提前实施,由交警支队实施交通组织和管理。工程实施半幅通车,半幅封闭施工,主要道路交叉口实施1/4交叉口封闭施工。

工程实施分以下四个阶段。

(1)第一阶段施工:计划于2月15日至4月15日要求完成南半幅道路的既有水泥路面板块的凿除、路基处理、雨水管井排水设施,路面底基层处理,路面基层摊铺、绿化带的侧平石及沥青路面下封层。要求完成所有规划入地管线横穿太湖大道南半幅的管线及影响南半幅主车道的所有纵向管线的开挖、埋设、回填及管井砌筑。完成南半幅所有小桥的桥面和桥台背墙的加固修复工程。由于设计对老路的质量,特别对老路路基的处理,路面底基层处理的技术指标很难弄清,我们在路基、底基层处理前,进行弯沉检测。根据弯沉检测结果,对不少路段的设计进行优化、变更。也由于2至4月份为春雨季节,工期59d中下雨21d,延误了工期。第一阶段的目标任务到5月5日完成。

(2)第二阶段施工:根据第一阶段施工中取得的成功经验和教训,编制了北半幅路基处理、路面基层施工阶段的指导性施工组织计划,工期自5月6日至6月5日。要求完成北半幅,凿除旧水泥混凝土路面板块,路基处理、路面底基层处理、沥青路面基层摊铺、绿化带侧平石、沥青路面下封层。同时完成北半幅所有小桥的桥面及桥台背墙的加固修复工程,完成金塘大桥南半幅加固工程。要求优先完成横穿主车道及在主车道内的纵向的电力、煤气、污水、自来水、热力、电信的所有管线、排管、管井,同时要求完成横穿主车道及主要交叉口道路的路灯、交通工程管线的管道预埋。要求在不影响北半幅主车道施工的同时,尽快完成位于北半幅非机动车道、人行道及绿化区内的所有纵横向管线、管井。与此同时,在第二阶段内,要求完成南半幅遗留下的所有纵横向管线、管井,要求尽快施工南半幅非机动车道的基层、人行道。

虽然5月份连续下雨11d,但由于有第一阶段的经验,设计方案在第一阶段施工时已经确定。在我办协调下,各路桥施工单位与管线施工单位密切合作,施工顺利,在6月10日基本完成了本阶段的目标任务。并且为下阶段沥青路面摊铺创造了良好的条件。

(3)第三阶段施工:自接受太湖大道路面任务以来,市高速办与省交通科学研究院一起,就开始对太湖大道沥青路面沥青混凝土混合料进行研究,并将这一重大科研项目报省交通厅批准,在省交通科研院的指导下,根据试验已提出了沥青混凝土 Superpave 20 和 Superpave13 的目标配合比的设计,并提出了高性能沥青路面的施工指导意见。三个路桥施工单位在各自的拌和场按目标配合比进行了调试,基本对两个沥青混合料确定了生产配合比,并进行了试拌,基本达到了设计的要求。与此同时,我们也同三个施工单位研究确定沥青混合料拌和与摊铺的施工组织。无锡市交通工程总公司负责 TH－4 标和 TH－1 标段的施工,采用两台拌和机(160t/h＋80t/h)同时拌和,在现场两台摊铺机同时摊铺,备足运输车辆和压实设备,先施工 TH－4 标段后,再摊铺 TH－1 标段的主车道路面。无锡市政总公司和无锡市政设施管理处组织联合摊铺,负责 TH－3 标和 TH－2 标的沥青路面施工,采用一台拌和机(市政总公司一台150t/h,市政设施管理处一台80t/h)同时拌和,在现场两台摊铺机(两个单位各一台)同时摊铺,各自备足运输车辆和压实设备,现场技术工作各自负责。施工按计划自6月10日至7月20日,除太湖广场及马蠡港桥、金匮大桥外,完成了全线主车道沥青路面摊铺的目标任务。本阶段完成了两座人行天桥的下部基础工程,金塘桥北半幅的桥面加固工程。同时要求交通标志、交通指挥、监控系统设施的基础工程基本完成,要求交通标线及时施工。

(4)第四阶段施工:完成交通标志、标线、交通指挥系统交通监控系统、路灯照明、公交站台、人行道铺设、桥梁伸缩缝改造，广南立交、兴竹立交涂装美化及其他收尾工程，要求完成一座天桥上部主体结构的安装。

到9月25日，太湖大道路面改造工程全部完成，9月28日通过交工验收，两座天桥的装饰工程于10月25日完工，10月30日两座天桥交工验收。

4 工程施工

4.1 路基、路面底基层处理

太湖大道原有水泥路面病害十分严重，又因道路横断面设计作了重大调整，东西两段中央设5m宽中分绿带，新规划13种管线入地埋设并横穿主车道，既有水泥路面无法加固利用，按设计原有水泥路面板块全部挖除。在水泥路面凿除后，我办组织专业班子对全线进行分幅分段，对老路快车道沥青路面和将被改造为快车道部分的慢车道沥青路面及水泥板块挖除后作为底基层的三渣层顶面检测弯沉。根据实测弯沉结果对路面改造设计进行检算验证。

在南半幅施工时，老路水泥路面挖除后发现青祁路—湖滨路三渣基层松散，经返挖，又发现老路基松软。特别在主车道有煤气管道、自来水管，埋深很浅，离路基顶面仅20～30cm，路基顶面无法返挖掺灰处理。在现场同设计、监理单位研究，将ϕ600自来水管道外迁。在该段挖除松散的三渣层，对路基顶面20～30cm进行返挖掺灰处理后，用二灰碎石铺筑底基层。在红星路—金匮大桥间，老路施工时，其三渣基层下，表面淤泥土没有清除，致使在老路三渣基层进行掺水泥再生处理后，经弯沉检测，弯沉值仍很大，且弯沉值偏差极大，有的弯沉值大于500(10^{-2}mm)，最大值达800(10^{-2}mm)，在这种条件下，同设计、监理单位研究只得调整设计纵坡提高高程30cm，加厚底基层，才达到设计的要求。在春星桥—友谊路口，该段原为东亭开发区春合二号路拓宽建成，在三渣层掺水泥再生处理后，弯沉测试结果偏大。同设计、监理单位研究，将路面抬高20cm，加厚路面底基层厚度。其他路段，对三渣基层掺6%水泥进行再生处理后都达到了设计要求。

对老路底基层、老路的快慢车道的沥青面层进行利用，采用德国维特根WR－2500路面再生机进行再生处理。这是太湖大道路面改造工程的一项新技术之一。对老路面、基层、底基层利用处理时，进行返挖、搅拌、掺灰、加水、碾压，一条龙作业，其速度快、质量好，对太湖大道路面改造工程加快施工进度，确保质量起到了重要作用。

太湖大道路基、路面底基层处理，对于纵横向的大量的管沟、管井回填也是非常关键。我办十分重视对管沟、管井回填的质量，道路施工单位与各管线单位之间在我办协调下，密切配合，很好地完成了任务。由于工期十分紧迫，又是处于雨季，频繁下雨，我办同设计监理单位研究决定，对于入地埋深较深的管沟、管井用级配碎石或二灰碎石进行回填，分层填筑分层碾压或夯实。对于管线埋深浅，处于路面底基层、基层部位，一律采用C15混凝土回填。对于桥头填土，下部采用级配碎石回填，分层填筑、分层碾压，上部采用掺石灰处理土填筑。路基处理、路面底基层处理压实度标准按公路二级标准严格要求，监理组严格检查。经弯沉测试，达到了设计要求。

4.2 路面基层

路面基层初步设计二层18cm厚二灰碎石。我办和设计、监理单位共同研讨，并邀请省内市政、公路的路面专家研讨，认为太湖大道工程十分紧迫，水泥稳定碎石具有早期强度高、水稳定性好的特点，路面基层的上层采用水泥稳定碎石是合适的。施工图设计采用了专家的意见，路面基层设计下层18cm厚采用二灰碎石，上层18cm厚采用水泥稳定碎石。

路面基层施工，我们要求各施工单位严格按江苏省高速公路建设指挥部编制的《江苏省高速公路石灰、粉煤灰稳定碎石基层施工指导意见》和《江苏省高速公路水泥稳定碎石基层施工指导意见》的要求进行施工，组织施工单位的项目经理和工程技术人员，试验人员对这两个江苏省级规范认真学习、讨论。三个施工单位对施工机械按规定准备，对混合料的各种材料进行认真的检测，对混合料的组成做了大量的对比设计，选择最佳的组成配比。尤其对水泥稳定碎石基层，市政总公司、市政设施管理处是第一次采用,从混合料的水泥、碎石等材料采购,混合料配合比的设计,混合料的试拌、试铺到正式摊铺、碾压、养生工作认真负责。我高速办的测试中心、监理组的实验室,施工单位实验室试验人员及时到拌和厂、道路摊铺现场进行检测,确保了工程质量。

由于设计路面基层上层采用水泥稳定碎石早期强度高,摊铺后 7d 就可通车运行。在第一阶段施工期完成后,在路面基层顶面洒布 1cm 厚沥青下封层,很快开通太湖大道南半幅交通,封闭北半幅进行施工。在第二阶段北半幅路面基层施工后,为沥青面层尽快摊铺赢得了时间,加快了工程进度。由于水泥稳定碎石抗水灾害能力强,水稳定性好,虽然上半年雨期长、雨量大,在南半幅临时通车期间,水泥稳定碎石顶面仅洒布 1cm 厚的沥青封层,也没有遭到严重的损害。各施工单位对基层和下封层及时养护、修补,确保了沥青路面的质量。

4.3 沥青路面施工

为确保太湖大道沥青路面的质量,并吸收国内外沥青路面的经验,我高速办和江苏省交通科学研究院协作,在去年年底就开始对太湖大道的沥青路面进行研究,主要是将美国的 Superpave 高性能沥青路面的设计方法应用到我市城市主干道路。Superpave 设计沥青路面,采用了全新的沥青混合料设计方法,采用旋转压实仪成型试件,依据沥青混合料初始、设计和最大旋转压实次数时的密实度以及在设计压实次数时的空隙率、矿料间隙率、沥青填隙率、填料与有效沥青之比进行沥青混合料的组成设计。

根据高性能沥青路面的要求,我们同省交通科学研究院一起对沥青混合料的石料生产的众多矿厂进行调研、采料,进行检测试验。经过大量的检测试验资料分析,选择合适的厂矿。这些厂矿也已经获得省高速公路指挥部认可。石灰岩碎石我们选用宜兴佳乐矿,玄武岩碎石选用句容茅迪矿。对生产的碎石的级配组成严格要求,进行抽样检测,满足规范要求。沥青下面层采用浙江乍浦的 AH - 70 号壳牌沥青,沥青上面层选用乍浦的壳牌改性沥青。沥青的各项技术指标按公路规范和省高指对高速公路要求的技术指标进行加工生产。施工单位派驻代表,对沥青质量进行控制,对沥青输送车辆进行编号加封,到场后由施工、监理单位进行抽样检验,拒绝不合格沥青。

沥青路面施工前,我们编写了《高性能沥青路面施工指导意见》,并专门组织施工、监理测试人员讨论学习,请省有关专家介绍高性能沥青路面的技术和施工中的注意事项。

省交通科学研究院根据所采购的石料的性质进行级配组成设计,然后再进行油石比的选择,提出了两种沥青混合料的目标配合比设计。根据目标配合比各施工单位在省交通科学研究院、市高速办检测中心、监理实验室的指导下,进行生产配合比的设计,进行试拌,使沥青混合料达到预期的要求。

沥青路面施工从施工准备、沥青混合料拌制、运输、摊铺到碾压成型,都认真地执行《高性能沥青路面施工指导意见》,按规定的要求进行质量控制。经检测,沥青路面合格率为 100% 。

4.4 重点桥梁加固改造与人行天桥

全线有大桥两座,中桥两座,小桥八座。对金匮、金塘两座大桥进行加固处理,马蠡港桥和临溪桥进行拓宽和加固改造,百合桥、西园桥桥面及台背进行加固,春星桥、龙舌尖小桥、春丰桥、春阳桥由于路面抬高,桥面加铺 8 ~ 16cm 厚的钢筋混凝土铺装层。五座大中桥及东亭互通立交桥伸缩缝都进行了改造,把原有橡胶板伸缩缝或无缝伸缩缝改造为国产仿毛勒伸缩缝。

4.4.1 金匮大桥加固

金匮大桥主桥为跨径 100m 刚架拱桥,全长 176m,主车道为双向四车道,建成至今已有十多年。但近几年观测,由于桥头高填土及东南角原金马商城大厦深基坑引起地基沉降带动阻滑板和桥台产生变位,导致主桥拱脚位移,主桥矢高降低,拱轴线变形,致使金匮大桥产生众多病害,危及桥梁的安全。经研究,委托同济大学检测中心对该桥进行全面检查和静载测试。

金匮大桥的主要病害包括:

(1)主桥刚架拱上弦杆在拱脚排架盖梁上支承点向跨中方向滑移,搁置长度减小,在冬季最小搁置长度仅 8cm,原设计搁置长度 28cm。如果桥台继续变位,搁置长度可能还会继续减小,以致存在上弦杆端支承点失效并有可能造成上弦杆端断裂的隐患。

(2)靠近跨中方向的短斜撑的上下端分别在上弦杆交界面和与主拱肋交界面均产生裂缝,上端裂缝由靠拱脚方向一侧向跨中方面发展。对于短斜撑上端截面存在断裂隐患，下端截面裂缝宽度已超过正常使用状态的容许值0.2mm，该处钢筋易锈蚀，影响耐久性。

(3)由于立交孔后倾，以及主桥矢高降低，造成伸缩缝宽度扩大，原有伸缩缝构造损坏失效，需要改造。

根据检测，同济大学的老师提出了加固的具体意见，委托林同炎李国豪土建工程咨询有限公司进行加固设计，由无锡桥梁公司进行加固工程的施工。在上弦杆端部采用钢筋混凝土围套接长并增设横隔板，在端横隔板上预埋FM－60型型钢伸缩缝构造(仿毛勒缝)，在短斜撑上下端裂缝处增设钢筋混凝土围套，增加抗拉钢筋，减少活载时的裂缝宽度，以提高两端承载能力。

由于工期紧，钢筋混凝土围套加固采用新工艺、新材料。混凝土采用KL－40无收缩免振自流平砂浆，其强度1d可达C15，3d可达C40，28d可达C50～C60。钢筋混凝土围套与老混凝土结合面采用"慧鱼牌"植筋胶植筋，以便保证围套与老混凝土结合面的抗剪强度。

金匮大桥加固工程6月29日开工，8月5日完工，加固后主干道仍为双向四车道。

4.4.2 金塘大桥加固

金塘大桥为(21.5＋26＋26＋21.5)m四跨简支预应力钢筋混凝土箱形梁，桥面钢筋混凝土铺装连续，桥宽30.5m，主车道为双向四车道，20世纪90年代初建成通车。

太湖大道路面改造设计，原在其桥面加铺厚5cm沥青面层。在施工中我们发现金塘大桥桥面简支箱梁间纵向铰接和桥面横向连续缝铰接处严重裂缝，几乎每片梁间铰接缝处都开裂，在桥下检查，桥面在下雨时漏水严重，桥头台背墙严重开裂。金塘桥在汽车荷载作用下处于单梁受力状态，以致存在桥梁承载能力降低的隐患。经同设计单位现场研究，并邀请专家讨论，确定了加固方案。

金塘大桥桥面加固方案，凿除老桥面8cm厚的铺装层，重新浇筑16cm厚的钢筋混凝土铺装层，加强梁间铰缝，桥面连续缝增设铰缝钢筋，桥头台背凿除破裂部分，结合桥头伸缩缝改造重新浇筑，伸缩缝改造为国产仿毛勒缝。桥梁加固工程于5月10日开工至7月20日完工，加固改造后主车道为双向六车道，两侧改为人、非混行道。

4.4.3 马蠡港桥拓宽及加固

马蠡港桥为1～40m刚架拱桥，这次改造设计，南侧拓宽7.3m三跨(16＋20＋16)m简支空心板梁桥，北侧拓宽7.3m三跨(13＋20＋13)m简支空心板梁桥。13m梁为普通钢筋混凝土空心板梁，16m梁和20m梁为先张法预应力空心板梁。

施工单位及时抓紧施工，克服高压电杆的影响，在第一阶段期间基本完成下部构造，第二阶段完成上部构造。

在施工过程中，老桥面在桥台端，桥面微弯板断裂，形成坑洞。在桥下检查，发现桥两端与桥台伸缩缝相邻的微弯板，由于伸缩缝损坏，车辆荷载冲击引起严重损坏。经与重点办、设计单位研究对已损坏的微弯板部位的桥面进行加固处理，同时改造桥梁伸缩缝，自7月25日至8月18日全部完成。

4.4.4 人行天桥

太湖大道人行天桥原设计为钢筋混凝土结构。市领导、市建设局、市重点道桥建设指挥部为了增加太湖大道景观，决定建设既实用又美观的天桥，设置位置也应认真研究，委托上海市政工程研究院设计。对天桥的设计方案和设计位置，经过多次论证，现场踏勘，选择了现在的水秀新村和通扬路两处，天桥结构为钢结构。

经过国内公开竞标，水秀新村天桥上部钢结构工程由上海宝钢建设有限公司中标，通扬路天桥上部钢结构工程由无锡船厂中标。两座天桥上部钢结构工程计划于9月30日安装完成。经过两家单位努力，两座天桥主体钢结构于9月24日全部安装完成。

天桥装饰工程包括天桥主桥、坡道、梯道、护栏、桥面铺装、钢结构钢立柱包封，两个总承包单位于9月5日开始进行国内公开招标。经竞标，两座天桥均由上海宝钢建设有限公司中标。两座天桥的装饰工程于10月25日全部完成。

5 工程管理

5.1 工程施工计划管理

针对太湖大道改造工程难度大、要求高、工期紧的特点，我高速办在开工前编制了总体计划，并从组织领导、计划管理、合同管理、质量管理、资金管理、廉政建设等方面制订了目标计划和落实措施。每周召开工地会议，检查总结每一星期的工程进度、质量情况，协调道路施工单位与各管线单位之间的关系，解决矛盾，解决技术难题，提出下一周的工作计划进度目标和质量要求。各施工单位、管线单位同心协力，互相协作，互相支持，我高指项目办派专人协调各管线、绿化单位的关系，使太湖大道改造工程按计划顺利进行。

我高速办在工程进行到每一个阶段，都提出每一阶段的计划进度目标，提出关键点，既确保工程进度目标，又确保工程质量，派专人配合监理组及时进行工程计量，尽快请款支付。

5.2 工程质量管理

太湖大道老路改造工程复杂、难度大，加强工程质量的现场监理尤为重要。市高速办检测中心与监理一起根据工程进度情况对工程进行检测，对老路基、老路面进行全路段的弯沉测量，对路基、路面底基层，沥青面层逐层进行高程、厚度、压实度、强度和平整度检测。对不合格工程，坚决要求返工。对沥青混合料的材料，市高速办检测中心、监理、施工单位同省交通科学研究院一起到矿山选定，对沥青材料逐车抽样检查，发现不合格者，坚决要求退还，确保沥青路面的质量。对桥梁加固改造，同监理一起对砂、石、钢材、水泥进行检测，拒绝不合格材料，加强监理旁站，对混凝土及时抽样检测，确保工程质量。

我办人员虽少，但有专人分管道路工程和桥梁工程的技术工作，配合监理组加强工程质量的管理。市交通质监站经常到现场检查监督，使监理工作规范化。虽然施工存在许多困难，但质量得到了保证。

5.3 太湖大道的交通管理

无锡交警支队对太湖大道改造工程给予了大力支持。支队成立了太湖大道施工交通组织领导小组，交警支队秩序科负责施工期间的组织协调。交警支队提出了具体的交通管制措施，各路口昼夜24h派警员值勤，工程各关键点，都有民警协调交通，支持工程施工；并与我办的专职安全管理人员及各道路施工单位的安全管理人员密切合作，确保了太湖大道的畅通与安全，确保了工程顺利进行。

6 结语

太湖大道路面改造工程是我市“四个三工程”中的重点工程，是我市“一年一个样，三年大变样”的首要任务。

本工程对路面结构进行了全面的改造，在我市城市道路中首次采用水泥稳定碎石作为路面基层，首次在国内将Superpave技术应用于城市道路，使太湖大道路面的技术标准大大提高。对所有危险桥梁进行加固，消除了隐患。在老路面改造施工中，采用新型的路面再生技术，不仅充分利用老路面的废料，节省造价，保证质量，还大大加快了施工进度。全线实施了智能化的交通信号系统和监控系统，道路交叉口实行交通渠化，使道路通行能力大大提高。道路照明、公交站台全面重建，沿线各类管线设施进行入地改造，沿线环境绿化。太湖大道成为我市良好的城市形象的窗口，是我市城市道路的标志性工程。

3　沥青混凝土上面层施工的新级配及新工艺

周立军

（无锡市高速公路建设指挥部）

摘　要　本文重点介绍了锡澄高速公路沥青混凝土上面层，研究采用的AK－16C型级配的特点和施工要点，以及初压采用振动碾压方式等新的工艺要求。结合试铺路段测试的数据，总结出AK－16C型级配，在新工艺的保证下，避免了离析，确保了路面坚实、稳定、平整、抗滑和密水。

关键词　AK－16C型级配　工艺　密水　抗滑　离析

锡澄高速公路是同江至三亚、北京至上海两条国道主干线的共线段，全长34.89km，是江苏省第一条六车道高速公路。本文就锡澄高速公路沥青混凝土上面层研究采用新的级配类型，及拌和、摊铺过程中不同以往之处，与各位同行、专家作一个探讨。

1　级配

锡澄高速公路沥青混凝土上面层，在沪宁高速公路实践经验基础上，经省、市高指组织试验研究，采用AK－16C型级配，见表1。

沥青路面上面层用沥青混凝土矿料级配通过率范围（%）　　表1

方孔筛尺寸(mm)	上面层:AK－16C	方孔筛尺寸(mm)	上面层:AK－16C
19.0	100	1.18	18～26
16.0	93～100	0.6	13～19
13.2	76～86	0.3	10～16
9.5	61～73	0.15	7～12
4.75	40～50	0.075	4～8
2.36	28～36		

以矿料级配通过率中值计，AK－16C同AK－16A相比，大于“16mm”的集料用量减少了1.5%，小于“2.36mm”的细集料用量增加了2.5%；同AC－16I相比，“13.2mm”至“2.36mm”集料的用量增加了9.5%。目的是兼顾密水及抗滑两大要素，及从级配设计上避免离析的产生。

在沥青混凝土上面层施工过程中，为确保级配达到设计的要求，我们着重抓了以下几点：

(1)控制大于“16mm”的集料用量，拌和楼上筛网最大尺寸不得超过22mm。由于“16mm”一档通过量过大，影响表面构造深度；通过量过小，4cm厚度的摊铺层易产生“筛眼”，因而“16mm”这档通过量以尽量接近中值为宜，允许偏差为±3%。

(2)“2.36mm”和“4.75mm”二档筛的通过率应尽量走规定的级配范围中值，允许的误差为级配中值±2%，主要是考虑到超过此范围就偏向了AK－16A型，易产生离析。

(3)“0.075mm”至“2.36mm”集料通过率尽量离开级配范围下限，其中“0.075mm”通过率允许的误差为级配中值±2%，目的是确保空隙率在3.0%～4.0%。

(4)同时为了保证压实度，注意拌和楼二级除尘的效果，防止细集料被吸走太多。

2 拌和

锡澄高速公路沥青混凝土上面层采用的集料，是统一轧制的玄武岩。为了保证集料和沥青的黏附性，掺加了沥青用量4%的PA-1型沥青抗剥落剂(西安公路研究所研制生产)。它的作用主要是通过改变沥青的表面能、极性和电化学能来增加沥青与集料间的化学吸附，从而提高沥青与酸性集料间的黏附性，最终达到增强沥青路面强度、稳定性和耐久性之目的。由于其掺量很少，且受时效的影响，因此，在掺加的过程中，要求采用机械搅拌、高温油管循环的方式，力求均匀，掺加了抗剥落剂的沥青存放时间不得超过72h。

在具体拌和过程中，考虑到集料级配的波动性，允许结合溢料和热料仓等料等实际情况，调整冷料仓的开度及电机的走速，即各级原材料进料比例。但不经监理工程师的同意，经生产配合比确定的各热料仓的用量比例，不得更改。

由于符合各项指标要求的允许沥青用量范围较窄，因而，规定施工油石比与设计值的允许误差为±0.2%。考虑到每台拌和楼控制系统自我调控有一个过程，因此，在拌和量达到50t后，再取样做试验。考虑到采用抽提法检测沥青用量不准确，因此，明确采用两种方法予以校核：一是由监理检查每天的沥青用量，及混合料产量进行总校核；二是在监理监督下，建立实验室拌制沥青混合料中实用油石比与抽提法得出的油石比的修正系数。

对于在拌和场检测出的油石比，各档矿料通过量和沥青混合料物理力学指标检测结果，每周数理统计一次，计算其标准差和变异系数，以便检验生产是否正常，为进一步调整提供准确的参考数据。

3 锡澄高速公路沥青混凝土上面层试铺路段检测结果

锡澄高速公路沥青混凝土上面层按省、市高指研究决定的AK-16C型级配及相应的工艺要求进行了试摊铺，试铺路段MK56+500～MK56+800、AK0+000～AK0+200的检测结果见表2。

抽提试验汇总表　　表2

拌和机 \ 孔径(mm)	19	16	13.2	9.5	4.75	3.36	1.18	0.6	0.3	0.15	0.075	油石比(%)
日工1号机	100	94.3	82.1	65.9	43.6	32.0	22.0	15.7	11.2	8.1	5.2	4.85
日工2号机	100	94.9	83.7	69.0	44.5	32.7	22.1	17.9	12.4	8.7	5.3	4.99
技术要求	100	93～100	76～86	61～73	40～50	28～36	18～36	13～19	10～16	7～12	4～8	4.9±0.2

注：所列抽提筛分、油石比数据均为五组试验结果的数理统计代表值。

3.1 抽提试验

3.2 马歇尔试验(表3)

马歇尔试验汇总表　　表3

拌和机 \ 指标	密度(g/cm^3)	空隙率(%)	矿料间隙率(%)	饱和度(%)	稳定度(kN)	流值(0.01cm)	残留稳定度(%)
日工1号机	2.599	3.7	15.3	76.0	12.9	23	83
日工2号机	2.602	3.4	15.4	78.0	13.2	26	86
技术要求	—	3～4	≮14.5	70～85	>7.5	20～40	>80

注：所列马歇尔试验数据均为五组试验结果的数理统计代表值。

3.3 车辙试验(表4)

车辙试验汇总表 表4

混合料类型	油石比(%)	动 稳 定 度(次/mm)		
		1	2	平均
AK－16C	4.9	1 613	1 654	1 633

3.4 现场检测(表5)

现场检测汇总表 表5

桩 号	构造深度 TC (mm)	摩擦系数 F_b (BPN)	芯样密度 (g/cm^3)	以马歇尔密度为标准的压实度		以最大理论密度为标准的压实度		平整度(mm)	
				马歇尔密度 (g/cm^3)	压实度 (%)	最大理论密度 (g/cm^3)	压实度 (%)	测点	测值
AK＋256.5	0.70	72	—	—	—	—	—	1	0.54
AK＋112.5	0.90	73	0.529	2.601	97.2	2.699	93.7	2	0.51
AK0＋072.5	0.81	72	2.506	2.601	96.3	2.699	92.8	3	0.51
AK0＋042	0.90	69	2.556	2.601	98.3	2.699	94.7	4	0.63
AK0＋038	1.00	69	2.498	2.601	96.0	2.699	92.6	5	0.68
AK0＋024.5	0.90	73	2.546	2.601	97.9	2.699	94.3	6	0.53
MK56＋795.5	0.80	68	2.509	2.601	96.5	2.699	93.0	7	0.54
MK56＋687.5	0.72	72	—	—	—	—	—	8	0.48
MK56＋649	0.75	68	—	—	—	—	—	—	—
MK56＋548	0.80	74	—	—	—	—	—	—	—
平均值	0.83	71	—	—	97.0	—	93.5	—	0.55
标准差	0.09	2.26	—	—	0.92	—	0.87	—	—
变异系数	0.115	0.032	—	—	0.010	—	0.009	—	—
技术要求	≮0.7	≮60	—	—	≥96	—	≥92	—	≯0.6

4 施工工艺要求

按交通部施工规范和省高指施工指导意见要求,施工前对各种施工机具作了全面检查,经调试证明性能处于良好状态,机械数量足够。在上面层试铺施工过程中,首先要准确检测确定施工温度。

对出厂温度和运到现场的温度,是在运料货车侧面中部专用检测孔检测。要求孔口距车厢底面约30cm,插入深度大于15cm,采用数字显示插入式热电偶温度计检测,每车料一次。其中,出厂温度低于150℃或超过195℃废弃。

摊铺温度,在离摊铺机后3m、距路缘20cm处检测,插入深度2～2.5cm,要求达到140～160℃。

初压温度,在初压段落设置完成,压路机开始工作的那一刻进行测试,要求达到135～155℃。

终压温度,是在碾压终止,钢轮压路机退出作业现场的那一刻检测,要求温度不低于75℃。初压、终压温度测试位置,都是在段落设置、小旗安放处,距路缘20cm,插入深度2～2.5cm。

所有检测用温度计均要求送当地计量部门检定,或在监理监督下用标准温度计标定。

锡澄高速公路上面层现场操作中,着重强调以下施工工艺要求:

4.1 运输过程

运料车配备完整无损的篷布覆盖设施。

4.2 摊铺过程

(1)梯形作业,两台摊铺机距离不超过10m。

(2)严格摊铺机接料斗的操作程序,减少粗、细料离析。摊铺机集料斗应在刮板尚未露出,尚有约10cm厚的热料时拢料。这个过程要求在每辆运料车刚退出时进行,而且应做到在料斗两翼才恢复原位时,下一辆料车即开始卸料。做到连续供料,避免粗料集中。

(3)做到缓慢、均匀、不间断摊铺,切忌停铺用餐,争取做到每天收工停机一次。

(4)摊铺遇雨,立即停止施工,清除未压实成型的混合料,受雨淋的混合料废弃。

4.3 碾压过程

(1)明确高温状态下的初压,是保证压实度最重要的环节。采用双钢轮压路机碾压2遍,2遍都是前进不开振,后退开振(采用高频低振)。要求套轮1/2,压路机的自重吨位达到7t以上,并要求配有备用压路机一台,以满足压路机损坏及加水时所需。

(2)复压,用16t左右的胶轮压路机碾压6遍。

(3)终压,用16t左右的宽幅双钢轮压路机不起振碾压2遍。

所有碾压过程都要求驱动轮朝向摊铺机,碾压路线及方向不突然改变;压路机起动、停止必须减速缓行,折回不处在同一横断面上。

(4)为保证碾压过程中沥青混合料温度不降得过快,在确保不产生推移的前提下,压路机走速宜走规定的上限。复压不允许喷水,用1:3的柴油与水混合液涂刷,防止粘轮。

5 结论

通过对沥青混凝土上面层级配的优化,配套施工工艺的改进,以及对试铺路段测试结果的分析,可以初步得到如下结论:

(1)用我省现有高速公路上面层玄武岩集料配制的AK-16C级配类型沥青混合料,不仅室内试验是可行的,实际施工中亦能满足规范要求,具有可操作性。

(2)从试铺段马歇尔试验结果来看,AK-16C能满足现行规范的要求,其残留稳定度大于80%,说明具有较好的抗水损害性能。

(3)从抗车辙试验结果来看,AK-16C的动稳定度远高于我国规范规定800次/mm的标准。

(4)从本次试铺路路表构造深度、摩擦系数检测结果来看,均能满足规范要求,且有较大富余。

(5)从路面密实度现场测试结果看,AK-16C型沥青混合料不仅马歇尔压实度能达到96%,满足我国规范要求,而且其最大理论密度的压实度也能在92%以上。

(6)从本次试铺路平整度检测结果来看,初压采用振动碾压方式对平整度影响不大,上面层平整度δ达到0.55mm,远高于交通部颁布的《公路工程质量检验评定标准》(JTJ 071—98)规定值$\delta=1.20$mm的要求。

(7)从雨后路表特征看,AK-16C型在雨天路面均匀性较好,离析现象极少,路容比AK-16A型漂亮。

总之,从试铺路段检测结果来看,AK-16C型级配虽然其压实度随级配波动,较为敏感。但只要严格工艺,精心施工,一定能兼顾到AC-16I型的密水性及AK-16A型的抗滑性,避免产生离析现象,达到良好的路用性能。

4 钢箱梁桥面铺装的组配设计与施工工艺

周立军

（无锡市高速公路建设指挥部）

摘 要 介绍了锡澄高速公路钢箱梁表面沥青混凝土铺装，在采用 Cariphalte 改性沥青后沥青混合料性能的改善，以及配套的拌和、摊铺和碾压的新的工艺要求。总结出在不更改沥青混合料级配的情况下，严格施工工艺，能较好地满足钢箱梁铺装层所需的高温稳定性、常温抗疲劳及低温抗开裂特性的要求。

关键词 Cariphalte 工艺 稳定性 抗疲劳 抗开裂

1 工程概况

锡澄高速公路 N15 标（无锡互通）A 匝道跨沪宁高速公路立交桥，是三孔（35m + 56m + 35m = 126m）12m 宽等截面连续箱梁。钢梁位于 $R_{平}$ = 300m（横坡度超高 6%），$R_{竖}$ = 4 500m 竖曲线上（单箱宽 7. 5m，两侧悬臂各 2. 5m，钢板厚 12mm），设计行车速度 80km/h，桥面铺装采用 9cm 沥青混凝土，分上、下两层铺筑。

N15 标 A 匝道是锡澄高速公路转沪宁高速公路往上海方向的主车道，建成通车后，不仅将承受高密度渠化交通车流，而且钢桥自身变形、挠度相对较大，热容量也较其他钢筋混凝土桥突出，再加上横向超高达 6%，因此只有使用改性沥青混凝土，才能满足钢箱梁铺装层所需的高温稳定性、常温抗疲劳特性及低温抗开裂特性的要求。

2 基本材料组成及其主要物理力学性状

2.1 改性沥青 Cariphalte

为满足钢箱梁铺装的特殊要求，本工程的改性沥青选用壳牌发展（中国）有限公司生产的克裂王（Cariphalte）；它所选用的基质沥青为壳牌 60/70 号石油沥青，改性材料为 SBS（一种热塑性橡胶类改性剂），掺量（内掺法）为改性沥青总量的 6%。它的性状试验结果见表 1。从表 1 中可以看出：

（1）感温性能良好（针入度指数最小 2. 1）。

（2）抗低温及疲劳开裂能力大为提高（改性沥青原材料及 RTFOT 后残留物的 5℃ 延度分别达到 39. 7cm 和 33. 8cm）。

（3）高温稳定性及提高路面的抗永久变形能力明显改善（软化点 82. 3℃，25℃ 弹性恢复 ≥98. 7%）。

改性沥青结合料性状试验结果 表 1

试 验 项 目	试 验 数 值	规定值 SBS(I)			
		I – A	I – B	I – C	I – D
针入度 25℃，100g，5s(0. 1mm) 最小	49	100	80	60	40
针入度 15℃，100g，5s	24	—	实测		—
针入度 30℃，100g，5s	74	—	实测		—

续上表

试验项目	试验数值	规定值 SBS(I)			
		I-A	I-B	I-C	I-D
针入度指数 PI 最小	2.1	-1.0	-0.6	-0.2	+0.2
延度 5℃,5cm/min(cm)最小	39.7	50	40	30	20
软化点 $T_{R\&B}$(℃)	82.3	45	50	55	60
动力黏度 60℃(Pa·s)	>3 000	—	有条件测		—
运动黏度 135℃(Pa·s)	1.85	—	<3		—
闪点(℃)最小	318	—	230		—
溶解度(%)最小	99.77	—	99		—
*离析,软化点差(℃)最大	5.8	—	2.5		—
弹性恢复 25℃(%)最小	98.7	55	60	65	70
RTFOT 或 TFOT 后残留物					
质量损失(%)最大	-0.06	—	1.0		—
针入度比 25℃(%)最小	85.5	50	55	60	65
延度 5℃(cm)最小	33.8	30	25	20	15

注:①改性沥青的性状试验委托江苏省交通科学研究院完成。

②据《公路改性沥青路面施工技术规范》条文说明之五:离析、软化点差难于真实反映 SBS 改性沥青的离析程度,故要求 SBS 改性沥青必须进行不间断的搅拌或泵送循环,而不是采取离析试验方法来控制质量。

2.2 矿质集料

2.2.1 粗集料

应采用石质坚硬、清洁、不含风化颗粒、近立方体颗粒的碎石,粒径大于 2.36mm。上面层采用玄武岩,由省高指统一加工供应;下面层选用反击式破碎机轧制的石灰岩。粗集料技术要求见表 2。

沥青面层用粗集料质量技术要求 表 2

指标		技术要求	指标		技术要求
石料压碎值	不大于(%)	28	坚固性	不大于(%)	12
洛杉矶磨耗损失	不大于(%)	30	细长扁平颗粒含量	不大于(%)	15
视密度	不小于(t/m^3)	2.50	水洗法 <0.075mm 颗粒含量	不大于(%)	1
吸水率	不大于(%)	2.0	软石含量	不大于(%)	5
对沥青的黏附性	不小于	4 级	上面层石料磨光值	不小于(BPN)	42

注:细长扁平颗粒含量,应采用游标卡尺按 1:3 标准进行测验。

2.2.2 细集料

采用坚硬、洁净、干燥、无风化、无杂质并有适当级配的人工轧制的米砂。上面层仍统一采用玄武岩;下面层采用石灰岩,但不能采用山场的下脚料。细集料规格见表 3。

沥青面层用细集料规格 表 3

规格	公称粒径(mm)	通过下列筛孔的质量百分率(%)					
		方孔筛(mm)	9.5	4.75	2.36	0.6	0.075
S15	0~5	—	100	85~100	40~70	—	0~15
S16	0~3	—	—	100	85~100	20~50	0~15

注:①视密度不小于 2.5g/cm^3。

②砂当量不小于 60%。

2.2.3 填料

宜采用石灰岩碱性石料经磨细得到的矿粉。矿粉必须干燥、清洁,矿粉质量技术要求见表4。拌和机回收的粉料沥青路面上、下二个面层的混合料均不采用,全部弃掉,以确保沥青面层的质量。

沥青面层用矿粉质量技术要求 表4

指标			质量技术要求
视密度	不小于	(t/m^3)	2.50
含水率	不大于	(%)	1
粒度范围	<0.6mm	(%)	100
	<0.15mm	(%)	90~100
	<0.075mm	(%)	75~100
外观			无团粒结块
亲水系数			<1

2.3 黏层沥青

由于普通沥青软化点较低,在环境温度较高情况下,易产生侧向滑移,为保证面层和钢箱梁顶面黏结的质量,采用 Cariphalte 的热沥青。

3 改性沥青混合料目标配合比设计

3.1 原材料

本次目标配合比设计采用的沥青为壳牌 Cariphalte 改性沥青,上、下面层采用的矿料均由江苏丹阳通达轧石厂生产,其中上面层选用玄武岩,下面层选用石灰岩。

3.2 混合料级配

根据设计院要求,对上面层混合料级配 AK-16C 及下面层混合料级配 AC-25I 进行目标配合比设计,确定二种级配的最佳油石比。二种混合料级配范围见表5和表6。

AK-16C 型沥青混合料级配组成计算 表5

矿料名称及用量	通过筛孔(方孔筛,mm)百分率(%)										
	19.0	16.0	13.2	9.5	4.75	2.36	1.18	0.6	0.3	0.15	0.075
1号(21%)	21	14.5	4.5	0.1	—	—	—	—	—	—	—
2号(38.5%)	38.5	38.5	38.3	26.3	5.2	0.8	0.5	0.4	0.3	0.2	—
3号(13%)	13	13	13	13	13	4.1	1.7	0.9	0.5	0.2	—
4号(21%)	21	21	21	21	21	20	13.1	9.3	5.3	2.6	—
矿粉(6.5%)	6.5	6.5	6.5	6.5	6.5	6.5	6.5	6.5	6.5	6.5	5.9
计算级配	100	93.5	83.3	66.9	45.7	31.4	21.8	17.1	12.6	9.5	5.9
级配上限	100	100	86	73	50	36	26	19	16	12	8
级配下限	100	93	76	61	40	28	18	13	10	7	4
级配中值	100	96.5	81	67	45	32	22	16	13	9.5	6

AC－25I 型沥青混合料级配组成计算 表 6

矿料名称及用量	通过筛孔(方孔筛,mm)百分率(%)												
	31.5	26.5	19.0	16.0	13.2	9.5	4.75	2.36	1.18	0.6	0.3	0.15	0.075
1 号(38%)	38	38	21.8	6.4	1.0	0.1	—	—	—	—	—	—	—
2 号(20%)	20	20	20	20	19.4	13.3	1.1	0.1	—	—	—	—	—
3 号(7.0%)	7	7	7	7	7	7	6.3	1.6	0.3	0.2	0.2	0.1	0.1
4 号(29%)	29	29	29	29	29	29	28.8	26.8	14.6	9.5	5.2	2.9	—
矿粉(6.0%)	6	6	6	6	6	6	6	6	6	6	6	6	5.5
计算级配	100	100	83.8	68.4	62.4	55.4	42.2	34.5	20.9	15.7	11.4	9.0	5.6
级配上限	100	100	90	80	73	63	52	42	32	25	18	13	7
级配下限	100	95	75	62	53	43	32	25	18	13	8	5	3
级配中值	100	97.5	82.5	71	63	53	42	33.5	25	19	13	9	5

3.3 马歇尔稳定度试验

按表 5 和表 6 的矿料配合比称取矿料,采用 5 种油石比,配制改性沥青混合料,制作马歇尔试件,进行马歇尔稳定度试验,试验结果列于表 7。

改性沥青混合料马歇尔试验结果 表 7

级配类型	油石比(%)	稳定度(kN)	流值(0.1mm)	空隙率(%)	饱和度(%)	密度(g/cm^3)
AK－16C	4.0	15.10	21.0	6.5	59.7	2.564
	4.5	15.15	28.5	4.6	70.1	2.577
	5.0	13.75	28.2	3.9	75.4	2.586
	5.5	12.94	36.1	3.0	81.4	2.596
	6.0	12.52	46.6	2.2	86.7	2.591
AC－25I	4.0	19.11	31.2	4.2	68.7	2.469
	4.5	19.34	38.4	3.0	77.5	2.478
	5.0	16.17	47.2	2.2	83.9	2.476
	5.5	13.45	63.0	1.9	86.8	2.471
	6.0	12.34	76.5	1.8	88.2	2.463
要求	—	>7.5	20～50	3～6	70～85	—

3.4 最佳沥青用量及密度的确定

根据马歇尔试验及计算结果,分别绘制稳定度、流值、密度、空隙率、饱和度与油石比的关系曲线(图略),并求出最佳沥青用量初始值 OAC_1 和 OAC_2,最终得出最佳油石比,设计结果见表 8。

最佳沥青用量及密度 表 8

混合料类型	油石比(%)	密度(g/cm^3)	空隙率(%)
AK－16C	4.8	2.584	3.3
AC－25I	4.4	2.474	3.1

4 施工工艺要点

4.1 钢箱梁沥青面层结构组成

钢箱梁沥青面层以总厚度为 9.0cm,其下层为 AC－25I 中粒式沥青混凝土承重层 5cm,其上部为细粒式防滑表层4cm。其中承重层的沥青混凝土为密级配混合料，其空隙率相对比较小，可以兼顾防止或减少表面水的下渗，有利于钢面层的防锈功能。

钢桥面加焊变形钢筋后，涂刷环氧沥青防锈保护漆，并在防锈保护漆完全固化硬结后继续进行下道工序。

在沥青铺装层施工前24h清扫桥面，去除表面杂物、积尘以及表面水，然后在钢桥面上全幅涂刷黏层沥青，黏层沥青用量以不超过0.4kg/m^{2}为宜。

4.2 沥青混合料拌制

沥青混合料拌制时严格控制结合料用量。根据室内系统试验结果。AC－25I型中粒式沥青混凝土的油石比为4.4%；AK－16C型防滑表面层沥青混合料的油石比为4.8%，其变化范围不得大于±0.3%，抽提试验检查时以此为标准。

考虑到Cariphalte中SBS含量高达6%，储存稳定性较差、易离析，因此储存期间要进行不间断的搅拌或泵送循环。

改性沥青混合料随拌随用，下面层AC－25I净拌时间控制在(45±5)s，上面层沥青混凝土净拌时间达到(50±5)s。若因生产或其他原因需要短时间储存时，储存时间不宜超过24h，储存期间温降不应超过10℃，且不得发生结合料老化、滴漏以及粗细集粒颗粒离析的现象。

严格控制沥青和集料的加热温度以及改性沥青混合料的出厂温度。改性沥青混合料的施工温度较普通沥青混合料施工温度提高10～20℃，具体要求见表9。

改性沥青混合料的施工温度(℃) 表9

沥青加热温度	175～185
矿料温度	185～195
混合料出厂温度	170～185，超过200者废弃
混合料运输到现场温度	160～180
摊铺温度	155～175
碾压温度	150～170
碾压终了温度(16t左右宽幅双钢轮压路机)	不低于120

4.3 沥青混合料的运输

施工正值夏季多雨时节，为防止沿途受雨而使改性沥青混合料急剧降温结硬或结块，影响下道工序进行和路面整体质量，运输车上必须加盖雨披。运料车装料时，通过前后移动运料车来消除粗细集料的离析，一车料至少应分三次装载。运送沥青混合料的速度与数量应满足工地沥青面层连续摊铺的进度要求，尽量相匹配，但不易过多，避免料车积压过多，出现冷料现象。

4.4 沥青混合料的摊铺与压实

铺筑沥青混合料前，应检查确认下层的质量。如发现钢桥面下符合质量要求，例如抗阻钢筋漏焊、虚焊、松动，黏层油未洒或不均匀，及时整修。

改性沥青混合料的摊铺，采用两台ABG 423摊铺机联合作业实施梯形摊铺。下面层走钢丝，上面层用移动式自动找平基准装置控制摊铺厚度。应保持连续、均匀、不间断的摊铺。

改性沥青混合料的碾压机具配备，基本类同于普通沥青混凝土的碾压组合。在具体碾压过程中，要注意以下几点。

(1)碾压在混合料不产生推移、开裂等情况下，尽量在摊铺后较高温度下进行，碾压速度选用规范中适宜碾压速度的上限。

(2)碾压段的长度控制在20～30m为宜。

(3)振动压路机轮迹的重叠宽度不超过20cm，采用静压钢轮压路机，轮迹的重叠宽度不少于20cm。

(4)在初压和复压过程中，采用同类压路机并列成梯队压实，不采用首尾相接的纵列方式。

5 检测结果

锡澄高速公路 N15 标 A 匝道钢箱梁按新的组配设计和工艺要求，进行了改性沥青混凝土的摊铺，其检测结果如下。

5.1 室内试验(表 10)

室内试验汇总表 表 10

级配类型		试件成型温度(℃)	实测油石比(%)	稳定度(kN)	流值(0.1mm)	空隙率(%)	饱和度(%)	密度(g/cm^3)	残留稳定度(%)
下面层	AC-25I	155	4.45	16.0	33	2.3	81.7	2.486	94
上面层	AK-16C	155	4.86	18.2	36	3.0	79.7	2.616	92
规范标准		—	±0.3	>7.5	20~50	*3~6	70~85	—	>80

注：由于试件成型温度较高，空隙率偏低。

5.2 现场检测(表 11)

现场检测统计汇总表 表 11

检测类别	压实度(%)		摩擦系数(BPN)	构造深度(mm)	平整度(mm)
	下面层	上面层			
	97.8	97.0	70.8	0.78	0.887
技术标准	≥95		≮60	≮0.7	≤1.2

5.3 改性沥青混合料的车辙试验(表 12)

车辙试验汇总表 表 12

混合料类型		油石比(%)	动稳定值(次/mm)		
			1	2	平均
下面层	AC-25I	4.5	4 128	4 172	4 150
上面层	AK-16C	4.9	6 347	6 401	6 374

5.4 改性沥青混合料的冻融劈裂试验(表 13)

冻融劈裂试验汇总表 表 13

混合料类型	未经冻融劈裂强度(kN)(非条件)	冻融后劈裂强度(kN)(条件)	劈裂强度比(%)
上面层 AK-16C	12.744 5	11.938 8	93.68
下面层 AC-25I	14.657 0	13.835 1	94.39

5.5 改性沥青混合料的小梁弯曲试验(表 14)

小梁弯曲试验汇总表(试验条件：-10℃,50mm/min) 表 14

混合料类型	最大荷载(N)	跨中挠度(mm)	抗弯拉强度(MPa)	最大弯拉应变	弯曲破坏劲度模量(MPa)
上面层 AK-16C	1 201.2	0.336 9	9.805 7	1.7688×10^{-3}	5 543.61
下面层 AC-25I	1 448.6	0.325 5	11.825 3	1.7089×10^{-3}	6 919.93

6 结论

(1)在级配类型不更改的情况下,选用性能优良的改性沥青进行钢箱梁桥面铺装,不仅理论上是可行的,而且实际施工效果良好。

(2)从室内试验结果来看,上、下面层的改性沥青混凝土除空隙率偏低外,其他均能满足现行规范的要求。

(3)从现场检测结果来看,摊铺及碾压配套工艺良好,密实度高于96%的检测标准;路表构造深度、摩擦系数均能满足规范要求,且有一定的富余。

(4)从抗车辙试验结果来看,AC－25I型及AK－16C型改性沥青混凝土的动稳定度远高于规范3 000次/mm的标准,具有良好的高温稳定性。

(5)小梁弯曲试验,破坏应变AK－16C型及AC－25I型分别达到1 769με和1 709με,具备了良好的低温抗裂性能。

(6)残留稳定度及冻融劈裂试验强度比均大于90%,具备了较好的水稳定性。

(7)从雨后路表特征看,雨天路面均匀性较好、无油斑、离析现象极少。

5　粉喷桩检测方法浅论

周立军

（无锡市高速公路建设指挥部）

摘　要　粉喷桩技术被广泛应用于软土地基处理，本文较详细地介绍了粉喷桩的特征、加固形成的粉喷桩特性、常用检测方法及试验结果分析等，可供有关工程技术人员参考。

关键词　粉喷桩　特性　检测　分析

1　前言

在我国沿海地区及广大南方地区，广泛存在着海相沉积、内陆湖相沉积以及冲积形成的软土地层。这些软土地基具有高含水率、大孔隙比、高压缩性的特点。自20世纪80年代以来，在交通工程特别是高等级公路建设中，因路面的工后沉降控制要求较高，处理软土地基一般采用太沙基的固结理论，如超载预压、砂井、插塑板排水固结预压。自20世纪90年代以来，随着复合地基理论研究的深入，诸如搅拌桩（水泥浆、水泥粉体）、碎石桩等技术在高等级公路施工中得到广泛应用，较成功地解决了路基的后期沉降、高填土路基稳定、管涵施工避免二次开挖等问题。

2　粉喷桩桩体特征

粉喷桩是粉体喷射搅拌加固软土技术的简称，在国外也广泛使用，定名为Dry Jet Maxing Method（简称DJM工法）。粉喷桩是将粉状加固材料以压缩空气为输送动力，喷入软土地基中，与原位土进行强制搅拌混合，使土与加固材料产生化学反应，在改善土质性状的同时，提高其强度。

2.1　施工工艺流程

一般施工工艺流程如图1所示。

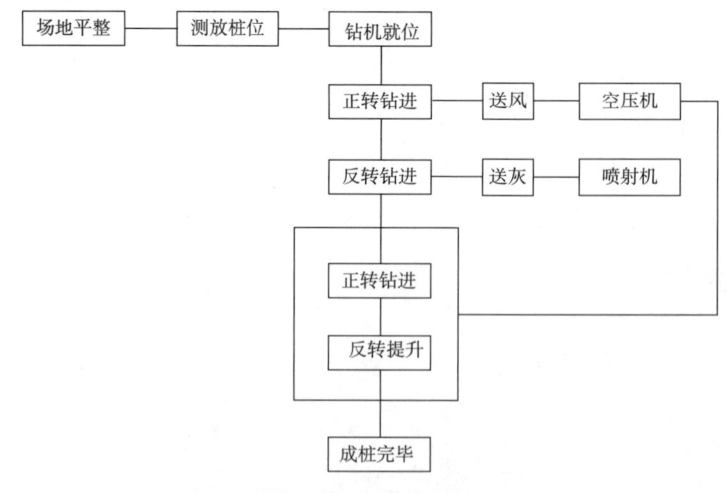

图1　施工工艺流程图

2.2 工艺参数

钻进速度 $V=0.5\text{m/min}$

提升速度 $V=0.5\text{m/min}$

搅拌速度 $R=30\text{r/min}$

气体流量 $Q=0.5\text{L/s}$

空气压力 $P=0.4\text{MPa}$

2.3 加固形成的粉喷桩的特征

(1)加固形成的桩体——加固体,从微观的材料物理、力学性能分析,它不是质地均匀的同一、同性材料,而是包含孔隙、水、加固料自硬及化学反应凝结形成的具有一定随机性的复合材料。

(2)从宏观角度分析,桩体强度主要是由掺入水泥量的多少决定,和搅拌均匀程度也有关系。目前,工程采用的掺入量(水泥)一般为加固土重量的15%。

(3)经常采用的粉喷桩桩体直径与钻头直径相同,一般为50cm。在桩体水平截面中央,存在5~10cm不等的未经压实加固土的松散"盲区",有的甚至形成孔洞。这是粉喷桩施工工艺所决定的,是不可避免的。

(4)观察桩体垂直截面的强度情况,一般是上部强度较下部高。这与水泥喷入量、孔隙水压力、搅拌均匀程度等情况有关。

衡量粉喷桩加固高速公路软土地基的加固效果,主要有两条:第一,其加固深度及加固区的变形模量是否满足设计对路面工后沉降量的要求;第二,桩体强度能否满足在设计荷载作用下竖向及侧向的稳定要求。

3 常用的检测方法

由于目前施工机械设备的掺入量定量、定时输送控制调整,以及瞬时测定输入量设备尚不够完善,施工技术和管理水平有差异,对粉喷桩施工工后质量检测必不可少。目前,经常采用的检测方法有静载、压桩头和钻探取芯3种。

3.1 静载试验

静载试验是根据现场测定的P(荷载)-S(沉降)曲线,检测粉喷桩强度及加固效果。静载试验按压板面积大小,可分为单桩和复合地基试验两种。单桩试验中,一般是粉喷桩桩体发生破坏,所以其测定的极限荷载反映的是粉喷桩被压裂部位的强度。大量的单桩静载试验结果证实,桩体破坏部位一般是桩顶以下0.5~2.5m,桩体强度的薄弱处。出现桩体发生"刺入"破坏形式的很少见的。复合地基测定的$P-S$曲线,是反映加固区复合地基的变形模量。在复合地基试验中,测定桩间土压力或桩顶压力,也可确定桩体的破坏强度。

3.2 压桩头试验

压桩头试验就是在开挖桩头检查以后,在桩顶以下载取几段桩体,做足尺无侧限强度试验。通常是在桩顶以下2m范围内,截取三段,做成直径50cm、高度50cm的柱体。该方法具有试验方法简捷、经济的优点,适合在分散施工的现场检查。由于试样采集受到施工场地及采集设备的限制,因此试验结果验证桩体质量范围是有限的,尚不能满足公路填土荷载决定的影响深度较深的特点。

3.3 钻探取芯

钻探取芯是检查粉喷桩质量的重要方法。该方法是日本检查粉喷桩(DJM工法)质量的主要手段。它是通过钻探,连续地采集粉喷桩试样(岩芯),以判定粉喷桩的连续性和整体强度。为保证采样质量,在必要时用双层岩芯管取样器或丹尼森取样器和三重取样器。为了取得高质量岩芯,取样器的直径可使用ϕ86mm、ϕ116mm等较大尺寸,钻孔位置应在粉喷直径的1/4处。

4 试验实测结果的分析

锡澄高速公路粉喷桩软基处理施工中,上述3种检测方法都曾采用,以压桩头试验为主。在某些标段质量检测中,同时也采用静载试验和钻探取芯。由于此次静载和钻探取芯的抽验桩数较少,且各组试验数据离散性较大,下面仅选择有代表性的几组数据,反映检测结果。

4.1 静载试验

1182号复合地基静载试验结果见表1、表2。

复合地基静载试验结果　表1

序号	荷　载　(kN)	历　时　(min)		沉　降　(min)	
		本级	累计	本级	累计
1	33	170	170	14.14	14.14
2	66	200	370	3.19	17.33
3	99	230	600	3.73	21.06
4	132	200	800	3.18	24.24
5	165	320	1 120	5.97	30.21
6	198	350	1 470	7.06	37.27
7	231	800	2 270	21.12	58.38
8	247.5	260	2 530	9.32	67.71

试桩号1182号复合地基静载试验桩、土应力　表2

项目 / 荷载(kN)	桩顶应力平均值(MPa)	桩间土应力平均值(MPa)	桩土应力比
33	0.082	0.021	3.90
66	0.160	0.043	3.72
99	0.234	0.066	3.54
132	0.226	0.109	2.07
165	0.333	0.124	2.68
198	0.435	0.140	3.11
231	0.657	0.127	5.17
247.5	0.868	0.096	9.04

1182号粉喷桩复合地基的静载试验,在最大荷载247.5kN作用下,总沉降量为67.71mm。图2、图3分别为$Q-S$曲线和$\lg t-S$曲线,可以判别复合地基极限承载力大于247.5kN,允许承载力大于123.75kN。该试验桩龄为53d,推算复合地基承载力为120.6kN,而123.75kN>120.6kN,故推算至90d桩身强度,复合地基允许承载力大于155kN。

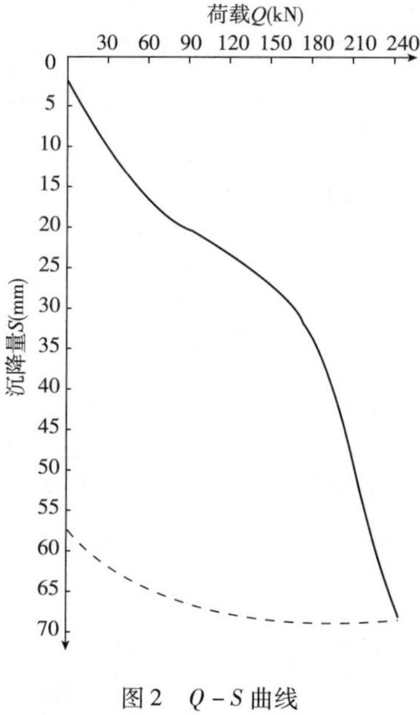

图2 $Q-S$ 曲线

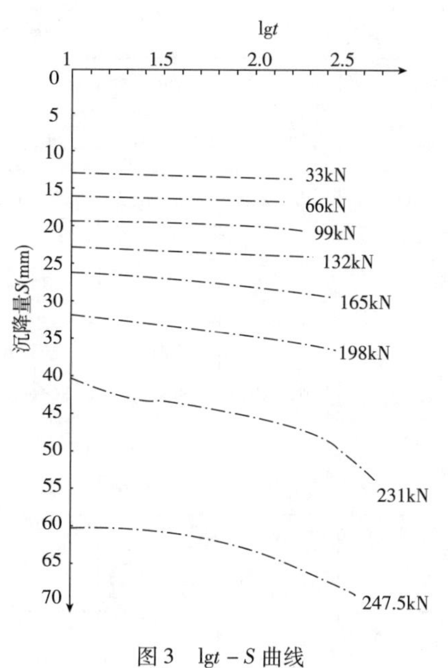

图3 $\lg t-S$ 曲线

4.2 压桩头试验

部分粉喷桩现场无侧限抗压强度试验结果见表3。

现场无侧限抗压强度试验结果　　表3

桩　　号	龄期(d)	现有龄期强度(MPa)	推算90d龄期的强度(MPa)					
K29+810～K29+937			上		中		下	
30－30	27	0.93		1.66		1.72		1.72
39－17	23	0.95		1.86		1.86		1.94
47－21	22	0.93		1.91		1.98		1.80
49－17	22	0.97		1.80		2.06		2.06
63－16	29	0.96		1.80		1.73		1.66
65－16	26	0.98		1.75		1.90		1.82
89－29	25	0.85		1.72		1.72		1.40
92－32	27	0.92		1.66		1.66		1.72

本工程 $R90=K_1K_2K_3R_T$。其中 R_T＝试验龄期强度(MPa)；K_1 为推断系数，$K_1=\sqrt{90/T}$；K_2 为试件边界条件修正系数，一般为1.15；K_3 为制样强度损伤系数，一般为1.3。

从表3可知，本次试验的强度代表值为1.78MPa，各试块的强度均大于1.2MPa，满足高速公路建设要求。

4.3 钻探取芯

桩顶以下2m以内，强度普遍较高，标贯击数在70击左右。桩顶以下2～6m，系粉喷桩的复搅深度，总体强度较好，标贯击数高者达63击，一般在40～60击之间。桩顶以下6～10m，加灰后粉体桩的强度普遍比原地基土强度略有增高，特别是44/19号桩，其桩体强度有明显增长，标贯击数达18～26击，无侧限抗压强度达494.8kPa(表4)。桩顶10m以下，直到粉体桩长18m以内，地基土标贯击数一般在3～7击，粉体搅拌桩标贯击数一般在5～10击，总体强度增长不大，无侧限抗压强度在60～122kPa之间波动。

粉体搅拌桩监测成果表　　表4

<table>
<tr><td colspan="2">里程桩号</td><td colspan="4">K29 +870 右 5.0m</td><td colspan="2">粉体桩号</td><td colspan="3">44/19(钻 5)</td></tr>
<tr><td colspan="2">施工日期</td><td colspan="4">1997.03.24</td><td colspan="2">监测日期</td><td colspan="3">1997.04.07</td></tr>
<tr><td colspan="2">取样深度(m)</td><td>1.9 ~ 2.2</td><td>3.9 ~ 4.2</td><td>5.9 ~ 6.2</td><td>7.9 ~ 8.2</td><td>9.8 ~ 10.1</td><td>11.9 ~ 12.2</td><td>13.9 ~ 14.2</td><td>15.9 ~ 16.2</td><td>17.9 ~ 18.2</td></tr>
<tr><td colspan="2">标贯击数(N63.5)</td><td>68</td><td>63</td><td>42</td><td>18</td><td>26</td><td>11</td><td>8</td><td>9</td><td>10</td></tr>
<tr><td colspan="2">土性描述</td><td>灰色亚黏土</td><td>灰色亚黏土</td><td>灰色亚黏土</td><td>灰色亚黏土</td><td>灰色亚黏土</td><td>灰色亚黏土</td><td>灰色亚黏土</td><td>灰色亚黏土</td><td>灰色亚黏土</td></tr>
<tr><td colspan="2">抗压强度(kPa)</td><td>—</td><td>—</td><td>—</td><td>494.8</td><td>—</td><td>135.7</td><td>—</td><td>122.1</td><td>—</td></tr>
<tr><td rowspan="2">地基土钻孔</td><td>标贯击数(N63.5)</td><td>4</td><td>3</td><td>4.5</td><td>6</td><td>7</td><td>6</td><td>7</td><td>3</td><td>4</td></tr>
<tr><td>抗压强度(kPa)</td><td>61.5</td><td>55.2</td><td>—</td><td>—</td><td>57.3</td><td>56.0</td><td>63.4</td><td>57.0</td><td>22.9</td></tr>
</table>

压桩试验结果表明,试样现有龄期强度在 1.0MPa 左右,与单桩复合地基试验测得的破坏时桩顶应力即桩体强度较接近。因此,从工程应用角度出发,压桩头试验替代耗时、费力的静载试验是可行的。

试图以 1.4m × 1.4m 压板尺寸的单桩复合地基试验,来检查加固深度为 18m 的粉喷桩加固效果,是比较困难的。

钻探取芯结果表明,桩体自上至下标贯击数明显递减,桩体强度在逐渐下降。试验测定的标贯击数与采集试样无侧限抗压强度,具有较大的离散性,试图建立其相关关系是十分困难的。用取芯试样强度与桩体实际强度建立相互关系可能比较实际。

5　结语

(1)从保证工程质量角度而言,最重要的是完善工程机械设备和质保体系,加强现场的旁站监理,统一施工工艺和质量控制标准。

(2)明确钻探取芯为检查粉喷桩质量主要手段,通过大量试验,积累数据,规范钻探取芯技术。

6　二灰碎石合理最大干密度确定方法简析

周立军

（无锡市高速公路建设指挥部）

摘　要　为了解决由于二灰碎石级配变化对压实度检测带来的影响，拟采用通过测出各检测坑混合料中4.75mm碎石的通过量，计算出混合料的实际最大干密度作为标准，来进行压实度检测。此方法得出的压实度数值，其变异系数明显减小，离散性明显降低，结果较为准确，能真实地反映路面二灰碎石基层的实际碾压情况。

关键词　二灰碎石　压实度　级配变化　最大干密度

1　问题的提出

在高等级公路二灰碎石基层施工中，由于存在着：①粉煤灰含水率较高（35%～40%），集料规格不稳定；②拌和采用国产的连续式拌和机，原材料进料不均匀；③二灰碎石混合料拌和和易性较差，在运输及摊铺过程中出现二次离析等不利因素，造成二灰碎石实际级配波动。尽管都在级配曲线允许的范围内，但总是可能与设计的标准级配组成有明显的差异，使室内确定的二灰碎石标准最大干密度与实际最大干密度相偏离，出现粗集料含量高，表观压实度偏高；粗集料含量低，表观压实度偏低的现象，影响到二灰碎石压实度检测的准确性。

2　解决方法

考虑到影响二灰碎石压实度检测的关键是粗细配料含量变化，因此在实际测试过程中，应针对各检测坑混合料的实际组成，计算出混合料中大于4.75mm碎石和小于4.75mm混合料所占有的实际体积，确定二灰碎石混合料的最大干密度γ_{dm}，以此作为衡量其施工压实度的依据。

取压实二灰碎石混合料干质量m_0，则：

$$\gamma_{dm}=m_0/V$$

$$V=V_1+V_2$$

$$V_1=m_0(1-0.01P)/\gamma'_{dm}$$

$$V_2=m_0\times 0.01P/G$$

得：

$$\gamma_{dm}=\frac{m_0}{\dfrac{m_0(1-0.01P)}{\gamma'_{dm}}+\dfrac{m_0\times 0.01P}{G}}$$

简化推算得：

$$\gamma_{dm}=\frac{1}{\dfrac{1-0.01P}{\gamma'_{dm}}+\dfrac{0.01P}{G}}$$

式中：P——混合料中大于4.75mm碎石含量，%；

γ'_{dm}——混合料中小于4.75mm混合料的最大干密度，g/cm^3；

G——混合料中大于4.75mm碎石的视密度,g/cm^3;

V_1——小于4.75mm混合料的体积,cm^3;

V_2——大于4.75mm碎石的体积,cm^3。

公式(1)既可用于确定二灰碎石基层的现场最大干密度,也可用以检验室内配合比设计(击实试验)所确定的最大干密度的可靠性。

同一来源的碎石,大于4.75mm的各级碎石的视密度基本相同,但当各级尺寸碎石的视密度有明显差异时,则应通过计算取用其平均视密度值。因此,二灰碎石混合料最大干密度值的大小,主要取决于4.75mm碎石的含量P(%),和小于4.75mm混合料的最大干密度γ'_{dm}(由击实法确定)。

小于4.75mm混合料最大干密度(γ'_{dm})值的大小,取决于小于4.75mm细集料与二灰的质量比。由于集料中小于4.75mm的细集料一经与二灰混合,就难以再行区分,因此为减少最终测试结果的离散性,采用小于4.75mm集料和二灰等量增减的方法,即小于4.75mm混合料含量的变化,平均分摊于细集料和二灰。这样,对施工现场任何一个基层检测坑,只要知晓混合料中大于4.75mm碎石的含量P(%),即可很方便地计算确定二灰碎石混合料的最大干密度。

3 实际应用

为快速确定基层检测坑小于4.75mm混合料的最大干密度γ'_{dm}和二灰碎石混合料的最大干密度γ_{dm},应在实验室内先做一些辅助性的工作。试以锡澄高速公路的N10标路面基层实际施工为例,其二灰碎石混合料的设计配比为:石灰:粉煤灰:碎石=6:12:82。依据以上推算思路,首先采用击实法试验并绘制小于4.75mm混合料的$\gamma'_{dm}-\omega$图(图1)。求得二灰与细集料不同配比的γ'_{dm}值,见表1。图1中①~⑥为各不同二灰与细集料配合比例的小于4.75mm混合料击实试验的序号,配合比例见表1。

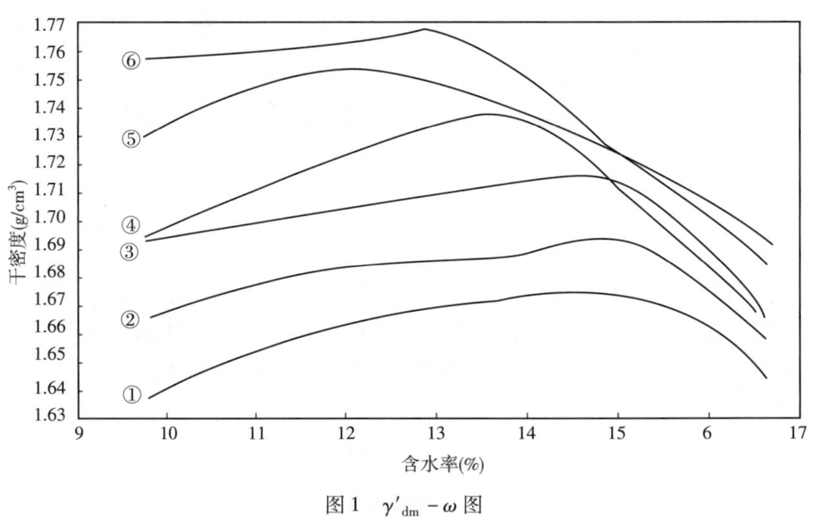

图1 $\gamma'_{dm}-\omega$图

小于4.75mm混合料中二灰与细集料的配比及其相应的最大干密度(γ'_{dm}) 表1

击实试验序号	>4.75mm碎石量(%)	石灰:粉煤灰	石灰:粉煤灰:碎石	石灰:粉煤灰:<4.75mm碎石:>4.75mm碎石	石灰:粉煤灰:<4.75mm碎石	γ'_{dm}	γ_{dm}
①	35.0	1:2	8.4:16.7:74.9	8.4:16.7:39.9:35	12.9:25.7:61.4	1.674	1.94
②	40.0	1:2	7.5:15.1:77.4	7.5:15.1:37.4:40	12.5:25.2:62.5	1.692	1.99
③	45.0	1:2	6.7:13.4:79.9	6.7:13.4:34.9:45	12.2:24.4:63.5	1.714	2.06
④	49.2	1:2	6:12:82	6:12:32.8:49.2	11.8:23.6:64.6	1.737	2.11
⑤	55.0	1:2	5:10.1:84.9	5:10.1:29.9:55	11.2:22.4:66.4	1.754	2.18
⑥	60.0	1:2	4.2:8.4:87.4	4.2:8.4:27.4:60	10.5:21:68.5	1.767	2.24

注:④为N10标二灰碎石设计配合比。

再由图1、表1中小于4.75mm混合料中二灰与细集料配比及大于4.75mm碎石在二灰碎石混合料中的占有量P，按线性回归绘制$\gamma'_{dm}-P$图（图2）。现场任何一个二灰碎石基层检测坑，只需在完成取样材料的筛分工作后，均可由图2获得小于4.75mm混合料的量大干密度γ'_{dm}。

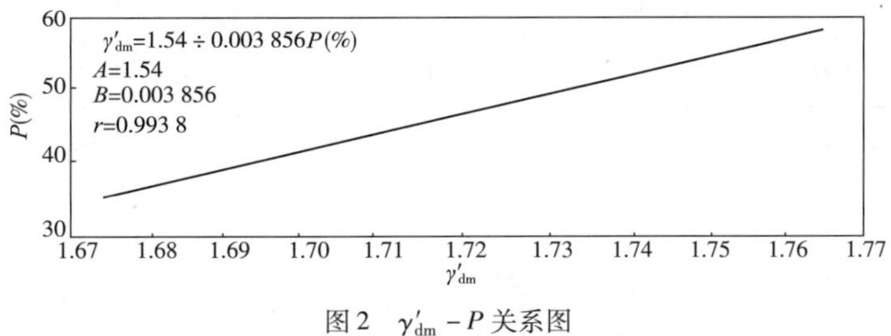

图2　$\gamma'_{dm}-P$关系图

已知P、γ'_{dm}以及碎石的视密度（或平均视密度）G，则二灰碎石混合料的最大干密度γ_{dm}即可由上述公式确定，或在事先绘制的$\gamma_{dm}-P$图中查得（图3）。

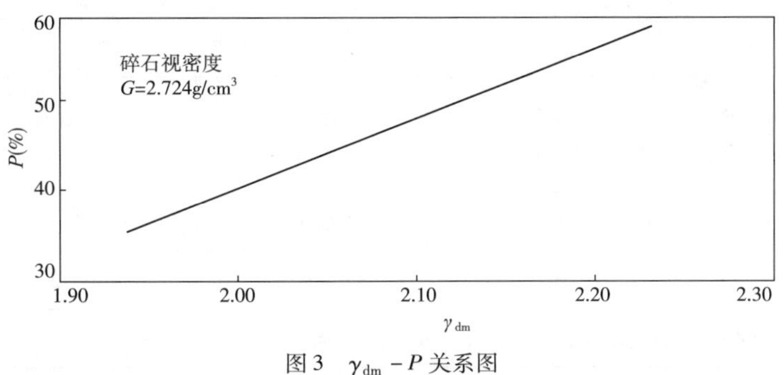

图3　$\gamma_{dm}-P$关系图

采用计算最大干密度和标准最大干密度两种方法，分别对N10标二灰碎石压实度进行检查，结果见表2。

二灰碎石基层压实度两种检测方法对比汇总表　　表2

测点序号		>4.75mm碎石含量P（%）	实测干密度γ_i（g/cm³）	采用标准最大干密度法			采用计算最大干密度法		
				标准最大干密度γ_0（g/cm³）	压实度k_{io}（%）	数理统计	计算最大干密度γ_{dm}（g/cm³）	压实度k_i（%）	数理统计
	1	54.8	2.126	2.11	100.8		2.18	97.5	
	2	59.2	2.171	2.11	100.9		2.23	97.4	
	3	53.3	2.174	2.11	103.0		2.16	100.6	
	4	50.6	2.100	2.11	99.5		2.13	98.6	
	5	54.1	2.102	2.11	99.6		2.17	96.9	
	6	52.6	2.109	2.11	100.0		2.15	98.1	
	7	51.8	2.141	2.11	101.5		2.14	100.0	
P（%）大于*49.2%的测点	8	52.4	2.104	2.11	99.7	$n=18$ $s=1.939$ $K=101.4$ $Cv=0.0191$ $\overline{K}=100.2$	2.15	97.9	$n=18$ $s=1.623$ $K=99.4$ $Cv=0.0163$ $\overline{K}=98.4$
	9	52.6	2.192	2.11	103.0		2.13	102.0	
	10	49.8	2.089	2.11	99.0		2.12	98.5	
	11	56.4	2.243	2.11	106.3		2.20	102.0	
	12	52.8	2.188	2.11	103.7		2.15	101.8	
	13	49.9	2.107	2.11	99.9		2.12	99.4	
	14	51.3	2.127	2.11	100.8		2.13	99.9	
	15	51.4	2.157	2.11	107.2		2.14	100.8	
	16	50.6	2.107	2.11	99.9		2.13	98.9	
	17	54.1	2.133	2.11	101.0		2.17	98.3	
	18	51.1	2.136	2.11	101.2		2.13	100.3	

续上表

测点序号		>4.75mm碎石含量 P (%)	实测干密度 γ_i (g/cm^3)	采用标准最大干密度法			采用计算最大干密度法		
				标准最大干密度 γ_0 (g/cm^3)	压实度 k_{io} (%)	数理统计	计算最大干密度 γ_{dm} (g/cm^3)	压实度 k_i (%)	数理统计
P(%)大于*49.2%的测点	19	47.9	2.091	2.11	99.1	$n = 18$ $s = 1.311$ $K = 98.2$ $Cv = 0.0134$ $\overline{K} = 96.8$	2.09	100	$n = 18$ $s = 1.078$ $\overline{K} = 99.0$ $Cv = 0.029$ $\overline{K} = 98.0$
	20	47.5	2.041	2.11	96.7		2.09	97.7	
	21	47.3	2.059	2.11	97.6		2.09	98.5	
	22	48.3	2.050	2.11	97.2		2.10	97.6	
	23	47.6	2.112	2.11	100.1		2.09	101.1	
	24	46.8	2.046	2.11	97.0		2.08	98.4	
	25	48.7	2.072	2.11	98.2		2.10	98.7	
	26	48.3	2.106	2.11	99.8		2.10	100.3	

压实度方法	测点总数 n (个)	标准差 s (%)	平均值(%) $\overline{K}$(%)	变异系数 Cv (%)	代表值 K (%)
标准最大干密度法	26	2.246	100.4	0.0224	99.3
计算最大干密度法	26	1.509	99.3	0.0152	98.5
备注	*49.2%为设计级配的大于4.75mm碎石含量(%)				

据表2分析得出：

(1)大于4.75mm碎石含量高于设计级配值，采用计算最大干密度 γ_{dm} 后，实际压实度检测数值减少。

(2)大于4.75mm碎石含量低于设计级配值，采用计算最大干密度 γ_{dm} 后，实际压实度检测数值增加。

(3)采用计算最大干密度 γ_{dm} 法后，压实度数值的变异系数明显减小，离散性明显降低。

4 结论

采用根据实际级配计算最大干密度作为标准，进行压实度检测的方法，能较好地避免由于碎石级配变化对于压实度测试带来的影响，减少压实度检测数据的离散性，较为准确地反映实际碾压情况，有效地保证二灰碎石基层的质量。

7 梯子山隧道施工关键技术

曹校勇 张武祥 杨彦民

（中交第一公路勘察设计研究院）

摘 要 梯子山隧道为双向六车道连拱结构，具有大跨、超浅埋、地质条件差、下穿国道等特点。文章主要介绍其施工关键技术及实施方案和结果分析，对类似工程建设有一定借鉴意义。

关键词 梯子山隧道 六车道双连拱 施工 关键技术

1 工程概况

宁杭高速公路梯子山隧道位于江苏、浙江两省交界处，全长332 m，为双向六车道连拱结构，开挖宽度32.54m，是目前国内开挖宽度最大的公路隧道之一。隧道最大埋深25m，最小埋深仅2.7m（穿越104国道段）。它是“把宁杭高速公路建成环保、旅游、生态、景观路”这一指导思想的具体体现之一。

该隧道穿越的地层为志留系茅山组中段岩屑石英砂岩、岩雁砂岩，层状构造，产状平缓，中厚层状，层间结合较差，局部夹薄层黏土岩、泥岩。泥岩与砂岩互层状产出，在空间上泥岩、黏土岩延伸欠稳定，厚度时有变化，有时尖灭。隧道穿越围岩岩体渗透性各向异性明显，砂岩层及砂岩与泥岩接触面渗透性较大，泥岩渗透性较小。地层向山内倾斜，地下水补给区不大，主要受大气降水控制，雨季渗水量较大。

梯子山隧道有两种不良地质现象：一是黏土岩，为软质岩，抗风化能力弱，亲水性强，易软化、泥化，具有弱膨胀性；二是采空区，在路线附近发现多处当地村民采掘黏土岩开凿的平洞采空区，已发现局部地面塌陷，虽规模小，因其洞口隐蔽，对施工安全有不利影响。

2 梯子山隧道关键技术

（1）隧道进口段与104国道斜交，斜交角度约45°，埋深仅2.7m，围岩破碎，有一定偏压，而且104国道交通繁忙（超载车辆和集装箱比重较大），交通量达20 000辆/d。如何在确保104国道不中断交通的前提下，顺利下穿104国道为本隧道关键技术之一。

（2）由于梯子山隧道穿越地层属泥岩与砂岩水平互层，加上竖向节理发育，如何减少超挖，避免欠挖，为本隧道关键技术之一。

（3）梯子山隧道埋深浅、围岩破碎、地质条件差（其中Ⅱ类围岩212m、Ⅲ类围岩120m），且有采空区的存在，因此克服采空区的不良影响、安全快速掘进、确保初期支护质量是本隧道关键技术之一。

（4）早期修建的隧道，由于施工技术不成熟等多种因素的影响，造成隧道结构渗漏水相当普遍，有“十隧九漏”之说。随着施工技术水平的提高和各种新材料的使用，在新建隧道中，单洞隧道基本能避免渗漏水，而双连拱隧道往往存在不同程度的渗漏水现象，因此防排水处理为本隧道关键技术之一。

（5）本隧道中隔墙一次浇筑成型，初期支护和二次衬砌落在中隔墙顶，二次衬砌采用大模板台车一次浇筑成型，因此，中隔墙和二次衬砌质量控制成为本隧道关键技术之一。

3 梯子山隧道关键技术实施方案

建设过程中,结合梯子山隧道特点,针对上述五项关键技术,分别制订以下实施方案。

3.1 确保隧道下穿104国道时施工安全和国道畅通

隧道下穿104国道段具有大跨、超浅埋、偏压、地质条件差、洞顶交通量大的特点,这在国内尚属首例。本段采用斜交暗挖进洞。设计方案预加固措施有两点:一是地表 ϕ50mm 钢管注浆,间距为1.2 m×1.2m梅花形布置,周边孔加密;二是 ϕ50mm 小导管辅助 ϕ108 mm 大管棚超前支护,环向间距35cm。洞内初期支护参数为:喷C25混凝土30 cm,I25b工字钢纵向间距50cm,单层 ϕ6 钢筋网,规格20cm×20cm,取消拱部系统锚杆,仅保留边墙处系统锚杆;施工中要求严格遵循"弱爆破、短进尺、强支护、勤量测、早封闭"的原则。洞内进行爆破开挖和初期支护施工时,对洞顶104国道进行交通管制,分幅开放交通,同时加强地表沉降、拱顶下沉、收敛等量测,以便及时修正设计参数,确保安全。

3.2 隧道开挖过程中减少超挖、避免欠挖

《公路隧道施工技术规范》(JTJ 042—94)规定严格控制欠挖,尽量减少超挖值。隧道欠挖会使初期支护喷混凝土厚度不足,从而影响结构强度,尤其是围岩差时更为突出;隧道超挖过多不仅影响安全,而且浪费材料,影响工程进度。为此,结合本隧道地质特点,制订了具体的爆破方案。

采用微震光面爆破,塑料毫秒雷管非电起爆技术,控制单眼起爆药量,减少爆破震动波叠加,避免对围岩的过多扰动,同时加强爆破震动监测。施工前根据现场地质条件进行爆破试验,并在施工中不断修正光爆设计参数,以达到最佳爆破效果,成立TQC小组,实行定人、定位、定标准的岗位责任制,保证每一道工序按设计要求进行。

本隧道爆破方案采用的主要技术参数为:

(1)密打眼、少装药,特别是中导坑拱部中心线两侧60°及中隔墙中心线两侧各4.0m范围内周边眼加密一倍,隔孔装药。

(2)控制爆破震动速度,根据爆破效果及爆破震动效应,监测震动、混凝土应力量测数据调整爆破设计,并据爆破震动衰减规律公式反算控制最大单响起爆药量。

(3)合理安排段间隔时差。为避免爆破震动波形叠加、降低爆破震动强度,毫秒雷管跳段使用,段间隔时差控制在100ms左右。

(4)对掏槽眼采用楔形复式掏槽技术,对底板眼、周边眼进行分段起爆。

3.3 安全、快速掘进,确保初期支护满足设计要求

为减小采空区的影响,实现安全、快速掘进的目的,梯子山隧道建设过程中严格按设计施作了超前支护,较好地贯彻了新奥法施工原则,初期支护紧跟掌子面,保证了施工安全,为工程建设赢得了宝贵时间。

初期支护包括喷混凝土、钢筋网、系统锚杆、钢拱架等。初期支护要紧跟开挖面及时施工,减少围岩暴露时间,控制围岩变形,防止围岩短期内松弛,并根据设计埋设监控量测点,观测初期支护变形。

3.3.1 喷混凝土施工

本隧道采用湿喷技术,喷混凝土在选择好原材料和做好配合比设计的前提下,其质量保证主要在施工工艺控制。喷射前,认真检查隧道断面尺寸,保证净空满足设计和规范要求,并对欠挖部分及所有开裂、破碎、崩解的破碎岩石进行处理,清除浮石和墙角虚碴,用高压水或风冲洗岩面,以保证良好接触。

喷射作业将以下几方面作为控制重点:

(1)喷射顺序:自下而上,先墙后拱,分区、分段"S"形进行,分段长度不大于6m。

(2)最佳喷射距离与角度:喷射头距离岩面以0.6~1.2m为宜,喷射料束与受喷射面基本垂直,与受喷射面垂线成5°~15°夹角时最佳。

(3)喷射料束运动轨迹:环行旋转水平移动并一圈压一圈,环行旋转直径约为0.3 m。喷射第二行时,依顺序由第一行起点上方开始,行间搭接2~3cm。

(4)一次喷射厚度根据设计厚度和喷射部位确定,初喷厚度不小于4~6cm。首层喷射混凝土时,要

着重填平补齐，将小的凹坑补圆顺。岩面有严重坑凹处采用锚杆吊模模喷处理。

(5)喷射混凝土完成时间距下次爆破时间的间隔不得小于4h。

3.3.2　钢筋网施工

按设计要求加工钢筋网，钢筋网采用洞外预制，洞内铺挂，随开挖面起伏铺设，同定位锚杆固定牢靠。

3.3.3　系统锚杆施工

主洞系统锚杆为ϕ25mm中空注浆锚杆，中导洞和侧导洞系统锚杆为ϕ22mm早强锚杆。施工时主要控制好以下几点：

(1)锚杆孔开孔前做好量测工作，严格按设计要求布孔并做好标记，施工时开孔偏差及孔角度偏差不得大于规范，以充分发挥锚杆悬吊岩体，支撑、加固围岩的作用。

(2)用压风水冲洗锚杆孔，确保孔内不留石粉或其他影响砂浆与孔壁固结的杂物。

(3)ZW锚固剂使用方法：将药卷浸入清水1min后取出(以软而不散为度)；将锚固卷逐个用炮棍装入孔内捣实；利用凿岩机的冲击力打入锚杆，并旋转直至浆液流出。装药长度不得小于2/3。

(4)灌注用浆液坚持随拌随用的原则，对超过初凝时间的浆液作报废处理。干缩率控制在10%以内；止浆塞应塞入牢固，确保能承受锚杆及注满锚杆孔砂浆的重量。排气孔未出浆前，不得停止注浆。

3.3.4　钢拱架施工

工字钢在加工场预制，检查合格后，运至现场。施工时主要控制以下几点：

(1)安装前分批按设计图检查验收加工质量，不合格禁用。

(2)清除干净底脚处浮渣，超挖处加高混凝土垫块，确保岩面与拱架密贴，其中间段接前沿板用砂子埋住，以防混凝土堵塞接头板螺栓孔。

(3)按设计焊定位钢筋及纵向连接筋，段间连接安设垫片拧紧螺栓，确保安装质量。

(4)严格控制中线及高程。

(5)确保初喷射质量，拱架在初喷射后架立。

3.4　防排水处理

防排水设计遵循“以排为主，防、排、堵相结合”的综合治理原则。施工缝、工作缝、变形缝是隧道防排水的薄弱环节，本隧道在施工缝、工作缝、变形缝均设置中埋式橡胶止水带。中隔墙是双连拱隧道的防排水重点，必须将从初期支护表面渗出的裂隙水有效地堵在衬砌内侧，并确保汇集在中隔墙顶的水能顺利排走，为此在中隔墙顶沿隧道全长设置ϕ100mm软式弹簧软管，并用复合式防水板半裹，沿隧道纵向每隔10m设置竖向ϕ100mm塑料排水管，并引至边沟，如图1所示。同时防水板将裂隙水部分汇集到中隔墙顶，在中隔墙顶二衬和中隔墙的施工缝沿隧道全长设置止水带，每环衬砌之间的环向止水带延伸至中隔墙底部，确保将水堵在衬砌内侧，如图2所示。施工过程中认真贯彻设计意图，结合现场情况制订防排水实施方案。

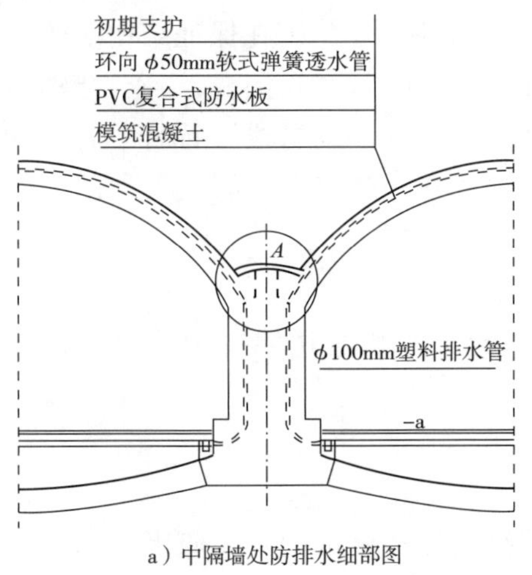

a) 中隔墙处防排水细部图

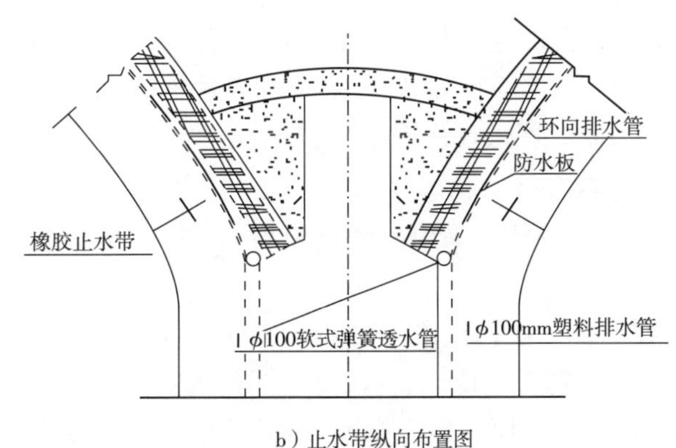

b) 止水带纵向布置图

图1　中隔墙防排水示意图

(1)对岩面渗漏水预先进行有效引排处理。大股水用插管引排;较弱裂隙水用塑料网格夹无纺布引导;大面积渗水以 PCE 膨胀剂防水砂浆抹腻,将水集中,然后开槽引排。

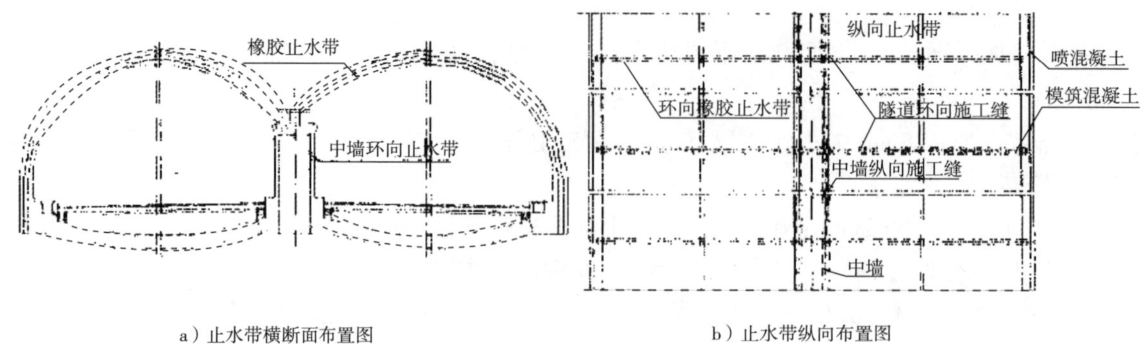

a)止水带横断面布置图　　b)止水带纵向布置图

图2　止水带布置图

(2)确保复合式防水板施工质量。设在初期支护和二次衬砌之间的 PVC 复合式防水板是本隧道防排水措施的一道重要防线。它可对初期支护喷混凝土表面的不确定渗水、滴水点和大面积渗水进行有效地堵截,避免二次衬砌大面积渗水。防水板施工重点做以下几方面的工作:

①防水板铺挂前,切除初期支护表面外漏的锚杆、钢筋网,对初期支护表面凹凸不平的,用砂浆抹平处理,使矢跨比不大于 1/6。

②拼焊防水板时,焊缝宽度不小于 1 cm,避免漏焊、假焊。拼焊好的防水板,卷成卷放置时,土工布向外。基面检查合格后,先试铺,确定小木桩位置,再用电钻钻眼打入小木桩,桩头钉铁钉,最后用铅丝将防水板背部吊带紧系铁钉上。

③防水板沿隧道纵向一次铺挂长度比本次灌注混凝土长度多 1.0m 左右,便于与下一环的防水板焊接,使防水板接缝与二次衬砌环向施工缝错开,有利于防止施工缝渗漏水。

(3)沉降缝、施工缝、变形缝是隧道防水的薄弱环节。资料显示,已建成隧道渗漏水多出现在这些薄弱环节。本隧道设计采用中埋式橡胶止水带,施工前,将橡胶止水带用 $\phi 8$ 钢筋卡和定位钢筋固定在挡头板上,并在混凝土浇筑过程中注意检查,确保安装不偏不倒,准确定位,不扎孔,搭接良好。二衬浇筑前,做好中隔墙顶汇水的引排工作,保证施工缝干燥。

(4)施工过程中,要确保预埋的各排水管不被堵塞,做到条条相连,条条畅通。各不同管接头处三通要确保和各管连接良好,以形成一个有机、畅通的排水系统。

(5)仰拱一次浇筑成型,杜绝分幅浇筑,以免地下水沿施工缝渗入路面,影响路面使用。

3.5　确保中隔墙和二次衬砌质量

3.5.1　中隔墙施工

由于中隔墙要提供施工时抗滑移和结构抵抗收敛变位的能力,因此中隔墙施工在保证结构实体质量的同时应重点做好基础处理和顶部回填。本隧道中隔墙基础处理首先清除基底黏土岩、浮渣、杂物和积水,用 C25 混凝土回填并找平,然后采用 $\phi 22$mm 砂浆锚杆进行基底加固(Ⅱ类围岩段),锚杆单长 3.0m,间距 1.0 m×1.5 m 布置,锚杆露出基底面 50cm,与上部基础钢筋焊接在一起。中导洞支护顶部系统锚杆预留 50cm 埋入现浇混凝土,并采用模喷技术保证顶部密实。

3.5.2　二次衬砌施工

二次衬砌施工采用整体钢模台车,泵送混凝土施工方法施工,封顶采用泵送混凝土接封顶器封顶技术。

在确定二次衬砌施工时间后,重点做好以下几方面工作:

(1)衬砌台车调试、就位及端部模板安装

台车模架、模板局部变形、加工尺寸偏差等是造成衬砌错台等衬砌外观质量的主要原因。衬砌台车现场拼装完成后,必须在轨道上往返行走 3~5 次后,再进行螺栓固定,并对部分连接部位加强焊接以提高台车的整体性。检查台车尺寸是否准确,掌握加工偏差大小的情况,必要时进行整修。衬砌前对模板进行彻底打磨,清楚锈迹,涂油防锈。

台车轨道采用P38钢轨,方木做枕木,底面直接置于已铺底或仰拱填充的混凝土地面上,保证台车平稳。调整模板中心线尽量同台车大梁中心重合,使台车在混凝土灌注过程中处于良好的受力状态。

采用五点定位法,即:以衬砌圆心为原点建立平面坐标系,通过控制拱部模板中心点、拱部模板同墙部模板铰接点、墙部模板或柱脚的底脚点来精确控制台车就位。曲线上考虑内外弧长差引起的左右侧搭接长度的变化,以便弧线圆顺,减少接缝错台。

台车走行至立模位置,用侧向千斤顶调整至精确位置,并进行定位复测,直至调整到准确位置为止。台车撑开就位后,检查台车各节点连接是否牢靠,有无错台、位移情况。采用五点定位法检查模板是否翘曲或扭动,位置是否准确,以保证隧道净空,同时克服衬砌环向接缝处的错台。

挡头板选用5cm厚木板制作,采用角钢U形卡和短方木固定,以适应端模的不规则性。

(2)混凝土错台的措施

①在台车就位前,将混凝土与台车搭接部分表面(包括中隔墙顶部拱趾部位)彻底清理干净,使台车与混凝土表面尽量紧贴。

②加强台车支撑,将所有的支撑全部支撑到位,保证台车整体受力,必要时增加丝杠支撑。

③在台车前端端部拱顶增设支撑,以防台车上浮造成拱部错台。

④严控台车底部以上3 m灌注混凝土速度(一般控制在4h)和坍落度(一般在14cm)。

⑤中线控制准确,使台车中线和二次衬砌中线在同一竖直面。

⑥保持台车与已浇筑混凝土的搭接长度为10cm(曲线地段指内侧)。

⑦对模板板块拼缝进行焊连,并将拼缝打磨平整,以抑制使用过程中模板翘曲变形而影响混凝土表面质量,克服板块间拼缝处错台。

⑧台车作业窗关闭前,将窗口边框混凝土浆液残渣清理干净,用湿抹布擦拭后锁紧压紧卡,并将关闭支点用楔形木塞塞紧,防止由于作业窗口关闭不严,使窗口部位混凝土表面形成凹凸不平的补丁,甚至漏浆。

(3)衬砌混凝土封顶技术和拆模

封顶采用顶模中心封顶器接输送管,逐渐压注混凝土封顶。当挡头板上观察孔有浆液溢出,即标志封顶完成。拆模时间按最后一盘封顶混凝土试件现场试压强度来控制,拆模时混凝土强度不小于2.5MPa。

4 梯子山隧道关键技术实施效果及分析

通过认真实施以上质量控制方案,整个建设过程中没有出现一次安全事故,比合同工期(15.5个月)提前两个月实现建设任务;洞身开挖避免了欠挖,超挖范围基本都在规范允许范围之内,无较大坍塌;初期支护满足设计要求,大面平整,基本干燥;防排水措施到位,消除了隧道渗漏水;二次衬砌“内实外光”,消除了错台、漏浆、蜂窝麻面等现象。

总之,在梯子山隧道建设过程中,经过宁杭高速公路业主、设计院、施工单位、监理单位的共同努力,尤其是施工、监理单位在努力贯彻设计意图的同时,根据现场实际情况,做细每一道工序,严把质量关,使得梯子山隧道较好地实现了设计意图和建设目标。

参考文献

[1] 中交第一公路勘察设计研究院. 梯子山隧道施工图设计文件及相关变更图纸[R]. 2002.

[2] 交通部. JTJ 042—94 公路隧道施工技术规范[S]. 北京:人民交通出版社,1995.

[3] 于书翰. 隧道施工[M]. 北京:人民交通出版社,2004.

8　无锡高指公路工程建设多项目管理平台介绍

丁满琪[1]　王　强[1]　彭志强[2]　王跃平[2]

（1. 无锡市高速公路建设指挥部；2. 江苏智运科技发展有限公司）

1　引言

无锡市高速公路建设指挥部办公室（以下简称无锡高指）是负责无锡市高等级公路建设管理的机构。自1992年来，先后组织建设了沪宁高速公路无锡段、锡澄高速公路、锡宜高速公路、宁杭高速公路无锡段、沿江（常澄）高速公路、青祁路、环太湖公路、陆马公路、沪宁高速公路拓宽无锡段等公路工程项目及凤翔路、太湖大道、二泉路、雪梅路、春阳路等市政道路项目。建成道路近330km，累计完成投资150多亿。目前正在建设环太湖公路高速化改造工程、342省道无锡市区段、硕放枢纽、无锡机场路等工程，投资规模30多亿。将要开工的项目有无锡东干线高速公路，苏锡连接线、跨太湖大桥等项目。整体建设任务相当繁重。

无锡高指早在20世纪90年代就开始研究通过信息化管理的方式来规范管理，已经在一些大型公路建设项目中成功使用了一些工程管理软件，将概预算、计量、合同管理等业务过程处理采用了计算机管理，业务范围涵盖了指挥部、监理、承包人三个方面的工作，为控制工程造价提供了科学有效的手段和方法，实现了部分业务的动态管理和实时监控，为项目建设管理打下了较好的基础。但这些基于项目单项业务管理的应用系统在功能、应用范围上存在不足之处，没有将系统应用延伸到建设投资方与业主和行业管理部门，以致在实际工作中，仅以报表或电子通信的方式，信息的采集、处理、传递难以达到方便、快捷、精确，导致总体工程管理比较被动，各类业务的协同开展还是以传统的方式进行，形成了信息孤岛，仅仅起到了信息系统的作用，难以达到管理系统的目标。

经过多次尝试和多年的考察，在2004年10月无锡高指选择了江苏智运科技的《工程多项目综合管理平台》。双方在此基础上进行了深度的二次开发，研制了《无锡市高指工程多项目综合管理系统》。通过联网工作模式，密切结合工程建设项目管理的“三控、三管、一协调”（投资控制、进度控制、质量控制、合同管理、安全管理、信息管理和组织协调）工作，为工程建设管理、监理、施工及设计单位提供统一的管理平台，辅助各单位对项目计划、概算、变更、质量、合同支付等核心业务实施行之有效的管理；通过系统的实施，一方面要能很好地实现多参建单位共享管理信息；另一方面又能实现信息管理的完整性和痕迹管理，能全面地管理公路建设信息的各个方面，避免多头管理、重复管理某些信息，避免软件间信息的交互不畅，从而能较大幅度提高办公效率、降低办公成本，加强管理，确保高质量、低成本完成工程项目。项目管理办公室并能集中管理项目的运行指标，统一时间、质量、成本等技术指标，进行横向对比分析，动态监控每个项目的范围、时间、质量、成本、人力、变更、风险等状态，为决策提供有力的支持，使高速公路建设管理无论是管理体系、管理手段、管理时效，以及与国际接轨等方面，都走在全国工程建设的前列。

2　项目管理系统建设目标

基于以上高指的应用需求提出的《无锡公路工程建设多项目管理平台》解决方案，将提供给建设管理者、监理和施工单位一个统一的系统平台，具体实现下述目标。

（1）建立符合现代项目管理理念及无锡高指公路建设实际情况的工程项目管理体系，实现工程建设目标管理和过程管理的统一；突出 B/S 特性，突出多项目特性，在总体上追求管理理念和技术的先进性，通过深度的二次开发保证系统完备性，保证所有模块都是在实际应用中得到检验并能顺利运行，在开发中作到对每个细节的精益求精，达到实用性的要求。

(2)提高管理水平和效率，真正把原有信息系统升级到可实施的管理系统，在系统正式运行后把相关业务及流程搬到网上，实现工程项目管理的网络化、信息化；达到在任何一台能上网的计算机上相关有权限人员都能登陆本系统进行业务操作和查询，达到高效、及时、节约资源的目的。

(3)建立一套完整统一的公路工程建设信息编码体系与相应的基础数据库，为工程建设提供准确的数据依据(包括 EPS、WBS、OBS 等，其中的清单指标体系、概化指标体系等以资源加载的方式实现，以利于系统扩展)。

(4)在传统多级计划的基础上升级到多层计划模式，简化计划进度上报和调整的流程，突出灵活性和实时性，适应工程建设中的变化；加强计划进度和计量支付的关联，体现计划进度的严肃性。

(5)实现信息管理的完整性和痕迹管理，能全面地管理公路建设项目信息的各个方面，避免多头管理、重复管理某些信息，避免软件间信息的交互不畅，从而能较大幅度提高办公效率、降低办公成本，加强管理，确保高质量、低成本完成工程项目。

(6)建立完整的、统一的、科学的项目档案资料与交竣工资料管理库，实现各类资料备份、备查、备审的一致性，为项目审计提供完备的资料依据。

(7)与投资方和上级主管部门相关系统整合，并能很好地实现多参建单位共享管理信息，提高工程项目信息的利用价值。

3 多项目管理平台

多项目管理平台的系统总体架构如图 1 所示。

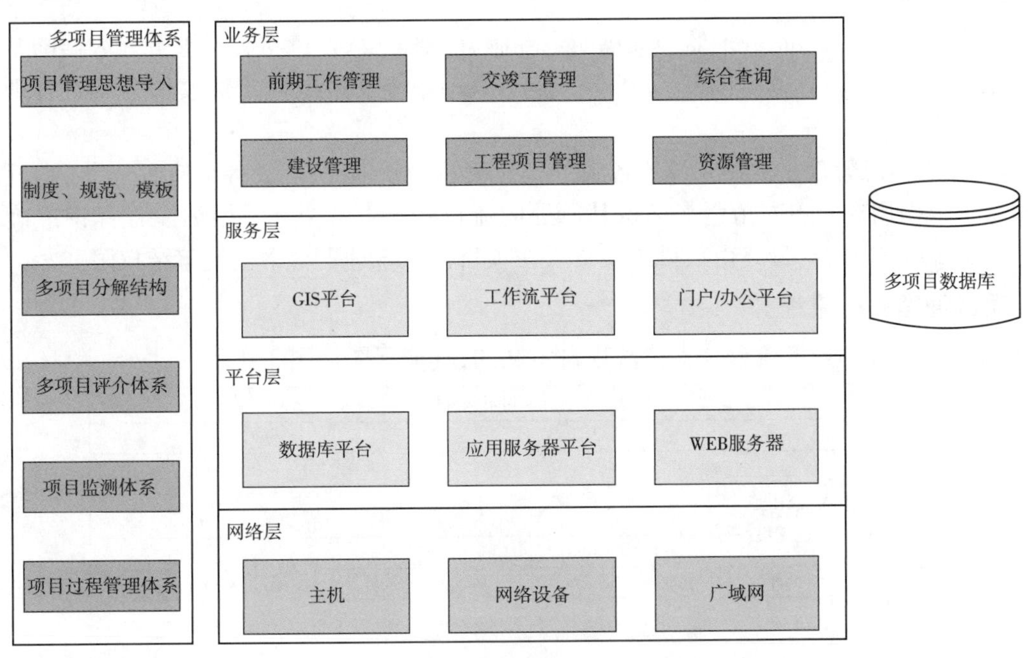

图 1 系统总体架构图

3.1 应用系统功能结构

根据公路工程建设的项目管理需求，我们在系统方案中设计如图 2 所示的系统结构。本系统从应用功能层次上划分为项目管理系统平台和施工管理系统；第一，项目管理系统平台设计采用 B/S 结构，便于系统的安装维护，使用者包括投资方/主管管理部门、工程建设指挥部、总监办；第二，施工管理系统设计采用 C/S 结构，便于单机安装和批量数据采集，使用者包括驻地监理和施工单位。项目管理系统平台和业务数据采集系统之间通过数据传输模块完成相关业务数据的上报和下达。

3.1.1 项目管理系统平台

项目管理系统平台为投资方/主管部门、建设指挥部、总监办提供了一个协同工作的信息平台，共同在一个平台中完成质量管理、进度管理、投资控制、合同管理等业务操作。项目管理系统平台通过数据传输模块接收来自施工管理系统上报的工程数据，再经由处理模块完成对数据的汇总统计，为管理部门、指挥部、总监办提供及时、可靠的工程建设信息，辅助进行决策和分析。并且将审批的意见和相关的指示通过数据传输模块下达到施工管理系统，反馈给驻地监理和施工单位。

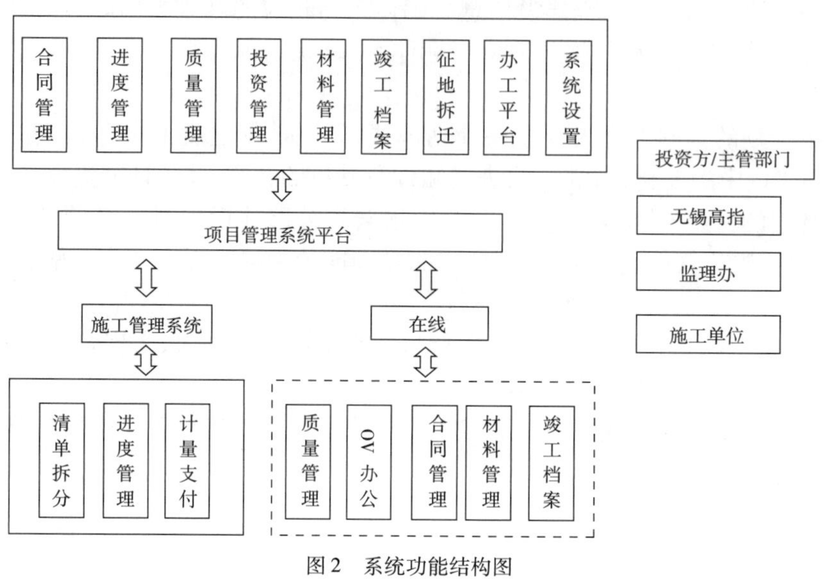

图2 系统功能结构图

3.1.2 施工管理系统

施工管理系统为施工单位、驻地监理提供质量控制、计划进度、计量与支付等工程数据的基本处理功能，包括数据录入采集、汇总、输出报表、分析等。施工管理系统通过数据传输模块为项目管理系统平台提供基础工程数据。

通过B/S项目信息管理平台预先设置各项工程管理的业务流程，生成各个流程环节的流程标识，C/S施工管理系统根据用户的不同角色来标识其所处的流程环节。各个环节根据流程标识准确安全地传送各项工程管理的业务数据，最终由项目总负责人在项目信息管理平台中行使审结权限。

3.2 工程项目管理业务流程

工程项目管理系统的业务流程是支持流程自定义的，其流程图如图3所示。

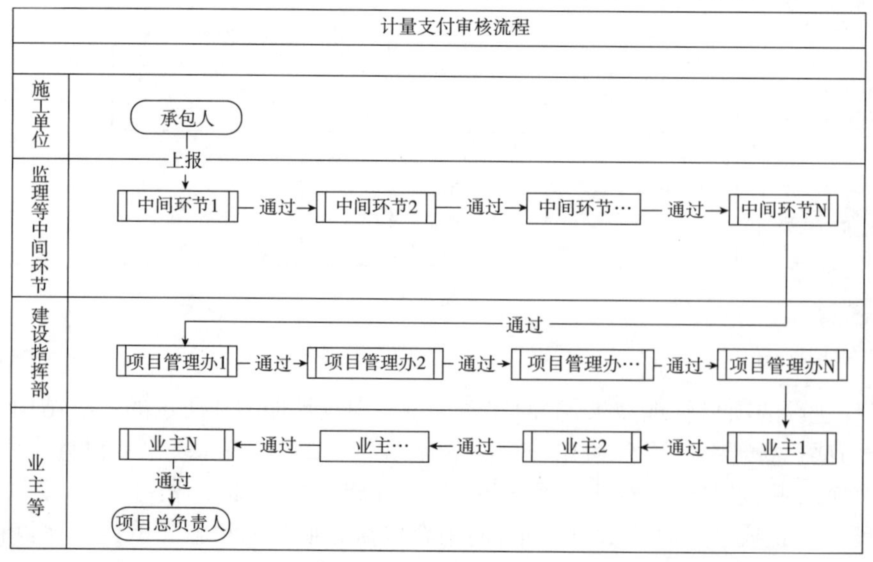

图3 工程项目管理系统业务流程图

在系统流程中，除了施工单位及业主的项目负责人外，其他环节都是自定义的。承包人上报工程项目建设中的业务报表数据，中间环节根据流程设置从中间环节1到中间环节N依次审批下去，当中间环节审核调整通过后把业务报表数据报给项目管理办公室，根据流程设置项目管理办的审核过程从项目管理办1到业主N依次审核，当项目管理办环节审核调整通过后把业务报表数据报给业主公司，根据流程设置业主公司的审核过程从业主1到业主N依次审核，最终由项目总负责人审核生效或否决。在这个审核过程中，只有项目总负责人有审结权限，直接负责业务数据及报表的生效或否决，其他环节的后一环节可以修改否定前一级环节的业务数据，并保留修改痕迹，后一级环节审核不通过的情况将把流程退回到其前一个环节进行调整。

项目信息管理系统平台设计采用B/S结构，使用者包括管理部门、指挥部、总监办、驻地办等，系统适用于协同办公，并便于数据统一管理及维护；业务数据采集系统使用者包括驻地监理和施工单位，采用C/S结构，便于单机安装和批量数据采集、审核及管理。项目信息管理系统平台和业务数据采集系统之间通过数据传输模块完成相关业务数据的上报和下达。

项目中的各项工程业务需要按照施工段进行管理，在施工段中再按合同段管理，针对不同的施工段、不同的合同段配置不同的审核流程。该审核流程能够科学、高效地完成总监办、驻地办与指挥部的各项工程业务审核工作。流程中施工单位的承包人角色是流程的发起者，项目总负责人是流程的终结角色，中间环节根据组织机构定义，主要是审核调整施工单位上报的计量支付数据。

在业务审核流程的环节中，项目管理办及业主公司内的各个审核环节是相对固定的，但各个驻地监理办的组织机构有所变动，所以需要在不同的施工合同标段来设定其详细的业务流程。这样设计的流程能够适应不同的组织机构变化情况，这样的流程设置使业务审核过程安全、灵活、方便，提高工程项目业务审核的安全性和科学性

3.3 办公自动化管理

本办公系统，从通用、灵活、标准的设计思想出发，应用先进的文档数据库处理技术，为各级办公人员、领导干部提供了集成的工作环境。系统具有丰富实用的功能、友好的操作界面以及灵活的可扩展性，可以方便地处理各种文档数据、图形、声音、影像信息，并且安全可靠。办公涉及的各种工作流程通过工作流引擎和办公精灵配合来实现办公的自动化，对办公进行催办督办来提高办公效率。办公自动化结构图如图4所示。

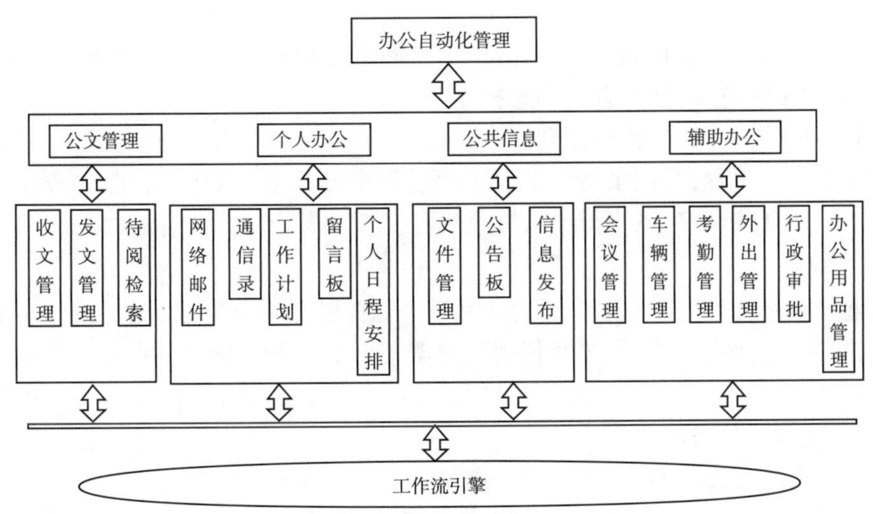

图4 办公自动化结构图

3.4 项目建设管理

3.4.1 前期管理

主要解决项目前期的计划进度、沟通协作、信息交流、征地拆迁等问题。

前期管理主要是针对工程建设的前期准备工作进行管理。建立工程项目信息台账，与指挥部基础信

息数据库关联，反映工程项目基本属性和反映建设项目履行的情况，包括工程的立项、规划许可、工程设计等。

在工程立项中把所涉及的功能建议、方案设计书、可行性报告等输入系统。

规划许可中要实现办理规划许可手续，对规划设计手续中的各种文档录入数据库，包括方案文件、主管部门的批复文件以及各种联系记录等等。

工程设计部分则要完成工程的初步设计和施工图设计文件的编制，录入所用到的委托书、变更记录、初步设计文件等文档。

此外，还要完成文档上传、公文流转、查询、汇总、分析、报表打印等功能。

3.4.2 合同管理

建设工程项目合同是指建设单位与勘察、设计、施工、材料供应等单位为完成一定的建设工程任务而签订的合同，属于经济合同的一种。工程项目建设的控制归根到底是合同履行问题。所以，加强建设工程项目合同管理是十分必要的。合同管理用于管理建设单位与往来单位在工程上的合同信息，包括合同基本资料、应收应付款信息、已收已付款信息，便于建设单位快捷方便了解单位往来账目、相关合同内容、合同履行情况，使建设单位合同资料情况一目了然，让烦琐的合同管理变得信息准确、简单快捷。

3.4.3 进度管理

按工程建设要求对在建工程项目的投资计划安排情况、完成投资情况和进展情况进行上报、汇总、统计、分析。

进度管理主要记录工程项目分阶段总体进度的计划、实施、检查和计划调整情况。进度管理贯穿整个工程，包括进度计划的制订，实施记录和对比分析，进度检查后的调整以及项目全部完成后对进度管理的工作总结。

3.4.4 质量管理

系统中提供国家《公路工程质量检验评定标准》(JTG F80/1—2004)，为项目工程建设过渡时期的质量检测质量评定提供准确、全面的国家标准体系。

对每季度质量大检查的情况、各类获奖的情况、各项质量事故进行通报。

采用公路工程质量评定标准，提供客观、科学的质量控制方法与业务流程、实现工程质量的网络化监控、质量数据与检测结果的科学分析、快速准确的质量评定，直接方便的数据处理及质量检查信息发布。

3.4.5 计量与支付

提供强大、全面、有效的资金控制管理，有效地缩短施工承包商绘制报表、监理审核报表周期，加快项目资金到位效率，促进工程进度，加强资金动态控制。

完成对工程项目分阶段总体的投资计划、完成、检查和计划调整等的管理记录。和进度管理一样，资金管理也一直贯穿于整个工程，并记录整个工程运行过程中的投资计划的制订、完成情况和对比分析以及检查后对拨款资金计划的调整，最终得出结算报表和对拨款资金管理工作的总结。

3.4.6 竣工档案管理

竣工档案管理是按照交通部《竣(交)工文件编制办法》和有关规定编制的，该模块把工程建设管理实施过程中产生的文件、图纸、照片、影像资料通过分类管理，归纳组织加以保存，作为工程竣(交)工验收的资料和文档；方便技术人员查询，以及质量检测、领导工作检查；为项目今后的维护运营管理等提供方便；应符合国家科技档案管理标准。

产生的竣工资料文件是完整的、安全的、可检索的，便于管理和方便使用。

对工程项目交工、竣工进行管理，及时进行交竣工验收及项目的后评价。完成项目的交竣工验收申请、组织、评定流程。

3.4.7 征地拆迁管理

对征迁过程中征迁资金的计划、支付和使用情况进行管理，为各类征迁项目补偿协议的签订提供政策及补偿标准的依据，对相关法律法规进行录入、整理。系统包括基础数据维护、房屋拆迁、企业拆迁、三线拆迁、征地处理与计划进度、报表统计模块。

3.4.8 图档管理

图档管理是审查、批复初步设计和施工图设计文件，配合做好项目招标，进行图纸会审，并制订相关技术标准，对图纸进行变更、查询、修改等操作，配合技术部、合同部、临理及施工单位的工作。

3.4.9 施工安全管理

提供对安全施工的相关法规制度、安全生产的要求、岗位安全培训统计、安全公告等有效管理，便于指挥部对安全生产过程进行全程监管。对每季度各项安全检查的情况进行通报。

3.4.10 信息资源管理

提供公路相关法律、法规文件、各级公路主管部门颁发的规范性文件、公路局制订的各项管理办法及常用表格模板等的查询和使用，提取关键词以供系统在日常使用过程中建立智能化连接，适时提供帮助和参考。提供新技术、新材料、新工艺的相关论文和施工指导意见以及相关活动信息。

3.4.11 情况简报

为驻地监理工程师等相关管理单位及部门提供日报及月报管理功能，业主相关单位根据要求可以综合查询相关日报及月报内容，及时掌握工程施工的相关情况。

3.4.12 综合查询

提供多方位数据图表对比查询，实现不同查询条件对计量支付报表、计划报表、进度报表、合同情况等进行查询，可随时查询合同标段及整个项目建设状态，提供各业务查询组件，可实现对多维业务的分析数据的综合查询，从而全面掌握整个建设项目的质量、进度和投资情况，并生成丰富的分析图表，提供的用户界面容易操作、容易理解、导航性好。

工程文档管理查询为各项业务及辅助决策服务，使管理信息系统的应用效果得到更好的发挥，提高管理人员和基层人员的办公效率及办公自动化。主要包括以下几个方面：文档的分类查找与浏览、文件文档的收发与管理、打印系统、个人工作记事本和备忘录。

能够通过 GIS 可视化平台直接地查询路段（或点）、结构物的工程建设信息。

4 本系统的特点

4.1 业务管理

（1）能提供同类型建设工程的项目管理实施经验并利用我们多年的知识积累，配合业主迅速建立符合业主高速公路建设的最佳项目管理办法、系统解决方案与实施方案。

（2）提供的《高速公路建设工程项目综合管理平台》系统结构方案功能全面，综合办公与工程业务管理相结合，符合国内建设项目实际操作环境及操作方式，实现方便快捷的项目管理，充分体现项目管理的实用性。

（3）系统采用以工程结构分解为主线，工程清单为依托，以信息资源的有序流动为精髓，形成完整的、一体化的、分层次的管理流程，将项目合同、变更、计划、进度、质量与计量支付以统一的模式进行规范有效的管理。

（4）系统为管理单位建立一套完整的公路建设项目的档案文档管理体系，项目建设管理过程中的各种文档资料能统一、准确、完备地在系统数据库中保留及备份，方便各级领导和相关单位查询分析，为项目的审计提供详尽准确的资料依据。

（5）系统中将提供国家《公路工程质量检验评定标准》管理系统的"2004 质量标准体系"，为项目工程建设过渡时期的质量检测质量评定提供准确、全面的国家标准体系。

4.2 技术路线

（1）系统在机构上主要采用 B/S 体系机构的设计结构。该体系的后台应用程序及数据库部署在中心服务器上，前台以浏览器的方式实现，便于系统维护升级，以满足业主、项目管理办、监理、施工承包人等提供 Web 服务。同时，考虑到网络及实际情况，系统采用 C/S 结构为补充，便于施工单位采集并上报数据。

(2)系统采用应用集成平台框架,实现“数据集中”、“业务逻辑集中”、“应用集中”,并实现单点登录,统一组织结构和权限管理。

(3)系统提供报表快速定制的通用报表组件和快速业务流程定义的工作流管理组件,非常有利于针对不同业主管理需求的系统二次开发与定制开发。

(4)系统提供多种业务查询组件和多方位数据图表显示,可随时查询合同标段及整个项目建设状态,实现对多维业务数据的综合查询与统计分析,查询界面易操作、导航性好。

(5)系统提供规范的信息编码与资料仓储体系,系统过程中的业务数据、表单数据方便快捷的自动归档,方便的案卷管理。

(6)系统使用J2EE技术及XML数据交换技术,具有很好的兼容性,能够方便地与建设单位数据采集系统及其他管理系统整合,提高信息的利用价值。

(7)本系统采用oracle数据库作为中心数据库平台,配以日备份及增量备份相结合的备份方案,确保数据的安全稳定。

(8)本项目管理结构合理,实施部署简捷方便,维护工作量小,有利于各级单位学习使用,并具有良好的推广价值。

5 系统实施情况

《无锡高指公路建设多项目综合管理平台》自2005年10月开始实施以来,已成功地在无锡高指管理的多个项目中实施,同时管理了无锡市陆马公路工程、无锡市环太湖高速公路工程、无锡市机场路工程,初步为无锡高指形成一套多项目管理的知识体系。在实施过程中,针对单个项目,无锡高指通过该系统管理项目中的概预算、合同、资金、进度、质量、变更、竣工等业务,电子化协调施工、监理、投资公司之间的工作关系,从而能较大幅度提高办公效率、降低办公成本、加强管理,确保高质量、低成本完成工程项目;而对于无锡高指的内部工程管理,系统中丰富的智能分析功能,提供当前无锡高指在建项目、新建项目和已完工项目的比较分析,分析指挥部各个项目的投资及工程进度情况,对多个工程或单个工程组合分析工程的总价情况和单价指数,对无锡高指的所有工程进行项目的财务分析,提示当前项目的清单内支付及清单外支付情况,分析当前利率变化对项目财务支出的影响,汇总单个或多个项目的财务支出情况。

无锡高指内多个项目的工作已成功做到无纸化办公,使得业主的各项业务真正做到了信息化、规范化、透明化。智运科技凭雄厚的技术量、先进的工程管理思想和优质的服务在系统开发建设及其工程实施过程中,使业主的业务管理效益及综合竞争力提升到了新的高度,得到了业主与各使用单位的一致好评。

9　谈谈水泥稳定碎石基层质量控制要点

丁满琪

（无锡交通监理公司）

宁宿徐高速公路选用水泥稳定碎石做基层在江苏省高速公路建设中尚属首次。为了能确保基层的成功铺筑，笔者在认真学习施工技术规范、有关技术资料及省高指指导意见的基础上，通过外出调研及实践总结，认为在严格执行施工技术规范的同时，应着重控制如下几个方面。

1　选用配备齐全的机械设备及试验仪器

对于高等级公路，特别是高速公路基层必须高标准配备满足集中拌和、连续摊铺要求的装备，主要有：

(1)强制式混合料拌和楼，产量不低于400t/h。

(2)两台同型号的混合料摊铺机。

(3)重型振动压路机2~3台，重型三钢轮压路机2~3台，中型胶轮压路机2台。

(4)自卸汽车、装载机、洒水车、水泵等。

(5)全套水泥稳定碎石基层质量检验仪器，主要包括：水泥物理力学指标检测仪，快速养护箱，水泥剂量检测设备，重型击实仪，试件制备及抗压强度测定设备，标准养护室，压实度测定设备，标准筛，液塑限联合测定仪，压碎值、针片状试验仪。

2　严格把好原材料质量关、检测关，确保所用原材料必须满足技术标准的要求

2.1　集料

选用同一材质具有良好级配的石灰岩或玄武岩碎石或其他碎石，但其压碎值应不大于30%，其粒径小于0.075mm颗粒含量不大于5%~7%，我工地选用的是安徽泗县产石炭岩集料，各项指标均满足规范要求，合成级配良好。

2.2　水泥

应选用初凝时间3h以上，终凝时间较长(6h以上)的普通硅酸盐水泥，我工地采用的是宿迁市某水泥厂的缓凝32.5级水泥。经多次检验水泥初凝时间在250min到335min之间，终凝时间在380min到560min之间，28d强度也符合要求。

为了有效控制原材料质量，我监理组对承包人所选用的石料加工场进行了全面的取样检验，并对每批进场集料派专人进行检验，确保所用集料符合规范要求。

基层施工时，最大日耗水泥量达350~400t，为了保证生产用水泥都经过检验认可，监理组与承包人坚持对厂商生产的每个批号水泥进行检测，坚持标准试验与水泥胶砂快速养护(24h湿热养护法)并列进行，并通过试验建立经验公式，快速推定28d强度的合格性，保证所用水泥能满足规范要求，结果见表1、表2。

抗折强度结果　　表1

*R*24h抗折强度(MPa)	*R*28h抗折强度(MPa)	*R*24h抗折强度(MPa)	*R*28h抗折强度(MPa)
2.85	5.55	4.15	5.99
3.06	5.5	4.15	5.93

续上表

R24h 抗折强度(MPa)	R28h 抗折强度(MPa)	R24h 抗折强度(MPa)	R28h 抗折强度(MPa)
3.55	5.79	4.23	5.92
3.62	5.77	4.3	6.09
3.68	5.92	4.4	6.18
3.71	5.81	4.45	6.25
3.8	5.84	4.46	6.23
3.92	5.85	4.54	6.25
4.03	5.88	4.59	6.23
4.05	5.92	4.64	6.25
4.08	6.01		

回归结果为:$R_{28d抗折}=0.0334\times R_{24h抗折}+5.5931$,$R=0.95$,$Cv=4.37\%$

抗压强度结果 表2

R24h 抗压强度(MPa)	R28h 抗压强度(MPa)	R24h 抗压强度(MPa)	R28h 抗压强度(MPa)
14.2	33.5	19.3	35
16.2	33.6	19.9	35.8
16.2	33.6	20.2	35.2
17.5	35.3	21.2	36.2
17.6	35.6	22.1	37
17.9	35.2	22.5	37.1
18.4	35.9	25.1	37.2
18.6	36	25.3	37.6
18.7	35.8	26.1	38.4
18.9	35.2	26.4	37.8

回归结果为:$R_{28d抗压}=0.2095\times R_{24h抗压}+33.651$,$R=0.93$,$Cv=5.7\%$

3 严把配合比设计关,精确确定压实度标准

按照省高指要求,配合比设计时,水泥剂量要分别取4%、5%、6%,用重型击实试验确定各种混合料的最佳含水率和最大压实度,并进行了延迟时间与最大干密度关系试验,结果见表3、表4。

不同水泥剂量标准击实试验成果表 表3

水泥剂量(%)	最大干密度(g/cm³)	最佳含水率(%)	7d 无侧限抗压强度(MPa)		
			平均值	代表值	变异系数(%)
4	2.29	5.4	3.6	3.2	7.0
5	2.32	5.2	4.7	4.1	7.9
6	2.33	5.2	5.4	4.5	9.6

延迟时间对最大干密度及抗压强度影响表(6%水泥剂量) 表4

延迟时间(h)	0	2	4	6
最大干密度(g/cm³)	2.33	2.33	2.31	2.28
抗压强度平均值(MPa)	5.4	5.3	5.3	4.6

水泥遇水就开始水化作用。因此,水一旦加入水泥稳定混合料中就应尽快完成拌和,尽快将混合料摊铺碾压成形,否则水泥就会产生部分结硬作用。碾压时,为了破坏已经形成的水泥的这种胶结作用,就

要花费额外的压实功,从而影响压实度。因此掌握延迟时间对所用水泥的影响至关重要。笔者从延迟2h、4h、6h对最大干密度的影响试验结果看,该缓凝型水泥对最大干密度的影响,有一定敏感性。为了测定该水泥水化作用对含水率的影响,笔者制作了8份试样:各以500g标准砂(烘干后)、200g水泥、120g水分别在独立器皿中拌匀,分别在标准养护室中延迟2h、4h、6h、8h后立即置于(105±5)℃烘箱中烘至恒重,进行平行试验。结果表明:延迟2h、4h水分损失几乎为0,而延迟6h、8h后则分别有0.5%、0.8%的损失。可见,该缓凝型水泥水化作用比较晚且缓慢,但施工中仍然必须严格控制延迟时间不应超过3~4h的规范要求,严格把关,超时应予以废弃处理。

4 严格控制混合料拌和楼的生产,确保生产合格混合料

按照规范要求的级配范围控制混合料级配,不应由于粗料过多造成离析,同时要限制小于0.075mm颗粒的含量,不超过5%~7%以减少基层的收缩性。

(1)必须给拌和楼各个进料仓进行精确的流量标定,建立精确的转速与流量之间的关系表达式,对水泥仓、供水水泵均应装备精确的电子流量计。应通过试验建立集料的含水率对流量影响的经验关系,从而达到精确供料、供水、供水泥,确保合成的混合料级配控制在级配中值附近,满足规范要求。

(2)专人监管拌和楼的生产,责任到人,任务到人。通过目测、手抓、嗅味等经验办法初步掌握混合料质量情况。

(3)及时取料测定水泥剂量,检测混合料级配,规范制备无侧限抗压强度试件,进行标准试验,以检测基层施工总体质量。

5 坚持高标准摊铺碾压,为沥青面层施工打下基础

要按摊铺沥青混凝土面层的要求进行基层摊铺。应选用两台同型号的混合料摊铺机走钢丝梯队作业,一前一后错列5~10mm,进行连续摊铺。必须通过试铺段试铺,按照标准的施工方法,保证混合料的松铺系数、碾压含水率、合理的碾压长度,并验证拌和楼的稳定性和配合比设计的合理性。只有严格遵守操作技术及规范要求,才能达到较好的平整度。为了得到一个平整的基层表面,应注意以下几点:

(1)保持熨平板前混合料的高度不变。

(2)保持螺旋分料器中有80%的时间在工作状态。

(3)避免运料车撞击摊铺机。

(4)保持匀速摊铺减少停顿。

(5)做好横向接缝,经常用直尺检查表面。达不到要求立即修整,并尽量减少横向接缝,消灭纵向接缝。

分层摊铺时,必须保持下层表面湿润或喷洒新鲜水泥净浆,以保证两层胶结整合密切,也能保证上层的底面密实,减少空隙。

由于水泥稳定碎石在水泥终凝后即开始形成强度。因此,宜在碾压结束后立即进行压实度抽检。也可在现场用酒精燃烧法初步测定含水率,计算压实度,若压实度不够时还可适当补压以保证压实度。笔者通过大量试验发现,现场燃烧测定的含水率一般要比实际含水率小0.5~0.8个百分点,因此计算时应予以考虑。

6 认真做好养生及防冻措施

水泥稳定基层施工成形后必须有一段养生时间,使表面经常湿润,防止水分蒸发,以保证水泥充分发挥作用。应选择合适的覆盖物如潮湿的帆布、粗麻袋、草帘等,而不能用潮湿的黏性土覆盖,否则难以清除干净,影响后续工程的质量。整个养生期内(通常为7d),应坚持洒水,始终保持覆盖材料处于潮湿状态。养生期内还应封闭交通,对施工车辆也应限重(10t以下)、限速(30km/h以下)。

水泥稳定碎石由于有较强的渗透性,渗透系数一般在50~100mL/min,因此在苏北地区不能让水泥

基层裸露在外自然过冬时，应在冬季上冻之前做好下封层或进行防水覆盖，确保基层不被冻坏。笔者在宁宿徐高速公路某一施工段钻取了两组芯样，一组三块放在室内自然过冬，另一组三块放在室外自然过冬。冬后进行无侧限抗压强度试验，结果室内一组平均强度为5.04MPa，室外一组平均为4.25MPa，可见冻融作用对水泥稳定碎石基层强度的破坏是很明显的。

7 几点体会

水泥稳定碎石基层与二灰碎石基层相比，具有早期强度高、刚度大以及板体性好、抗水能力强、水稳定性好、不易产生路面唧浆冲刷等优点，但也由于结合料是水泥，施工过程必须紧凑形成流水作业，保湿养生要求严格，否则易出现干缩裂缝，从而影响路用性能。从宁宿徐高速公路全线施工情况来看，除抓住上述几个关键点外，有以下几点值得注意：

(1)摊铺之前，应先对底基层表面进行清理，洒水湿润。但湿润时间不宜过早，宜在摊铺开始前几分钟进行洒水湿润。

(2)应根据天气、气温情况及时测试各档集料的含水率，以便及时调整混合料的用水量。蒸发量小时，混合料的含水率宜略大于最佳含水率一个百分点左右；蒸发量大时，宜大两个百分点左右，应保证摊铺后的含水率不小于最佳含水率。

(3)必须采用流水作业法，使运输、摊铺、碾压各道工序紧密衔接有序，严格控制碾压时间，终压时间不得大于终凝时间。

(4)水泥剂量不宜过大，混合料生产时一般控制在5% ~6%即可。过大时易形成干缩裂缝。

(5)养生覆盖宜在终凝后及时进行。过早，草帘等覆盖物易与基层胶结在一起，难以清理。但洒水应及时进行，在7d养生期内，必须保证基层表面湿润。

(6)7d后加强钻芯取样检测，掌握基层的施工质量及养生效果，对强度达不到要求的应予以返工处理。

(7)水泥碎石基层越冬必须进行防水覆盖防冻，施工完下封层后可以不予覆盖。

(8)基层作业队与面层作业队应由同一队伍进行施工，就按照规范要求严格控制高程、厚度、横坡及平整度，努力减少施工缝，对高程、平整度不合格的路段应及时进行修整处理，以满足沥青面层施工的要求。

10 浅谈如何控制水泥稳定碎石基层施工质量

丁满琪 蒋东方

（无锡市高速公路建设指挥部）

摘 要 基层是路面结构层的主要承重结构，基层施工质量的好坏将直接影响到面层的施工质量和将来通车后面层的使用寿命及性能，从而影响车辆行驶的速度、安全性和舒适度。因而，在路面基层的施工中，必须层层把关，严格要求，提高路面基层的施工质量。

关键词 水泥稳定碎石 基层 配合比 施工

基层是路面结构层的主要承重结构，基层施工质量的好坏将直接影响到面层的施工质量和将来通车后面层的使用寿命及性能，从而影响车辆行驶的速度、安全性和舒适度。因而在路面基层的施工中，必须层层把关，严格要求，提高路面基层的施工质量。目前江苏省内高速公路普遍用水泥稳定碎石作基层，如锡宜高速公路路面结构层就采用36cm厚水泥稳定碎石作基层。在水泥稳定碎石基层施工中，各个阶段都有可能出现影响施工质量的技术问题，要确保路面基层的工程质量，就必须从原材料的质量、施工机械性能、施工工艺等几方面加以控制。

1 严格控制原材料的质量

水泥稳定碎石混合料基层所用的几种原材料，如水泥、粗集料、细集料等，每种材料的质量是否符合技术规范的标准，对水泥稳定碎石混合料基层结构的质量都起着非常重要的作用。因此，施工单位用于现场的原材料要严格按以下标准进行控制。不符合要求的材料，绝对不允许使用。

1.1 水泥

水泥稳定碎石基层一般采用强度等级较低的普通硅酸盐水泥，不可采用快凝水泥、早强水泥以及其他受外界影响而变质的水泥。所用水泥各龄期强度、安定性等应达到相应指标要求，要求水泥初凝时间在3h以上、终凝时间不小于6h。对于进场的散装水泥，在水泥进场入罐时，要了解其出炉天数。刚出炉的水泥要停放7d且安定性合格后才能使用。夏季高温作业时，散装水泥的入罐温度不能高于50℃，高于这个温度若必须使用时，应采用降温措施。

1.2 碎石

锡宜高速公路水泥稳定碎石基层采用石灰岩碎石，由岩石轧制而成，应洁净、干燥，并具有足够的强度和耐磨耗性。其颗粒形状应具有棱角，接近立方体，不得含有软质和其他杂质，最大粒径为31.5mm，压碎值小于等于28%，针片状含量不宜大于15%。集料的颗粒组成范围见表1。

水泥稳定集料的颗粒组成范围 表1

类型	通过下列筛孔(mm)重量的百分率(%)								液限	塑限
	31.5	26.5	19.0	9.5	4.75	2.36	0.6	0.075		
水泥稳定集料	100	90~100	72~89	47~67	29~49	17~35	8~22	0~7	<28	<9

2 施工机械要求

水泥稳定碎石施工要求单幅分两层梯队摊铺作业，且机械数量至少应满足每个工点每日连续正常生产及工期要求。水泥稳定碎石施工必须配备齐全的施工机械和配件，做好开工前的保养、试机工作，并保证在施工期间不发生有碍施工进度和质量的故障。锡宜高速公路路面基层施工，一律要求采取集中厂拌、摊铺机摊铺，按层次施工，要求各施工单位配备足够的拌和、运输、摊铺、压实、养护（洒水车等）机械。36cm 厚的水泥稳定碎石分两层进行铺筑，下层施工结束 7d 后即可进行上层的施工，两层的施工间隔不宜长于 30d。

2.1 拌和机

根据锡宜高速公路的技术要求和摊铺日进度，必须配置产量大于 400t/h 的拌和机，要保证其实际出料（生产量的 80%）能力超过实际摊铺能力的 10% ~15%。拌和机必须采用在多个工程中应用过，且用户反应良好的定型产品。为使混合料拌和均匀，拌缸要满足一定长度且至少要有五个进料斗，料斗口必须安装钢筋网盖，筛除超出料径规格的集料及杂物。拌和机的用水应配有大容量的储水箱。

所有料斗、水箱、罐仓都要求装配高精度电子动态计量器，所有电子动态计量器应经有资质的计量部门进行计量标定后方可使用。

2.2 摊铺机

为避免纵向裂缝，锡宜高速公路基层施工应采用两台功能一致（最好为同一机型）且机型较新、功能较全的摊铺机梯队作业，以保证路面基层厚度一致，完整无缝，平整度好。

2.3 压路机

施工单位至少应配备 12t 左右轻型压路机 1 ~2 台，18 ~20t 的稳压用压路机2 ~3 台、振动压路机 2 ~3 台和胶轮压路机 2 台。压路机的吨位和台数必须与拌和机及摊铺机生产能力相匹配，使从加水拌和到碾压终了的时间不超过 2h，保证施工正常进行。

3 施工工艺

3.1 配合比设计

把好混合料的配合比设计关是水泥稳定碎石混合料工程的关键。混合料配合比是否合适，直接决定着水泥稳定碎石混合料工程的质量。混合料配合比设计主要是控制材料的组成设计和无侧限抗压强度。

水泥稳定碎石是由几种材料混合而成，为了确定各种材料组成比例，充分发挥各种材料的特性，获得性能优良的稳定材料，必须进行混合料的组成设计。水泥稳定材料的组成设计包括：根据规定的材料指标要求，通过试验选取合适的集料和水泥；确定合理的集料配合比例、水泥剂量和混合料的最佳含水率。合理的水泥稳定碎石组成必须达到强度要求，且具有较小的温缩和干缩系数（现场裂缝较少），施工和易性好（粗集料离析较小）。

为减少基层裂缝，必须做到：在满足设计强度的基础上限制水泥用量；在减少含泥量的同时，限制细集料、粉料用量；根据施工时气候条件限制含水率。具体要求水泥剂量不应大于 5.5%、集料级配中 0.075mm 以下颗粒含量不宜大于 5%、含水率不宜超过最佳含水率的 1%。配合比设计步骤如下：

（1）取工地实际使用的集料，分别进行筛分，按颗粒组成进行计算，确定各种集料的组成比例。要求组成混合料的级配应符合“水泥稳定集料的颗粒组成范围”的规定，且 4.75mm、0.075mm 的通过量应接近级配范围的中值。

（2）取工地使用的水泥，按不同水泥剂量分组试验。一般水泥剂量按 4%、4.5%、5%、5.5%（水泥:集料）四种比例进行试验。制备不同比例的混合料（每组试件个数为：偏差系数为 10% ~15% 时 9 个，偏差系数为 15% ~20% 时 13 个），用重型击实法确定各组混合料的最佳含水率和最大干密度。

（3）根据确定的最佳含水率，拌制水泥稳定碎石混合料，按重型击实标准压实度为 98% 制备混合料试件。

(4)将制好的试件脱膜称重后,立即放到相对湿度为95%的养护室内养生(养护温度为25℃ ± 2℃)。在养护室内养生6d后再次称试件的质量,然后将试件浸泡在水中,水的深度应使水面在试件顶上约2.5mm,浸水的水温应与养护温度相同。将已浸水一昼夜的试件从水中取出,用软布将试件擦干,并称试件的质量。

前6d养生期间试件质量损失(指含水率的减少)应不超过10g,质量损失超过此规定的试件,应予作废。

(5)水泥稳定碎石7d浸水无侧限抗压强度代表值应满足 $R_{代} \geq 3.0$MPa。符合强度要求的最佳配合比即为水泥稳定碎石的生产配合比,用重型击实求得最佳含水率和最大干密度。

3.2 试验路段

在正式开工之前,应进行200~400m试验段的试铺,试铺段应选择在经验收合格且沉降速率达到连续两个月小于5mm/月的底基层上进行,根据试铺结果确定出合理的施工方法、最佳的机械组合、最佳的碾压遍数、最佳的碾压程序、最佳的人员配置、合理的摊铺速度及适宜的松铺系数,并复核实验室确定的生产配合比。试铺结束后应按表2进行检测(检测频率应是标准中规定的2~3倍)。

水泥稳定碎石基层质量标准　　表2

检查项目	质量要求		检查规定		备注
	要求值或容许误差	质量要求	频率	方法	—
压实度(%)	≥98	符合技术规范要求	4处/200m/层	每处每车道测一点,用灌砂法检查,采用重型击实标准	—
平整度(mm)	8	平整、无起伏	2处/200m	用三米直尺连续量10尺,每尺取最大间隙	—
纵横高程(mm)	+5、-10	平整顺适	1断面/20m	每断面3~5点用水准仪测量	—
厚度(mm)	代表值-8 极值-15	均匀一致	1处/200m/车道	每处3点,路中及边缘任选挖坑丈量	—
宽度(mm)	不小于设计	边缘线整齐、顺适、无曲折	1处/40m	用皮尺丈量	—
横坡度(%)	±0.3	—	3个断面/100m	用水准仪测量	—
水泥剂量(%)	±0.5	—	6个以上样品/2 000m^2	EDTA滴定及总量校核	拌和机拌和后取样
级配	—	符合规范范围	1次/2 000m^2	水洗筛分	拌和机拌和后取样
强度(MPa)	3-5	符合设计要求	2组/1d	7d浸水抗压强度	上、下车各一组
含水率	±2	最佳含水率	随时	烘干法	
外观要求	①表面平整密实,无浮石、弹簧等现象; ②无明显压路轮迹				

当使用的原材料和混合料、施工机械、施工方法及试铺路面各检验项目的检测结果都符合规定时,应按以下内容编写试铺总结,为正式施工作指导。

(1)验证用于施工的集料配合比例:

①调试拌和机,分别称出拌缸机中不同规格的碎石、水泥、水的重量,测量其计量的准确性;

②调整拌和时间,保证混合料均匀性;

③检查混合料含水率、集料级配、水泥剂量、7d无侧限抗压强度。

(2)确定一次铺筑的合适厚度和松铺系数(一般为1.20~1.30)。

(3)确定标准施工方法:

①混合料配比的控制;

②混合料摊铺方法和适用机具(包括摊铺机的行进速度、摊铺厚度的控制方式、梯队作业时摊铺机的间隔距离,一般为5~8m);

③含水率的增加和控制方法;

④压实机械的选择和组合,压实的顺序、速度和遍数,宜采用以下方法及步骤:

12~15t双钢轮压路机静压1遍(速度1.5~1.7km/h);18~20t双钢轮压路机静压1遍(速度1.5~1.7km/h);激振力20~25t三轮或双钢轮压路机振动碾压2遍(速度1.8~2.2km/h);激振力大于40t三轮或双钢轮压路机振动碾压2~3遍(速度1.8~2.2km/h);轮胎压路机碾压1~2遍(速度1.5~1.7km/h);

⑤拌和、运输、摊铺和碾压机械的协调和配合。

(4)确定每一作业段的合适长度(一般为50~80m)。

(5)严密组织拌和、运输、碾压等工序,缩短延迟时间。

3.3 水泥稳定碎石的施工

水泥稳定碎石基层现场施工程序如下:

测量放样—路肩土施工—准备下承层—混合料的拌和—混合料的运输—摊铺机摊铺—压路机碾压成型—封闭养生。

3.3.1 测量放样

恢复中线,根据中线确定出此结构层的设计宽度,每10m设一桩(平曲线上为5m),在下承层上钉桩,进行测量放样(误差在-6~+2mm),在桩上用红漆油划出高程,并据此高程在钢丝支架上挂上钢丝(要求用直径为3mm的钢丝,每根的长度不超过200m,而且在施工前一定要拉紧,挠度不大于1.0mm,拉力应不小于800N),作为摊铺施工的一条基准线。

3.3.2 路肩土施工

路肩土施工按放样宽度进行分层填筑,并且压实,压实度符合规定要求。

3.3.3 准备下承层

基层施工前对基层下承层作清扫处理,清楚表面的杂物,碾压由行车引起的局部松散,并洒适量的底水,促进基层与下承层更好地结合。

3.3.4 混合料的拌和

在正式拌制稳定土混合料之前,必须先调试所用的厂拌设备,使混合料的颗粒组成和含水率都达到规定的要求。原集料的颗粒组成发生变化时,应重新调试设备。采用装有电子秤的拌和站可以对各种材料进行剂量控制,以保证混合料中各集料的比例和含水率,保证拌和质量。拌和时,把干料掺拌均匀后,再加水拌和,使混合料拌和均匀,保证出料质量。每天开始搅拌前,应检查场内各处集料的含水率,计算当天的配合比,外加水与天然含水率的总和要比最佳含水率略高。每天开始搅拌之后,出料时要取样检查是否符合设计的配合比,进行正式生产之后,每1~2h检查一次拌和情况,抽检其配比、含水率是否变化。高温作业时,早晚与中午的含水率要有区别,要按温度变化及时调整。拌和设备配备带活门漏斗的料仓,由漏斗出料直接装车运输。

3.3.5 混合料的运输

采用自卸汽车进行混合料的运输,每天开工前要检查车辆的完好性,并将车厢清洁。运输车辆的数量要保证摊铺需要并有一定量的富余。在拌和站料仓接料时车辆应前后移动,分三次装料,避免混合料离析。在运输过程中,应根据天气情况和运距等,采取一定的覆盖措施,防止水分蒸发。当车内混合料不能在初凝时间内运到工地,必须予以废除。料车在下承层上应匀速行驶,不可急制动、急停和冲撞摊铺机。

3.3.6 混合料的摊铺

采用两台摊铺机进行双机呈阶梯形相隔 8 ~ 10m 联合摊铺作业,摊铺机的行走速度应均匀,并与拌和站的产量相当,尽量减少停机的次数。在摊铺机后面设专人消除粗细集料离析现象,特别是局部粗细集料窝的铲除,并用新拌混合料填补。在摊铺过程中,不宜中断。如因故中断超过规定时限,应设置横向接缝,摊铺机应驶离混合料末端。摊铺速度宜控制在 1m/min 左右,前后两台摊铺机的摊铺速度应保持一致、摊铺厚度一致、松铺系数一致、振捣频率一致、路拱坡度一致,并保持接缝平整,摊铺机的螺旋布料器应有三分之二埋入混合料中。

3.3.7 压路机碾压成型

每台摊铺机后面紧跟两台三轮或双钢轮压路机以 1/2 错轮方式由横坡低处向高处碾压,先静压混合料,再由弱到强振压,具体要求以试验段确定的为准,达到规定的压实度,一次的碾压长度一般为 50 ~ 80m,碾压段落必须层次分明,设置明显的分界标志。最后用胶轮压路机擀光,碾压至无轮迹为止。压路机倒车换挡要轻且平顺,不要拉动基层,在第一遍稳压时倒车后尽量原路返回。碾压速度控制:第 1 ~ 2 遍为 1.5 ~ 1.7km/h,以后各遍应为 1.8 ~ 2.2km/h。压路机停车时要错开,而且离开 3m 远,停在已压好的路段上,以免破坏基层结构。碾压程序在水泥终凝前及试验确定的延迟时间内完成。为保证基层边缘强度,应有一定的超宽。碾压时应注意纵缝和横缝的碾压,在碾压接缝时要注意压缝碾压。在碾压设备无法触及的部位(如与桥头搭板接合部),采用小型振动夯压实并要求达到规定的压实度。

3.3.8 基层的封闭及养生

摊铺完的路段,立即开始养生,先将草袋浸水湿润,然后人工覆盖在碾压完成的基层顶面,覆盖 2h 后,再洒水养生。洒水量控制以基层完全湿润为准,洒水养生 7d 以上。28d 内正常养护,养生期间封闭交通。用洒水车洒水养生时,洒水淋喷不得用高压式喷管,前 7d 内洒水车应在另一幅路上行驶。

3.3.9 横缝设置

混合料摊铺时必须保持连续作业,如因故中断时间超过 2h,则应设置横缝;每天收工之后,第二天开工的接头断面也要设置横缝;通过桥涵等构造物时同样需要设置横缝,且与构造物的边缘吻合。

4 基层施工中应注意的事项

(1)施工气温应不低于 +5℃,降雨时不应进行施工。

(2)在铺筑上层前应将下层的表面拉毛,并洒水湿润。

(3)严禁用薄层贴补的办法进行找平。

(4)严格控制好水泥的剂量,严格控制好混合料的含水率。

(5)混合料开拌前,拌和场的备料应能满足 3 ~ 5d 的摊铺用料。

11　太湖大道三渣底基层冷再生研究

蒋东方　丁满琪

（无锡市高速公路建设指挥部）

摘　要　简要介绍了无锡市太湖大道原路面基层材料的结构、三渣底基层材料取样的筛分式试验结果、新路面设计中的三渣底基层冷再生原理，对三渣再生前后的三渣表面弯沉、高程进行了检测，对材料的抗压强度进行了试验。检测和试验结果表明：再生后三渣基层的体积质量提高较大，强度可达高速公路和一级公路的标准。从施工方面看，三渣底基层水泥再生与换用二灰碎石相比，不仅经济效益好，而且施工速度快。

关键词　太湖大道　三渣底基层　冷再生　弯沉　高程　抗压强度

太湖大道（原名金匮路）是20世纪80～90年代分次修筑的一条城市南缘过境线，随着城市的发展，逐步变为无锡市内的主要干道。由于车流量的增加，在不同路段多次进行了拓宽，且在两侧增加了慢车道。快车道大部分为水泥混凝土路面，部分为沥青混凝土路面；慢车道则为沥青路面。道路的基层为三渣（碎石、黄土灰、石灰）。

进入21世纪，无锡市经济迅速发展，太湖大道车流量剧增，特别是重车比例大幅增高，使得原路面破损较为严重。为改善全市南半部的交通状况，市政府决心对市政道路进行改造，并把太湖大道路面改造列为头号工程。

1　三渣状况及新路面设计概况

太湖大道快车道原设计为24cm厚的混凝土路面，基层为20cm厚的三渣，基层以下为土路基。新的路面设计是底基层三渣掺入质量分数为4%的水泥再生；基层为18cm厚的二灰碎石加18cm厚的水稳碎石；下面层为7cm厚的AC－20混凝土，上面层为5cm厚的AC－13混凝土。

新设计路面中的面层、基层所使用的材料和施工工艺控制均较为成熟，只有三渣底基层水泥再生尚属首次，需要对其进行试验和研究。

经对三渣基层的材料的取样筛分[1]（表1）和原施工资料查阅，三渣中的碎石质量分数为65%～82%，黄泥灰的质量分数为16%～32%（其中石灰剂量的质量分数为10%～14%）。

三渣取样筛分试验结果　　表1

筛孔直径（mm）	通过率		
	1号试样	2号试样	3号试样
60	100	100	100
40	94	91	98
20	50	57	62
10	41	49	55
5	35	41	51
2	20	35	42
0.5	18	31	35
0.075	16	28	32

原三渣拌和施工工艺为挖掘机配合装载机翻拌,推土机摊铺。

2 三渣再生施工

对厚度为18.6~21.5cm的三渣质量密度进行了测试,测试结果得出其干质量密度为1.98~2.03g/cm^3。当混凝土层破除后,三渣基层表面有凹凸不平现象,但大部分路段较为完整,仅稀散地存在局部松散或碎裂现象。

基层再生是用德国产的Wirtgen-2000型冷再生机将三渣粉碎,同时将水泥掺入、拌匀,利用水泥的胶结作用形成板体性较好的底基层[2,3]。

施工前,先用黄河弯沉车将三渣表面的弯沉分快车、慢车道进行了测试。以K1+230~K2+230半幅为例,该部分共设78个测点。测试结果为:弯沉平均值为89.77×10^{-2}mm,标准差为38.67×10^{-2}mm,代表值为167.11×10^{-2}mm。表2为部分测点的测试结果。

再生前三渣表面弯沉测试值(×10^{-2}mm) 表2

桩号	超车道		重车道	
	左	右	左	右
K1+230	90	100	—	—
K1+280	60	140	134	82
K1+330	30	110	92	38
K1+380	60	90	130	84
K1+480	50	94	18	62
K1+530	140	50	118	94
K1+580	98	120	90	80
K1+630	140	90	18	96
K1+680	98	120	90	80
K1+730	64	80	126	54
K1+780	80	172	130	50
K1+830	40	100	90	40
K1+880	40	220	90	50
K1+930	82	92	80	110
K1+980	60	100	140	126
K2+030	30	68	120	100
K2+080	124	60	74	220
K2+130	104	90	44	90
K2+180	100	88	50	88
K2+230	110	40	70	130

在测试时,对局部弯沉较大的区域采取了加密测点进行,其间距为5m一个点,找出需处理的范围,进行挖除。挖除时若遇路基有软弱层,也同时挖除。在挖除之处回填二灰碎石,用振动压路机碾压4遍,然后将三渣大致回复、整平,以待再生。

局部弯沉较大的路段处理完成后,再对三渣表面高程分内外侧进行测试,表3为部分测点的测试结果。

再生前三渣表面高程检测值(m) 表3

桩 号	内 侧 (距中线4.5m处)	外 侧 (距中线11.2m处)	桩 号	内 侧 (距中线4.5m处)	外 侧 (距中线11.2m处)
K1+300	4.614	4.450	K1+820	4.216	4.227
K1+340	4.681	4.587	K1+860	4.111	4.120
K1+380	4.684	4.703	K1+900	4.148	4.025
K1+420	4.931	4.856	K1+940	4.218	4.210
K1+460	5.031	4.889	K1+980	4.261	4.282
K1+500	4.851	4.764	K2+000	4.297	4.352
K1+540	4.773	4.640	K2+040	4.502	4.492
K1+580	4.681	4.503	K2+080	4.578	4.514
K1+620	4.556	4.418	K2+120	4.460	4.432
K1+660	4.564	4.419	K2+160	4.396	4.244
K1+740	4.488	4.450	K2+200	4.230	—
K1+780	4.354	4.349	K2+240	4.176	4.034

取三渣试样在实验室进行破碎,原则上不打破碎石颗粒,仅将其中的石灰土破碎成小于5mm以下的颗粒,分别将质量分数为4%、5%、6%的水泥掺入后进行击实试验,以96%的压实度进行无侧限抗压试件成型,再按水泥稳定碎石养护条件养护7d后,测其无侧限抗压强度,测定的试验数据见表4。

室内不同水泥质量分数掺入时的强度试验结果 表4

水泥的质量分数 (%)	最大干体积质量 ($g \cdot cm^{-3}$)	7d无侧限抗压强度平均值 (MPa)	强度偏差 (%)	最佳含水率 (%)
4	2.08	1.50	9.5	7.8
5	2.11	1.71	10.1	7.9
6	2.13	2.08	8.5	7.9

根据试验结果,现场选用水泥干体积质量为2.13g/cm^3、掺入质量分数为6%的施工方案。施工时在现场画方格布水泥,先用石灰线画成2m×2m的方格网,每格放2袋42.5级缓凝水泥。每格水泥量为25.6kg,用人工布平布匀。将冷再生机刀齿深度调至20cm,前进速度为6.0m/min。再生机前须置1台洒水车,用胶皮水管接入冷再生机的刀齿根部的喷孔上,洒水车与冷再生机同步前进使之再生。由于冷再生机体积较为庞大无法调头,再生1幅后(一般为3.5m),再倒回起点,进行相邻幅再生。在相邻幅三渣再生时,两幅须重叠30cm宽度。

三渣经冷再生机拌和后,立即用振动压路机进行碾压,压路机在前进初压时采用静压,在倒回时及以后3遍均采用振动,并且在振动压路机后紧跟2台18~21t的三轮压路机碾压2遍[2,3]。

经过处理的三渣再生后,对三渣底基层进行了检测,部分检测数据见表5~表8。检测结果表明:

(1)从表面高程看,三渣表面平整度有很大改善,表面高程总体下降了1~2cm。

(2)从干体积质量和高程指标看,再生后三渣的体积质量有了较大提高。

(3)从强度指标看,三渣再生的强度已达到高速公路和一级公路基层强度标准。

(4)再生三渣底基层弯沉代表值为102×10^{-2}mm,达到了设计要求(小于140×10^{-2}mm)。

再生后压实度检测记录 表5

桩　号	干体积质量($g \cdot cm^{-3}$)	压实度(%)	含水率(%)
K1 +260	2.09	98.1	7.85
	2.14	100.5	7.61
	2.18	102.3	7.02
K1 +540	2.04	95.7	8.51
	2.11	94.4	8.50
	2.12	99.5	7.54
K1 +800	2.20	103.3	6.90
	2.01	94.4	8.90
	2.04	96.2	8.37
K2 +120	1.95	91.5	10.56
	2.07	97.2	7.03
	2.10	98.6	7.45

再生后三渣表面高程部分检测值(m) 表6

桩　号	内　侧 (距中线4.5m处)	外　侧 (距中线11.2m处)	桩　号	内　侧 (距中线4.5m处)	外　侧 (距中线11.2m处)
K1 +300	4.606	4.437	K1 +820	4.200	4.214
K1 +340	4.677	4.573	K1 +860	4.100	4.107
K1 +380	4.651	4.697	K1 +900	4.131	4.005
K1 +420	4.928	4.841	K1 +940	4.201	4.208
K1 +460	5.001	4.880	K1 +980	4.241	4.251
K1 +500	4.839	4.753	K2 +040	4.500	4.482
K1 +540	4.768	4.637	K2 +080	4.570	4.510
K1 +580	4.679	4.500	K2 +120	4.458	4.402
K1 +620	4.542	4.410	K2 +160	4.387	4.241
K1 +660	4.531	4.410	K2 +200	4.204	—
K1 +740	4.474	4.441	K2 +240	4.153	4.011
K1 +780	4.349	4.327			

现场取样7d无侧限抗压强度值 表7

桩　号	无侧限抗压强度(MPa)	无侧限抗压强度平均值(MPa)	偏差系数
K1 +420	1.77,1.89,2.12,1.85,2.08,1.94,1.65,1.95,1.93	1.91	13.6
K1 +800	2.19,2.13,2.09,2.13,2.30,1.94,2.04,1.87,2.06	2.08	12.1
K2 +200	1.80,1.98,1.85,1.76,2.15,1.86,1.94,1.77,1.73	1.87	12.6

再生后三渣底表面层弯沉部分测定值(龄期为14d $\times 10^{-2}$mm)　表8

桩　号	超车道		重车道	
	左	右	左	右
K1 +230	74	80	95	105
K1 +280	60	92	80	82
K1 +330	33	81	62	40
K1 +380	66	60	50	70
K1 +430	19	50	30	25
K1 +480	51	89	80	65
K1 +530	85	55	50	41
K1 +580	78	81	20	35
K1 +630	61	38	13	35
K1 +680	72	65	46	44
K1 +830	45	69	20	46
K1 +880	30	45	25	35
K1 +930	98	95	81	39
K1 +980	21	38	22	19
K2 +030	25	29	39	47
K2 +080	44	71	28	126
K2 +130	88	15	51	60
K2 +180	51	40	32	88
K2 +230	76	60	52	34

注:测点数为84个;弯沉平均值为53.26 $\times 10^{-2}$mm;标准差为24.53;弯沉代表值为102.31 $\times 10^{-2}$mm。

3　效益分析

由于无锡市范围内土地较为紧张,如果废除三渣换二灰碎石,除增加工程费用外,还要占用大量良田来存放废料。以太湖大道K1 +230 ~ K2 +230段为例,进行冷再生不但节约了施工材料,还降低了破碎、运输及占地费用。

3.1　经济效益

3.1.1　冷再生总费用

以K1 +230 ~ K2 +230路段为例,路幅宽为12m,总面积为1.2万m^2。机械台班费为10元/m^2,材料费为5元/m^2[4],由此得总费用为18万元。

3.1.2　二灰碎石总费用

若在同一路段,废掉三渣换成二灰碎石,则挖掘机需3个台班,费用共1 950元;10t的运输车辆使用60个台班,费用共21 960元;换填二灰碎石费用为365 333元。3项总费用为389 243元。不难看出,该路段冷再生比废除三渣换二灰碎石节省209 243元。太湖大道1合同至4合同共再生左、右幅底基层13.6km,总计节省费用约284.6万元。

由上述费用计算看,冷再生比废除三渣换二灰碎石要好得多。

3.2　进度效益

包括人工布灰、破碎、再生和压实的冷再生处理工艺,每公里需1.2d。而破碎三渣并运出现场至废料场,每公里需 3d,加上摊铺二灰碎石,每公里需 2d。则冷再生处理比三渣换二灰石每公里可节省 3.8d 的时间,全线节省 51.7d 的时间,这对工期仅 4.5 个月的太湖大道路面改造工程无疑是十分重要的。

4 结语

(1)城市道路老路基层,通过添加结合料进行冷再生,完全可以作为城市快车道的底基层。

(2)城市老道路的基层冷再生处理,经济效益好,可节约资金 50% ~60% 。同时能使城市废料石得到利用,使城市交通拥挤现象得到缓解,具有十分明显的社会效益。

(3)冷再生技术对其他结构的基层以及沥青面层的效果如何,还有待进一步的试验和研究。

参考文献

[1] 交通部. 公路工程试验规程汇编(2001 年版)[M]. 北京:人民交通出版社,2003.

[2] 交通部第一公路工程总公司. JTJ 034—2000 公路路面基层施工技术规范[S]. 北京:人民交通出版社,2000.

[3] 交通部第一公路工程总公司. JTJ 033—95 公路路基施工技术规范[S]. 北京:人民交通出版社,1995.

[4] 交通部. 公路工程机械台班费用定额(交公路发〔1996〕610 号)[M]. 北京:书目文献出版社,2003.

12　新型纤维增强桥面黏结防水层路用性能研究

陆国平　龚涌峰　傅若梁

（无锡市高速公路建设指挥部办公室）

摘　要　本文通过选择新型纤维增强桥面黏结防水层来解决传统柔性防水层设置中难以解决的抗硌破问题，并对防水层的系统设置以及防水层的路用性能检测方法作了较深入的探讨。

关键词　纤维增强桥面黏结防水　抗剪强度　黏结强度　抛丸清理工艺　表面粗糙度

1　前言

随着交通量和重型车辆的增加，桥面铺装因黏结和防水问题引起的桥面铺装层早期损坏，已成为影响高等级公路使用功能的发挥和诱发交通事故的一大病害。近年来，人们越来越重视因桥面铺装黏结防水问题造成的病害。沥青混凝土桥面柔性铺装结构设置黏结防水层，能解决因层间黏结不良引起的桥面铺装层早期损坏问题、因桥面渗水而引起的美观问题和桥梁的结构破坏问题。

无锡市的工程建设自20世纪90年代末起先后选用了沥青卷材、聚合物改性沥青涂料、刚性渗透型结晶防水等多种材料，并设计多种方案进行了一系列桥面黏结防水层方面的试验和研究，均未能系统、彻底地解决问题。

2　传统桥面防水层研究

桥面防水是一个整体系统，该防水系统包括防水层与排水设施以及其上的路面结构所组成，防水层的性能实际是取决于防水系统中各组成部分的互相作用，如因层间黏结性能及层间抗剪性能不足而导致防水层的破坏，那么即使防水层的性能完好，防水系统也将失去作用。因此，理想的桥面防水层必须满足下列要求：

（1）防水层必须是不透水的，包括在施工中的渗水和使用年限内的渗水。

（2）防水层应与面层和桥面有足够的黏结力。

（3）防水膜应能抵抗桥面裂缝，包括在施工前后所产生与发展的裂缝。

（4）防水层应同时具备良好的高温稳定性和低温抗裂性能。

（5）防水涂料必须具有良好的抗老化性能，不因受高温、碾压、低温、霜冻等作用而降低黏结能力、抗剪能力和防水能力。

经过深入地研究，我们对目前国内现有的几种防水层设置作出以下总结：

（1）卷材类防水。其优点主要是整体防水效果好，但其对基面平整度及含水率要求极高，层间黏结和抗剪强度低，且卷材相互搭接处是极为薄弱的环节，在卷材类防水设置较多的北方，可以见到匝道等坡度较大处整块卷材推移破坏以及沿搭接处产生连续、整齐、明显的裂缝等现象。

（2）柔性涂膜类防水。柔性涂膜类防水一般采用聚合物改性沥青防水涂料进行2～3层喷涂，层间黏结好、抗剪能力高以及各项力学性能指标较高是此类防水层设置的优点。但是涂膜类防水也有其缺陷，主要体现在：①涂料喷洒厚度的均匀性难以把握，对施工工艺及机械化程度的要求较高；②抗硌破能力差，难以全面防止施工过程中摊铺机履带轮和重载料车车轮对其的硌破，以及热沥青碾压摊铺过程中对其的硌破。

(3)刚性渗透型结晶防水。此类防水层设置的机理是通过材料与混凝土表面起化学反应以形成一层致密的保护膜来达到防水效果,但其致命的效果是不成膜,无法防止裂缝的扩展。且其与上层沥青层黏结差,还需要通过洒布黏层油来保证必要的黏结强度。

综上所述,以上的防水层设置方案都存在或大或小的缺陷,不能系统地解决黏结防水的问题。

3　新型纤维增强桥面黏结防水层研究

1999 年,交通部委托长安大学成立专题小组对防水层进行专项研究,该课题的研究成果被写进交通部的新规范:交通部《公路工程质量检验评定标准》(JTG F80/1—2004)中表 8.12.1 ,交通部桥面防水课题组的研究同时认为聚合物改性沥青基桥面黏结防水涂料若不加胎基都会渗漏。聚合物改性沥青基桥面黏结防水涂料目前主要是作为一种良好的黏结材料在使用。

AWP－2000F 纤维增强桥面黏结防水层是通过纤维同步切割施工工艺在桥面防水涂料的施工过程中均匀地将纤维材料混合在涂层中,等同于在防水层设置中增加了一层胎基。根据其在中化建苏州防水材料设计研究所得到的一系列室内检测数据表明,该类防水层设置的性能表现良好,各项力学性能指标相比单纯的涂膜类防水均有不同幅度提升,特别是抗硌破性能和暴露轮碾试验通过了新规范建材行业标准(JC/T 975—2005)的反复严格测试。

由此,无锡市高速公路建设指挥部和上海汇城建筑装饰有限公司在 342 省道 22 标(钱威路高架)SW 匝道进行相关试验以评判其路用性能。SW 匝道为 342 省道无锡往南京方向通道联络线,其特点为纵坡、横坡均较大,转弯半径小,建成通车后车流量大且重载车的比例较大,垂直和水平方向综合荷载对其抗剪性能要求更高,因此对于整个黏结防水系统的评测具有较高意义。

整个黏结防水层的设置采用了如图 1 所示的相关方案。

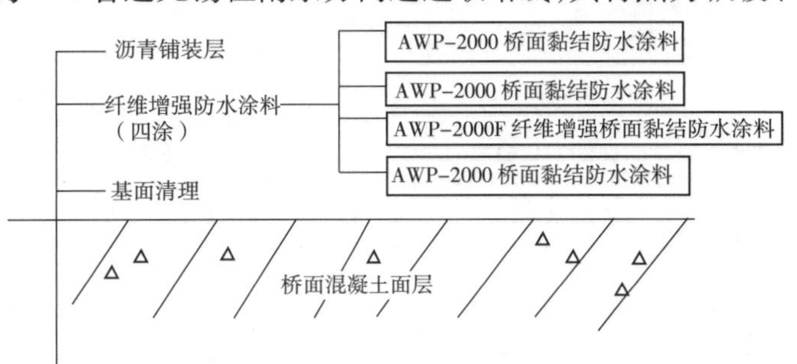

图 1　水泥混凝土桥面黏结防水结构层示意图

针对不同粗糙度情况下抗剪强度与黏结强度之间存在潜在的对应关系,试验是在对基面的清理工艺选择上择取了目前业内较流行的几种工艺,分别为拉毛、铣刨、磨光和抛丸四种方案。在防水层施工并养护结束以及路面摊铺完毕并通车 2 周后委托东南大学工程结构与材料试验中心分别对各种基面的主要力学性能进行了多组相关检测。检测项目分别为:剪切强度试验(图 2)和拉拔强度试验(图 3),检测结果见表 1。

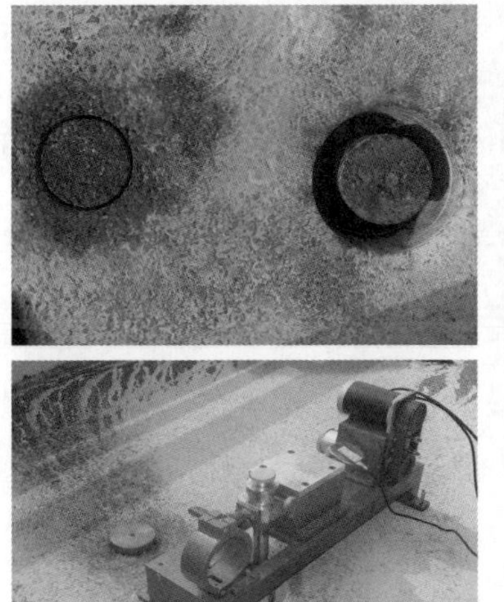

图 2　剪切强度试验

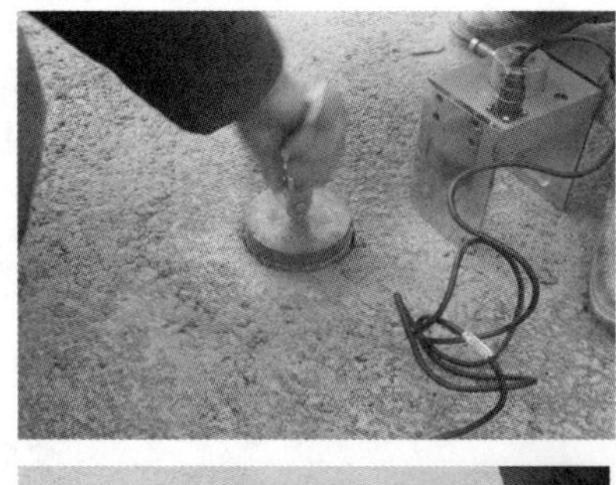
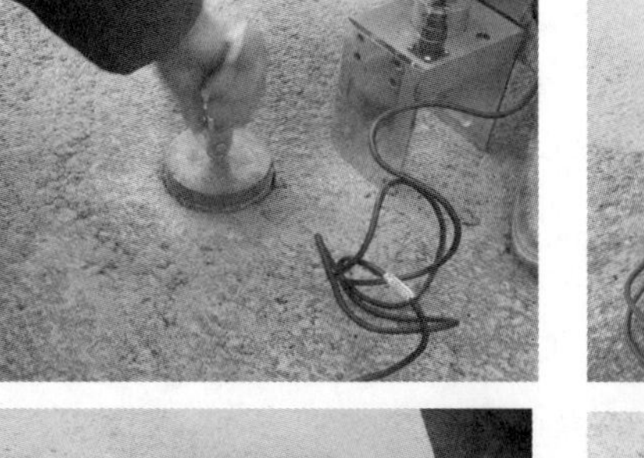

图 3　拉拔强度试验

AWP－2000F 纤维增强桥面防水层检测结果　　表 1

方　案	桩　号	路面温度（℃）	最大剪力（N）	剪切强度（MPa）	平均值（MPa）	最大拉力（N）	拉拔强度（MPa）	平均值（MPa）
拉毛面	K308 +637	15	3 140	0. 40	0. 37	6 600	0. 84	0. 75
	K323 +637	15	2 698	0. 34		5 200	0. 66	
麻面	K374 +730	15	2 658	0. 34	0. 31	4 430	0. 56	0. 57
	K437 +518	15	2 249	0. 29		4 460	0. 57	
磨光面	K351 +452	15	2 997	0. 38	0. 32	7 770	0. 98	0. 98
	K150 +223	15	2 009	0. 26		7 700	0. 98	
抛丸面	K474 +622	15	3 650	0. 46	0. 47	6 260	0. 80	0. 77
	K495 +956	15	3 745	0. 48		5 890	0. 75	

对抗剪强度的检测国内到目前为止并没有严格的测试标准，本次检测采用的是交通部长安大学防水课题组在当时研制的 LLM 测试系统上改进的路用检测仪，检测数据有较高代表性。LLM 测试系统的机械部分包括：无变速拉力机、反力架、滚轴座、对心器、传感器、剪力盒等，保证检测试件上各个作用荷载的施加，其上有 3 个传感器，2 个拉应力传感器用于测量垂直与水平荷载，1 个水平位移传感器用于测量剪切位移值，这 3 个传感器皆与数据采集仪连接。数据采集仪专用程序对全部试验过程控制，并采集数据进行存储、分析及处理。层间剪应力与位移之间的对应关系用 Goodman 假设条件来解释，即：

$$t = K_s \Delta U \tag{1}$$

式中：K_s——界面剪切系数，可以按照模量的方法来确定。

模量的确定方法有原点切线模量、割线模量和切线模量，综合各种因素，割线模量确定起来相对方便、准确和客观。割线模量就是连接原点至某一点应力 t_0（一般情况下 $t_0 = 0.5t_{max}$）处割线的正切值，即：

$$K_s = t_0 / \Delta U_0 = \tan f \tag{2}$$

试验结果通过抗剪强度来分析，即：

$$t = F/S \tag{3}$$

式中：t——剪应力，Pa；

F——拉力，N；

S——剪切面积，m^2。

黏结性能检测采用拉拔仪进行测试，测试防水层与水泥混凝土铺装层以及沥青混合料面层间的黏结强度和在黏结力不足时的破坏类型，分析不同因素的影响规律。试验结果用黏结强度来衡量，即：

$$g = F/S \tag{4}$$

式中：g——黏结强度，N/m^2；

F——拉力，N；

S——截面面积，m^2。

理论上，混凝土表面粗糙度不同，防水层与混凝土的接触面积就不同，因此黏结强度也不同。混凝土表面粗糙时，层间接触面积小，相应黏结强度就小，反之则大，本次试验结果也再次验证了黏结强度与表面粗糙度之间的此类对应关系。而粗糙度与抗剪强度之间的对应关系就复杂得多，一般情况下，材料在粗糙状态下比光滑状态时的抗剪强度都高。按照摩尔强度理论，$t = c + o\tan f$，抗剪强度取决于黏结力 c 和内摩擦角 f，在光滑状态时，上下层间接触面积大，相应地 c 也大，而 f 的作用由于界面间光滑而较低。在粗糙状态时，层间除了 c 外，还有相当的 f 作用。因此剪切强度与粗糙度之间并不是单一的线性关系。

另外，不同的防水材料适用于不同的表面状况，其所能提供的抗剪强度不同。根据现场观察以及检测数据表明，采用行走式地面抛丸清理设备清理过后的基面平整度高，粗糙度均匀一致，对浮浆的清理透彻，在保证了必要的黏结强度的前提下，其抗剪强度远高于其他各种基面。该方法具有较高的推广意义。

根据现场施工养护后的外观情况看来，整个纤维增强黏结防水层能够承受住重载料车以及履带式摊铺机的来回碾压而不破损。通车后中面层钻孔取芯时试样的黏结面破坏状况，也清晰地表现出整个含纤维涂层良好的黏结能力。同时，由于采用的无碱玻璃纤维其本身特性能够更强地抵抗和阻止桥面铺装层微裂缝的扩展，使得这样系统的防水层设置完善了整个桥面铺装体系，以期对延长桥梁的使用寿命作出贡献。

4 结语

（1）新型纤维增强桥面黏结防水层设置大大改善了相对于以往柔性涂膜类防水所欠缺的抗硌破性能，完善了系统的黏结防水层设置，完善了整个桥面铺装体系。

（2）混凝土铺装层不同表面粗糙度之间的黏结强度与抗剪强度之间的对应关系较为复杂，从本次试验看来抛丸清理面能够为黏结防水层提供更好的黏结条件，有较高推广价值。我们将继续进行细化深入的研究来探讨基面与材料的合理搭配。

参 考 文 献

[1] 傅若梁，等．桥梁新型纤维增强涂料防水层施工技术研究[J]．城市道桥与防洪，2006，4：54-56.

[2] 张占军，等．桥面防水材料路用性能[J]．交通运输工程学报，2001，4.

[3] 王秉纲，等．水泥混凝土桥面沥青混凝土铺装结构设计方法研究[J]．中国公路学报，2001，1.

[4] 张占军，等．水泥混凝土桥面沥青铺装及防水层荷载弯曲应力分析[J]．中国公路学报，2004，4.

[5] 何建明，等．桥面防水涂料的设计与分析[J]．青海交通科技，2003，3.

13　Eliminator 防水体系及浇注式沥青混凝土在无锡 S342 钢箱梁桥面施工中的应用

龚涌峰　陆国平

（无锡市高速公路建设指挥部办公室）

摘　要　利用 Eliminator 防水体系的良好层间结合力及防腐效果，良好的低温抗裂性和随从变形能力，良好的水稳性和耐久性及浇注式沥青混凝土良好的整体性、耐久性而不易松散、抗水害和抗老化性能，以及防止水渗透能力等特点，应用于无锡 S342 主线西互通钢箱梁桥面铺装底层，作为桥面铺装的保护层；吸收已完工程的施工经验并结合无锡 S342 主线西互通钢箱梁桥的实际情况，总结适合的施工工艺。

关键词　无锡 S342 主线西互通钢箱梁桥　桥面铺装　Eliminator 防水体系　浇注式沥青混凝土　施工

无锡市属北亚热带季风气候区，气候四季分明，热量充足，降水丰沛，雨热同季。S342 线是经过无锡，连通上海与宜兴的主干道。S342 主线上跨西互通钢箱梁桥是跨越锡宜高速公路的一个主跨桥，桩号为 K0 +290. 467 ~ K0 +452. 127，为等截面三跨连续钢箱梁桥，左幅为 50. 08m +61. 50m +50. 08m，右幅为 45. 58m +66. 00m +50. 08m，桥面总宽度 35m。

1　铺装方案

无锡 S342 主线西互通钢箱梁桥所处地区的气候环境和交通荷载，对桥面铺装提出了特殊要求，拟订桥面铺装结构设计如下。

桥面沥青铺装按两层设计，总厚度 70mm，厚度 35mm 浇注式沥青混凝土 GA10 +35mm 改性沥青 SMA10，防水体系采用 Eliminator 防水体系，铺装结构如图 1 所示。

铺装面层	改性沥青SMA10，厚度为35mm
	洒布改性乳化沥青，用量为300 ~ 500g/m^2
铺装下层	浇注式沥青混凝土GA10，厚度为35mm;撒布5 ~ 10mm预拌碎石
防水黏结层	二号胶黏剂，用量为150 ~ 250g/m^2
	Eliminator膜，用量为2 500 ~ 3 500g/m^2
	底涂层 Zed S94，用量为150 ~ 250g/m^2
钢　板	喷砂除锈，清洁度为Sa2.5级；粗糙度为50 ~ 100μm

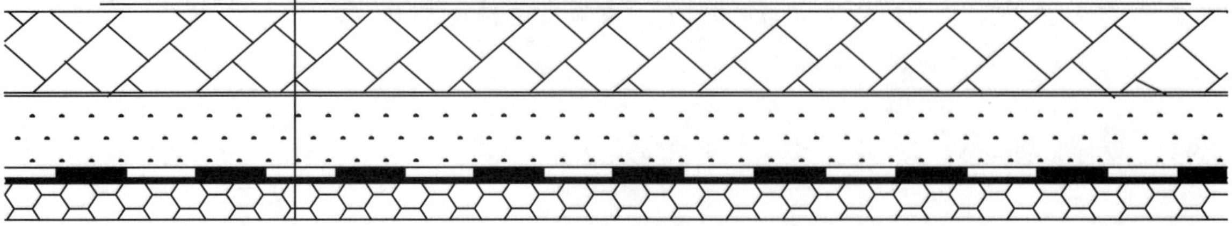

图 1　钢桥面铺装方案结构图

为确保铺装层与桥面板的有效黏结，施工时首先对钢桥面板表面进行喷砂处理，清除表面铁锈，使之成为清洁、干燥的粗糙界面；然后进行防水层黏结层施工，待防水黏结层表干后即可铺筑 35mm 厚的浇注式沥青混凝土（GA10），并在表面撒布一层 5 ~ 10mm 的预拌碎石，用量为 5 ~ 10kg/m^2；最上面铺装 35mm

改性沥青 SMA10。

2 Eliminator 防水体系

Eliminator 防水体系由桥面喷砂除锈、喷涂底涂层 Zed S94、Eliminator 膜、胶黏剂 2 号四部分组成。

桥面喷砂除锈施工使钢桥面板达到国标 GB 8923—88 标准 Sa2.5 的要求，增加桥面粗糙度、清洁度。

钢板底涂层 Zed S94 是一种空气自然固化的、溶剂型、单一组分锌磷酸盐底涂层，在钢板喷砂除锈之后 3h 内使用，可以增强 Eliminator 膜与钢板表面的黏合。底涂层还具有抗腐蚀性，可以隔离钢板表面被氧化，预防被腐蚀。

Eliminator 膜采用甲基丙烯酸甲酯(MMA)树脂制成，是一种双组分的环氧，用一种粉末催化剂固化施工，直接喷涂在底涂层上形成一层坚韧、柔性的无缝防护层，不含有溶剂，直接通过化学聚合物固化成固态。

胶黏剂 2 号也是一种溶剂型涂层，直接冷喷涂或使用滚筒涂于第二层上。一旦固化，黏结层就会反应成一种热融型黏结剂，形成一个整体的封闭的体系，与热施工的浇注式沥青混凝土紧密黏结。

2.1 Eliminator 防水体系施工

2.1.1 桥面喷砂除锈

喷砂除锈采用带吸尘装置的移动式自动无尘打砂机。对于自动无尘打砂机所不能施工的区域和边缘，可采用手提式打砂机作业。喷砂前，应首先检查钢桥面板的外观，确保桥面板干燥，无焊瘤、飞溅物、针孔、飞边和毛刺等，否则必须通过打磨加以清除，锋利的边角必须处理到半径 2mm 以上的圆角。用清洁剂或溶剂清洗钢桥面板表面的油、油脂、盐分及其他脏物。遇下雨、下雪、结露等气候时，严禁除锈作业。喷砂温度应高于露点 3℃，相对湿度≤85%。喷砂除锈后的钢桥面板表面应达到 GB 8923—88 标准 Sa2.5 的要求，粗糙度达到 50 ~ 100μm。

2.1.2 喷涂底涂层 Zed S94

喷砂除锈检验合格后，在 3h 内实施防腐底涂层 Zed S94。当采用喷涂施工时，可用重量比为 25% 的二甲苯稀释 Zed S94。Zed S94 用量 150 ~ 250g/m^2，干膜厚度约为 50μm。Zed S94 的干燥时间视现场环境而定，温度 20℃时干燥时间约为 30min。

2.1.3 Eliminator 膜

待底涂层 Zed S94 固化后，喷涂 Eliminator 膜，分两层施工，每层湿膜厚度不小于 1.2mm，干膜总厚度不小于 2 mm，总用量 2 500 ~ 3 500g/m^2，每层涂完 1h(23℃)就可以喷涂下一层。

2.1.4 胶黏剂 2 号

Eliminator 膜完全固化时，应立即涂装胶黏剂 2 号。可采用刷涂、滚涂或无气喷涂的方法施工胶黏剂 2 号。胶黏剂 2 号的喷涂用量为 100 ~ 200g/m^2，约 1h(23℃)就可以完全固化，搁置或进行下一道工序施工。

2.1.5 施工注意事项

(1)已涂刷好的区域要进行保护，严禁油、油脂和脏物等的污染。

(2)在 Eliminator 防水体系施工过程中应做好防护措施，防止对施工作业面积外(如防撞墙、路缘石等)其他施工界面污染。

(3)在胶黏剂 2 号施工完毕后进入下一道工序时，应注意对 Eliminator 防水体系的成品保护，严禁运输车辆在 Eliminator 防水体系上进行紧急制动、掉头等。

2.2 Eliminator 防水体系质量控制及检测内容

2.2.1 喷砂除锈

(1)质量控制点：钢板是否已经清洗干净，无油迹；施工条件(温度与湿度)；粗糙度与清洁度。

(2)应检测：清洁度应达到 Sa2.5 级；粗糙度应为 50 ~ 100μm。

(3)检测频度：清洁度为每节段；粗糙度为 3 点/每施工段。

(4)检测方法:清洁度应对比 GB 8923—88 标准图片,用放大镜观测;粗糙度应用塑胶帖纸法测量。

2.2.2 Eliminator 防水层

(1)质量控制点:原材料性能;施工条件(温度与基面状况);涂布量(满布、厚度)及均匀性;涂刷工艺;黏结强度。

(2)应检测:外观,要求平整、均匀,无气泡、裂纹、脱落、漏涂现象;用量,底涂层为 150 ~ 250g/m^2,Eliminator 膜为 2 500 ~ 3 500g/m^2,胶黏剂 2 号为 100 ~ 200g/m^2。

(3)检测频度:外观为每施工段;用量为每施工段。

(4)检测方法:外观为目测;用量按用量和施工面积计算。

检测后,如发现不能满足要求的部位,在附近加测 3 点,如证实施工质量达不到要求,应返工。

现场检测结果见表 1。

Eliminator 防水体系施工质量要求 表 1

工程分项	检测指标	要求	检测结果	合格判定
喷砂除锈	清洁度(级)	> Sa2.5	全部满足	全部达到要求
	粗糙度(μm)	50 ~ 100	86	最小 50,最大 100
防水黏结层	用量(g/m^2)	底涂层	195	最小 150,最大 250
		Eliminator 膜	3 200	最小 2 500,最大 3 500
		胶黏剂 2 号	182	最小 100,最大 200
	黏结强度(MPa)	Eliminator 膜	5.5	≥2.0

3 浇注式沥青混凝土

3.1 概述

浇注式沥青混凝土起源于德国,德文为 Guβ,意义为“流动路面”。其含义是浇注式沥青混凝土具有流动性,浇注式摊铺,一般不需要碾压,只需要简单的摊铺整平即可完成施工。浇注式沥青混凝土所用的结合料一般为普通沥青、TLA 湖沥青或二者的混合物以及改性沥青,沥青用量很高(7% ~ 10%),矿质集料中矿粉含量高达 20% ~ 30%,混合料拌和温度很高(220 ~ 250℃),具有矿粉含量高、沥青用量高、拌和温度高等“三高”特点,并且在运输过程中也需要不断地搅拌。浇注式沥青混凝土中较多的沥青含量以及细集料使其空隙率几乎为零,所以浇注式沥青混凝土具有良好的整体性,耐久性非常好而不易松散,抗水害和抗老化性能,以及防止水渗透能力。但必须注意的是,浇注式沥青混凝土为悬浮式结构,基本上集料不能形成骨架嵌挤来保证其热稳性。因此,对其胶结料热稳性要求较高,一般采用聚合物改性沥青、天然沥青改性沥青或者两者复合,以确保浇注式沥青混凝土的热稳性。

浇注式沥青混凝土桥面铺装技术来源于欧洲,随后传入美国、日本等其他国家,目前欧美、日本等国被广泛应用于道路路面、桥面铺装、隧道路面、大坝防渗以及城市人行道、停车场、地坪及屋面防水、超薄层铺装等多种用途。我国于 1999 年引进该技术,先后应用于山东胜利黄河大桥、天津子牙河大桥、香港青马大桥、上海东海大桥、长沙三汊矶大桥等钢桥面铺装以及重庆渝邻高速公路隧道,其使用效果良好。

3.2 浇注式沥青混凝土的施工

3.2.1 施工前准备

(1)在浇注式摊铺之前,应保持防水黏结层清洁干燥,必要时应用吹风机进行吹风和干燥。

(2)由于浇注式摊铺机根据其行走轨道的高度控制铺装层的厚度,因此,应进行精确测量,准确确定轨道的高度;同时浇注式沥青混凝土在 220 ~ 250℃ 摊铺时具有流动性,需设置边侧限制,防止混合料侧向流动。边侧限制采用约 35mm 厚、300mm 宽的钢制或木制挡板,设在车道连接处的边缘。根据钢板表面平整度的情况,用不同厚度的铁片或木片调节,以达到保证铺装表面平整以及达到设计要求的厚度。

(3)Cooker 运输车在进入施工现场前,应对其轮胎及底板进行清洗,防止运输车污染桥面。现场施工人员应穿上鞋套,还需准备除尘用品,以保证施工现场清洁。同时应保证浇注式沥青混合料及时供应,加强对施工机械的检查以及人员的调配,防止因混合料、人员或机械产生的人为冷接缝。

(4)浇注式沥青混凝土摊铺,因为其劳动强度大,温度高,应充分做好安全防护工作,配备必要的劳保用品。

3.2.2 浇注式沥青混合料的生产

由于浇注式沥青混合料拌和温度高,搅拌时间长,因此对拌和楼的拌和能力和耐高温能力有很高的要求。由于浇注式沥青混合料所用的沥青黏度大,而且沥青含量比较高,混合料容易黏附在设备上,每次生产完毕后,待设备还没完全冷却时,应对黏附的混合料进行彻底清理,在生产前应对运料小车、储罐或卸料斗清理并涂刷隔离剂。

混合料拌和温度控制:由于本次拌和矿粉未加热,则其石料加热温度应为 290~310℃,混合料拌和后出料温度按 220~250℃目标控制。由于混合料中矿粉含量很大,因此混合料的拌和时间比较长,拌和时间为干拌 15s、湿拌 90s。

正式生产前进行了试生产,试生产达到要求后才进行正式生产。拌和过程中应充分注意矿粉掺加、沥青用量及出料温度控制。

3.2.3 浇注式沥青混合料的运输

从拌和楼生产出来的浇注式沥青混合料还需不断搅拌和保温,以免混合料发生离析和温度降低而无法施工,因此,浇注式沥青混合料使用专门的运输设备 Cooker。Cooker 主要构成有三部分:沥青混凝土搅拌系统、加热系统和搅拌罐储存系统。

在施工前,应对搅拌罐进行清理,对搅拌和加热系统进行仔细检查,避免 Cooker 装入混合料后发生故障,致使混合料滞留搅拌罐中。Cooker 的加热方式可分为燃气和燃油两种,施工前应确保 Cooker 中油或气充足。

在 Cooker 初次进料之前,应将其温度预热至 160℃左右,装入 Cooker 中的混合料应保持不停的搅拌;同时应将 Cooker 的温度设置在 220~250℃之间,确保混合料运至现场的温度为 220~250℃。

应尽量避免浇注式沥青混合料在高温的 Cooker 车中停留太长时间,总的等待时间 250℃以上时不超过 1h,220~250℃时不超过 4h,总的等待时间不能超过 4h,但在 Cooker 中的搅拌时间至少应在 45min 以上,实际工程施工中均控制在 1~2h。

3.2.4 浇注式沥青混合料的摊铺及预拌碎石撒布

因为浇注式是自流成型无需碾压的沥青混合料,因此,浇注式沥青混合料的摊铺使用浇注式专用摊铺机。该摊铺机主要由三部分组成:自行牵引系统、混合料摊铺系统以及前置的布料系统。

在进行混合料的摊铺前,应提前 30min 对摊铺机进行预热,预热温度应达到 160~200℃。运至现场的浇注式沥青混合料应对其温度进行测量,符合设计要求后,方可摊铺。

由于浇注式沥青混凝土在 220~250℃摊铺时具有流动性,需设置边侧限制,防止混合料侧向流动。采用钢制模板作为边侧限制挡板。边侧限制的挡板放置应根据浇注式混凝土摊铺的宽度确定,并应安排专门人员进行循环布置。

Cooker 倒行至摊铺机前方,把混合料通过其后面的卸料槽直接卸在桥面板上。摊铺机的布料板左右移动,把浇注式沥青混合料铺开。摊铺机向前移动把沥青混合料整平到控制厚度。浇注式沥青混合料温度较高,其较好的流动性容易封闭部分空气,空气膨胀会产生气泡,应及时将气泡戳掉,使之与下层能有较好的结合。

碎石撒布机紧随摊铺机后,当摊铺的沥青混凝土降到合适的温度,撒布预拌沥青碎石,采用人工用滚筒进行碾压,使碎石能较好地嵌入浇注式内。撒布时应准确控制碎石的撒布量(撒布量为 5~10kg/m^2),保证撒布的均匀性。在碎石撒布过程中,根据情况可选用加配重的滚筒对碎石进行碾压,以便碎石与浇注式沥青混合料能够较好地结合。在浇注式沥青混凝土施工完毕后,扫除未粘牢的碎石。拆除边侧限制之前,让铺装层冷却,留下一个轮廓清晰的边侧连接。摊铺机行走速度应与拌和楼拌和能力相匹配。

3.2.5　接缝及边界处理

铺装过程中,应尽量避免施工横向接缝的产生。如遇等料以及天气变化等原因,应按如下方法设置横向施工接缝。使用边侧限制的钢制或木制挡板,切割成与浇注式摊铺宽度相同的长度,放置于欲设置施工接缝的位置,将摊铺机升起少许,从横向挡板上移出,抵住横向挡板,手持人工抹板将混合料抹至紧贴挡板,并抹平敲打击实。固定横向挡板,待混合料冷却后,方可拆除挡板。最后应使混凝土具有垂直的横向截面,并敲掉松散混合料。

在接缝处铺筑浇注式混合料之前,应使用红外喷枪对接缝处混凝土进行加热,保证接缝黏结强度,确保整个铺装的密实性和整体性。待混凝土出现软化后,将摊铺机高度调至与铺装层相同的高度,待布料板将混合料均匀铺开后,便可开动摊铺机进行正常摊铺。应观察接缝处新铺的混凝土,如出现松散麻面情况,立即进行人工处理。

3.3　浇注式施工检测

3.3.1　浇注式改性沥青试验检测

本工程浇注式结合料采用改性沥青、湖沥青与其他改性剂掺配而成,改性沥青检测结果与技术要求见表2。

沥青性能检测结果及技术要求　　表2

试验项目	试验值	技术要求	试验方法
针入度25℃,100g,5s(0.1mm)	37.6	30~60	JTJ 052—2000 T0604
软化点环球法(℃)	100.5	≥75	JTJ 052—2000 T0606
延度5℃,5cm/min(cm)	28	≥20	JTJ 052—2000 T0605
弹性恢复率25℃(%)	97	≥90	JTJ 052—2000 T0662

3.3.2　浇注式沥青混合料试验检测

浇注式沥青混合料采用刘埃尔(流动性)评价其施工和易性能;采用贯入度和贯入度增量评价其高温热稳性,德国和日本采用的试验温度为40℃,考虑该桥的气候条件和使用条件将试验温度调整为60℃,其混合料试验结果见表3。

浇注式沥青混凝土性能检测结果及技术要求　　表3

试验项目	试验值	技术要求	试验方法
刘埃尔(流动性)(s)	33	20~60	《公路钢箱梁桥面铺装设计与施工技术指南》(交公便字〔2006〕274号)
贯入度60℃(mm)	3.04	1~4	
贯入度增量60℃(mm)	0.17	≤0.4	

4　结语

(1)无锡S342主线西互通钢箱梁桥桥面铺装采用Eliminator材料与浇注式沥青混凝土共同组成桥面铺装防水结构体系,具有良好的防腐性能、防水效果、温度稳定性、疲劳性能,是可行的,也是成功的。

(2)浇注式摊铺施工中采用调整浇注式摊铺机行走轨道的高度控制铺装层的厚度,能有效控制摊铺厚度,保证桥面的平整度。

(3)目前经过两年的通车运行,在大交通流量且重载交通为主的情况下,路面各种性能良好,证明该铺装方案和施工是成功的。

参考文献

[1] 无锡S342主线西互通钢箱梁桥面铺装施工图设计. 重庆交通科研设计院. 2006,9.

[2] 田其轩,译. 德国沥青手册[G]. 重庆交通科研设计院,2001.
[3] 交通部重庆公路科学研究所. 钢桥面铺装技术研究国外专题情报资料. 重庆:1995,3.
[4] Beratunsselle für Guβasphaltanwendung e. V. asphaltkalender 2001.
[5] Der bundesminister für verkehr. Technische preüfvorschriften für die prüfung der dichtungsschichten und der abdichtungs – Systeme für brükenbelägen auf stahl TP – BEL – ST.
[6] Der bundesminister für verkehr. Technische Lieferbedingungen für Baustoffe der dichtungsschichten für brükenbelägen auf stahl TP – BEL – ST.

14 认真学习实践科学发展观以人为本创新思想政治工作

周 云

（无锡市高速公路建设指挥部办公室）

1 前言

把以人为本的理念落实在思想政治工作上，是学习实践科学发展观的重要体现。思想政治工作是一切工作的生命线，是我党的优良传统和政治优势，也是加快推进工程建设的重要保证。如何在工程建设中加强思想政治工作，更好地发挥应有的作用，充分调动广大建设者的积极性，确保工程建设扎实快速推进，保质保量按期完成市局交给的各项工程建设任务，是摆在我们面前的一个重要课题。高速公路建设指挥部办公室党支部在认真学习实践科学发展观的活动中，结合交通工程建设的特点、基层党建工作的难点，着力探求以人为本做好思想政治工作的创新点。

2 交通工程建设的特点

无锡市高速公路建设指挥部办公室自1992年成立以来，一直承担着区域内高速公路建设的繁重任务。近几年，随着高速公路工程联网成片、密度渐趋饱和，高指一部分力量介入市政道桥重点工程，与兄弟建设单位同台竞技。十九年来，高指这支队伍一直以敢啃硬骨头、敢抢工期、敢于创新而备受赞誉，已经成为一块响当当的品牌。

随着无锡城市转型和产业结构的调整，无锡的交通基础设施处在了除旧布新、日新月异的急速扩展期，不加快建设步伐，就有可能成为制约地方经济发展的瓶颈。在这种形势所逼的客观情况下，高指所承担的建设任务往往是工期一而再、再而三地提前，工程质量要求并不能因工期提前而有丝毫的懈怠。随之对交通工程建设管理者提出了更高的要求，也要求交通工程建设者负重奋进、永不停顿。

3 交通工程建设单位思想工作的难点

如何做职工思想工作，稳定职工队伍，调动职工积极性，推动高速公路建设的发展，为实现全年目标作贡献，是摆在我们面前的一项重要的课题。

3.1 通过调研发现目前存在的问题

（1）工程前期征地拆迁政策性强、矛盾多、协调工作难度大而使工程建设人员产生畏难情绪。

（2）工程建设中需要协调、服务、现场解决问题的人员少，工程技术人员还不能满足工程建设的需要而产生埋怨情绪。

（3）工程建设现场安全、质量监管由于施工单位管理、技术上的层次不一带来监管难度大而产生的负重情绪。

（4）工作的环境差、工作辛苦往往得不到周围人的支持而产生委屈情绪。

（5）思想政治教育工作不能有的放矢地开展，内部奖惩考核制度的不完善带来的不满情绪。

3.2 存在问题的原因分析

(1)客观存在的原因。交通工程建设的一个显著特点,即工地远离本部,工期要求紧、工程技术人员分散、一个人要顶几个人干,工程质量要求严,工程第一,久而久之,不管员工有没有思想问题、有何想法,一切等工程结束后再谈。从而,往往使一些员工带着想法去干、带着情绪去干,使技术管理人员在长期的紧张、负重的压力下工作。

(2)没有时间参加理论学习和各项活动。有些同志总认为工程建设任务是大事,任务重、时间要求紧,必须抓紧,其他一切工作都要围绕工程建设转。工程建设只要安全无事故,质量有保证,形象进度有进展,投资概算能控制,这才是中心、重心。多学一点或少学一点都没有关系,即使是安排学习、活动,也往往是应付式的学、被动式的学,而真正学有所获却很难。

(3)基层党员领导干部在做思想工作中,本身认识上存在偏差。在基层日常工作中,开展思想政治工作的力度不够,认为抓工程进度、抓工程管理是实事,是正事。对党员、一线技术人员的思想教育、组织学习、培训活动是一种形式,是务虚的事。上面布置了,响应一下,开开会、传达一下即可,不愿下慢功夫、细功夫、长功夫,致使这项工作摆不上应有的位置。在工作安排上也有倾向性,每当思想政治工作与工程建设发生矛盾时,往往是时间上挤、工作上让、人员上凑,甚至把思想政治工作看作是"橡皮筋",致使思想政治工作流于形式。

(4)同样认为,抓好工程建设为主,内部基础管理只要过得去即可。各岗位工作职责有的模糊、不明确,有的制度不落实,一些措施没跟上,缺乏一种能全面检验思想政治工作效果的考勤、评分、奖惩的方法,一些靠指令做事的惯性尚存在不同的管理层面,由此造成员工的工作责任心、主动性的欠佳。

上述问题的存在,实际上都是涉及每个岗位、每个人员对工作的责任心、工作态度和敬业的精神,如果对工程建设的各个方面在思想上不能引起真正的重视,则都将会对工程建设的进度、安全、质量带来影响。如何提高员工的积极性、创造性、勇于面对困难,解决一些工作中的实际问题、实际困难,使其在工作的过程中更好地发挥作用,我认为要想使工程建设中思想政治工作得到加强,就要进一步解放思想,以人为本结合实际,扎实做好员工的思想政治教育工作,使其在不同的工作环境下努力发挥好应有的作用。

4 以人为本思想政治工作的创新点

在新一轮经济增长期中,以人为本的思想政治工作应正确地把握两个关键点:一是加强,二是创新。要用心开展思想政治工作,要在以人为本上下功夫,要尊重情感规律,突出人文关怀,化解心理冲突,做好心理疏导,才能更好地服务于交通建设。

4.1 以人为本在主动性上下功夫

工程建设管理者常年工作和生活在工程建设第一线,接触社会面广,受各种思想影响的时机多,他们的思想是否稳定,直接关系到工程建设安全措施的落实和质量的优良,关系到工程建设任务的按时完成。特别是面对当前的世界金融危机的冲击,工程建设管理人员或多或少产生的一些情绪,短时期内的影响可能不会太大,但从长远来看,如果不加强思想政治工作力度,不做艰苦细致的工作,这种影响和冲击就会越来越大,尤其是一些落后、消极的东西就会乘虚而入。为此,要使工程建设者保持政治上的坚定,思想上的纯洁,就必须高度重视和主动加强思想政治工作。在主动性上下功夫,实行主动式的双向沟通、理解,帮助分析主客观原因,理解与尊重员工的主体意识与独立人格。这样,不仅可以化解员工工作上的压力,而且不良情绪会得到改善,工作效果也就会比较高。思想是行动的先导,只有认识提高了,思想统一了,各项工作才能坚持正确的方向,才能保证党和国家大政方针的正确贯彻执行,才能使思想政治工作和工程建设管理得到有机地统一,思想政治工作才会取得成效和富有生命力,才能有效地推进工程建设。

4.2 以人为本在针对性上下功夫

思想政治工作只有贴近实际,贴近生活,贴近工作,才能发挥应有的作用。不管哪方面的内容,都不能从理论到理论,只务虚不务实,必须把"大道理"同"小道理"结合起来,把抽象内容具体化,切实同工程建设的思想实际挂钩,否则,思想政治工作做的再多也是空谈,也不会取得实际效果。要解决这些问题,一个好的办法就是应在思想政治工作内容的系统性上作些文章。可以将思想政治工作的内容设想为三大方面,即时事政策教育、基础教育、随机教育。时事政策教育主要是指国内外大事及党和国家大政方针的教育,要根据形势变化或上级党组织的指示进行;基础教育应以科学理论、思想道德、法规法纪、行为准则、工程建设管理等多方面的教育为主,形成基础教育内容体系,按上级组织统一安排和计划进行;随机教育就是注重经常性的教育,结合建设工地实际自行组织实施。

4.3 以人为本在多样性上下功夫

思想工作不能坐而论道,随着工作目标的实现进入一个新的阶段,思想工作也应根据不同时期的任务、要求、季节、场所的变化采取多种不同的方式。一是变"灌输式"为"启发式"。要充分发挥自我教育、平等对话、典型启迪等启发式方法,以增强思想政治工作的吸引力。二是变"封闭式"为"开放式"。要运用参观学习、社会调查等走出去请进来的方法开展思想政治工作。三是变单一式为多方式并举。积极组织开展读书讲演、讨论会、知识竞赛等轻松、高雅的活动,达到调节情趣、增长知识、提高觉悟的目的,进一步增强思想政治工作的渗透力。四是变"以听为主"为"视听结合"。这样,业务工作势如破竹,思想工作常做常新,就会由静态式的工作变得动态式的工作,把抽象的东西变得具体形象,增强感染力。

4.4 以人为本在规范性上下功夫

要善于"两手"相帮,将思想工作与内部改革、基础管理结合起来。在当前的新形势下,做思想工作必须要"两手",即把思想工作与深化改革、强化管理结合起来,把思想认识问题的解决与机制转换、规范管理结合起来,从根本上激发并保护技术人员的积极性、创造性。要彻底改变职责不清、赏罚不严的状况,把思想政治工作软指标硬化,除了从思想认识上纠正忽视思想政治工作的倾向外,重点是把思想政治工作纳入目标管理规范轨道。一要进一步建立健全思想政治工作相关制度,结合新时期的新特点应用和完善已有的思想政治工作制度,并制订年度思想政治工作目标,进一步细化、量化考核指标和内容,将无形变有形,把定性变定量。二要明确政工干部的职责,把目标和责任分解到具体人的头上。三要制订详细的考核标准,严格实施奖惩。

4.5 以人为本在解忧性上下功夫

同时,要关注工程建设管理者的生活、学习、身体等各个方面,要使他们在现实困难面前安心工作,就应本着解决思想问题与解决实际问题相结合的原则,千方百计帮助他们排忧解难,解除后顾之忧。思想政治工作不仅要自上而下贯彻,还要有自下而上的建设,这是思想政治工作自身独立性和存在价值的基本要求。要形成双向互动的模式,进行自上而下和自下而上的双重作用,以有效地发挥思想政治工作的功能,以增强凝聚力和吸引力,确保工程建设的稳步推进、健康发展,确保工程建设任务的圆满完成。

总之,运用科学发展观做好思想政治工作,必须坚持以经济建设为中心,结合经济工作和其他业务工作开展;必须坚持以理想信念教育为核心,引导干部群众增强"四信";必须坚持从实际出发,增强思想政治工作的针对性。同时,要强化时代意识,走在时代的前列;要强化创新意识,要研究和把握好新形势下人们的精神需求和价值取向;要坚持用科学的理论,努力解决人们的"信仰"、"信念"、"信心"和"信任"这些深层次思想问题。只有这样,当我们遇到各种严峻困难的时候,才能去解决困难,渡过难关,实现各项设定的目标任务。

15 太湖大道人行天桥工程简介

周德生 慕立新

（无锡市高速公路建设指挥部办公室）

摘 要 简要介绍太湖大道两座人行天桥的设计概况、施工与质量控制。

关键词 人行天桥 质量控制 施工控制

1 工程概况

太湖大道人行天桥工程经过多次论证确定，在水秀新村和通扬路口设两座人行天桥，委托上海市市政工程研究院设计。

水秀新村天桥，由于太湖大道两侧新村道路和天桥位置错位，天桥平面呈“L”形布置。桥位布置在路口西侧，主桥跨越太湖大道，南侧设过路通道，把扶梯和自行车坡道引至路口东侧的空地。天桥净宽4.2m，总宽5.22m（包括花槽），通道桥净宽4.0m，总宽5.02m。主桥共两跨，跨度为26.46m和27.46m，通道桥为单跨17.0m，主桥通道桥合计总长度为82.94m，结构连续。主桥在道路中分带内设独柱，两侧人行道边设双柱，通道桥末端设独柱。大道的北侧设直扶梯、曲扶梯和圆形坡道各一座，大道的南侧西面设一座直行扶梯，东面设直行扶梯和折线形坡道各一座。扶梯净宽2.20 m，坡道净宽2.70m。

通扬路天桥，根据地形及建筑物情况，总体平面呈与太湖大道中心线接近正交的弧线形布置。桥位布置在路口西侧，跨越太湖大道和防汛河道。在大道两侧机非分隔绿化带内设独柱，两侧人行道边及河道北边设双柱，按连续带双悬臂结构布置。桥墩立柱间距从北到南分别为20.00m、10.50m、27.00m、13.00m，桥梁总长度83.50m。在太湖大道北侧，河道北面设直行扶梯两座，折线形坡道一座，河道南面设直行扶梯一座。在大道南侧设直行扶梯、曲线形扶梯和折线形坡道各一座。天桥净宽5.00m，总宽6.02m（含花槽），扶梯净宽2.20m，坡道净宽3.00m。

主桥及通道桥桥墩立柱基础为ϕ80cm钻孔灌注桩基础，人行扶梯及自行车坡道基础采用钢筋混凝土扩大浅基础，桥墩立柱采用钢管立柱（主桥立柱为Q345A钢，其余为Q235A钢）。

主桥上部结构材料为Q345A钢（16Mn），为焊接钢箱梁。自行车坡道结构有两种形式，同主桥相接的一跨为焊接钢箱梁，余跨均为现浇钢筋混凝土连续结构。人行扶梯为型钢钢梁和折边钢板踏步焊接制作而成。人行扶梯及钢结构坡道材料为Q235A钢（A3钢）。

桥墩立柱采用1.5mm厚发纹不锈钢板包封贴面，主桥箱梁外侧、底部用4mm厚铝复板包封，梯道、坡道两侧用4mm厚铝复板包封。坡道钢结构底部用3mm厚普通薄钢板包封刷漆处理，钢筋混凝土坡道底部涂漆处理。

主桥护栏栏杆的高扶手和矮扶手的圆形钢管及栏板的矩形钢管均采用3mm厚发纹不锈钢管制作，扶梯、坡道的高扶手、矮扶手的圆形钢管，采用3mm厚发纹不锈钢管制作，但栏板的矩形钢管采用3mm厚普通A3钢板制作。护栏栏板立柱，主桥上采用发纹不锈钢板制作，坡道、梯道上采用普通A3钢板制作。A3钢板表面采用防腐涂装。护栏栏板采用12mm厚夹层玻璃。桥面、坡道、梯道采用防滑地砖进行铺装，梯道、坡道均设防滑条，主桥桥面、梯道、坡道踢脚均采用1.5mm厚发纹不锈钢板包封。

2 天桥工程施工与质量控制

2.1 下部基础工程

下部基础,主桥桥墩为钻孔灌注桩基础,原设计桩径为60cm的灌注桩,经变更为ϕ80cm桩径,梯道、坡道的基础为钢筋混凝土扩大浅基础。个别桩基,由于灌孔桩与既有地下自来水、煤气等管线发生矛盾,作了局部的变更。个别的浅基础,因与地下电力、电信管线影响,基础适当埋深,或适当移位。水秀新村天桥圆弧形钢筋混凝土坡道,增加两个扩大基础与桥墩立柱。

钻孔桩及扩大基础按《公路桥涵施工技术规范》(JTJ 041—2000)施工,质量经检测,全部合格。

2.2 钢结构制作与安装

上部钢结构工程包括桥墩钢管立柱,主桥钢箱梁,人行梯道、钢结构自行车坡道。钢结构制作,分别在承建单位的厂内进行,包括放样、号料、切割、矫正与弯曲、边缘加工、组装、焊接、构件矫正、焊缝检测、除锈防腐、钢箱梁试拼装。

水秀新村天桥主桥钢箱梁为"L"形,厂内制作放样比较简单,采用整块大钢板,在胎架上拼接,整个主桥连续箱梁分成三段制作,分三段运输吊装。

通扬路天桥主桥为圆弧形连续钢箱梁,在厂内,构件采用数控切割,保证各零部件的精度,按三个分段制作搭设胎架,确保了分段线形的正确。在厂内进行了预拼装,以确保现场安装一次成功。按三个分段运输吊装。

钢结构制作按《钢结构工程施工质量验收规范》(GB 50205—2001)、《公路桥涵施工技术规范》(JTJ 041—2000)的要求与规定进行制作和质量检验。主梁、扶梯、坡道、立柱钢结构的横向对接焊缝为Ⅰ类焊缝,100%进行超声波探伤,20%进行X光摄片检测;纵向对接焊缝、腹板与面板、底板相交的角焊缝为Ⅱ类焊缝,100%超声波探伤,探伤有疑问的部位采用X光摄片复检,其余Ⅲ类焊缝进行外观检查。所有钢结构制作和拼装的Ⅰ、Ⅱ类焊缝,经检验全部达到设计和规范的要求。

钢结构表面除锈、防腐涂装按Sa2(1/2)级要求施工,采用702环氧富锌底漆二度70μ,842环氧云铁中间漆二度70μ,氯化橡胶面漆二度95μ,漆膜总厚度为235μm。

桥墩立柱在厂内制作,在主箱梁吊装前,全部安装完成。对立柱高度、坐标、高程进行了严格的控制。

2.3 天桥的装饰

天桥装饰工程任务重、要求高、工期紧。施工单位(上海宝钢建设有限公司)组织强力领导班子,组织严密,有条不紊,于9月30日全面展开。在保证太湖大道不中断交通的条件下,经过脚手架搭设,桥面、坡道、梯道面的细石混凝土铺装,地砖铺贴、栏杆立柱安装、栏杆扶手安装、夹层玻璃制作安装,C形钢板龙骨安装,铝复板包封,不锈钢板踢脚安装,立柱包封等各个工序,监理组监理工程师坚守工作岗位,加强旁站,确保了工程质量。

由于桥身纵向的多跨起拱,桥身的铝复板包封难度较大。现场施工人员精心测量,认真计算、放样,力求铝复板排列光滑匀称。为保证弧形板的加工质量,新购一台三辊卷板机投入使用。为保证太湖大道交通畅通,安装时采用固定脚手架与移动脚手架相结合,白天主要施工近立柱部位,夜间利用移动脚手架,逐车道施工桥体跨中部位。

天桥装饰工程主桥钢箱梁铝复板包封饰面和立柱不锈钢包封平整光滑,色泽一致,接缝齐平,密封胶缝横平竖直,深浅一致,宽窄均匀,光滑顺直。护栏安装规范,护栏柱垂直,焊接可靠,扶手栏杆平顺。玻璃栏板安装平整稳固,接缝严密。涂料涂饰均匀,黏结牢固,无漏涂、透底、起皮等现象。地砖铺贴,接缝平整,排列整齐,结合牢固,表面坡度符合设计要求,不倒泛水,无积水现象。桥面排水畅通,雨水口严密牢固,排水管无渗漏现象。天桥的装饰工程无论从观感和实测实量,都达到了一定的水平。

3 结语

太湖大道人行天桥设计者吸收上海市城市道路天桥的优点,结合无锡市太湖大道的实际情况,进行创新。结构轻型美观,装饰漂亮大方。天桥不仅供行人上、下过路,而且还设置了自行车坡道,方便骑自行车上下班的人流安全过路。

人行天桥从下部基础,到上部钢结构施工及外装饰工程施工,工期紧,要求标准高。在建设、施工、监理单位的共同努力下,精心组织,精心施工,严格监理,天桥工程建设达到了较高的水平,为无锡今后建设城市道路的天桥提供了成功的经验。

16　蠡湖大桥工程建设综述

周德生　蒋东方　慕立新

（无锡市高速公路建设指挥部办公室）

摘　要　蠡湖大桥设计为上承式拱梁与斜塔悬索的组合结构。桥型独特，施工难度大，工期紧。工程施工按既定目标、计划完成任务。在工程实施过程中克服很多困难，解决不少技术难题。

关键词　设计独特　大围堰　主桥墩　拱梁　拉梁　斜塔悬索施工

1　前言

蠡湖大桥横跨东蠡湖，是无锡蠡湖大道的重要组成部分，蠡湖是无锡的著名风景区，按规划蠡湖周边将建成生态公园。该桥设计集交通、景观、观景功能于一体，桥梁全长750m，其中主桥长150m，设计为上承式拱梁与斜塔悬索的组合结构，桥型独特，结构简洁明快，造型柔和，拱、斜塔、悬索在侧面形成“WX”形状，形如“无锡”汉语拼音缩写，远观宛若一张若隐若现的渔网，象征着富庶的鱼米之乡。全桥经过装饰亮化，桥上景观与蠡湖周边的建筑、风景和谐统一，是无锡的标志性建筑之一。主桥由同济大学建筑设计研究院桥梁分院设计，引桥由无锡市市政设计研究院设计，由路桥集团第一公路工程局承包施工。工程监理由江苏省交通工程咨询监理公司负责。

2　设计概述

蠡湖大桥全长750m，主车道宽度24m，双向六车道，两侧各宽4.5m为人行道兼非机道，设内、外侧护栏，总宽33m，设计纵坡2.5%，桥中心竖曲线半径$R=4\ 500$m，中间主桥150m，两端引桥各长300m。

主桥总体结构设计如图1所示。主拱为跨径80m的现浇钢筋混凝土拱桥，矢高12.5m，矢跨比1/6.4，拱轴线为悬链线。拱圈为现浇钢筋混凝土箱形拱，单箱六室，拱圈宽23.8～27m变宽，高度1.5m，顶、底板厚140mm，中腹板厚400mm，边腹板厚740mm，C50混凝土。

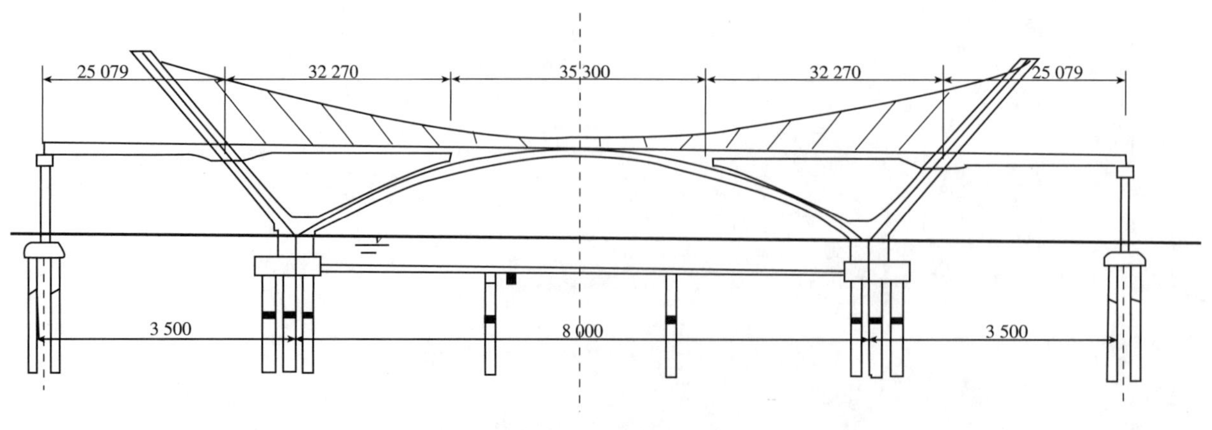

图1　主桥总体设计图（尺寸单位：mm）

主梁为变截面单箱6室预应力混凝土箱梁，底面横向水平，顶面1.5%双向横坡，标准段断面中心处梁高 1.68m，斜塔处梁高 2.5m，与拱结合处联合断面高 4.05m，底宽 27m，顶宽 33m，悬臂根部高 400mm，中腹板宽 400mm，边腹板宽 740mm，顶、底板厚 200mm，C50 混凝土。主梁纵向预应力分别锚固在斜塔横梁处和梁端，均为 12ϕj15.24 预应力钢绞线共 76 根。在拱梁结合处、斜塔横梁处和端横梁处均设横向预应力 12ϕj15.24 钢绞线 12 根，19ϕj15.24 钢绞线 40 根，5ϕj15.24 钢绞线 8 根。桥面板也设横向预应力束。

主拱在湖底以下设钢管拉梁 8 根为系杆，与主墩承台连接，钢管直径为 85cm，厚 25mm，16 锰钢，每根长 75m，水平布置，主桥跨中设两排钻孔桩，每排 4 根，作拉梁支承桩，桩径 1.5m，桩长 29.17m，每二根拉梁并在一起支承在每排一根钻孔桩上，同排每两根桩桩顶设横梁连在一起，横梁上设横向挡块，钢管拉梁内设 6 根 9ϕj15.24 环氧涂层钢绞线，其套管采用无缝钢管，在承台外侧分批张拉锚固。钢管内灌注 C40 混凝土，钢管表面采用电弧喷铝复合涂层进行防腐。

主桥主墩基础采用中 ϕ1.5m 钻孔灌注桩，每个承台下 19 根桩，桩长 60m。本工程湖底地质，除表层 0.6 ~ 2.9m，层底深 8.2 ~ 8.9m 和 32.9 ~ 33.6m 有薄层淤泥质亚黏土外，均为亚黏土和亚砂土，主承台桩端持力层为青灰色 ~ 灰褐色亚黏土，硬塑，含少量铁锰质结核及姜结石，夹灰色黏土条纹，层厚 3.5 ~ 4.2m，地基容许承载力 $\sigma_0 = 280$kPa，压缩模量 $E_s = 10.59$MPa，全长分布，力学性能较好。主墩承台为六边形，长 37m，宽 9.0m，高 2.5m，C30 混凝土。主桥拱座为长 23.8m，宽 5.0m 的钢筋混凝土 C50，以上与拱圈、斜塔连成一体。斜塔为矩形断面，桥面以下部分断面尺寸为 2m × 2m，桥面以上为 2m × 1.5m 钢筋混凝土构件，C50 混凝土，斜塔纵向倾斜 50°，横向往外倾斜 10°，上斜塔塔顶至主梁顶面高 13.04m，上斜塔内设 2 根 12ϕj15.24 预应力钢绞线。

主缆采用成品索一次吊装成形，采用热聚乙烯拉束 PES7 - 199，$R_Y^6 = 1\ 670$MPa，PE 防护，冷铸墩头锚。吊索采用 OVMDS（K）型可调式吊杆专用锚具，采用镀锌高强低松弛 PES5 - 37 束，$R_Y^6 = 1\ 670$MPa，PE 防护，冷铸墩头锚，索夹材料为 ZG310 - 57 - GB，每个索夹上 8 个紧固螺栓，由索夹通过紧固力传至主缆。

引桥设计为 25m 等跨径后张法预应力简支大孔板梁，南北引桥均为 12 孔，计 24 孔，桥梁总宽 33m。大孔板梁高 1.35m，预制板宽 1.9m，桥面板现浇接缝宽 0.88m，梁中心间距 2.78m，每孔有 12 块大孔板，全桥共计 288 块。

桥台设计为双排桩基埋置式桥台，台身为肋板式，桩基采用 ϕ1.2m 钻孔灌注桩，每个桥台 16 根，桩长 24m。

引桥桥墩设计为两个半幅分离的双柱式桥墩，承台为高 2.0m 的实体式承台，主引桥过渡墩两个分离式承台通过连接梁连在一起，其余桥墩均为分离式，每个承台下设 4 根 ϕ1.2m 钻孔灌注桩基础。桥墩盖梁为预应力混凝土结构，高 1.5m，宽 2.0m。两半幅桥墩盖梁之间，留间距 68cm，每个盖梁设预应力 6ϕj15.24 钢绞线索 8 根，上、下两层布束。

在大桥两侧各安装一根直径 90cm 的自来水钢管，在引桥段内安装在外侧 A、B 边梁间，搁置桥墩墩帽上，在主桥范围，用钢支架挂靠在主梁边腹板外侧。

3 施工组织计划

蠡湖大桥设计独特，尤其是主孔设计为上承式系杆拱，其中系杆设计为 8 根钢管拉梁，埋设在湖面常水位以下 6m，湖底以下 3m，给施工带来很多麻烦。经研究，我们提出了采用大围堰方案，围堰长 185m，宽 76m，将 150m 长主桥全部围起来。

大围堰与便桥相连，使水下作业工程变为陆上作业施工，大大减少了主桥施工的难度。

由于任务重，工期紧，我们采用统筹法，用网络图合理编制了蠡湖大桥指导性施工计划（网络图）（图 2）。通过简单计算，指出关键工序和关键路线，对各工序作出了合理的安排，它以各工序的工期为时间因素，用网络图反映了整个工程施工的全貌，科学地确定合理的工期，以便在工程计划执行过程中有效地进行控制、调整和监督。

工程于 2002 年 11 月招标，承包单位于 11 月下旬进场准备，租用临时土地，修建临时道路、混凝土搅拌设备、材料堆场仓库、桥梁预制场地,进行设计施工技术交底、大桥测量放线等工作。2002 年 12 月底,开始修筑大围堰和便桥架设,陆上桥墩台桩基施工。2003 年 2 月 24 日完成大围堰土方填筑,2 月 25 日开始大围堰进行分级抽水和围堰内清淤及修筑施工便道。于 2003 年 3 月 11 日开始主桥桩基施工,整个工程进入正常施工程序。工程于 2004 年 4 月 20 日完工通车,总工期为 17 个月。

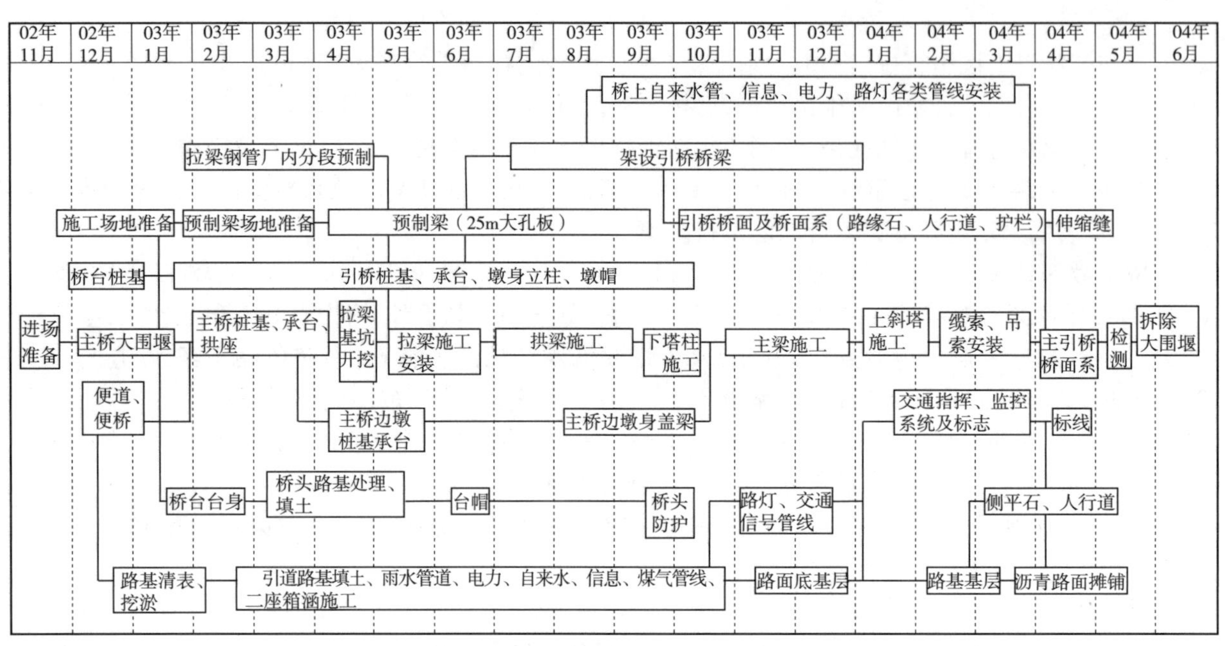

图 2　蠡湖大桥指导性施工计划(网络图)

在工程施工全过程中,基本按预定的计划有序地进行,仅作了局部的调整。由于国务院水利部在无锡召开三江三湖治理工作会议,蠡湖治理是一个典型的样板,无锡市委市政府要求本工程大围堰于 3 月底前拆除,对计划作了调整,大围堰提前拆除,给主缆安装、自来水管安装、主桥装饰亮化工程、静动载测试工作带来一定的难度。但在我办组织协调下,经同设计单位研究调整工序,各有关施工单位互相配合,采取有效措施,按预期目标完成任务。

4　工程施工

4.1　引桥施工

本工程引桥共 13 个桥墩在湖中,水深 1.5 ~ 3.5m,桩基及下部工程采用钢套箱围堰,每个桥墩分两个半幅施工,钢套箱为圆形,直径 10m,高度 4 ~ 5m。钢套箱就位后,在套箱外侧底部水中用土填筑高 1 ~ 2.0m 进行封堵,在引桥一侧搭便桥,在工地现场建水泥混凝土搅拌楼,集中拌和,采用混凝土输送车和泵车进行灌注,工程施工正常进行。大孔板梁在预制场预制,采用架桥机架设。

引桥工程施工难度不大,按常规施工,这里不再多述。

4.2　主桥施工

4.2.1　大围堰

原设计施工方案拉梁采用沉埋法,主墩桩基承台、拉梁支承桩基承台采用小围堰方法施工,主拱圈、主梁采用水中搭支承平台或支架立模后现浇。在工程开工前我们对工程施工方案进行了研究,认为采用小围堰施工存在很多缺陷,施工困难,工程管理麻烦,工程质量难以保证。我们提出采用大围堰方案,将整个 150m 长的主桥用土围堰围起,在南引桥一侧修建便桥,将围堰与岸地相连,使水中工程变为陆上工程,大大减少工程施工难度,加快工程进度,保证工程质量。不仅如此,还可大大减少工程临时设施的投入,降低工程费用。

本工程主桥处在常水位时水深约 3.0m,在梅雨季节水深约 4.5m,主桥承台、拉梁支墩承台基底在湖底以下约 3.0m,承台开挖基坑坑底的水头达 7.5m,基坑坑底处于亚砂土层,基坑开挖时很易产生管涌。

为了确保深基坑开挖并长期暴露情况下的安全,适当加大围堰宽度,增加湖水渗入基坑的径流的距离(简称渗径)是关键。经研究大围堰宽度设定76m,长度185m,不仅确保了必要的渗径的距离,避免基坑发生管涌,而且为在基坑周边修建施工便道留有足够的宽度。

大围堰结构形式为桩土围堰,围堤宽5.0m,围堤内侧及主航道外侧采用两排间距为80cm,桩径为219mm,壁厚8mm的钢管桩,桩长12m,桩间距60cm,打入湖底以下7~8m,围堤外侧采用两排间距为80cm桩径为168mm壁厚6mm的钢管桩,桩长10m,桩间距60cm,打入湖底以下5~6m,桩顶高程3.0m。钢管桩纵横向采用12号槽钢电焊连接稳固,围堤内外侧,在边排钢管内侧用毛竹片和防水帆布封土,围堤内填土。围堤填土逐层填筑,土在水中自然沉落密实,填出水面以上适当夯实。待围堤填土沉降基本稳定后进行围堰向外抽水,实际用4台出水口径为150mm的单级离心式水泵,抽水时平均水深约3.0m,分三级抽水,每抽水1m,停歇1d观察后再抽。围堰内抽水完成后,围堤内用圆木和钢管增设斜撑,以增加围堤的稳定性。

大围堰从2002年12月下旬开始采用打桩船打桩,至2003年2月24日完成填土,2月25日开始抽水,2月28日完成围堰抽水工作,在围堰施工的同时修建便桥,3月1日起围堰内清淤和修筑施工便道,3月中旬开始主桥钻孔灌注桩施工,为主桥工程施工创造了良好的条件。

4.2.2 主墩承台施工

主墩承台为六边形,长37m,宽9m,高2.5m,设计混凝土强度等级为C40,承台内需预埋拱座伸入承台的钢筋和拉梁钢管伸入承台段及连接钢筋、钢板,预埋拉梁预应力钢筋的管道及锚槽。

承台基坑开挖,基坑坑壁适当放坡和防护,基坑底部尺寸放宽1.0m,在坑边四周挖一深0.25m、宽约0.5m的排水沟,在基坑的一角设一集水井,以便基坑渗水积聚与抽水,在承台后背基坑宽度放宽至1.5m,以便确保后续拉梁钢绞线穿束和张拉施工作业施工的空间。

由于承台为大体积高强度等级混凝土,要求一次性浇筑,为了解决大体积混凝土浇筑时由于水化热产生温差而引起混凝土产生裂缝的问题,在承台中布设两层循环水冷散热钢管,在混凝土浇筑时进行降温。

冷却管采用外径$\phi46$、内径$\phi41$的钢管,水平分两层布置,间距2m,层距1m,各层设三个进水口、三个出水口。混凝土配合比选择粉煤灰泵送混凝土,水灰比0.38,含砂率43%,粗集料最大粒径31.5mm,具体配合比见表1。

混凝土配合比表 表1

粉煤灰	水泥	细集料	粗集料	水	外加剂
86	346	781	1 057	164	4.32

注:外加剂选用南京凯迪厂生产的FDN-2缓凝高效减水剂。

4.2.3 拉梁施工

拉梁钢管在厂内分段预制,并进行防腐处理后运到工地安装。

拉梁安装在主墩承台和拉梁支墩承台混凝土浇筑完成后进行。钢管按设计位置拼装焊接,在钢管上面每10~20m设开口(100cm×40cm)作临时人孔,以便焊工进入钢管内操作,钢管内每1.0m设钢绞线管道的定位卡箍钢筋焊接于钢管内壁。拉梁钢管下面在支撑的横梁上设临时可调千斤顶,在工程施工过程中随时进行调节,使钢管处在水平状态,在主桥工程主体完工后进行最后调整,拆除千斤顶后浇筑支承混凝土。

钢管焊缝经100%超声探伤和20%X-射线拍片检测,焊缝质量100%合格。钢管防腐采用电弧喷铝复合涂层处理,在厂内预制及现场施工接缝都比较认真处理,经验收合格。

钢管安装并埋设拉梁内预应力管道后,随即穿预应力钢绞线,然后灌注混凝土。

灌注钢管混凝土采用泵送压注法,每根钢管一次完成。由于拉梁钢管处于水平位置,为确保混凝土灌注时拉梁钢管内混凝土有一定压力,使钢管内能充满混凝土,在钢管两端管顶距端头1.0~1.5m处设$\phi120mm\times4mm$增压钢管,高2.0m。混凝土压注口设在钢管一端(距端头约4m处),压注管与钢管成30°倾角。在钢管顶部每2m钻一$\phi5mm$排气孔。在灌注混凝土时,在排气孔开始冒浆后,用预先准备的锥钉逐一封孔。混凝土灌注前，先泵送 1.0m^{3}水泥浆和 1.0m^{3}水泥砂浆，以便润滑管道，其后按规定连续不断地均匀泵入混凝土。

钢管混凝土灌注时，在灌注到一定程度，约钢管长度 10m 内出气孔冒浆时，在压注口一端的增压钢管开始向上翻浆，随即将其出口封堵，待钢管另一端增压钢管翻浆，随即停止泵送。

钢管混凝土设计为 C40MPa，为适合泵送，合理选择混凝土配合比，设计坍落度大于 200mm，水灰比 0.34，集料最大粒径 31.5mm，掺加 JM－SCC 膨胀型自密实高性能混凝土外加剂，掺量为水泥量的 12%，掺加西卡-901 阻锈剂，掺量为水泥量的 3.5%，同时掺粉煤灰为水泥重量的 15%，混凝土施工配合比见表 2。

钢管混凝土配合比 表 2

水	水泥	砂	碎石	JM－SCC	粉煤灰	西卡－901
144	343	732	1 053	55	61	12

钢管混凝土拉梁中的钢绞线采用高压静电喷涂环氧粉末防腐低松弛钢绞线，每根钢管内布设 6 根 9ϕj15.24，标准强度 1 860MPa，钢绞线相对于圆心对称布置。钢管拉梁预应力张拉，根据施工过程，按设计分批张拉钢绞线。张拉时两端同时均衡进行，锚下控制张拉力 $\sigma_k = 0.70R_y^b = 1\ 302$MPa。操作时考虑锚口摩阻损失和千斤顶内摩阻力的影响，采用张拉力和伸长量同时控制。张拉操作程序为 0→初应力（50～150MPa，划线作标记）→1.025σ_k（测定伸长量）→放松（测回缩量）。实际伸长量与理论伸长量比较应控制在 6% 以内。

钢管拉梁内预应力张拉分三批按束布置对称进行。在钢管混凝土达到强度后进行第一批，每根钢管内张拉两根。待主桥主拱混凝土浇筑完毕，混凝土达到设计强度，拆除主拱支架落架一半后，张拉第二批的一半，即张拉外侧两组 4 根钢管各两根预应力束，在主拱支架全部落架后，张拉第二批的另一半即内侧两组 4 根钢管各两根预应力束。根据设计要求在下塔柱、主梁、上塔柱、缆索、桥面混凝土铺装完成后，进行第三批张拉。由于工期紧，要求提前拆除大围堰。经设计单位同意，在下塔柱、主梁、上斜塔和桥面混凝土铺装完成后，张拉第三批拉梁预应力钢绞线束。在施工每个阶段，每批张拉都经过检测监控，均符合设计要求，然后进行孔道压浆和封锚。

在施工过程中根据主墩的沉降情况，用预设的千斤顶调整拉梁支承处顶的高程，使拉梁处于水平状态。在最后，主桥已基本完工，恒载已全部作用上去，在大围堰拆除前，对拉梁顶高程作最后调整。由设计单位根据主墩已发生沉降的情况推算主桥通车运营期还可能发生的沉降量，确定拉梁支承处的高程，用千斤顶进行调整，使支承桩处的拉梁高程略低于主墩处的拉梁高程 2.0cm，以减少主墩今后产生沉降的不利影响。高程调整完成后，拆除千斤顶，在两横向挡块间浇筑混凝土固结。其中有三根拉梁四个支承点的钢管拉梁偏高，由于钢管拉梁在预应力作用下，千斤顶放松后，钢管高程仍偏高，在支承处钢管底部垫一层厚 1cm 泡沫塑料后，再浇筑混凝土。

4.2.4 主拱施工

在钢管拉梁安装完成第一批预应力束张拉后，开始进行主拱施工。主拱圈施工首先浇筑拱座，拱座施工完成并达到强度后进行拱圈施工。

主拱采用碗扣支架搭设满堂支架，地基首先进行硬化处理，支架搭设好后进行预压，各节分段预压重量取钢筋混凝土箱梁的各节分段的自重，预压时间不小于 24h。

主拱混凝土浇筑按施工规范要求分段浇筑。我办同设计、监理、施工单位多次研究讨论，决定主拱混凝土浇筑顺序。主拱分四段进行对称浇筑，留四个间隔槽和合拢段。间隔槽设在拱脚和拱梁结合的主横梁处，合拢段设在拱顶横梁处，如图 3 所示。

浇筑顺序为：

①段底板与腹板——②段底板与腹板——①段顶板——②段顶板——③段间隔槽（横梁下部）——④段间隔槽（拱脚处顶板）——⑤拱顶合拢段——⑥横梁上部。

要求在①②段底腹板顶板混凝土强度达到 75% 设计强度后浇③④⑤⑥段，其中⑤拱顶合拢段的纵向钢筋必须在浇筑该段混凝土时进行焊接连接。合拢段混凝土浇筑在 2003 年 10 月 29 日晚 9∶00 至 10

月 31 日早上 7:00 完成，气温在 20℃左右，满足设计要求。

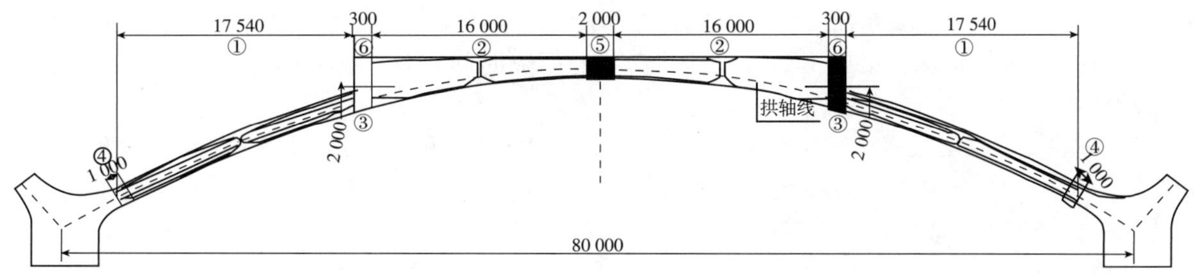

图 3　主拱浇筑顺序图

在主拱混凝土达到设计强度 90% 时，张拉设在主拱圈的横向预应力。

在主拱最后浇筑间隔槽、合拢段混凝土达到设计强度进行拱架卸落，拱架卸落要求在白天气温较高时进行，拱架从拱顶开始向拱脚对称均匀地卸落。设计要求卸落量分三次卸落，每次卸落量为总落架位移量的 1/3，约 12mm。实际上由于落架工作量大，大量民工上场，在现场统一指挥下，从拱顶向拱脚一次均匀成功卸落。在主拱落架卸落一半时，开始拉梁第二批预应力钢绞线的一半，落架全部完成张拉第二批的另一半。落架完成，拆除全部支架。

4.2.5　主梁施工

主梁施工也采用碗扣支架搭设满堂支架，并进行预压，预压荷载为箱梁自重的 100%，预压时设点进行沉降观测，绘制时间—沉降曲线，沉降稳定后卸载。一般认为连续 3d 沉降量小于 2mm，即可认为沉降稳定。

主梁混凝土浇筑从两边向跨中分段对称进行浇筑，分段可自行决定（实际上两边各分三段），先浇底板、腹板，再浇筑顶板。

主梁预应力张拉按设计规定顺序进行张拉。

主梁纵向预应力由于预应力管道安装不平顺，分段混凝土浇筑时管道接头不顺，引起预应力管道摩阻增大，预应力索张拉实际延伸量小，比理论延伸量小 10% ~20%，与规范规定 6% 相比，偏小量较大。后经设计单位根据实际延伸量反算管道摩阻系数，重新对结构进行计算，结构表明边跨跨中主梁应力下降了 0.2MPa 左右，中跨跨中主梁应力下降了 1.8MPa 左右。全桥在使用荷载组合一时，仍未出现拉应力，在使用荷载组合二时出现 -0.3MPa 的拉应力。由于管道不平顺，造成预应力损失较大，主梁的永存预应力下降，相应降低了设计的安全储备，但认为结构能满足现行设计的规范要求。同时，为加强主梁负弯矩区的抗裂性，在负弯矩区（拱梁结合部和斜塔处横梁）桥面混凝土铺装层中进行局部加强，由原来的一层钢筋网片改为两层钢筋网片。

4.2.6　上斜塔和缆索施工

斜塔设计向两个方向倾斜，施工放样按塔顶、上横梁、下横梁三个位置共 12 个点的坐标进行控制。斜塔模板由工厂特制的钢模板。

缆索采用成品索一次吊装形成，主缆在安装前首先进行预张拉，主缆基本顺直，然后在桥面上安装吊索、束夹，用四台吊车同时起吊主缆。主缆两端锚具为冷铸镦头锚，为了在缆索安装时测定主缆的受力情况，在锚下垫板与镦头锚螺母之间预先安设压力传感器。

主缆安装按设计长度控制，吊装就位后，安装主缆镦头锚螺母，安装、调整索夹和吊索，在桥下张拉吊束。由于斜塔和悬索吊杆施工位置有所偏差，使吊杆吊索的张拉力、缆索的缆力与设计内力偏差较大，最终以缆索的线形控制，发现桥面以上斜塔根部出现细小裂缝。经设计验算对主体结构受力和使用没有影响。但为了防止斜塔裂缝渗水引起钢筋锈蚀，在斜塔根部 4m 范围内表面涂西卡 -903 渗透剂，起钢筋阻锈作用。

4.2.7　镀锌钢绞线预应力管道灌浆

大桥引桥桥墩盖梁设计预应力索布置上、下两排，上排（N1）4 根 7 × ϕj15.24，下排（N2）4 根 6 × ϕj15.24 为普通钢绞线。要求施工时，在盖梁混凝土浇筑前须预先埋设钢绞线，固定端采用 OVM15 -

6、7 型固定锚具，张拉端采用 OVM15 - 6、7 型张拉锚具，一端张拉。预应力分两批张拉，盖梁混凝土浇筑完成并待强度达到设计要求后先张拉第一批(N2)预应力索，第二批(N1)须待全部预制大孔板梁吊装就位后进行。考虑到从盖梁施工到板梁预制安装的间隔时间较长，为防止钢绞线锈蚀，设计变更为镀锌钢绞线。

但是，一些专家提出镀锌钢绞线预应力管道不能灌水泥砂浆，我们查询了《高强度低松弛预应力热镀锌钢绞线》(YB/T 152—1999)，规范规定高强度低松弛预应力热镀锌钢绞线适用于不直接与混凝土砂浆接触的预应力结构中。镀锌钢绞线在水泥浆条件下，锌层与水泥浆发生作用会产生腐蚀现象。我们委托同济大学桥梁系教授、上海交大兼职教授、国际结构混凝土协会(fib)第九届委员会委员陆光闾和他的学生上海交大博士研究生林兵查询这方面的资料，并对在水泥基环境下镀锌钢绞线的腐蚀进行研究。水泥基环境中镀锌钢绞线腐蚀有三种形式：均匀腐蚀，局部腐蚀(坑蚀)，应力腐蚀(氢脆)。通过向 fib 的国外专家咨询及对有关文献、规范的查询，了解了美国、日本等一些国家的专门机构对水泥基环境中防止镀锌钢筋腐蚀的研究成果及相应的国际标准和指南。

通过研究，在水泥浆中加入聚丙烯酸酯，可以提高镀锌钢绞线的腐蚀电位，增强水泥浆的密实度，降低水泥浆的空隙率和水泥浆的收缩，从而可以延缓氯离子、水、氧、二氧化碳和其他有害杂质渗入水泥浆的速度，延缓和减弱对镀锌钢绞线不利的各种化学反应，对其三种腐蚀形式均能起到有效的防腐。在水泥浆中加入铬酸盐可以抑制化学反应中生成的氢，从而可以减弱镀锌钢绞线的应力腐蚀(氢脆)。

通过研究，我们确定在水泥浆中掺加重铬酸钾(橙黄色、粉末状)，掺入量为水泥用量的 0.01%；掺入聚丙烯酸酯(白色、乳状液体)，掺入量为水泥用量的 10%；掺入 FDN - 2 缓凝高效减水剂(粉末状)，掺入量为水泥用量的 1.0%。我们编写了镀锌钢绞线管道压浆的规定，进行严格的监理。

4.2.8 工程施工监测

蠡湖大桥结构独特，为使工程顺利进行，确保在施工各阶段主体结构的安全与稳定，确保质量，我们委托省交通科学研究院对本桥施工全过程进行检测监控。施工检测包括以下内容：

(1)大桥主墩桩中控制截面应力。

(2)钢管拉梁控制截面应力。

(3)主拱圈各控制截面应力和控制点位移，包括主墩承台的位移。

(4)主梁中控制截面应力和控制点位移。

(5)斜塔控制截面应力及斜塔顶点位移。

(6)拱轴线及主梁轴线在施工过程中的变化情况。

(7)缆索索力和缆形。

(8)各温度控制点温度值。

在施工过程中，按施工组织计划程序分十个工况进行检测。通过检测，在每一个施工阶段均进行严格的检查，并依据提供的准确数据，发现问题及时研究，认真处理。

检测表明，在各工况阶段，结构中各重要截面的应力实测值均满足设计与规范的要求；由各主要结构部位变形的实测数据分析，施工各过程中结构无较大变形，都在可控范围之内；主缆力虽未达到设计值，但通过缆力测定，对斜塔预应力束进行了调整，确保了斜塔受力的平衡。各项技术质量指标均得到了有效的控制。

5 几点体会

蠡湖大桥工程在施工、设计、监理共同努力、密切配合下，经过一年半的努力奋斗，按既定目标完成任务。在整个工程实施中，我们克服了很多困难，解决了不少技术难题。

(1)要搞好工程，首先要科学管理，要认真分析研究工程的难点、关键点，根据实际情况研究合理的施工方案，确定合理的工期，才能做到技术上可行，经济上合理。

(2)要严格工程的质量管理，“质量是设计和制造出来的，不是检验出来的”。质量检验是质量管理工作中的一个重要手段,要对各分项工程进行抽样检查,评定为合格或不合格,如不合格就得返工。所以要加强工程全过程的管理,从源头抓起,而不是马后炮。

(3)要有创新精神,不仅要学习、吸取他人的成功经验或教训,还要切合实际,进行研究,解决一些技术上的难题。

(4)要实事求是,从实际出发,认真解决承包人在工程实施过程中发生的困难。“管、帮、促”并举,才能使工程顺利进行。

17 镀锌钢绞线孔道灌浆问题的研究

周德生 蒋东方 慕立新

（无锡市高速公路建设指挥部办公室）

摘 要 蠡湖大桥桥墩盖梁设计为后张法预应力混凝土结构，预应力索分上、下两排布置，分两批张拉。第二批（上排）设计采用镀锌钢绞线。镀锌钢绞线在水泥浆条件下，锌层与水泥浆会发生作用，产生腐蚀现象，发生破坏。为确保工程质量，作者经过请教专家教授进行调查研究，成功解决了这个问题。

关键词 镀锌钢绞线 孔道灌浆 防腐蚀措施

1 问题的提出

蠡湖大桥桥墩盖梁设计为后张法预应力结构，盖梁高 1.5m，宽 2.0m，预应力索布置上、下两排。上排（N_1）为 4 根 6ϕj15.24 钢绞线，下排（N_2）为 4 根 6ϕj15.24 钢绞线，原设计为普通钢绞线。施工时，在盖梁混凝土浇筑前预先埋设钢绞线，单端张拉。固定端锚具采用 OVM15－6 固定端 P 型锚固体系，张拉端锚具采用 OVM15－6 型张拉端锚固体系。预应力钢索分两批张拉。盖梁混凝土浇筑完成并待强度达到规定要求后，先张拉第一批（N_2）预应力索。第二批（N_1）须待全部预制大孔板简支梁吊装就位后进行。考虑到从盖梁施工到板梁预制安装的间隔时间较长，为防止预先埋设的第二批张拉的普通钢绞线锈蚀，设计变更为镀锌钢绞线。在蠡湖大桥施工中，我们邀请了江苏省交通规划设计院吴国民高工到工地指导，他指出镀锌钢绞线孔道内不能灌注水泥浆，水泥浆对钢绞线的锌膜会起腐蚀的化学反应，导致钢绞线在应力作用下降低钢绞线的抗疲劳强度，甚至发生脆断。这一问题的提出，引起了我们高度的注意。我们查阅了冶金部《高强度低松弛预应力镀锌钢绞线》（YB/T 152—1999），规范规定镀锌钢绞线的适用范围，它“适合于桥梁拉索、提升、固定拉力构件的建筑物及不直接与混凝土砂浆接触的预应力结构中”。但是，事已形成，镀锌钢绞线孔道内究竟灌什么，才能确保工程质量，成为当务之急。我们请教了一些桥梁专家教授，但无定论。最后我们请教了同济大学桥梁工程系、上海交通大学兼职教授、国际结构混凝土协会（fib）第九届委员会委员陆光闾。他和他的学生上海交大博士研究生林兵对水泥基环境下镀锌钢绞线的腐蚀进行了研究，并通过向 fib 的国外专家咨询及对文献、规范进行查询，了解国外在这方面的研究情况和水泥基环境下镀锌钢绞线的腐蚀现象及主要问题，以及防止镀锌钢绞线在水泥基环境中腐蚀的研究成果。

2 水泥基环境下镀锌钢绞线的腐蚀

我们知道，金属与周围环境中的介质起化学变化，而在金属表面形成氧化物或盐类，这些生成物将影响化学变化的继续进行。若使生成物能溶解于周围介质中或质地疏松，不能起保护作用，则腐蚀继续进行。例如铁金属便是如此，表面形成不紧密的氧化层（铁锈），它还将加速金属露出部分的腐蚀，形成凹穴，危害更大。若使生成物不溶于周围环境的介质中，并且质地紧密而且能牢固地附着于金属表面，那就能对金属起保护作用，阻止腐蚀作用的继续发展。例如金属表面镀锌后，在空气中或在接触 pH 值较低的液体条件下，锌层会钝化，形成保护层，阻止腐蚀的继续发展。所以与光面钢绞线相比，镀锌钢绞线可以在 pH 值较低的条件下使其表面保持钝化，周围介质的氧化、碳化作用对它的抗腐蚀能力的影响很小。

但是根据查阅的国外资料,试验研究表明,镀锌钢绞线处于水泥基这样一种碱性的环境中,周围介质 pH 值的大小对其锌膜的腐蚀状况有很大影响。

(1)当 pH 值在 11.1 ±0.1 至 12 ±0.1 之间时锌膜表面产生局部腐蚀。

(2)当 pH 值在 12 ±0.1 至 12.8 ±0.1 之间时锌膜腐蚀速度缓慢。

(3)当 pH 值在 12.8 ±0.1 至 13.4 ±0.1 之间时,锌膜腐蚀速度加快,并伴随着氢的产生。

(4)当 pH 值大于 13.4 ±0.1 时,锌膜腐蚀速度进一步加快,直至完全溶解。

水泥是一种碱性材料,pH 值一般较高,对镀锌钢绞线表面的锌膜发生较均匀的腐蚀。

金属与干燥空气或其他非电介质的液体起化学反应,所产生的腐蚀称为"化学腐蚀"。在实际情况中,纯粹的化学腐蚀是较少的,一般都是与电化学腐蚀同时进行。我们知道,不加防腐的钢铁,在干燥空气中,生成不紧密的氧化层,虽然锈蚀得以不定地进行,但其速度是很慢的。钢铁本身的组织是机械的混合物(Fe 和 FeC),并含有很多杂质,这样就形成了以铁为负电极和碳化铁为正电极的原电池,产生电化学反应形成铁锈。所以当钢铁处于潮湿的大气中、水中或土壤中时,因为凝聚在钢铁表层的水分是较软弱的电解质溶液,当有其他的污染气体、杂质溶入时,更成为有效的电解质溶液,发生电化学腐蚀,锈蚀速度加快。对于镀锌钢绞线,就是用锌敷盖在钢的表面作防护层,称为阳极敷盖,起保护阴极的作用。它的表面会钝化形成紧密的保护层,阻止腐蚀进行。但是据资料介绍,周围介质中的氯离子对镀锌钢绞线的腐蚀有很大的影响。水泥浆中的杂质很多,来源广泛,尤其是海水,水泥浆的氯离子参与离子导电,加速镀锌钢绞线的电化学腐蚀进程,由于氯离子的侵入,在镀锌钢绞线周围引起局部酸化,使其表面的钝化膜破坏。氯离子的半径小,活性大,在锌膜的缺陷处渗透进去,将膜击穿,到达基本金属表面,引起锌膜保护层的腐蚀。此时若氯离子浓度很高,便会产生坑蚀现象。在水泥基环境中,锌膜不仅通过消耗自身对钢绞线实施阴极保护,而且两金属之间还发生电偶腐蚀,加快锌膜的消耗。当镀锌层被消耗掉后,剩下的光面钢绞线很容易受到腐蚀介质(如氯离子)的攻击,产生均匀腐蚀和局部腐蚀,在钢绞线表面形成一些微裂纹。

在腐蚀环境下,水泥基环境中镀锌钢绞线的另一种腐蚀——应力腐蚀应特别引起重视。对于高强钢筋的应力腐蚀,目前普遍认同其腐蚀机理为氢致断裂——氢脆。通过环境提供给水泥基中镀锌钢绞线氢主要有两种来源:镀锌钢绞线与新灌注的水泥浆发生电解反应生成氢;由阴极保护和电偶腐蚀反应生成 Zn^{2+} 与水发生水解反应生成的氢。产生的氢,一方面以原子形式进入钢中,在高应力区(如钢绞线表面微裂纹处)产生富集,使钢绞线产生低应力脆断——氢脆;另一方面,一部分氢形成氢气,在水泥浆中产生气泡,影响镀锌钢绞线与水泥浆之间的黏结。

从以上分析可以看出,水泥基环境下镀锌钢绞线的腐蚀,与到达镀锌钢绞线表面的氯离子浓度、氢浓度、水的多少及所处电解液的 pH 值大小、电解液的导电性有关。因此,当镀锌钢绞线采用水泥灌浆时,应重点解决好下面两个问题。

(1)镀锌钢绞线的氢致断裂,即原子氢进入钢中后,使钢的内部结构发生变化,导致低应力脆断——氢脆。

(2)镀锌钢绞线与水泥浆之间的黏结,除了由氢气形成的气泡会影响黏结外,在灌注水泥浆前,若镀锌钢绞线存在碳酸锌(俗称白锈),这也会影响黏结。

3 水泥基环境中防止镀锌钢绞线腐蚀相应的国际标准

为解决混凝土结构中镀锌钢绞线的腐蚀问题,美国进行了大量的研究,美国、法国、德国、日本、澳大利亚等国都成立了专门机构研究水泥基环境中镀锌钢筋的腐蚀,取得了一定的研究成果,并颁布了一系列相应的国际标准和指南。这些标准和指南都指出要防止镀锌钢筋(钢绞线)与新浇筑的混凝土(或水泥浆)发生电解反应,可以通过对镀锌钢筋铬化处理或在混凝土(或水泥浆)中添加铬酸盐,这样可以减少镀锌钢筋中的氢,从而可以有效预防氢脆,并可以增强镀锌钢筋与混凝土(或水泥浆)之间的黏结。对镀锌钢筋进行铬化处理,实际上就是预先使其表面钝化,减少与新浇筑的混凝土(或水泥浆)反应生成氢;而在混凝土(或水泥浆)中掺入铬酸盐,就是在发生电解反应时阻止氢的释放。

在日本，经过试验研究，在普通水泥浆中加入聚丙烯酸酯，配制成胶乳水泥浆。试验结果证明，加入聚丙烯酸酯，对水泥浆中的镀锌钢绞线的电偶腐蚀起到了有效的保护。由于聚丙烯酸酯的加入，提高了镀锌钢丝在水泥浆的腐蚀电位，而且此腐蚀电位处于一稳定值，腐蚀电位的提高，表明镀锌钢丝的腐蚀速度降低。水泥浆中加入聚丙烯酸酯后，水泥浆的透水性能得到了极大的降低，不但其弯曲强度和抗压强度得到了提高，还可提高其密实度，大大加强了镀锌钢绞线与水泥浆的黏结，有效防止镀锌钢丝的腐蚀。

4 预应力孔道水泥浆掺加材料的确定

根据上述文献资料和研究，我们邀请同济大学陆光闾教授、林兵等老师会同设计、施工、监理一起讨论确定本工程镀锌钢绞线预应力孔道水泥浆掺加材料。参照国外的成功经验，确定在水泥浆中掺加聚丙烯酸酯和重铬酸钾。为了确保水泥浆的强度，适当减小水灰比，又要提高水泥浆的稠度，适量掺加减水剂。

我们按照规范对预应力孔道水泥浆的技术要求，对不同掺加剂不同配比进行稠度试验和7d强度试验，最终确定水泥浆的配比。水泥采用42.5MPa普通硅酸盐水泥，在水泥浆中掺加重铬酸钾（橙黄色、粉末状），掺入量为水泥用量的0.01%；掺入聚丙烯酸酯（白色、乳状液体），掺入量为水泥用量的10%；掺入FDN-2缓凝高效减水剂（粉末状），掺入量为水泥用量的1.0%。

5 水泥浆制作方法和压浆规定

5.1 水泥浆制作方法

按现有搅拌设备状况，根据试拌后研究确定。

（1）建议每一拌水泥浆水泥用量100kg（两包）。将水（35kg）分装四桶，先将重铬酸钾（10g）均匀加入四桶水内用搅棒搅匀，再将聚丙烯酸酯（10kg）均匀加入四桶内用搅棒搅匀。

（2）先将两桶已搅匀的重铬酸钾、聚丙烯酸酯的水溶液倒入水泥浆搅拌机缸内，随即把一袋（50kg）水泥和一半FDN-2（0.5kg）倒入缸内的水泥中，随即开动搅拌机，稍作搅拌，再倒入另两桶水溶液后，再加入一包（50kg）水泥和FDN-2的另一半（0.5kg）继续搅拌，采用正转、反转，并间歇用人工将浆液中水泥粉块捏碎。待水泥浆基本搅匀后，可通过滤筛进行灌浆。

（3）在预应力孔道灌浆的同时，随即按上述方式进行下一拌的准备，不允许中断。

（4）水泥浆用水可用五里湖中的水，但不允许水中有杂物或泥浆等污染物质。

5.2 压浆规定

（1）水泥浆在使用前和压注过程中应连续搅拌，不允许有泥浆块及其他杂物，以避免压浆管或预应力孔道的堵塞。

（2）压浆应缓慢、均匀地进行，不得中断。

（3）压浆应使用活塞压浆泵，压浆的压力宜控制在0.5～0.7MPa，最大压力宜为1.0MPa。压浆应达到另一端气孔饱满和出浆且其出浆的稠度应与注入浆的稠度相当为止，并随即堵住出浆口。为保证管道中充满灰浆，在堵住出浆口后，再继续压浆，保持压力不小于0.5MPa的稳压期，该稳压期不少于2min。

（4）在每一个桥墩四个孔道压完后，再从第一孔道开始进行二次压浆，二次压浆也应在另一端出气口出浆，出浆后堵住出浆口并在0.5～0.7MPa压力下稳定2min。

（5）压浆中出气口处有专人负责，检查出气口出浆情况，并防止出浆时堵塞其他孔道的出气口。如有发生孔道堵塞，排气孔口不出浆，应再继续加压（宜1.0MPa），如仍不见出浆，只好停止压浆。如发生这一情况，应认真检查。采用检查孔检查压浆情况，采取有效措施，确保孔道内灌浆密实。

（6）压浆时，每一工班应留取不少于3组的70.7mm×70.7mm×70.7mm立方体试件，标准养护28d，检查其抗压强度。

6 结语

水泥基环境中镀锌钢绞线的腐蚀有三种形式:均匀腐蚀,局部腐蚀(坑蚀),应力腐蚀(氢脆)。所以冶金部规范《高强度低松弛预应力镀锌钢绞线》(YB/T 152—1999)规定镀锌钢绞线的适用范围,仅适用于“不直接与混凝土砂浆接触的预应力构件中”。

通过查询国外有关文献资料和成功的经验,在水泥浆中加入聚丙烯酸酯,可以提高镀锌钢绞线的腐蚀电位,增强水泥浆的密实度,降低水泥浆的空隙率和水泥浆的收缩,从而可以延缓氯离子、氢、水、二氧化碳等有害杂质渗入水泥浆的速度,延缓和减弱对镀锌钢绞线不利的各种化学反应,对其三种腐蚀形式均能起到有效的防护。水泥浆中加入铬酸盐,或事先对镀锌钢绞线进行铬化处理可以抑制电化学反应中生成氢,从而可以减弱镀锌钢绞线的应力腐蚀。从实践证明,在特殊需要的情况下,镀锌钢绞线应用于预应力混凝土结构中是可行的。

18　高速公路新老路基拼接设计与施工

周德生　刘振宇　杨中华

（无锡市高速公路建设指挥部办公室）

摘　要　本文介绍无锡互通立交工程沪宁高速公路路基与立交匝道路基直接拼接和分离式拼接的设计与施工。
关键词　高速公路　路基拼接　设计与施工

1　前言

锡澄高速公路无锡(钱巷)互通立交是锡澄高速公路与沪宁高速公路相交叉的全互通立交。立交在沪宁高速公路 NK97 +510 ~ NKl00 +140 内拼接。其中上海方向沪宁路 NK97 +510 ~ NK98 +200 右侧与 B 匝道直接拼接,NK97 +510 ~ NK98 +300 左侧与 A 匝道直接拼接,南京方向 NK99 +880 ~ NKl00 +140 右侧与 K 匝道直接拼接,NK99 +890 ~ NK100 +100 左侧与 I 匝道直接拼接。在沪宁路 NK98 +930 ~ NK99 +830 两侧,K、I 匝道的新筑路基与沪宁路相分离,但离得较近,新老路的相邻路肩的间距约 7. 0m,故称为分离式拼接。

沪宁高速公路于 1992 年开工,路基于 1994 年年底前完工,1996 年 9 月竣工通车。锡澄高速公路无锡互通立交于 1997 年 6 月开工。

因担心高速公路新老路基拼接时,新路基对沪宁路老路产生不利影响,江苏省高速公路建设指挥部委托河海大学立专题研究。由于新老路堤对地基的加载作用有长达 4 ~5 年的时间差,新老路基的不均匀沉降差的产生是必然的,还会导致新老路拼接界面的开裂。由于新路堤的填筑对老路引起的偏载会使沪宁路的地基产生附加应力引起的附加沉降,不仅对直拼段,对分离式拼接路段也会带来不利影响。河海大学认为分离式拼接比直拼式更严重,在分离式路堤施工时会危及沪宁路的正常通车。河海大学对直接拼接路段设计了虚填路堤的方案,对分离式拼接路段采用定喷隔离墙的方案。

2　新老路直接拼接路基的设计与施工

无锡互通立交在沪宁路上海方向拼接段 NK97 +510 ~ NK98 +104 路基两侧各拼宽度 4. 5 ~13. 0m,路基填土高度 3. 0 ~7. 3m,NK98 +104 ~ NK98 +300 拼接宽 13. 0 ~14. 5m,路基填土高 1. 5 ~3. 0m。工程地质情况除在 NK98 +100 ~ NK98 +200 右侧老河道及多户农民宅基的深 2 ~3m 的粪坑,农用沼气池外表层 1 ~2m 为杂填土,以下 4 ~8m 厚为灰黄色亚黏土,硬塑 ~ 可塑状态,再以下为厚 4 ~7. 5m 的灰色粉砂层饱和,稍 ~ 中密状,粉砂层以下为灰黄色亚黏土,硬塑 ~ 可塑状,局部夹厚约 2. 0m 的粉砂层或亚黏土夹粉砂层,直至地表下 50m,未钻透。在南京方向拼接段 NK99 +880 ~ NK100 +140,路基两侧各拓宽 4. 5m,路基填土高 2. 5 ~3. 5m。地质情况,除刘家宕桥头(NK99 +880 ~ HK99 +910)20 ~25m 长范围地表下存在 3 ~6m 厚的淤泥质亚黏土外,地表下 30 ~35m 厚的灰黄色亚黏土,硬塑 ~ 可塑状,局部夹 0 ~4m 厚的粉砂层,中密状态。

沪宁高速公路路基宽 26m,填土高度因横坡而略高于被拼接匝道的填土高。

在上述路段内,沪宁高速公路路基除在刘家宕桥桥头路基 20m 长内采用粉喷桩处理(桩间距 1. 5m,桩长 5m,桩径 0. 5m)外,均未进行特殊处理。

对直接拼接的路基,河海大学采用虚填路基的设计方案。所谓虚填就是所拓宽的路堤在路基基底处理完成后,先按80%的压实度碾压填筑到设计高程,在非粉喷桩处理段还需超填到路面以上1m高的路堤作为超载预压。虚填路堤时,在老路边坡上,最初方案铺5cm厚砂层,设计时改为铺一层土工布。设计者认为此土工布可以隔离虚填路堤对老路基引起的沉降差。虚填路堤对路基基底预压90d后,再全部挖除虚填土方及土工布,重新分层填筑,按设计老路基边坡挖1.2m×0.8m台阶,每填高0.8m,铺一层土工格栅,按规范要求的压实度碾压。刘家宕桥头淤泥质软土路基采用粉喷桩处理,桩间距1.5m,在虚填前完成。

本立交工程,匝道路基与沪宁高速公路直接拼接的路段,单侧全长1 900延米,虚填土方约55 000m^3。按虚填路堤设计方案施工,会发生很多困难,特别是虚填土方预压后卸载,须租用大面积的临时堆土场地。苏南地区雨量多,雨期长,卸下的土方,若连遭下雨,原来含水率较低的土将会使含水率增加,对重新利用填筑路堤会增加很大困难。虚填路堤方案施工周期,要比一般路基施工增加两倍以上,工期的延长对沪宁高速公路维持正常的安全的通车十分不利。虚填路堤时,新老路间铺设土工布不仅不能改变新的虚填路堤对老路基的受力状态而减小新路对老路发生的附加应力引起的附加沉降,反而会使老路面上的雨水顺土工布下渗到新老路界面,导致虚填路堤坍塌。

新老路堤拼接如果处理不好,新老路会产生较大的不均匀沉降,新路基下沉,在拼接的界面上常常会产生纵向裂缝。但如果采取有效措施,减小新老路基的不均匀沉降差,纵向裂缝就不易发生。我们在大量的二级公路拓宽改造的实践中,有很多成功实例。新老路基发生的沉降差由三部分组成:一是路堤本体的沉落;二是路堤的基底,如果对地表疏松土、淤泥土、杂草等没有彻底清除,换填适宜的材料并进行碾压,那么路堤基底的压密沉降对新老路产生不均匀沉降差有极大的影响;三是地基土在新填路堤荷载作用下发生的压密沉降。

鉴于此,我们没有按设计的虚填方案,而是采用直接填土的方法施工。对拼接的新路基采取三条措施,尽量减小新老路基的沉降差。第一,在刘家宕桥桥头淤泥质软土地基段,沪宁路路基采用粉喷桩处理,桩间距1.5m,桩长5.0m,而拼接的新老路基也采用粉喷桩处理,但桩间距变更为1.2m,桩长5.0~7.0m,打穿软土层。其目的是增强新路路基的地基土的承载力,提高复合地基的压缩模量,减少新路基的地基的沉降;第二,对新路路基基底进行彻底清除地表的杂填土和淤泥,在河塘路段,宅基粪坑地挖除疏松土,个别地段开挖清淤达2~3m深,用碎石、块石土回填,用重型压路机碾压;第三,路堤填土碾压的压实度比设计规范的要求提高一个等级,路基底部0.4~0.6m厚采用掺5%石灰的灰土处理,最下层0.2m厚压实度要求达90%,第二层以上要求达93%,上路堤及基床部分均要求达95%。按设计,老路边坡挖成台阶,每80cm填土厚铺一层土工格栅。

匝道路基在1997年9月份开始填筑,1998年3月完成路基填筑及超载土方,预压90d后于6月底卸载,7~10月完成路面底基层、基层和沥青中、下面层,11月中旬完成沥青上面层摊铺。锡澄高速公路于1999年9月28日全线竣工通车。

根据沉降观测资料(表1),从开工之日起到1999年8月,直拼段新老路基最大累计沉降值,上海端NK97+691路基填土高6.5m,拼接宽度4.5m,沪宁路老路中心累计沉降为23mm,右路肩为31mm,新路基累计沉降47mm。南京端NK99+976路基填土高3.5m,拼接宽度4.5m,老路中心累计沉降20mm,右路肩为31mm,新路基累计沉降为41mm。从表1中看出,沥青路面摊铺完成将近一年后新老路工后沉降差最大值为7mm。至今在新老路基拼接界面部位的沥青面层没有发现纵向裂缝。

沪宁与锡澄高速公路上海方向直拼段沉降观测成果表 表1

观测桩号	观测时间及项目		观测点位置				
			左匝道中	主线左侧	主线中心	主线右侧	右匝道中
NK97+956	填筑期	实测历时(d)	42	326	326	326	62
		实测沉降量(mm)	7	9	7	4	35
	预压期	实测历时(d)	42	72	72	72	65
		实测沉降量(mm)	2	2	1	3	6

续上表

观测桩号	观测时间及项目		观测点位置				
			左匝道中	主线左侧	主线中心	主线右侧	右匝道中
NK97+956	路面期	实测历时(d)	266	376	376	376	266
		实测沉降量(mm)	5	6	6	7	6
	总工期	实测历时(d)	350	774	774	774	393
		实测沉降量(mm)	14	17	14	14	47
NK97+691	填筑期	实测历时(d)	42	326	326	326	72
		实测沉降量(mm)	11	13	7	16	35
	预压期	实测历时(d)	42	72	72	72	65
		实测沉降量(mm)	4	2	1	1	5
	路面期	实测历时(d)	266	376	376	376	266
		实测沉降量(mm)	6	8	8	14	7
	总工期	实测历时(d)	350	774	774	774	403
		实测沉降量(mm)	21	23	16	31	7
NK97+784	填筑期	实测历时(d)	—	326	326	326	150
		实测沉降量(mm)	—	3	2	4	28
	预压期	实测历时(d)	72	72	72	72	65
		实测沉降量(mm)	7	2	3	2	3
	路面期	实测历时(d)	238	376	376	376	266
		实测沉降量(mm)	2	4	3	2	2
	总工期	实测历时(d)	310	774	774	774	481
		实测沉降量(mm)	9	9	8	8	33
NK99+868	填筑期	实测历时(d)	50	375	375	375	70
		实测沉降量(mm)	13	3	5	10	19
	预压期	实测历时(d)	44	57	57	57	44
		实测沉降量(mm)	4	3	4	4	6
	路面期	实测历时(d)	238	300	345	345	238
		实测沉降量(mm)	7	7	12	12	16
	总工期	实测历时(d)	332	732	777	777	352
		实测沉降量(mm)	24	13	21	26	41
NK97+784	填筑期	实测历时(d)	36	375	375	375	36
		实测沉降量(mm)	22	12	6	7	5
	预压期	实测历时(d)	44	57	57	57	44
		实测沉降量(mm)	5	6	3	1	4
	路面期	实测历时(d)	238	300	345	269	238
		实测沉降量(mm)	8	13	11	2	4
	总工期	实测历时(d)	318	732	777	701	318
		实测沉降量(mm)	35	31	20	10	13

3　新老路基分离式拼接

3.1　定喷墙的设计与施工

无锡互通立交平面设计在沪宁高速公路 NK98 +930 ~ NK99 +800 右侧与 K 匝道 KK0 +500 ~ KKl +376，在沪宁路 NK99 +000 ~ NK99 +830 左侧与 I 匝道 IKl +000 ~ IK0 +274 的新路基不是老路基直接拓宽，新老路基相邻路肩间距约 7.0m，因离得较近，故称分离式拼接。匝道路基填土高 3.5 ~6.0m，路基宽度 I 匝道 8.5m，K 匝道 12.5 ~17.5m。

上述分离式拼接段内的地质情况，除刘家宕桥桥头（NK99 +750 ~ NK99 +830）路基和 K 匝道 KK0 +565 ~ KK0 +595 路基老河道（盖板涵）范围内地表下 3 ~5m 存在淤泥质软黏土外，地质条件均较好。沪宁高速公路路基除刘家宕桥头软土地基采用粉喷桩处理外，均未特殊处理。

河海大学对分离式拼接路段采用定喷隔离墙处理的设计方案。所谓隔离墙就是于新路基填筑前在新老路基之间设一堵地下墙，墙体深度 25m，墙体厚度 17 ~20cm，采用三重管高压喷射注浆法成形。原设计定喷墙累计长度 1 566m。

定喷墙原设计位置定位于沪宁路与新拼接路基的中间沟槽外侧，墙顶以原沪宁路边沟沟底为整平高程为准。沪宁路路基边坡在施工前先挖成台阶。按横断面放样，在路基填土较高的路堤，沪宁路路基须自坡脚挖进最大处达 6m 多，将会危及沪宁路路堤的安全。据此设计单位作了补充设计，定喷墙定位于沪宁路路堤的坡脚处。这对于高路堤，定喷墙位置接近于新路基中部，起不到应有的隔离作用。后经省高指同意，在路基填土高度大于 4.5m 的分离式拼接路段采用改桥方案。

经过设计变更，仅在沪宁路 NK99 +000 ~ NK99 +320 两侧、I 匝道 IK0 +800 ~ IK1 +100 与 K 匝道 KK0 +500 ~ KKl +880 之间采用定喷墙。1997 年 7 月底开工，于当年 9 月底完工。

对于实施定喷墙处理的路段的地质情况，仅在 KK0 +565 ~ KK0 +595 这段 30m 长的范围（箱形盖板涵洞前后）为老河道，从地表下 3 ~5m 有淤泥质软土存在，呈流塑状态，经变更设计采用粉喷桩处理，桩径 0.5m，桩间距 1m，打穿软土层。其他路段上层为杂填土厚约 1.2m；以下为灰黄色亚黏土，硬塑 ~ 可塑状态，厚约 8m；以下为粉砂层，厚约 4m，中密状态；再以下为灰黑色亚黏土夹混砂，呈可塑 ~ 软塑状，厚约 3m；再以下为灰黄色亚黏土，呈可塑 ~ 硬塑状态，至地表下 32m，未钻透。

定喷墙经试验后，确定为三重管双喷单墙折线形摆喷工艺施工（图 1），折线倾斜角 25°，摆动角 15°，孔距为 1.5 ~1.65m，孔深 25m，定喷墙厚度 17 ~20cm。孔位在新老路基中间沟槽处，不挖台阶，架设钻孔平台施工。

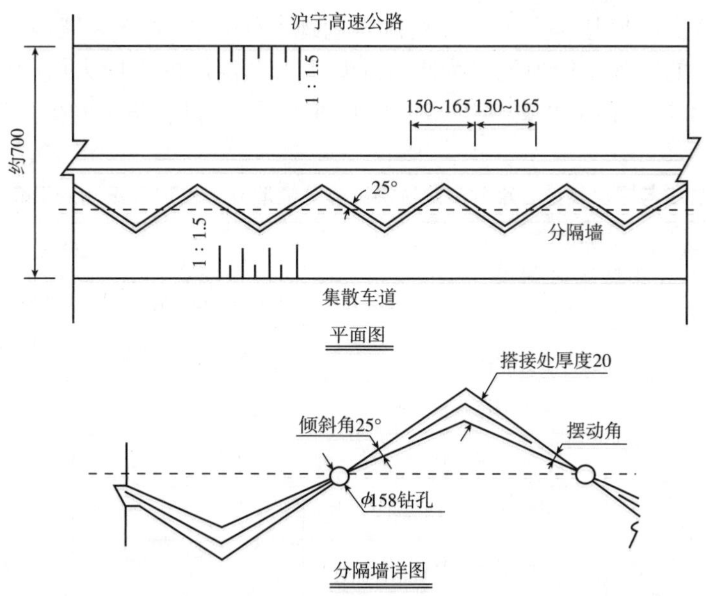

图 1　定喷墙设计图（尺寸单位：cm）

3.2 对定喷隔离墙的评价

3.2.1 定喷隔离墙作用的浅析

对于定喷隔离墙,据设计介绍,其作用是阻止应力的传递和隔水作用。由于新路堤的填筑对老路形成偏载,使老路路基的地基产生附加应力,致使原来地基沉降已趋于稳定的老路基产生新的沉降增量,这个增量经计算会达到5~11cm,将会危及沪宁高速公路维持正常的交通。阻止应力传递就是阻止新路堤对老路形成的偏载在老路地基产生附加应力,起到挡土墙的作用。又因为新路堤对老路地基产生附加应力而产生新的固结变形,老路下的地基土中的孔隙水将渗透转移,设计认为地基土中水的水平向渗流比竖向渗流对变形的影响更大。所以隔水作用就是用隔离墙阻止老路地基土中的固结水从水平向渗流,从而减小附加应力引起的固结沉降。

但是,我们从上述看到定喷隔离墙的设计厚度仅为17~20cm,深度达25m,墙体水泥土90d的抗压强度为1.0MPa,如此薄而深的水泥土墙很难起到挡土墙的作用以阻止新路堤对老路地基产生附加应力的传递。另一方面,隔离墙的渗透系数设计值为10^{-7}~10^{-5}cm/s,现场实测的渗透系数为10^{-7}cm/s。一般亚黏土、黏土的渗透系数为10^{-9}~10^{-8}cm/s,河海大学在锡澄高速公路软土地基处理中砂垫层材料的渗透系数设计控制值为10^{-5}cm/s。由此可见,隔离墙比原状地基土的渗透性强。另外,在沪宁路两侧分离式匝道路基填筑时,新路基下地基的应力比在老路基下产生的附加应力要大得多,即新路基下地基土中的孔隙水压力比老路基下土中的孔隙水压力要大得多。所以如果说水的水平方向渗流,在匝道的施工期及以后一个相当的固结期内老路下地基土中的孔隙水不可能水平向排出。这表明隔离墙起不到隔离水的作用。

新老路基拼接,新路堤对老路基确实存在影响。在饱水软黏土地基上采用固结理论分析无疑是正确的。笔者认为新路基采用深层水泥浆体或粉体搅拌桩复合地基处理是切实可行的,采用深层搅拌桩不仅加固了新路基的稳定和减小路基沉降的作用,而且可以把新路基填土的荷载对地基的应力通过桩体传递到深层,从而减小新路堤对老路基产生的附加应力及其沉降增量。我们从对粉喷桩复合地基进行单桩的静荷载试验得到,在1m^2一根桩(置换率$m=0.20$)的情况下,在极限荷载时,桩体承受的力占总荷载量的60%~70%。

分离式拼接路段的路基沉降观测结果见表2。从施工期开始至1999年8月匝道路基中心最大累计沉降值为112mm,沪宁老路中心最大沉降值为25mm,路基边缘最大沉降值为34mm。笔者采用前苏联沙湖年慈的路基荷载在地基土中应力分布的公式进行计算,由沪宁路两侧分离式匝道路堤的荷载作用在沪宁路路基中心,左、右路肩下的地基中产生的最大主应力值列于表3。分析表明,沪宁路地基下产生的附加应力比左、右匝道路基下的地基应力小。特别在影响地基沉降的主要区域内,地表下0~16m深度范围内,老路中心下面地基的附加主应力值仅为匝道地基下相同深度的主应力值的0.07~0.65,左、右路肩下的应力值为匝道地基下应力值的0.27~0.72。从此可以看出,新老路基发生的沉降分布与地基下的应力分布规律是一致的。

沪宁与锡澄高速公路分离式拼接沉降分隔墙处理段沉降观测成果表 表2

观测桩号	观测时间及项目		观测点位置				
			左匝道中	主线左侧	主线中心	主线右侧	右匝道中
NK99+045	填筑期	实测历时(d)	184	322	322	322	41
		实测沉降量(mm)	58	12	10	16	4
	路面期	实测历时(d)	230	455	455	455	307
		实测沉降量(mm)	7	13	15	18	13
	总工期	实测历时(d)	414	777	777	777	348
		实测沉降量(mm)	65	25	25	34	17

续上表

观测桩号	观测时间及项目		观测点位置				
			左匝道中	主线左侧	主线中心	主线右侧	右匝道中
NK99+139	填筑期	实测历时(d)	184	314	314	314	199
		实测沉降量(mm)	56	10	6	8	99
	路面期	实测历时(d)	382	463	432	463	299
		实测沉降量(mm)	10	16	17	23	13
	总工期	实测历时(d)	414	777	746	777	498
		实测沉降量(mm)	66	26	23	31	112
NK99+233	填筑期	实测历时(d)	177	244	244	244	134
		实测沉降量(mm)	38	5	2	8	89
	预压期	实测历时(d)	102	116	116	116	115
		实测沉降量(mm)	7	7	5	7	9
	路面期	实测历时(d)	126	417	417	417	118
		实测沉降量(mm)	6	5	7	6	2
	总工期	实测历时(d)	405	777	777	777	367
		实测沉降量(mm)	51	15	14	21	100

匝道路基对老路地基产生的附加应力表(单位:10kPa)　　表3

深度(m)	左匝道中心	沪宁高速公路			右匝道中心	深度(m)	左匝道中心	沪宁高速公路			右匝道中心
		左路肩	中心	右路肩				左路肩	中心	右路肩	
0	7.6	0	0	0	7.6	16	3.71	2.80	2.92	3.23	4.49
2	7.50	1.96	0.56	2.05	7.56	18	3.38	2.62	3.02	3.09	4.13
4	7.07	2.99	1.8	2.96	7.33	20	3.10	2.52	3.08	2.96	3.82
6	6.41	3.12	1.56	3.36	6.91	22	2.86	2.38	3.11	2.83	3.54
8	5.73	3.21	1.97	3.50	6.38	24	2.65	2.26	3.11	2.704	3.30
10	5.11	3.17	2.30	3.51	5.86	26	2.47	2.14	3.10	2.58	3.09
12	4.56	3.07	2.57	3.45	5.36	28	2.31	2.04	3.08	2.47	2.90
14	4.10	2.94	2.77	3.35	4.90						

注:左匝道路基宽8.0m,右匝道路基宽12.5m,路基填土高4m。

虽然分离式拼接段对定喷墙处理的作用及效果没有做对比试验,但是我们可以从直接拼接路段的新老路沉降情况可以分析定喷隔离墙的作用与效果。

3.2.2 对定喷墙施工质量和工程经济的分析

定喷墙施工工艺复杂,各项施工参数在操作时很难全部做到,定喷墙的施工质量没有一个切实可行的检测手段,其质量保证比粉喷桩还难。河海大学在工地上采用跨孔法波速试验以检测喷墙的质量,仅作了一次试验,没有在工程质量检测中进一步采用。对墙体的搭接情况,对整平高程以上的桩头2m部分进行挖掘抽检,有10%~15%不符合设计要求,说明地表下25m的墙体的施工质量很难达到设计要求。定喷墙工程造价高，工程合同价每平方米 242 元，折合每立方米水泥土造价达 1 344 元，而深层粉体或浆体搅拌桩每立方米造价为 153 元。定喷墙的水泥土每立方米使用水泥 1 238kg，而深层搅拌桩每立方米水泥用量为 250kg。经检测，粉喷桩水泥土 90d 无侧限抗压强度大于 1. 2MPa，定喷墙的水泥土 90d 的设计强度为 1MPa，实测抗压强度稍高于粉喷桩的强度。如果假定定喷墙水泥土实际水泥含量高于粉喷桩一倍，即每立方米水泥含量达 500kg。这说明定喷墙在施工时有一半以上的水泥用量随着钻孔的高压喷射回浆流到附近的河塘及低洼处，不仅大量浪费水泥，而且污染施工周围环境。据粗略估算，本工程至少浪费水泥 2 000t。

4 结语

(1)公路新老路基的直接拼接，如果处理不好，由于新老路产生过大的不均匀沉降，在拼接界面上常常会产生纵向裂缝。但只要对新路拼接路基施工，认真采取措施，加强对地基处理，彻底清除原地表的不适宜土，提高新路堤填土的压实密度，尤其对软土地基采用粉喷桩处理时，使复合地基承载力高于老路地基处理的承载力是可行的措施。减小了新老路产生的不均匀沉降差，就可以消除或延缓拼接界面上产生纵向裂缝。本工程是一个较好的成功的实例。

(2)新老路分离式拼接采用定喷隔离墙处理，虽未进行对比试验，但从分离式拼接和直接拼接的沉降观测资料分析，定喷隔离墙的作用不明显，其对土中的孔隙水压力引起的渗透起不到隔水作用，对应力的传递起不到挡土墙的作用，且其造价高，水泥浪费大，工程质量缺少有效的检测方法。

19　交通荷载作用下低路堤动力响应分析

张小波

（无锡市高速公路建设指挥部办公室）

摘　要　交通荷载是一种长期的循环荷载，大量的工程实例表明，交通荷载引起的沉降约占工后沉降的30%。本文通过低路堤现场应力测试资料分析，研究交通荷载引起的附加应力分布和车辆轴载、行驶速度、路面平整度、路堤刚度4个影响因素，得出了轴载100kN时，交通荷载的影响深度及其在水平方向的分布范围，给今后的低路堤设计提供了一定的依据。

关键词　交通荷载　低路堤　应力测试　影响深度

1　引言

低路堤与高路堤是一个相对的概念，一般概念上将填土高度低于2.5m的路堤称为低路堤[1]。低路堤与高路堤相比，具有占用土地少、经济节约、行车安全舒适、与周围环境协调等众多优点[2]。我国土地资源紧缺，珍惜土地资源、合理利用土地和切实保护耕地是我国的基本国策。交通部印发的《关于在公路建设中实行最严格的耕地保护制度的若干意见》中指出，高速公路建设采用低路堤和浅路堑方案，节约不可再生的土地资源，走可持续发展的道路，是今后高速公路建设应重点解决的问题。

交通荷载是一种长期(Long－term)作用循环荷载。几十年前，人们研究就发现，在其他条件相同的情况下动荷载对基础变形的影响大于静荷载对基础变形的影响(Schimming 等，1966 年；Yamanouchi 和 Yasuhara，1975 年；Fujiwara 等，1985 年；Tohno 等，1989 年)[3－6]，并且，很多的工程实例也验证了此观点，由车辆荷载引起的沉降大约占工后总沉降的30%[7]。建于 Ariake 黏土上的日本某低路堤高速公路，在投入运行后发生了惊人的沉降，5年达1～2m[8]。但对循环荷载作用下软黏土变形特性的大量研究表明，软黏土中存在循环应力比门槛值，当循环应力比小于循环应力比门槛值时，不论荷载作用多少次，对软黏土影响很小[9－11]。因此，当交通荷载在路基中产生的附加应力与此深度土体自重应力的比值较小时，一般取1/5～1/10，我们可以忽略交通荷载对此深度以下土体的影响。我们一般称此深度为路基工作区深度或影响深度。如果我们知道了影响深度，就可以确定是否对软土地基进行处理和处理的深度。因此，有必要对交通荷载引起的附加应力分布进行研究。

2　研究现状

国内外已有学者对此进行了相关的研究。Hyodo 等[12](1989 年)做现场动力试验后发现，低路堤地基内由卡车引起的竖向应力大约是其自身净重的4～5倍。Chai 等[13](2002 年)建立了一个经验公式，用三个工程实例验证了该经验公式的可行性，并得出了车辆荷载的主要影响深度为路面以下6.0m左右的结论。凌建明等[14]依据弹性层状体系理论计算了行车荷载作用下路基顶面及路基土中的竖向应力。黎冰等[15]将车辆动荷载等效简化为集中静荷载，应用 Boussinesq 解和分层总和法，以四个工程实例分析了车辆动荷载的影响深度，以及路堤高度和车辆超载程度对影响深度的影响，并得出不超载情况下，车辆动荷载的影响深度大约在6.0～8.0m范围内；超载情况下，其影响深度大约在6.0～14.0m范围内；车辆动荷载的影响深度随路堤高度的降低而呈线性关系增大，随车辆超载倍数的增加而呈抛物线关系增大。谭祥韶[16]等通过现场实体模拟试验，对车辆动荷载的应力传递特征进行了分析，并在此基础上总结得到了动应力与填砂厚度关系的表达式，提出在14t以内车辆动荷载在填砂路基上的影响深度为3.0m。张海军等[17]结合连盐高速低路堤设计，从现场试验和室内试验两方面，分析研究了交通荷载作用下低路堤的动态特性，得出20t车辆对水泥稳定碎石、碾压混凝土、手摆片石、碎石和掺4%的水泥土构成的路堤影响深度在2.5m左右的结论。

以上的研究主要是针对交通荷载在垂直方向上的影响，对其在水平方向的影响范围未有提及，而且现场的测试较少，两个应力测试分别针对填砂路基和水泥稳定碎石、碾压混凝土、手摆片石、碎石和掺4%的水泥土构成的路堤，不具有代表性。为此，针对交通荷载影响与分布进行了现场动应力测试。

3　现场测试概况

3.1　工程概况

在建的江北沿江高等级公路(南京段)，位于长江沿江区域，天然沉积软弱土层埋藏很浅，地表薄层硬壳层厚度为0.4～1.5m，部分路段软弱土层上直接为耕植土，无工程可利用硬壳层。江北沿江高等级公路(南京段)位于江北化工园区内，受园区规划设计高程的限制，全线采用低路堤结构(平均填土厚度1.2m)。由于地下水位埋藏很浅，导致基底施工工作面性能极差，甚至无法直接机械施工。为此，采用12%的水泥对表层1m的软土进行固化处理。路基填土为6%～8%石灰土。

3.2　土压力计布置

试验段土层分布，如图1所示。试验段路基填筑过程中，在试验设计相应层位埋设了动力土压力计，累计11只。动力土压力计埋设平面和剖面布置，如图2～图4所示。

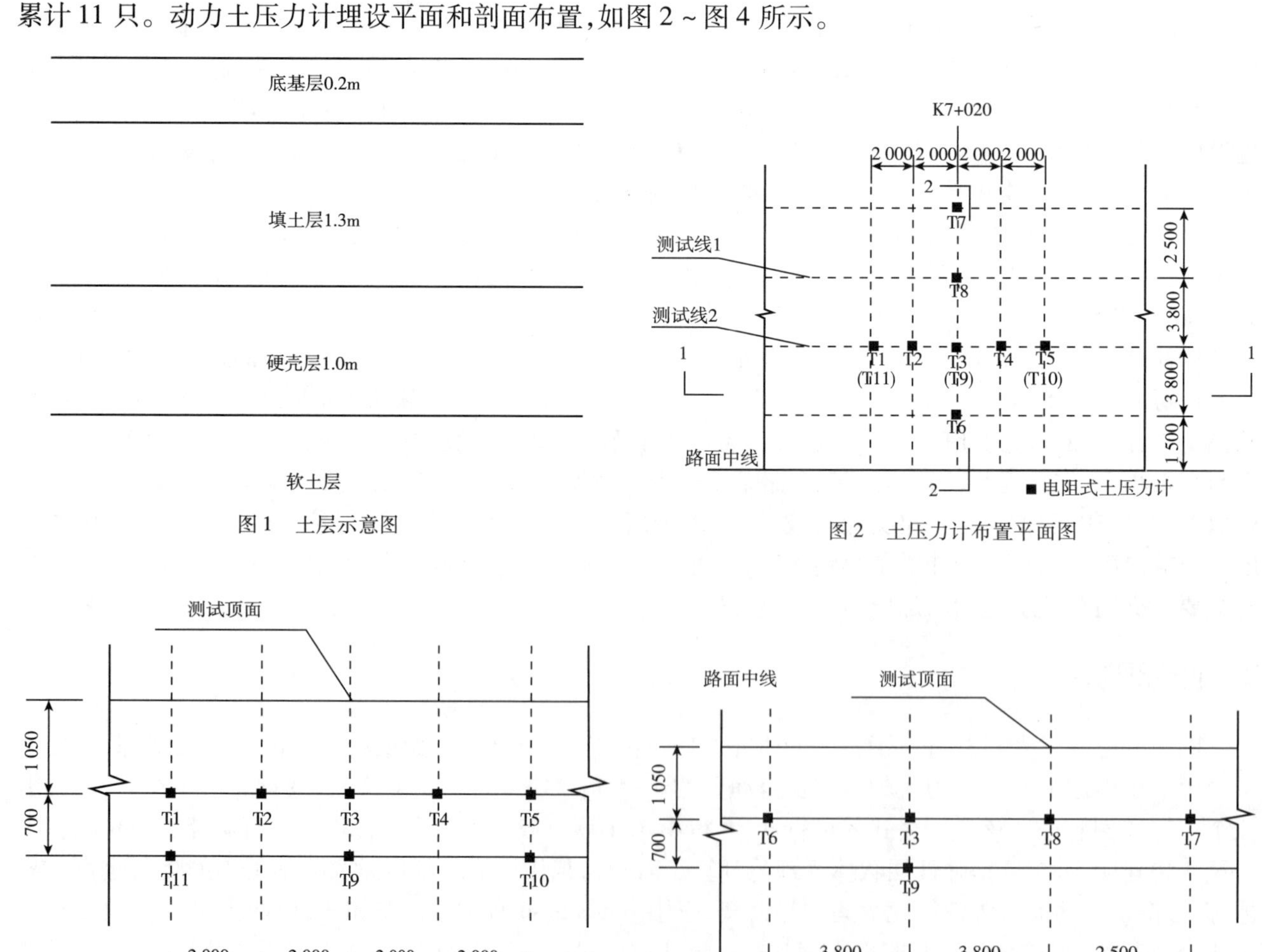

图1　土层示意图

图2　土压力计布置平面图

图3　1—1剖面图

图4　2—2剖面图

3.3 测试方案

本次测试行驶车辆采用标准弯沉测量车,后轴重100kN,分别沿测试线1和测试线2行驶,如图2所示。测试采用DH-3817动静态应变测试采集仪,数据采集频率100Hz。由于现场路面不够平整,以及其他机械在施工,车辆测试速度分别为5km/h、10km/h、30km/h。测试分两次进行,第一次接土压力计T1、T2、T3、T4、T5、T6、T7、T8(因为一台DH-3817动静态应变测试采集仪每次最多只能跟八个土压力计连接),第二次接土压力计T1、T2、T3、T4、T5、T9、T10、T11,每一速度进行来回两次测试。

4 测试结果分析

通过现场实测数据处理后,可以得到行车荷载作用下不同层位、位置土层应力的竖向应力历时曲线以及速度对附加应力分布的影响,曲线如图5~图9所示,应力值见表1。图5~图8均是速度为5km/h时的竖向应力历时曲线。从图5~图9我们可以得出以下结论:

各个土压力计测试最大平均值随车辆行驶速度变化情况 表1

速度 \ 编号	T1	T2	T3	T4	T5	T8	T9	T10	T11
5km/h	6.97	7.53	6.48	11.46	16.47	6.72	0.93	2.07	2.27
10km/h	7.58	7.58	7.23	12.72	16.71	7.39	0.95	2.09	2.38
30km/h	9.01	9.31	7.82	14.54	14.37	7.06	1.02	1.63	2.74

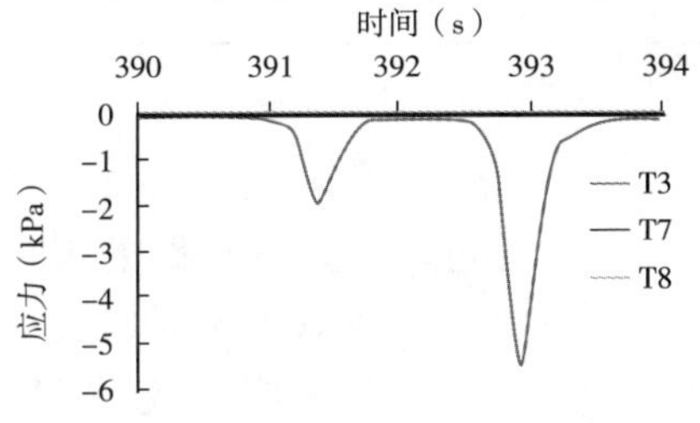

图5 竖向应力历时曲线1

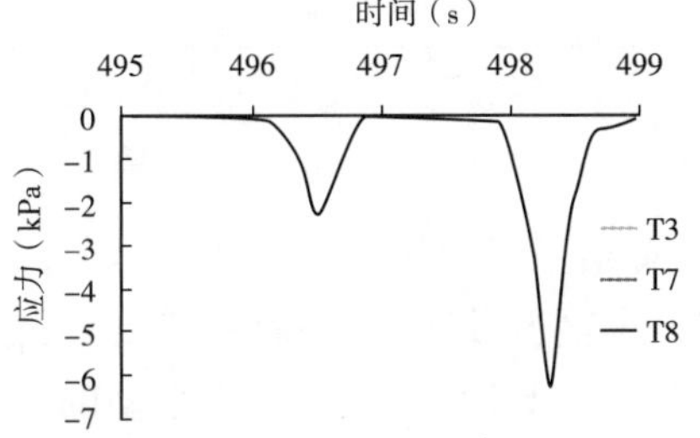

图6 竖向应力历时曲线2

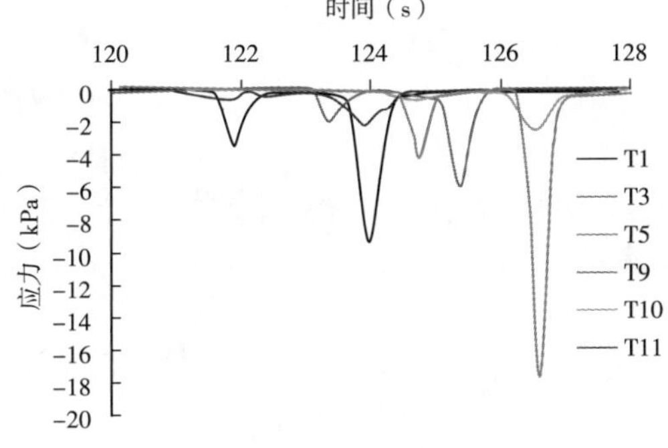

图7 竖向应力历时曲线3

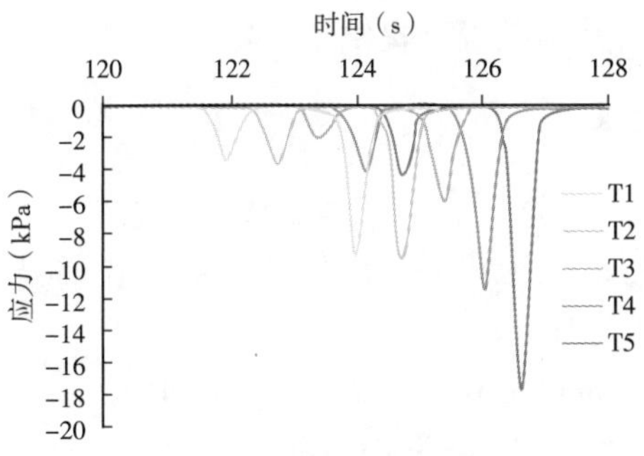

图8 竖向应力历时曲线4

(1)图5~图8中每个土压力计出现两次峰值,分别是测试车辆的前轮和后轮经过时土压力计产生的反映,表明交通荷载产生的附加应力与荷载大小有关,荷载越大,应力越大。

(2)综合图5、图6、图8及图2~图4,可以得出1.05m深度处,当一个土压力计出现峰值时,距其2m的土压力计基本没有反映,表明在1.05m深度处,交通荷载的影响范围在水平面2m范围内。

(3)从图7可以看出,土压力计T1、T3、T5最大的应力分别为9.17kPa、5.97kPa、17.78kPa,而与其对应的1.75m深度处的土压力计T11、T9、T10最大的应力为2.25kPa、0.92kPa、2.63kPa,分别减少了75.46%、84.59%、85.21%,表明车辆荷载下的附加应力随深度的增长衰减很快。另外与张海军等[16]在连盐高速的测试结果(表2,以下简称张测试)相比,本次测试情况下的应力衰减明显较快。本文测试的填土模量为150MPa,而硬壳层的模量只有70MPa,而张测试中路堤的模量较本文要高,说明模量较低时,应力衰减较快。

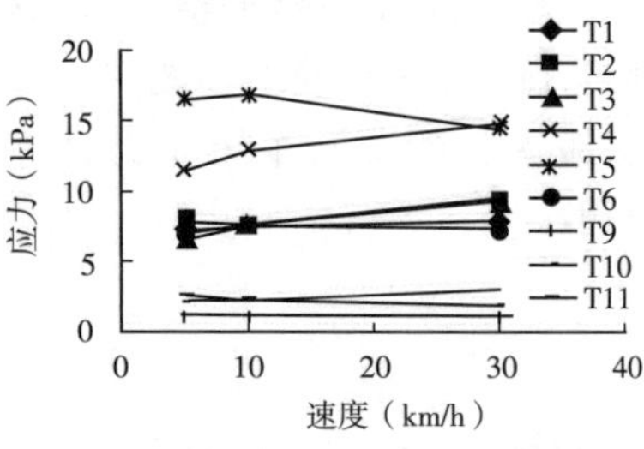

图9　车辆荷载下竖向应力随车速变化

(4)在1.75m深度处,硬壳层中产生的最大应力为2.65kPa,而此时路基土本身自重在此深度所引起的垂直压应力为1.55×18=27.9kPa,取垂直压应力的1/10为2.79kPa,大于2.65kPa,说明交通荷载的影响深度在1.75m范围内。

(5)图9可以看出,随着车辆行驶速度的增大,多数土压力计的峰值随之增大,但增加的幅度不大。另外有几个土压力计随着速度的增加,峰值在减少,这是由于路面不平整所致,这也说明交通荷载引起的附加应力与路面的平整度有很大关系。

不同工况下路基动应力峰值　　表2

深度(m)	(2t)行车速度(km/h)			深度(m)	(20t)行车速度(km/h)		
	40	60	80		20	40	60
0.5	3.26	3.35	3.78	0.5	30.87	32.26	34.23
1.0	1.86	1.92	1.96	1.0	16.14	16.82	17.50
1.5	1.09	1.00	1.14	1.5	9.65	9.92	10.21
2.0	0.58	0.56	0.60	2.0	5.76	6.13	6.33
2.5	0.29	0.32	0.39	2.5	3.68	3.89	4.1

5　结论

本文总结了国内外交通荷载作用下,路基响应的一些研究现状。通过对低路堤道路的现场测试,分析了轴载、车辆行驶速度、路面平整度对交通荷载影响深度的影响,得到了轴载100kN时,荷载的影响深度为1.75m,在1.05m深度处,水平向的影响范围在2m以内的结论。测试结果表明,交通荷载在路堤中产生的应力随着轴载的增大而有明显增加;随着行驶速度的增大而增大,但增加幅度不是太大;交通荷载下应力的传递还与路基的刚度有关,刚度越小,附加应力的衰减越快。以上研究为低路堤的可行性提供了保证,并为其设计提供了一定的依据。

参考文献

[1] 日本道路协会．道路土工软土地基处理技术指南[M]．蔡恩捷,译．北京:人民交通出版社,1989.

[2] 张江洪,王书伏,丁小军．平原区高速公路合理降低路堤填筑高度方案的探讨[J]．公路,2005(1):71-73.

[3] Schimming B B,Haas H J,Sax H C. Study of dynamic and static failure envelopes[J]. Journal of Geotechnical Engineering Division,American Society of Civil Engineering,1966,92(2):105-123.

[4] Yamanouchi T,Yasuhara K. Settlement of clay subgrades after opening to traffic[A]. Proceeding of the 2nd Australia&New Zealand Conference on Geomechanics[C]. Australia:Brisbane,1975,115-120.

[5] Fujiwara H,Yamanouchi T,Yasuhara K. Consolidation of alluvial clay under repeated loading[J]. Soils and Foundations,1985,25(3):19-30.

[6] Tohno I S,Iwata,Shamoto Y. Land subsidence caused by repeated loading[A]. Proceedings of the 12th International Conference on Soil Mechanics and Foundation Engineering[C]. Blazil:Rio De Janerio,1989,1819-1822.

[7] Sakai A,Samang L,Miura N. Partially-drained behaciour and application to the settlement of a low em-

bankment road on silty – clay[J]. Soils and Foundations,2003,43(1):33 – 46.
[8] Yasuhara K,Hirao K,Hyodo M. Partial – drained behavior of clay under cyclic loading[A]. Proceedings of the 6th International Conference on Numerical Methods in Geomechanics[C]. Rotterdam:Balkema,1988, 659 – 664.
[9] 梅英宝. 交通荷载作用下道路与软土复合地基共同作用性状研究[D]. 杭州:浙江大学,2004.
[10] 王林玉. 交通荷载作用下道面和软土地基共同作用数值分析[D]. 杭州:浙江大学,1999.
[11] 贺冠军. 交通荷载对低路堤下软土地基沉降影响的室内试验与研究[D]. 南京:河海大学,2005.
[12] Hyodo M,Yasuhara K. Analytical procedure for evaluating pore water pressure and deformation of saturated clay ground subjected to traffic loads[A]. Proceedings of the 6th International Conference on Numerical Methods in Geomechanics[C]. Rotterdam:Balkema,1988,653 – 658.
[13] Chai J C,Miura N,Traffic – load – induced permanent deformation of road on soft subsoil[J]. Journal of Geotechnical Engineering Division,American Society of Civil Engineering,2002,128(11):907 – 916.
[14] 凌建明,王伟,邬洪波. 行车荷载作用下湿软路基残余变形的研究[J]. 同济大学学报,2002,30(11):1315 – 1320.
[15] 黎冰,高玉峰,魏代现,刘汉龙. 车辆荷载的影响深度及其影响因素的研究[J]. 岩土力学,2005,26(增刊):310 – 313.
[16] 谭祥韶,颜治平. 车辆动荷载影响深度的现场试验研究[C]. 全国高速公路地基处理学术研讨会,广州,2005:177 – 182.
[17] 张海军,赵俊明,涂圣武,余波. 交通荷载作用下低路堤动态特性的试验研究[J]. 公路交通科技(应用技术版),2007(2).

20 集料含水率对混凝土施工配合比影响的试验研究

张小波[1] 龚涌峰[1] 胡怀玉[2] 刘冠国[2] 苏安双[2]

（1. 无锡市高速公路建设指挥部办公室；2. 江苏省交通科学研究院有限责任公司）

摘　要　集料含水率对于混凝土水胶比波动有十分重要的影响，准确反应砂石料中含水率的真实情况，决定了设计配合比在施工中的顺利实现。通过对集料的含水率进行测定试验，研究典型天气条件下含水率分布和变化情况，提出调整不同天气条件下砂石料含水率方法。

关键词　桥梁　混凝土　集料　含水率　配合比　施工

混凝土工程中骨料含水率变化会导致施工配合比变化，对混凝土拌和物的坍落度、水胶比等影响很大[1-3]，水胶比波动直接影响混凝土工作性能和耐久性能[4]，良好混凝土须要求其水胶比尽可能符合设计值，波动范围应尽量小。在桥梁施工过程中集料处于露天环境中，砂石料堆放置一段时间后经风吹、日晒、雨淋等自然条件作用下其含水率的变化相当频繁且幅度较大，而造成集料堆含水率分布不均匀，上部含水率较低，下部含水率较高。

依据《普通混凝土用砂质量标准及检验方法》（JGJ 52—79）和《普通混凝土用碎石或卵石质量标准及检验方法》（JGJ 53—79）[6-7]，针对持续晴朗与持续阴雨天气条件下集料含水率随料堆变化情况，计算因施工配合比变化所导致的混凝土水胶比波动范围。通过试验结果，提出调整不同天气条件下砂石料含水率方法。

1　试验

1.1　试验条件

在持续晴朗和持续阴雨两种天气情况下，选取某大桥 D1 标和 D2 标料场堆高度均为 3m 左右的一个断面，在断面的 0m、1.4m 和 2.8m 的 3 个不同部位取样，进行含水率测定平行试验，每组测定 3 个试验，试验结果取平均值。

1.2　施工配合比的设定

在考虑混凝土拌和物集料中的实际含水率，保证混凝土各组分实际用量符合设计值的前提下，计算实际砂、石质量和用水量。施工配合比如式（1）~式（3）所示：

$$C^* = C \times (1 + \alpha_1) \tag{1}$$

$$S^* = S \times (1 + \alpha_2) \tag{2}$$

$$W^* = W - C \times \alpha_1 - S \times \alpha_2 \tag{3}$$

式中：C^*——砂子实际值；

C——砂子设计值；

α_1——砂子含水率；

S^*——石子实际值；

S——石子设计值；

α_2——石子含水率；

W——水设计值；

W^*——水实际值。

根据试验所得的料堆上部、中部、下部位置砂石料含水率，计算其施工配合比，分别设定为施工配合比(1)、(2)、(3)，计算不同施工配合比情况下混凝土水胶比的波动情况。在对试验结果的比较分析的基础上，提出调整不同天气条件下砂石料含水率的方法。

2　试验结果与分析

2.1　持续晴朗天气的含水率试验

持续晴朗天气情况下，含水率试验结果见表1，设计及施工配合比见表2，D1标与D2标施工水胶化波动图分别如图1、图2所示。

持续晴朗天气含水率试验结果　　表1

取样部位 / 原材料	D1标含水率 a_1(%)			D2标含水率 a_2(%)		
	上	中	下	上	中	下
砂	1.5	3.5	3.7	3.98	3.73	3.60
5～16mm碎石	0.3	0.67	0.61	1.14	2.02	1.55
16～25mm碎石	0.12	0.3	0.4	0.25	1.28	1.87

持续晴朗天气设计及施工配合比(kg)　　表2

混凝土组分 / 配合比	W	C	S	G	FA	外加剂
D1标						
设计配合比	164	400	678	1 070.00	96	5.95
施工配合比(1)	151.39	400	688.32	1 072.44	96	5.95
施工配合比(2)	134.68	400	701.73	1 075.59	96	5.95
施工配合比(3)	133.29	400	703.09	1 075.63	96	5.95
D2标						
设计配合比	155	422	706	1 152.00	58	3.84
施工配合比(1)	119.63	422	734.10	1 156.93	58	3.84
施工配合比(2)	111.26	422	732.33	1 168.45	58	3.84
施工配合比(3)	112.64	422	731.42	1 172.81	58	3.84

注：碎石5～16mm和16～25mm的比例分别为4:6和2:8。

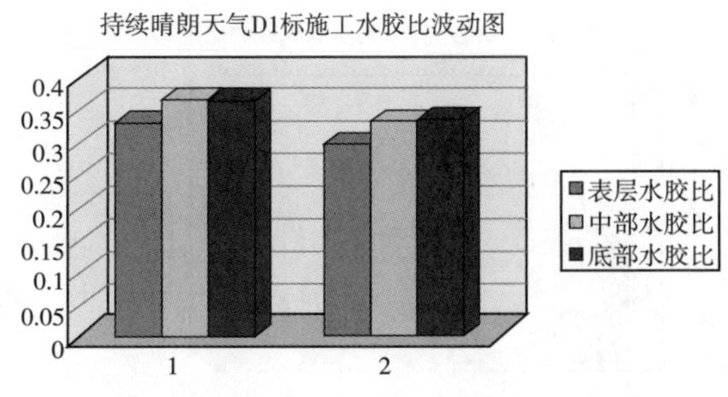

图1　持续晴朗天气D1标施工水胶比波动图

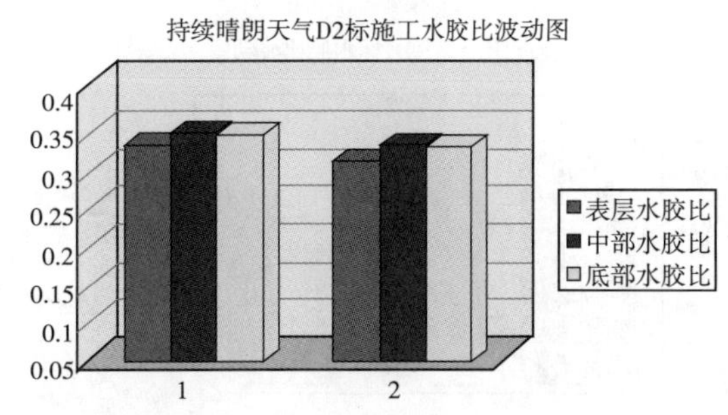

图2　持续晴朗天气D2标施工水胶比波动图

从表 1 可以看到，砂石料堆中的含水率相对比较稳定。砂子含水率在 3.5% ~4% 范围内波动；石子含水率则分布于 1% 附近。砂石料含水率随料堆深度不断增大。料堆中间位置和下层位置的含水率相差不大，分布较为集中，为表层集料含水率的两倍左右。比较图 1 和图 2 可知，采用表层的含水率来计算施工配合比，将使得大部分混凝土水胶比在设计值以上进行波动，虽也满足高性能混凝土配合比设计的要求，但会使混凝土抗压强度存在一定程度的损失。若采用中层或下层的含水率来计算施工配合比，将使混凝土水胶的波动范围控制在设计值 ±5% 范围内，质量较为稳定，能较好地实现高性能混凝土的各项优质性能。

因此，对于持续晴朗天气的条件下如无特殊的要求，可直接以中部料堆的含水率计算该次浇注的施工配合比。

2.2 持续阴雨天气的含水率试验

持续阴雨天气情况下，含水率试验结果见表 3，设计及施工配合比见表 4，D1 标与 D2 标施工水胶比波动图分别如图 3、图 4 所示。

持续阴雨天气含水率试验结果 表 3

取样部位 / 原材料	D1 标含水率 a_1'(%)			D2 标含水率 a_2'(%)		
	上	中	下	上	中	下
砂	3.98	6.12	7.84	4.7	8.42	13.14
5 ~16mm 碎石	1.41	2.69	2.31	1.67	3.59	3.56
16 ~25mm 碎石	1.18	2.35	2.56	2.14	3.35	3.46

持续阴雨天气设计及施工配合比($1m^3$)(kg) 表 4

混凝土组分 / 配合比	W	C	S	G	FA	外加剂
D1 标						
设计配合比	164	400	678	1 070.00	96	5.95
施工配合比(1)	122.91	400	706.10	1 084.10	96	5.95
施工配合比(2)	95.18	400	719.49	1 097.33	96	5.95
施工配合比(3)	85.06	400	731.16	1 095.79	96	5.95
D2 标						
设计配合比	155	422	706	1 152.00	58	3.84
施工配合比(1)	103.25	422	739.18	1 175.57	58	3.84
施工配合比(2)	60.53	422	765.45	1 191.14	58	3.84
施工配合比(3)	28.25	422	798.77	1 192.09	58	3.84

注：碎石 5 ~16mm 和 16 ~25mm 的比例分别为 4:6 和 2:8。

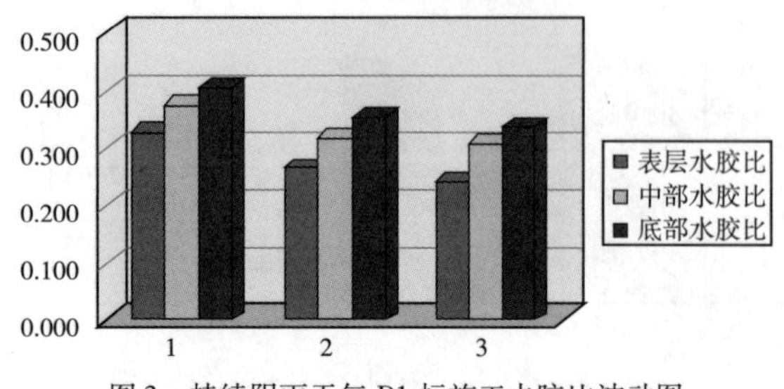

图 3 持续阴雨天气 D1 标施工水胶比波动图

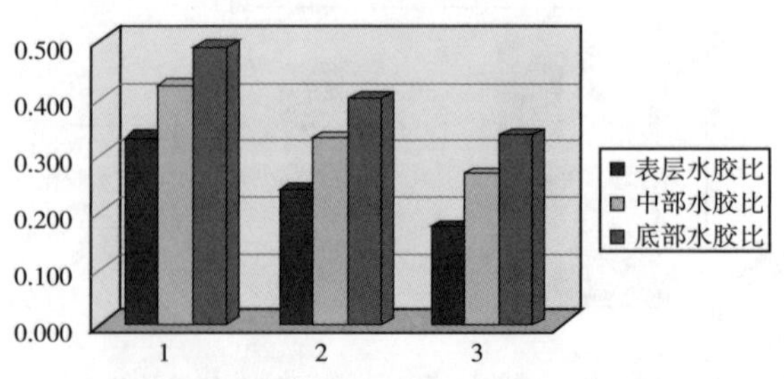

图 4 持续阴雨天气 D2 标施工水胶比波动图

从表3、表4可以看到，砂石料堆中的含水率较高且波动剧烈，尤其是砂子底部含水率可达13.14%，而石子含水率则在1% ~4%范围内波动。对图3、图4的分析可知无论采取哪一种施工配合比，均有可能造成水胶比的波动剧烈，导致各盘混凝土质量不稳定。在持续阴雨天气的条件下必须提高含水率的测定频率，实时调整施工配合比。依照本次试验的结果，在持续阴雨天气条件下，每个料堆仅分作3个层次显然不够，建议测定次数应在6次以上。

3 结语

为保证优质配合比在施工过程中尽可能好地实现，集料含水率的测定是一个十分重要的环节。如何科学地调整施工配合比，提出以下几点建议：

(1)持续晴朗天气可以只测定一次含水率，但取样必须在料堆中部或下部；阴雨天气下每台班含水率应根据取料点的位置进行测定，测定次数应在6次以上；其他非典型天气条件可根据实际情况，在上述两个典型天气条件的测定频率内适当调整。

(2)改进料场布置，设置排水沟、保证场地平整、适当增加场地坡度，使料场排水通畅。

(3)阴雨天气要对料堆进行覆盖，避免料堆含水率分布偏差过大。

(4)施工前将砂石料重新打堆，可有效改善料堆的含水率分布。

参考文献

[1] 苏洪波，杨从娟，王志成．混凝土坍落度施工控制技术[J]．西部探矿工程，2005(2)．

[2] 黄德和．砂、石含水率对混凝土强度影响分析与控制[J]．安徽建筑，2007(1)．

[3] Holland R E B, Miee B Eng. Moisture Measurement by Microwave Technology for the Concrete Industry. Hydronix Ltd. 1996. 6.

[4] 刘国华，陈斌，王振宇，曹学有．施工现场砂石料含水率的简易测定[J]．中国农村水利水电，2004(11)．

[5] 中国建筑科学研究院．CECS40:92 混凝土及预制混凝土构建质量控制规程[S]．北京：中国计划出版社，1993.

[6] 国家建筑工程总局．JGJ 52—79 普通混凝土用砂质量标准及检验方法[S]．北京：中国建筑工业出版社，1980.

[7] 国家建筑工程总局．JGJ 53—79 普通混凝土用碎石或卵石质量标准及检验方法[S]．北京：中国建筑工业出版社，1984.

21 岩溶地区钻孔灌注桩施工技术

张建国 庞正方

（无锡市高速公路建设指挥部办公室）

摘 要 介绍宁杭高速公路宜广立交岩溶地区灌注桩施工技术。

关键词 宜广立交 岩溶地区 灌注桩 施工技术

1 工程概况

江苏省宜兴市(隶属无锡市管辖)地处江、浙、皖三省交界处,是江苏省西南门户。该市西南丘陵地区是无锡市及周边地区的主要出省通道,宁杭高速公路(无锡段)就由此出省,与浙江段相连。该地区岩溶地质发育显著,著名的"A A A A"级风景区善卷洞、张公洞、灵谷洞均系岩溶发育形成。在宁杭高速公路(无锡段)宜广立交工程项目实施过程中,岩溶发育给该桥梁施工,尤其是灌注桩的施工带来了极大的影响。

宜广立交是宁杭高速公路上跨宜广(江苏宜兴至安徽广德)公路的主线上跨分离式立交,桥梁全长378.7m[左幅6×25+(22.7+25+28+28)+5×25,右幅6×25+(28+28+25+22.7)+5×25],上部构造为部分预应力混凝土预制组合箱梁和预应力混凝土连续箱梁,下部构造为西1.5m灌注桩基础,桩柱式桥墩,肋板式桥台。

2 地质概况

宜广立交地质详勘期间采用了综合勘探手段,共施工机钻孔27个,钻孔间距30~50m;在场区还投入了工程物探(人工地震,瞬态面波法)勘察。详勘结果表明宜广立交桥址区上层为第四纪沉积土层(Q_4),分布厚度7~42m不等,为灰黄黏土亚黏土,并伴有不同含量的砾石,该层地基容许承载力σ_0 = 160 280kPa,桩周土极限摩阻力τ=40~70kPa;下层为第四纪基岩,主要成分为灰岩或石英砂岩,其σ_0 = 1 500~4 000kPa,τ=60~120kPa。场区地质条件十分复杂,详勘中发现在宜广路东侧场地有一近东西向断裂;断裂附近分布有隐蔽型岩溶洞穴,岩溶分布区长达200m,且岩溶分布位置、洞穴形态、规模大小均变化较大。

在探明场区存在岩溶地质之后,根据设计规程的要求,对宜广立交岩溶分布区采用"逐桩钻探"方案进行了施工地质勘察工作。该方案共完成机钻孔61个,进尺达1 798m,初步掌握了桥址区隐蔽型岩溶发育规律、岩溶洞穴平面分布特征、洞穴主要形态、规模大小、洞穴填充物性状及岩溶对桥梁基础设计、施工的影响(图1)。

概括来讲,宜广立交所在场区岩溶发育有如下特点:

(1)深度大,宽度广,连通性强。地勘钻孔发现溶洞最大深度达44m,ZK5-1孔地勘钻孔钻进中曾出现钻杆下掉,而临近ZK850孔(详勘钻孔)发现有泥浆溢出。

(2)洞穴形态复杂。宜广立交所在场区古地形为槽状洼地,长期的岩溶侵蚀使基岩顶面倾斜加剧,地勘资料显示,在相邻钻孔间距仅为3.5m情况下,钻孔相遇大理岩深度相差达7~16m。

同时,岩溶侵蚀还导致了石笋、溶槽、溶沟、大块孤石、半边洞等复杂地质构造(图2)。

(3)溶洞内填充情况复杂。有完全填充,有部分填充;填充物以流塑状淤泥质(亚)黏土和软塑状(亚)黏土为主,易坍塌,易渗漏。

(4)隐伏溶洞在垂向上有成层分布的特点。部分桩基穿越数层溶洞。

以上岩溶溶洞的地质特点对灌注桩施工的影响非常具有典型性,下文以宜广立交灌注桩施工为例,简单介绍岩溶地区灌注桩施工技术。

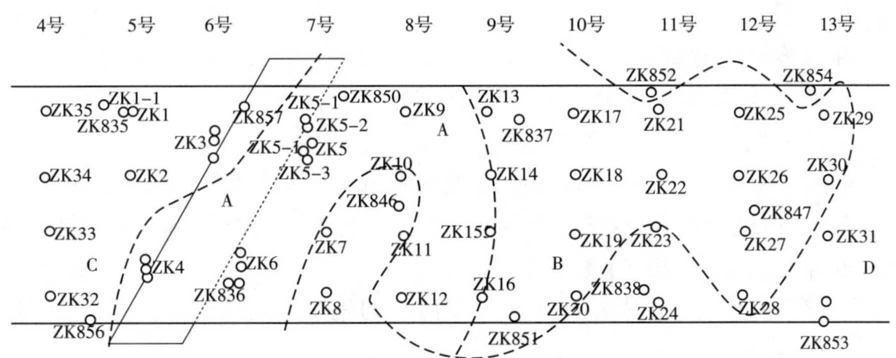

图1　岩溶区分布平面示意图

图例说明:

1. ……岩溶分区推断界线

2. A—D 分别表示岩溶发育分区

A - 岩溶发育区:溶洞规模大,洞径高,连通性好,充填物为流塑状淤泥质土或软塑状黏性土含少量砾石。

B - 岩溶较发育区:溶洞规模较小,呈扁平状,连通性较好,充填物为可塑。硬塑黏性土含少量砾石。

C - 岩溶零星发育区:溶洞规模小,洞径约为 0.5m,单体分布,延伸较短,平面分布零星。

D - 非岩溶区:基岩为非可溶性岩石,如石英砂岩等,无溶蚀现象。

岩溶地区钻孔灌注桩施工技术

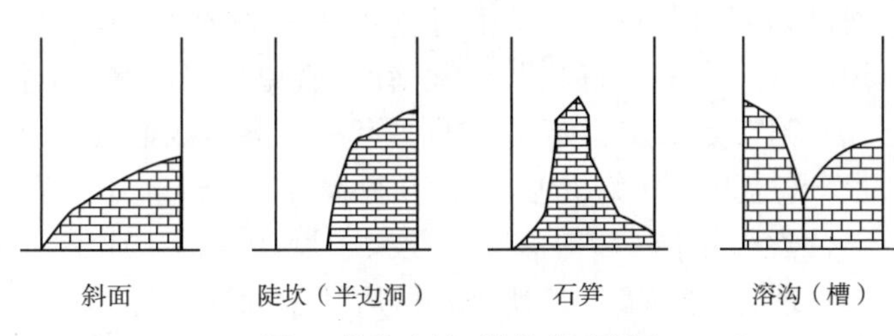

图2　钻孔内斜面陡坎等示意图

3　宜广立交钻孔桩施工

宜广立交灌注桩设计桩长为 15 ~ 51.6m,桩径 1.5m,溶洞分布区桩基均按嵌岩桩设计,嵌岩深度 0.5m,要求有 2m 以上稳定岩层作持力层。宜广立交全桥共有 26 根灌注桩穿过溶洞(图 2),穿越长度为 0 ~ 25.5m,桩基工程于 2001 年年底开工,于 2002 年 8 月全部施工完毕。

3.1　成孔方案

鉴于岩溶地区地质构造的复杂性,必须慎重选择基桩成孔方案。通常情况下,岩溶地区灌注桩采用冲击钻孔或挖孔施工工艺成孔。冲击钻孔使用冲击锥这种有挤压侧壁作用的钻机,能广泛适应各种复杂的地质构造,尤其是在处理斜面开孔、半边岩、石笋、溶槽、溶沟及裂隙漏水、漏浆等情况时比较容易,并且施工成本较低;在发生漏浆时,提钻快,不易埋钻。当地层系由土石粒径较大、风化程度不很严重的砾石、碎石、大卵石、大块石、漂石等土壤或基岩组成且软硬差别较小时,一般优先考虑冲击成孔。但冲击钻孔的缺点也十分明显,如成孔事故多,进尺慢,对操作熟练程度要求高。

岩溶地区采用挖孔桩,完全是出于地质构造及水文地质构造复杂性的特殊需要。任何钻孔灌注桩都很难克服岩溶地层的特殊地质构造给施工带来的严重困难,施工中经常会造成偏孔、弯孔、卡钻、掉钻等重大事故，严重时还可能形成埋钻、钻机倾覆、钻孔报废等恶性事故。挖孔施工中无水无浆，可目视检查判断溶洞的真实性状，便于发现和处理施工中存在的问题，更有利于查找潜伏的隐患（如桩底洞穴等）。同时，人工挖孔技术含量低，设备投入少，投入大量人力即可保障施工进度。由于挖孔的这些优点，挖孔桩已经成为岩溶地区一项极为重要的灌注桩形式。

宜广立交灌注桩施工充分考虑了这两种工艺的优缺点，并针对岩溶发育状况，因地制宜地提出了施工方案。

对于非岩溶区和岩溶零星发育区（图2中D区、C区）的桩基，采用挖孔施工。对于岩溶较发育区（图2中B区、A区），由于溶洞高度大，填充物质地软，对人工挖孔施工安全极为不利，施工中采用了"先挖后冲"的施工工艺，即先用人工结合爆破开挖到溶洞顶，之后再采用冲击钻冲击成孔。在冲击成孔时，采用了"片石黏土筑壁法"，即当冲孔进尺过程中出现漏浆、偏孔、进尺较快等异常情况时，立即向孔内抛一定数量的片石和黏土，再进行冲孔，这样反复填冲，既可以起到挤淤护壁的作用，还可以纠正偏孔，充分发挥了冲击钻施工处理复杂地质情况的优越性。

事实证明，宜广立交根据地质情况采用的"挖冲结合"的施工工艺既保证了施工质量，又保障了施工进度，取得了良好的效益。

3.2 工艺流程

宜广立交溶洞区灌注桩施工工艺流程与一般地区灌注桩施工基本相同，只是在成孔过程中需增加溶洞处理（图3）。

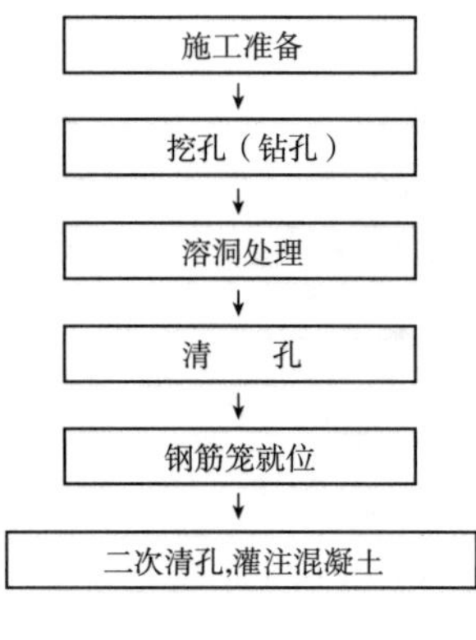

图3　岩溶地区钻孔桩施工工艺流程图

3.3 施工要点

从宜广立交灌注桩施工实践来看，岩溶地区灌注桩施工有三个要点。

第一是岩溶地区的钻进要点。冲钻要视岩石硬度情况确定冲程，若岩石强度低，冲程可略低；反之，则冲程可略高。对于岩溶地区地层中的大块石、漂石等，宜采用高锤猛击或高低冲程交替冲击，务必将大石块捣碎挤入孔壁，并通过黏稠的泥浆（泥浆相对密度宜控制在1.20～1.40，黏度宜控制在22～30Pa·s），和钻渣将孔壁石缝堵严，避免孔壁漏水，防止发生斜孔、坍孔事故。

第二是确定稳定基岩的要点。岩溶地区嵌岩桩设计对基岩厚度有明确要求，这是为了避免桩基处于溶洞顶面，造成意外。为确保桩基位于稳定基岩上，"逐桩钻探"钻探深度必须大于设计桩长。在整个冲进施工过程中，必须严格管理，加强观察，尤其是在最后几米的冲进过程中，一旦发现进尺有异常，必须联系地质设计代表，探明情况方可进行下一步施工。

第三个要点是掌握桩基的施工次序。在一般地区灌注桩施工，尤其是人工挖孔施工中，同排桩往往同时施工。因为这样可以护壁和开挖交替施工，可以充分利用工效，同时可以使水头均匀下降，平衡压力，保障安全。但在岩溶发育区，溶洞往往具有连通性强的特点，这时需要特别注意桩基的施工次序，尽量避免相邻桩基同时施工，以免造成清孔困难，甚至串浆、坍孔。

3.4 施工难点

岩溶地区地质形态复杂，不可预见因素多，因此钻孔桩施工难度较大，尤其是在成孔过程中更有不少难关。

3.4.1 *成孔易漏水漏浆*

按有无填充物，溶洞可划分为部分填充溶洞、填充溶洞或空溶洞；按是否渗漏，可划分为漏水溶洞与不漏水溶洞。钻进过程中，如发生漏水漏浆，孔内水头迅速下降，将导致塌孔、垮孔、埋钻，严重时甚至引起地面大范围沉降、钻机垮塌等安全事故。宜广立交桩基施工中采用人工挖孔，解够事先判断出溶洞的漏水状况，使冲击钻孔时能够采取合理方法处理溶洞，尽量做到有的放矢。但由于宜广立交场区溶洞还有垂向分层的特点，冲击钻进过程中仍然可能发生漏水漏浆。对此，施工过程中采用了做大泥浆池的方法，保证了50m^{3}以上的储浆量，同时准备了大理黄泥、黏土、块石等，一发生漏浆，就迅速补给泥浆，同时大量填充。事实证明，在穿越多层溶洞时，这个方法是十分有效的。

3.4.2　复杂地质构造易引起成孔事故

宜广立交所在场区古地形为古溶槽，洞内伴有石笋、溶洞、大块孤石、半边洞等，岩面呈斜面、陡坡、异形等情况十分普遍，容易造成卡钻、偏孔等成孔事故。宜广立交9－2撑桩基钻进过程中即遇到倾斜岩面发生偏孔，倾斜度达到3.5％。在一周时间内，施工单位先后9次回填片石反复钻进，仍未能纠偏成功，后经反复论证采用灌注混凝土的方法成功纠偏（图4）。具体施工程序是：

（1）在偏孔位置继续下冲2～3m，并任其自由偏孔。

（2）探明偏孔具体方位和位置。

（3）水下灌注C30混凝土，灌注高度高出偏孔位置1m。

（4）待混凝土达到一定强度后再冲孔施工。

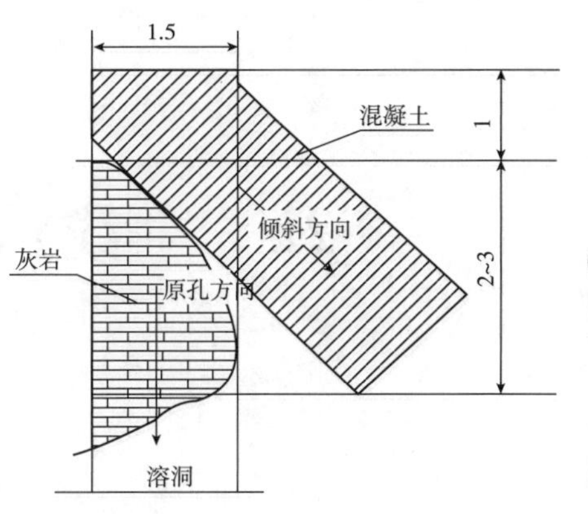

图4　宜广立交9－2号桩基处理示意图（尺寸单位：m）

3.4.3　清孔难度大

岩溶地区钻孔易渗漏，常导致清孔困难，而清孔反过来又易导致新的渗漏，甚至塌孔。宜广地质溶洞有连通性强的特点，情况更加复杂。在8－4号桩清孔过程中发现8－3号、8－4号两桩孔连通，发现情况立即用片石夹黏土将8－3号填至孔口以下9m处（人工挖护壁以上2m），然后将8－4号孔内泥浆抽出一部分，发现8－3号泥浆也随之下降，且8－4号孔内有大量沉淀物流入。此时若继续施工，可能产生以下问题：

①两孔互连导致泥浆无法调清，沉淀过大，无法灌注。

②即使能调清，由于两桩孔连通，灌注混凝土时可能由于两孔互连导致两桩同时被灌注。

③在浇筑过程中极有可能由于静态压力挤塌孔壁，混凝土突然从8－4号流入8－3号，混凝土面急剧下降，导管口漏出，造成8－4撑桩断桩。

经过认真研究讨论，施工中在8－3号桩孔内填筑片石的基础上又灌注了2m水下混凝土，使之与人工挖孔护壁形成混凝土封闭整体，同时灌注过程中部分混凝土流入连通区，这些混凝土对连通区内填充物起到了良好的固化作用，阻隔了两孔的连通作用，清孔工作顺利完成。清孔完毕后，为确保灌注混凝土时的安全，在8－3号孔内又填筑了数米厚的片石和黏土用以平衡压力，灌注成功（图5）。

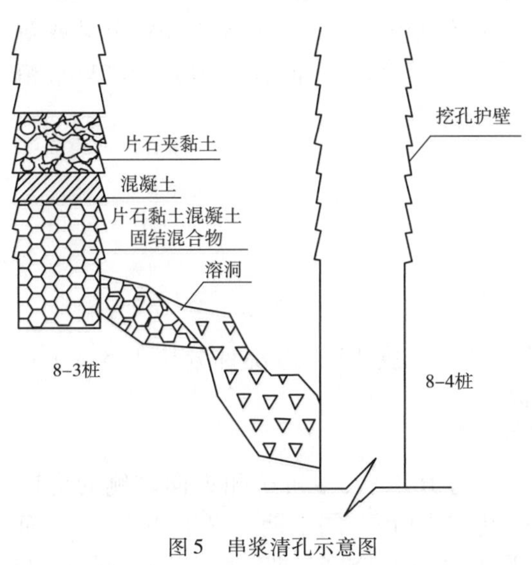

图5　串浆清孔示意图

4　结论

宜广立交钻孔灌注桩施工实践表明，岩溶地质桩基施工需要注意以下几点：

（1）前期勘测中对溶洞情况的探明准确与否至关重要。

（2）有针对性的施工工艺和施工方案能起到事半功倍的效果。

（3）技术管理人员和现场操作人员的经验以及严密的施工组织和管理是施工成败的关键。

（4）要特别注意岩溶发育区桩基施工的次序。

22 主线跨104国道连续箱梁桥施工

张建国

（无锡市高速公路建设指挥部办公室）

摘 要 介绍主线跨104国道桥由原设计的挂篮悬浇改为支架现浇后的施工工艺，以及箱梁施工的高程等的质量控制。

关键词 悬浇 现浇 施工 工艺 质量控制

1 概述

宁杭高速公路宜兴互通的跨104国道桥是宁杭高速公路控制结构物之一，主桥梁位于半径为5 600m的平曲线上，桥长158.08m，宽2 ×16.75m，与所跨越的104国道交叉成68.1°，并在桥位处路线分叉成新老104国道，原设计采用主孔(48 +65 +40)m的悬浇预应力混凝土连续箱梁，三向预应力，单箱单室，箱梁底宽为8.75m，墩顶梁高4.0m；合拢段梁高2.20m。

2 施工方案的变更

2.1 变更的原因和可行性分析

2.1.1 设计图纸中的施工方案

施工图设计要求工期18个月，挂篮自重按50t控制，箱梁0号块长度10m，悬浇件分块为3.5m和4.0m，合拢段长度均为2.0m。

2.1.2 变更原施工方案的原因

(1)按原设计计划，在规定工期内完成本不存在问题。但自工程开工后，主桥杭州方向左侧的房屋拆迁问题一直未能解决，致使2号墩、3号台的施工严重受阻，待其完成后，合同工期只剩下四个多月，而且时近寒冬，对混凝土的施工极其不利，如仍采用挂篮施工，无法保证在合同工期内完成主梁的施工任务。

(2)承担该桥施工的施工单位其同一标段内的蠡河特大桥主跨为90m的悬浇连续箱梁，需投入四副挂篮施工。若104国道桥也投入四副挂篮，施工单位的施工设备和施工力量无法满足施工需要。

2.1.3 变更可行性分析

(1)桥下的104国道，为混凝土路面，地质状况也较好，表层为亚黏土夹碎石，粒径4cm左右，含量达40%，下层为强风化砾石，粒径在5cm以上，再深层为中风化砾岩；上述混凝土路面与地基完全可以保证支架现浇所需要的地基承载力。

(2)箱梁施工由悬浇改支架现浇，优点是少了挂篮这部分施工荷载；缺点是要克服支架产生的沉降。支架可以预压，未加挂篮引起的预应力束的变化可以调整预应力束的张拉力来解决，总之悬浇改现浇是可行的，如图1所示。

2.2 支架现浇施工

由于调整预应力束需要时间进行验算，最终采用了节段支架，逐块现浇、张拉的较好的施工方案。该方案采取在已浇块件上配载50t,模拟挂篮悬浇搭支架现浇,逐块搭设支架,且对支架和模板进行预压载,逐块浇筑、张拉、拆除支架,施工的顺序与原设计图保持一致。

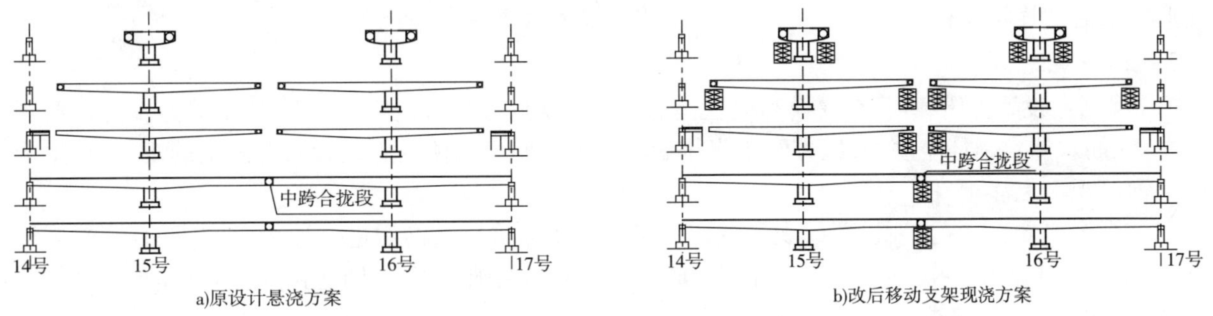

图1　施工方案变更图

3　支架变形与控制

3.1　支架变形的观测

改支架施工后,支架的变形是关键,其变形分为非弹性变形和弹性变形,其中非弹性变形在支架及其基础加载预压后基本消除。假定加载前模板高程为 H_1,沉降稳定后测得的模板高程为 H_2,卸载后测得的模板高程为 H_3,则有:

弹性变形　　$F_1 = H_3 - H_2$

非弹性变形　　$F_2 = H_1 - H_3$

3.2　支架变形的控制

每次完成支架搭建、铺设底模后观测一次,压载和卸载后各观测一次。

逐块记录 H_1、H_2、H_3 值,并在卸载后及时调整模板高程,并进行模板底高程复测,确保支架及模板的高程符合设计规定,弹性变形 F_1 计入预拱度中。

3.3　预拱度的控制

3.3.1　施工预拱度

箱梁的施工预拱度包括节段张拉后的拱度(F_3)及新浇段荷载引起的挠度(F_4),支架的弹性变形 F_1 三部分组成,由于非弹性变形在压载后基本消除,并通过调节模板高程已解决,因此在预拱度中不考虑。其中,F_3、F_4 可由设计单位提供。

3.3.2　预拱度的设置与控制

预拱度设置包括施工预拱度和设计预拱度,设计预拱度由设计单位提供,因此施工控制的高程:

$$H = H_0 + F_1 - F_3 + F_4 + f$$

式中:H_0——设计高程;

　　f——设计预拱度。

每个块件张拉完成后及时观测箱梁高程,并与设计提供的数据进行比较,若超出范围须分析原因,并及时在下一块件中进行调整。

3.4　箱梁施工高程控制

从上述的叙述中可以看出,影响箱梁施工高程的因素主要有支架及模板的变形、预拱度设置及混凝土浇筑高度。为了准确地控制高程,施工单位项目部采取了以下措施。

3.4.1　采用基础混凝土条形基础,减少地基的沉降

在浇筑条形基础前对1号孔采用灰土处理,分层碾压密实,浇筑条形混凝土基础,并在基础中布设钢筋,确保整体受力,均匀沉降,对3样孔在山体爆破后,铺设10cm的碎石进行调平,并用振动压路碾压,然后浇筑混凝土条形基础。

3.4.2 压载

利用砂袋对支架和模板进行压载，消除支架的非弹性变形，并观测出支架的弹性变形，及时调整非弹性变形消除后的模板高程。

3.4.3 加强观测

(1)观测点设置。压载前，在底模和侧模上设置固定的观测点，混凝土浇筑时在梁内设置钢筋观测点，并将钢筋观测点延伸至底模，以方便梁张拉后的观测。底模和侧模上设置六个固定的观测点，梁内设置四个钢筋观测点。

(2)观测。派专人根据所设置的观测点在压载阶段及箱梁施工前后进行连续观测，认真记录观测数据，用以指导施工。在堆载、箱梁施工过程中，加强对支架和基础的观察，防止出现意外事故。

3.4.4 设置后锚点，确保接缝处的施工质量

在每个块件距已浇块件 50cm 处设置 7 个后锚点，其中底板处 3 个点，两侧翼板处各设置 2 个点。浇筑新浇段混凝土前，利用横向工字钢作为横梁布置在底板和翼板下，并通过锚固点与已浇段锚固，确保新老混凝土接缝处不产生台阶和漏浆。

4 结语

主线跨 104 国道桥通过改悬浇为支架现浇，加快了施工进度，确保了工程的总体进度。由于没有使用挂篮，节省了施工成本约 20 万元，产生了一定的经济效益，质量也满足了设计的要求。

参考文献

[1] 雷俊卿. 桥梁悬臂施工与设计[M]. 北京：人民交通出版社，2000.

23 高速公路湿喷桩施工质量控制

郑宗扬 张建国

（无锡市高速公路建设指挥部办公室）

摘 要 湿喷桩处理是解决高速公路软基沉降的一种是效方法。由于当前湿喷桩检测方法不尽完善，因此湿喷桩施工过程控制尤为重要。施工中必须从施工准备、工艺性试桩及正式施工及检测各道环节从严把关，以保证湿喷桩的施工质量。

关键词 湿喷桩 施工 控制

1 引言

湿喷桩处理是加固高等级公路软土地基、提高路基基底承载力、减少路基沉降量和沉降速率的一种行之有效的方法，适合不同地质条件的软基处理，最大处理深度可达25m左右。但由于目前湿喷桩检测方法、措施还跟不上，质量评定标准还不完善，因此湿喷桩施工过程控制尤为重要。宁杭（南京—杭州）高速公路（无锡段）沿线穿过大量圩区，紧靠太湖，累计粉（湿）喷桩处理长度有400多万延米，其中湿喷桩处理达到300多万延米。为了保证湿喷桩的施工质量，达到湿喷桩处理地基的设计要求，施工中必须充分重视以下方面的过程控制。

2 充分重视施工前的准备

2.1 平整和碾压

整平后地面坡度不得大于2%，路基两侧必须开挖排水边沟，保证湿喷桩施工期间不被雨水、农田水浸泡，并用轻型压路机进行碾压稳定。对于河塘地段，可在清淤后在河塘底填筑30～50cm素土（压实度不小于85%），整平河塘底后，湿喷桩钻机到河塘底进行施工。

2.2 正确放出桩位

施工前每个段落放完全部桩位后必须报请监理组复测，并用小木桩或竹片桩定位，且应做好醒目标记，便于施工中寻找。严禁边施工边放样，确保施工放样正确。

2.3 把好机械设备关

宜尽量采用粉喷桩改装机型，其钻头最下面两个叶片间距应不小于5cm，叶片角度不大于20°，如采用其他钻机，其钻头叶片数量不得少于4片。每台湿喷桩机必须配备能够自动记录、打印处理深度、每10～20cm水泥浆用量（段浆量）、复搅深度、水泥浆相对密度的电脑监测记录装置。

2.4 水泥质量控制和管理

采用42.5强度等级的普通硅酸盐或硅酸盐袋装水泥，其各项技术指标必须满足国家技术标准。

2.5 做好室内配合比试验

水泥用量可分别采用设计用量±5kg/延米，湿喷桩水灰比采用0.4、0.5、0.6，具体试验方法可参见《软土地基深层搅拌技术规程》（YBJ 225—91）规范进行。同时，还应做好不同水泥不同水灰比与水泥浆相对密度的关系曲线，用于比重计控制水泥浆的配置。

3 重视现场工艺性试桩

每台喷钻机在正式施工前必须根据所承担的施工段落、不同地质土层进行工艺性试桩，试桩数量不宜少于6根。确定有关施工技术参数，包括钻进速度、提升速度、水泥用量喷浆次数、湿喷桩的水灰比、复搅速度、复搅次数等。在试桩结束7d后，应选定一定数量采用不同施工工艺的湿喷桩进行全桩取芯，并根据检测结果确定合适的施工工艺。

4 严格湿喷桩的施工程序

(1)平整场地，整套设备依实际地形安装就位。

(2)浆液的制备。水泥浆水灰比宜为0.45~0.6，具体根据气候、地质情况具体确定。

(3)喷钻机自动纵横向移位，调整钻机钻杆垂直度，使钻机杆钻杆垂直度小于1%，钻头对准孔位。

(4)启动搅拌钻机，同时打开发送器前面的控制阀，钻头正向旋转，实施钻进作业，下钻速度不宜大于1~2m/min。湿喷桩钻进时，宜直接喷浆，并尽量一次喷足浆量。下沉钻头钻进时，应控制速度，须根据土质软硬，选择挡位。注意电流的变化及时换挡。

(5)钻至设计高程后停钻，关闭发送器前面的控制阀。

(6)启动搅拌钻机，反向旋转提升钻头，要求每提升20mm，搅拌轴转动不少于1圈，提升速度不宜大于1.0 m/min。如下钻时喷浆不足，应打开发送器前面的控制阀，按需补充量向被搅动的疏松土体喷射水泥浆，边提升边喷射边搅拌，尽可能搅拌均匀，使软土与水泥浆充分混合，喷射量与提升速度应匹配，如一次喷浆达不到设计要求可采用两次喷浆。提升时宜选择慢挡，保证搅拌均匀。

(7)当钻头提升离原地面30cm时，发送器停止向孔内喷水泥浆，钻头提升至地面。

(8)重复启动搅拌钻机，钻头正向旋转，钻至设计高程后停钻，再次反向旋转提升钻头，边提升边搅拌至原地面，进行复搅，复搅速度不宜大于1.5 m/min。

(9)移至新孔位重复以上过程。

5 施工注意事项

(1)项目部、监理单位必须派专门人员对湿喷桩进行全过程进行旁站，监理组每两台机必须派三名现场旁站人员，项目部每三台机必须有两名现场管理人员。现场旁站应做好现场施工记录，记录要真实可靠。

(2)湿喷桩所用水泥实行总量控制，每个施工点应记录每晚6:00到第二天晚6:00湿喷桩完成量、水泥用量和所进水泥量。湿喷桩每延米水泥用量不得少于4%，单桩水泥用量不得少于1%。

(3)制浆时，水泥浆搅拌时间不得少于5~10min，已制好的水泥浆在倒入存浆池时应加筛过滤，以免浆内结块。水泥浆存放时间不得大于2h，否则应予废弃。

(4)对损坏的设备或不正确的仪器、仪表等，应及时给予更换。

(5)湿喷桩施工严格按设计桩长进行施工。如确因地质条件发生变化，桩长达不到或超过设计桩长，应及时分析原因，经设计确认，调整施工桩长。

(6)泵送浆液时，管路应保持潮湿，以便输浆。一旦发现喷浆管堵塞不喷浆时，应立即停止施工，标明钻杆所处的深度，查明原因，迅速排除故障，重新喷浆，在接头处应重叠1.0m。如间隔时间超过12h，该根桩未完桩应作报废处理，重新进行打设，新桩与报废桩外边缘的距离不能大于设计桩距的15%。

(7)通过试桩确定的每台机的施工参数，必须按规定要求挂在钻机醒目处，并不得随意改变，如施工中确因地质、气候发生变化，须经监理组重新确认后才允许调整。

(8)湿喷桩施工应优先安排桥头、结构物基础的施工。

24　高速公路交通工程及沿线设施若干设计优化考虑

周平方

（无锡市高速公路建设指挥部）

交通工程及沿线设施是高速公路工程建设项目的重要组成部分，其重要性日益为人们所认识，但因其占总投资比重相对较小——一般不到总投资的15%，而所涵盖的专业又相对较广，故人们对其设计研究不及道路桥梁等主体工程深入，对其造价控制也不够严格，因而使得交通工程及沿线设施设计中存在着一些不尽合理的做法，并造成一定的投资浪费。总结这几年的设计管理实践，笔者就此提出几点粗浅的优化设计、降低造价的想法与建议。

1　标志设计

高速公路标志设计已形成套路，趋于模式化。但在具体设计中，尚可在降低工程造价方面再考虑细致一些。

1.1　区分层次，合理选用标准

因为是高速公路，只想到速度快、要求高，所以设计中存在着片面追求高标准的倾向，表现为对标志的使用场合、作用少作区分甚至不作区分，从头到尾一个标准，即《道路交通标志和标线》（GB 5768—1999）中的最高标准——汉字高度一律70cm，反光膜一律三级，而不是从实际需要出发，造成标志尺寸过大、反光膜等级居高不下，人为使得工程造价增加。如果细分使用情况，区别对待，则降低造价大有潜力可挖。

（1）我省高速公路设计车速有120km/h和100km/h两种。对于120km/h的高速公路，汉字高度选用70cm；而对于100km/h的高速公路，汉字高度选用60cm即能满足视认要求，不必强求70cm，从而减小版面尺寸。以出口预告标志为例，按照GB 5768—1999，70cm字高对应版面尺寸为560cm×455cm，60cm字高对应版面尺寸为480cm×390cm，版面减小6.76m^2，可降低造价3 500元左右（尚未计支架费用的节省）。高速公路一处互通，从出口编号预告到2km、1km、500m、0m出口预告，双向共有10块这样的标志，则整条高速公路累计，降低的造价就比较可观了。

（2）互通匝道车速较低，一般仅为40km/h，收费广场前后行驶车速更低，因此匝道标志的汉字高度选用40cm即可满足视认要求，没有提高的必要（现多为50~60cm），并且互通匝道上的警告、禁令、指示等图形标志也应按照GB 5768—1999对应的标准选用，不必与高速公路主线相同。互通匝道、特别是收费广场前后是标志密集区，如能合理选用标准，缩小版面尺寸，降低的造价也是比较可观的。

（3）互通所接地方道路（或互通出口连接线），也应根据地方道路（或连接线）的道路等级和设计车速，按照GB 5768—1999的标准，合理确定标志尺寸以及反光膜等级，不能设计图省事，采用与高速公路主线一样的标准。如果地方道路（或连接线）设有市政路灯照明，并且路灯照明的可靠性和亮度均较高，使得夜间标志的视认主要依靠路灯照明而不是车灯照明反光（有路灯照明时，一般也只需开近光灯），那么即使地方道路（或连接线）的道路等级或设计车速很高，其标志的反光膜也可只选用四级。四级反光膜的价格不到三级反光膜的40%，降低的造价很可观。

1.2 次要标志设计的优化

可将高速公路主线上的标志分为必要标志和次要标志。必要标志包括入口标志、限速标志、地点距离标志、出口预告标志等，其余标志一般可划入次要标志。

次要标志为辅助性标志，它的设置不像必要标志那样有比较严格的位置和数量要求，因此从降低造价考虑，可以适当控制其数量，不必拘泥于习惯做法，为设计而设计。可以从控制高速公路主线标志的最大间距入手来考虑布设次要标志：当必要标志的间距大于或等于 2km（相当于 2min 车程，该间距数值可灵活掌握）时，应考虑在必要标志之间插入次要标志；否则，不必设置次要标志。以这个原则来把握标志设计，可使高速公路主线标志既设置均衡，又造价最经济。

对于一些特殊的次要标志，进一步探讨如下：

（1）桥名标志。GB 5768—1999 中有著名地点标志，在我省高速公路中主要为桥名标志。实际设计中，设计单位往往逢大桥就设桥名标志，由于高速公路大桥比重大，所以高速公路主线上遍布桥名标志。但仔细想一想就会发现，对一般道路使用者来说，大多数桥名标志没有任何意义，徒使主线标志显得杂乱，增加工程造价。因此，桥名标志应还原其设置本意——著名地点，除具有社会、历史或地理意义的大桥外，一般的大桥不需要设置桥名标志。有时路政、养护部门为方便管理而要求设置桥名标志，是因为这样的桥名标志是针对特定人员，而不是一般道路使用者，故这类桥名标志版面尺寸无需按照主线标志设计标准，采用里程牌大小即可，甚至可以考虑更为经济的方法——用涂料喷涂桥名于桥梁合适部位。

（2）车距确认标志。我省高速公路车距确认标志的习惯做法是每两个互通之间即布设一组。从实际使用效果看，这种标志需要设置，但作用并不显著。同时，按照 GB 5768—1999 的标准，设置该种标志工程十分庞大，一组标志有 8 块标志牌，绵延 800m，即使是 60cm 字高，一组标志的造价也有 6 万元左右。因此，可以适当降低车距确认标志的设置密度，每 40km 左右（相当于 3 个互通区间）才考虑设置一组，从而降低非必要标志的总造价。如果仅仅是为缩小标志间的最大间距而设置告示牌之类的非必要标志，要比设置车距确认标志经济得多。

（3）车道识别限速标志。根据《道路交通安全法实施条例》，高速公路上需要设置标注“行车道”、“紧急停车带”及其最高最低限速值（紧急停车带禁止行车）的车道识别限速标志，一般每两个互通之间即需要布设一组。这种标志因需要采用门架式支撑形式，造价很高，约 6 万元，实际设计时都尽可能利用支线上跨桥设置。然而，每两个互通之间并不总是有支线上跨桥，有时虽然有支线上跨桥，但与主线斜交角度过大（大于 20°）或者位置不佳（如位于互通出入口附近），不适合设置标志，由于不宜降低车道识别限速标志的设置密度，于是只得做门架标志支撑。其实，此时可以考虑采用地面文字标记的形式——利用标线材料在路面敷涂“行车道”、“紧急停车带”的字样及其最高最低限速值来取代门架标志，从而降低造价。以每个字样 7.5m × 2.5m、平均每个字敷涂面积 10m^2 计（最高最低限速值按 1 个字计），敷涂造价不到 5 000 元，比利用支线上跨桥设置附着式车道识别限速标志的造价还要低得多。当然，地面文字的使用效果不如标志牌，所以有可利用的支线上跨桥时，还是以利用支线上跨桥设置附着式车道识别限速标志为宜。

2 护栏设计

2.1 不合理的路侧全程设置护栏

《高速公路交通安全设施设计及施工技术规范》（JTJ 074—94）中规定了路侧护栏的设置原则，并且在条文解释中明确指出，护栏本身也是一种行车障碍物，护栏设计应考察护栏的适用性、安全性、经济性、环境限制和交通管理等因素，设置路侧护栏并不一定比不设置更安全，设置不当反而更危险。但是在我省的高速公路上几乎都是全程设置路侧护栏，其原因是一些设计者、决策者也有像普通人常有的错误认识，认为路侧设了护栏行车才安全；认为只有低路堤的高速公路才有必要作是否设置路侧护栏的比选，而我省高速公路路堤普遍较高，平均填土高度多在 3m 以上，按规范 JTJ 074—94 基本需要设置路侧护栏，没有比选的必要；认为路侧护栏全程设置比断续设置美观。

以上三种想法都要不得。第一种想法是错误认识，规范 JTJ 074—94 已有详细的解释说明，只是要纠正某些设计者和决策者的这种错误认识似乎并不容易。第二种想法只能认为是设计单位偷懒取巧,全程设护栏,既不需要动脑筋,又增加了设计费(因为概算造价高)。高填土路基的高速公路路侧护栏设置不需要作比选没有任何根据。以锡宜高速公路为例,全程 53.25km(已扣除主线桥梁长度),路基边坡 1:1.5,平均填土高度达 3.9m,就是这样的高填土高速公路,按照规范 JTJ 074—94 的路侧护栏设置原则,全线累计仍有 4.5km 的路段不需要设置路侧护栏。然而现在设置了,虽然仅占路基总长的 8.45%,但因护栏单价较高,造成的浪费(并且是有害的浪费)相当可观,9km 路侧护栏造价超过 100 万元。第三种想法本末倒置,将美观凌驾于安全之上,在任何设计中都是必须反对的。

京沪高速公路淮(阴)江(都)段也是全程设置路侧护栏的,这段高速公路车流量大、货车特别是大型货车的比例较高。其路政部门反映,车辆与护栏发生的碰撞事故中,3/4 以上都导致碰撞车辆偏转、侵入甚至完全横在主线车道上,造成车流不畅,甚至堵塞 1 ~ 2h(如发生二次事故则时间更长),而一堵塞,救援就不及时、不顺利,对高速公路的运营影响很大。他们抱怨说,还不如不设路侧护栏,让车子冲下路基,这样不影响主线交通,救援也相对容易。路政部门的抱怨当然有些偏激,但也充分说明路侧护栏设计必须进行科学分析比较,不能一刀切地全程设置。

因此,在高速公路建设中,管理者和设计者都应当以科学负责的态度认真对待护栏设计,按照规范 JTJ 074—94 实施路侧护栏,既有利于行车安全,又能降低造价。

2.2 护栏形式千篇一律,少有变化

规范 JTJ 074—94 提供了多种护栏形式,然而在实际设计中却简化为桥梁一律是混凝土墙式组合护栏、路堤一律是波形梁护栏,尽管这两种护栏适用范围广,是最通行的护栏形式,但不等于就可以忽略其他护栏形式。

比如跨线桥(不论是地方道路上跨高速公路,还是高速公路上跨地方道路),现在不大采用预制简支梁的桥型方案,多采用施工周期长、对交通影响大、造价较高的现浇箱梁,除了交角、跨径因素,一个重要原因是从下穿道路上看,采用了混凝土墙式组合护栏的简支梁跨线桥很厚重压抑,不够美观。但如果我们改用通透性较好的金属制梁柱式桥梁护栏来取代混凝土墙式组合护栏,就可以显著减轻简支梁跨线桥的厚重感,从而增加简支梁跨线桥方案的竞争能力,降低桥梁造价。即使是现浇箱梁的跨线桥,采用金属制梁柱式桥梁护栏也比混凝土墙式组合护栏效果好,可使桥梁显得更轻巧美观,尽管造价会略有增加。

又如,如果高速公路路侧有优美的景观,则此时采用波形梁护栏不是最合适的,因为波形梁护栏的护栏板高度与轿车等小客车驾乘人员视线的高度差不多,刚好把景观挡住了。例如,环太湖公路有一路段紧靠太湖岸线,秀丽的太湖风光可尽收眼底,原施工图设计仍生搬硬套波形梁护栏,后来及时发现并进行调整,改为通透性很好的缆索护栏,就收到了很好的视觉效果。可惜该路段的桥梁仍沿用了毫无通透性的混凝土墙式组合护栏,未及纠正,留下了缺憾。

总之,看似简单的护栏形式的选择并不是可以省略的步骤,其中大有文章可作,值得设计人员认真研究,不能图省事而搞一刀切。

3 管理模式

我省收费高速公路自诞生以来,其管理模式设计一直沿袭传统的"管理中心—收费站"模式。在这种模式下,每个收费站从办公室、会议室、收费监控室、财务票据室等生产设施到食堂、浴室、宿舍、活动室等后勤设施,一应俱全。这种小而全的收费站模式固然使用方便、有备无患,但建设摊子大、使用效率低、运行成本高,随着我省高速公路通车里程的不断增长,高速公路单位里程效益逐渐下降,传统收费站模式的弊端越来越突出。为降低人力物力运行成本,一些高速公路运营公司已逐步试行"大站管小站"的管理模式,即将邻近的 3 ~ 4 个收费站适当归并,选择其中一个收费站作为主站(大站),其余收费站作为这个主站的派出机构(小站),由主站统一管理,共用主站的生产生活设施。

"大站管小站"的管理模式显然比传统模式先进合理,但我省高速公路管理模式的设计却迟迟未予采用,主要原因是我省高速公路建设与运营存在脱节,建设管理者不是运营管理者,建设阶段在运营方缺位的情况下,建设方尚不能完全确定运营管理方式,即使想设计大站管小站,如何设定大站和小站并确定

其功能与设施,也是个较为麻烦的问题。为稳妥起见,并考虑到传统模式转换为大站管小站并不困难,沿袭传统的设计模式、以不变应万变就成了最终的选择。

其实,管理模式的设计大可不必如此顾虑重重,应创新设计理念,大胆引入大站管小站模式,只要布局合理,功能设计齐全,运营单位都是乐意采纳的,毕竟这种模式有明显优势。具体设计时,大站与小站的比例不必事先硬性规定。根据我省实际情况,宜按照行政区划来确定,以一个县设一个大站较为合适。一般将为县城服务的互通收费站定为大站(不经过县城时可将交通量最大的收费站或者位置居中的收费站定为大站),其余同一县域内的乡镇收费站作为该大站的小站。为充分发挥大站管小站模式的优点,应尽量将小站的功能与设施合并集中到大站,以最大幅度地节约投资,降低运行成本。因此,小站可设计为:收费人员由专车接送上下班,交接班统一在大站完成;不设站长,由收费值班长负责处理收费过程中出现的问题;不设站级财务管理,不设收费监控室,不设后勤生活服务设施,只考虑简单的值班和休息设施、通信设施。

4 大站管小站模式下的收费站房建设计

传统模式下的收费站房建设施包括办公室、会议室、收费监控室、通信机房、储物间、宿舍、职工活动室、餐厅、厨房、配电房、发电机房、浴室、水泵房、车库等。对此,我省已有成熟的设计思路与设计指导意见,并有许多成功的范例。这里只谈谈大站管小站模式下的房建设计。

对于大站,其设计完全可以参照传统模式下的收费站房建设计,只是房建规模有所扩大,其各项设计指标应根据大站与所辖的小站合计后总的收费规模来确定(注意不是几个收费站设计指标的简单合并相加),在此不再赘述。

小站的设计则与传统模式有很大不同,并不是简单地压缩规模。其设计要点分述如下:

(1)根据管理模式设计确定的小站功能,小站的房建设施只需办公室、无人通信机房、厕所、储物间、配电房、发电机房,其他功能与设施都应合并集中到大站,这是最彻底的小站。

(2)办公室设一间收费值班长办公室,一间收费员休息室(若小站收费车道小于或等于5条,可不设),另可考虑设一间办公室供路政、交警、养护等部门临时办公用。

(3)储物间应充分利用无人通信机房、发电机房的多余面积或楼梯转角下等可利用空间,一般不需要单独设置。

(4)小站的用电负荷(包括房建、收费广场和互通用电)一般仅为60~80kV·A,应按低供低计的计电方式进行配电设计,完全不需要高供低计甚至高供高计,不需要建造变压器房,因而配电设备费用和房建配套费用都可以降低。同时,因用电负荷小,只要条件许可,就应争取从公用配电变压器上引入低压电源。如果无公用变压器可利用而需新增变压器,也可将新增变压器设置为公用变压器,而不是专用变压器,这样可以降低外电接线费用和维护费用。

(5)小站用水只有人员饮用水,清洁、厕所和绿化用水,用水量比传统收费站小得多,因此当小站附近无现成自来水可引时,不必强求花大代价远距离引自来水。考虑到我省一般地区地下水位普遍较高,可以采取如下措施:人员饮用水通过饮桶装水解决,清洁、厕所和绿化用水通过开浅井(苏南地区禁止打深井取深层地下水,但可开浅井取浅层地下水)、设潜水泵和屋顶水箱解决,这样做要经济得多。

(6)房建区道路广场面积可以尽量压缩,只要接送车可以停放掉头即可,停车位等都是可以省略的。

综上,小站的房建设计较传统收费站大为简化,即使适当考虑今后发展,小站房建区的征地面积也完全可以控制在1 333m^2(2亩)以内,建筑面积控制在250m^2以内,投资控制在60万元内(不含设备及外接水电,下同)。

传统模式下每个收费站房建投资约150万元,在大站管小站模式下,每个大站投资约200万元。可见,就总体而言,大站管小站模式下,高速公路的房建投资也可大大降低。

此外,还可以看到小站的房建规模与收费广场规模的关联性很小。因此,在总结经验的基础上,完全可以将小站房建设计标准化、模式化,从而减少设计人员和建设管理者的人力投入,降低劳动强度,减少设计变更,进一步降低造价。

5 结语

高速公路交通工程及沿线设施设计是一项十分繁复的工作，只有不断总结经验、不断创新发展，交通工程及沿线设施设计才能日臻完善，从而不断满足高速公路运营发展的需要。本文中笔者的几点拙见，以期能对大家有所裨益。

25 彩色路面在环太湖公路中的运用

周平方[1] 董凌宏[2]

(1. 无锡市高速公路建设指挥部办公室;2. 无锡市惠山区公路管理处)

摘 要 为保障交通安全,无锡环太湖公路引入了彩色路面。本文介绍了彩色路面的具体运用情况,以期供国内同行参考。

关键词 彩色路面 环太湖公路 道路安全

1 项目概况

环太湖公路是无锡市南部、西南部沿太湖的一条重要城市外环一级公路,全长51km。其中,从无锡石埠至大咧嘴段(K38 +600 ~ K45 +700)是利用原230省道改造而成。

原230省道为山岭重丘区二级公路。公路南边为烟波浩渺的太湖,北边为总称为青龙山的低矮山丘;靠山一侧遍布村落、工厂和部队,沿线制约点众多,线位已无更多的选择余地,故这段环太湖公路设计方案定为:

(1)采用设计车速为60km/h的4车道一级公路标准。

(2)原230省道作为下行半幅道路,对达不到60km/h一级公路设计标准的段落进行调整改造,其余一般尽量利用老路,条件许可时稍作优化。

(3)另在原230省道南侧新建上行半幅道路,一般与下行老路平行,局部分离。新路设计指标较下行老路有较大改善,但考虑到上下行平行、上下行间交通的衔接、避免上下行道路线形指标差距过大,故未对新路设计指标提出更高的标准。

由于受客观条件限制,该段环太湖一级公路设计标准偏低,虽降低了实施难度,但也带来了如下安全隐患:

(1)全线虽中心隔离、上下行分离,但受条件限制,未能实现封闭,存在较大的横向干扰。全段7.1km设置了8个平交口,2个人行横道(允许行人、非机动车横穿,不允许机动车横穿与掉头),密度较大,老路北侧还保留了较多的右进右出支路口。

(2)虽经改造,仍有一些纵坡偏大。如孟湾段保留了一个全长近300m的6%的纵坡,且坡底处在半径234m的平曲线上,使上行道路属于急坡猛拐的不利组合。

(3)全线设有5对公交站台,存在着公交车停车阻碍正常车行驶及乘客横穿公路等问题。

而环太湖公路双向4车道,断面宽26.5m,路面状况优,掩盖了上述隐患,易诱发驾驶员盲目超速行驶,从而引发事故。

为尽可能消除上述隐患,我们采取了多种措施:全路段设置了路灯照明;设置了完善的标志标线等安全设施;在姚湾、杨湾平交口设置了红绿灯,其余平交口与人行横道线处设置了太阳能黄闪灯;右进右出支路口在支路上设置了减速垫;公交站台改为港湾式站台,并靠平交口和人行横道设置,引导乘客有序横穿公路等。

特别地,我们引入了彩色路面。

2 关于彩色路面

彩色路面是随着解决交通安全和交通阻塞的问题而出现的。随着交通流量的不断增长，从19世纪60年代起，欧洲开始出现了严重的交通问题。欧洲的经验表明，在众多的交通管理解决方案中，彩色路面是行之有效的解决方案之一。

彩色路面主要有以下几种应用：

(1)应用于提供一个单独的车道给特别的道路使用者，如公交专用道、自行车道等。

(2)在平交路口、收费广场等场所，用于提示减速并显示不同方向的转向车道，或显示具有优先通行权的车道，如ETC收费车道等。

(3)与交通标志配合使用或单独使用，以提示驾驶员将接近危险路段或瓶颈路段，提前降低车速、避免紧急制动。

此外，彩色路面可以改善道路的单调色彩，作为城市景观美化的手段之一。

彩色路面可以用彩色沥青来做，也可以用彩色集料来做。经调查了解，目前彩色沥青做的彩色路面尚不能用于机动车道，只能用于人行道、自行车道等轻型交通道路。经比选，在环太湖公路上，我们选用了中国特种路面材料有限公司(CSS)从欧洲引进的薄型彩色/防滑路面。其结构体系构造见图1。路面厚度1～5mm，路面的颜色取决于所选集料的颜色。该种薄型彩色路面具有以下特点：

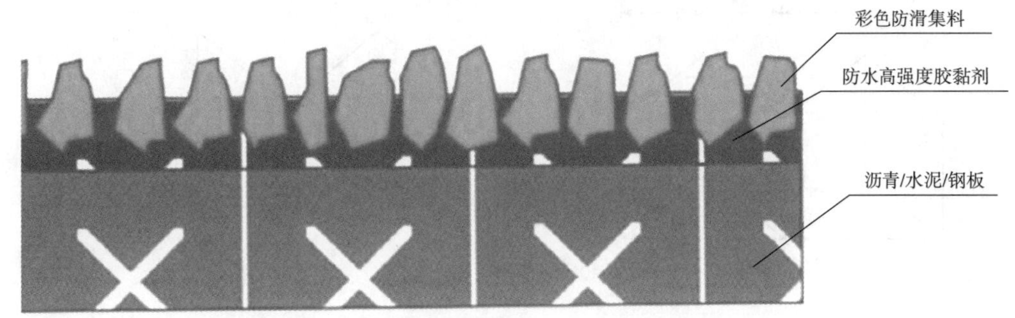

图1　彩色路面结构示意图

(1)颜色丰富、色彩持久。彩色集料是用高级材料人工合成，有红、蓝、黄、绿等多种颜色，有强烈的视觉效果。集料颗料通体一色，即使磨损，也不会褪色。

(2)采用特殊配方的树脂基黏合剂，黏合强度高，面层使用寿命长，可直接粘铺在既有路面上，施工方便，固化迅速，对交通影响小。

(3)防滑性能好。集料硬度高，耐磨损，形成的面层可以显著增加路面的抗滑性能，缩短制动距离40%以上，尤其是在阴雨天时。

3 运用方案

我们在环太湖公路中引入彩色路面，具体运用在以下几个方面。

3.1 平交口及人行横道

全段落除姚湾、杨湾路口设红绿灯及电子警察、摄像机以外，其余平交路口及人行横道处根据交通量，仅设警示标志及太阳能黄闪灯，尚不足以使驾驶员能主动顾及横穿的车辆、行人，减速通过路口。但从行车安全计，主线上又不宜像支路口那样设减速垫强制减速。一般在这种情况下，我们多使用减速标线，主要采用振荡标线，通过较强烈而密集的振动来提醒驾驶员减速，但有其缺点，如其减速是被动型的，对大型车振动感较差且声响较大，夜间易噪声超标，影响居民生活。

这次我们采用彩色路面图案来取代减速标线。其设想是在黑(沥青)白(标线)路面的单调色彩中加入彩色因素，通过较强的彩色视觉冲击效应来提高驾驶员的兴奋度，提高其警觉性，主动密切地关注路面、路口情况，随时准备采取措施，从而提高车辆通过路口的安全性，同时较振荡型减速标线，可降低噪声

30%以上。

图案的排列参照了《道路交通标志和标线》(GB 5768—1999)中减速标线的排列方案(图2)。之所以同向两车道中的图案错开布置,主要是在不增加费用的情况下尽可能增大彩色图案的布设范围,同时错落有致比较美观,没有整齐划一带来的呆板感。

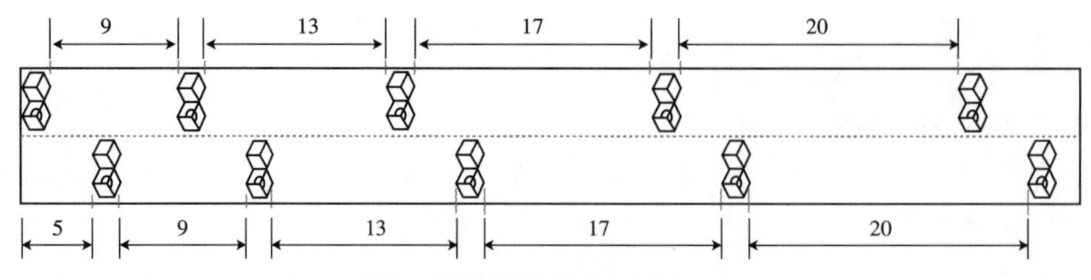

图2 色块排列方案(尺寸单位:m)

图案的选择,由于无章可循,作为试验项目,我们设计了多种图案(图3)及颜色搭配,既有类似减速标线的[图3b)],又有三维图案的。之所以采用三维图案,是设想除了利用色彩的警示性外,另能更充分利用色彩作些文章。三维图案能产生立体效果,绘于路面,使人产生路面有凸起或凹陷的小障碍物的感觉,诱导驾驶员主动地踩制动踏板,从而达到减速的目的。

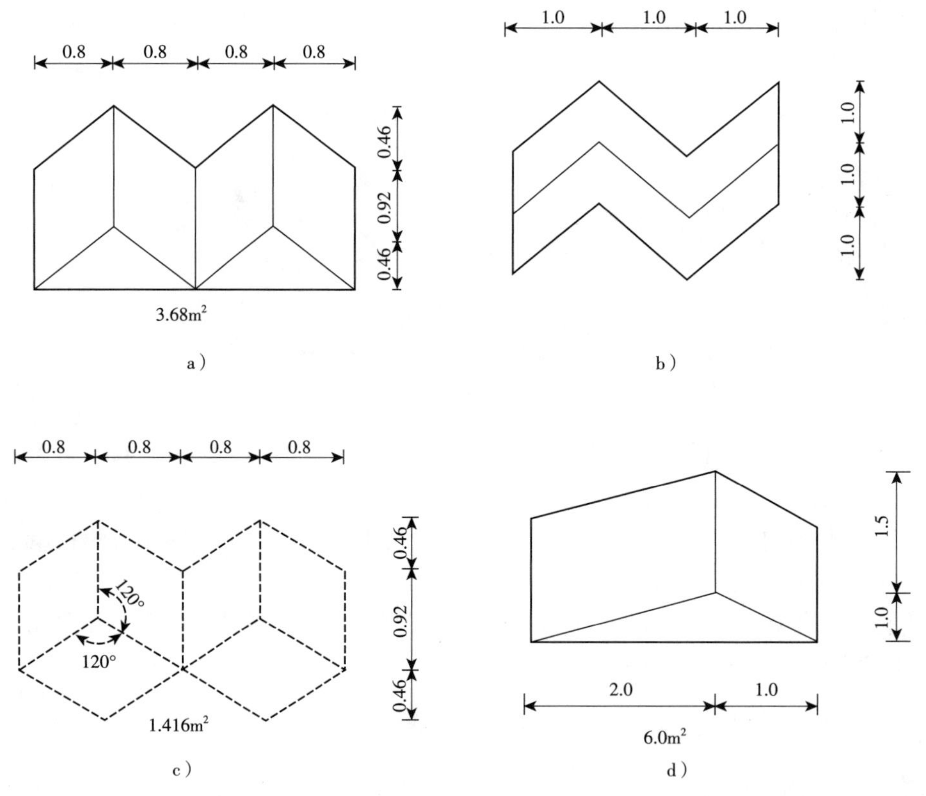

图3 图案设计(尺寸单位:m)

3.2 下坡急拐

该段环太湖公路在孟湾段有一个6%的纵坡,全长近300m,是全线纵坡最大处,且坡底处于半径234m的圆曲线上,对上行线来讲是典型的下坡急坡的行车危险地段。为保障行车安全,该下坡急拐亦采用彩色路面。

CSS公司本推荐整个路段采用彩色路面满铺,但受资金限制,实际作了如下方案:整个下坡段近300m中,起始150m采用图案型,图案每车道每隔10m布置1个;以下至坡底的100m采用满铺,满铺采用红黄两色,每色满铺10m,间隔铺设;同时,同向的两个车道的图案及色块均错开5m布置。

起始段主要是提醒驾驶员减速慢行,故采用图案型;下坡的后半程车速变快,又是转弯,车辆易失控,故采用满铺，以提高路面（特别是在阴雨天）的抗滑性能。选用两种颜色，两个车道错开布置，则更多地考虑到景观效果，避免呆板。

3.3 港湾式公交站台

港湾式公交站台的港湾部分均采用了彩色路面满铺，一是港湾车道公交车停车起步频繁，采用彩色路面以提高路面摩擦系数；二是利用彩色路面的警示作用，从颜色上突显出整个港湾式公交车道，既提示公交专用，也提醒乘客在车道外侧等候停车，不要站在车道内。目前国内港湾式公交站台、公交专用车道采用彩色路面的较多，故在此不再赘述。

4 施工过程

CSS彩色防滑路面施工对路面有一定要求，一般不推荐在新路面上铺设，尤其是沥青混凝土路面，应在使用一段时间、路面稳定之后再铺设。对于存在车辙、拥包、龟裂、错台、断裂等缺陷的路面，应先对路面进行修补整治。施工温度以高于15℃为准，雨天不能施工。

本次环太湖公路施工选择在4～5月间，为路段通车半年之后，且气温较高，有利于施工，缩短影响交通的时间。施工现场如图4所示。

图4 施工现场

CSS彩色防滑路面施工流程如下：

（1）放样。确定图案位置并画好图案。

（2）清理。将沥青混凝土路面进行清洁，除去浮尘、油污和其他附着物。

（3）挡板设置。在每个图案周围及不同颜色的周围设置满足设计厚度的模板，接缝处粘贴胶黏带，防止漏浆及不同颜色相混。

（4）摊铺胶结剂。胶结剂要铺多少撒多少，以减少施工污染。

（5）铺撒彩色集料。不同颜色要错开施工，以免颜色相混。

（6）清扫。胶结剂固化后，用扫帚或强力吸尘器除去多余的和未粘牢的骨料，即成彩色路面。

（7）接缝和修补。切除溢出边界的胶结剂和骨料。如已完成路面局部有缺陷，切除缺陷面，按上述步骤修补施工。

（8）养护。常温干燥养护，一般3～6h即可开放交通。

5 使用效果评价

5.1 材料评价

从建成使用效果来看，材料本身的质量是令人满意的，其施工方便性、黏结强度、骨料本身的强度及颜色稳定性都达到了CSS承诺的指标。

本次施工采用了红、铁红、橙、黄、蓝、绿6种颜色。单种颜色大面积使用时（如公交站台），颜色效果较好；多种颜色小面积组合使用时（如人行横道），颜色有足够的警示性，但颜色鲜艳程度不够，略显发暗。

5.2 方案效果评价

（1）平交口及人行横道（图5～图8）。图案的排列方式是好的，图案间距由大渐小，左右错开布道，有利于警示效果的产生。

图 5　图案效果

图 6　人行横道 1

图 7　人行横道 2

图 8　人行横道 3

图 9　下坡急拐

图 10　公交站台

从图案颜色看，有橙、绿、黄颜色的组合效果较好，蓝、红颜色差一些。分析认为主要是蓝、红颜色较暗，光泽上与其他颜色反差较大。

从使用效果看，颜色的警示作用是明显的，驾驶员看惯了黑色路面和白色标线后，突然看到有较强视觉冲击效果的彩色图案，神经兴奋，警觉性提高。但从产生三维立体效果来看不太令人满意，究其原因，一是车速较快，视角较小（尤其是对于小轿车），对运动中什么图案能产生更好的三维效果尚缺乏经验；二是图案是间断布置，面积相对较小，若图案大面积连续设置，效果会好很多。对于本次间隔布置、面积较小的情况来说，简单一些的图案效果反而好，如图 2 和图 3 中图案，图 3 中图案还能产生减速垫的错觉。

（2）下坡急拐（图 9）。下坡急拐的效果相当好，从坡顶往下看，不仅道路色彩美观，而且使驾驶员对整个下坡路线一目了然。图案的布设方案符合行车实际规律，先是间断图案的警示，后是坡底拐弯处满铺部分的整体防滑。实际满铺部分也正是车辆制动减速集中之处。自开通使用以来,该下坡急拐尚未发生交通事故,而其他路段的下坡及小半径曲线处路侧波形梁护栏均被撞过。

(3)公交站台(图10)。公交站台使用彩色路面后的美化、警示作用也比较明显,使用效果良好。

6 结语

环太湖公路运用彩色路面,作为试验项目,经过实际试用达到了一定的效果。从使用情况看,彩色路面的视觉警示、防滑、美化作用明显,对提高道路使用安全性的作用是值得肯定的,彩色路面值得推广。但在具体应用上,特别是如何更好地发挥色彩的作用,以及扩大彩色路面的应用范围,还可作进一步探讨,也希望国内同行提供有益的经验。

26 环太湖公路收费调整方案之比选

周平方

（无锡市高速公路建设指挥部办公室）

环太湖公路是无锡市南部、西南部沿太湖的一条重要城市外环一级公路，它起自硕放镇，向西跨越沪宁铁路、京杭运河、312 国道后，沿太湖大堤至南泉镇（K20 +000），然后折向北穿过无锡市区西南角，再转向西，经梅园、十八湾，最后到达常州雪堰镇与 342 省道相接，全长近 51km。该项目从起点至梅园段基本为新建，从梅园至终点段系改造利用既有 230 省道。

根据江苏省计划发展委员会的初步设计批复，环太湖公路为非封闭式的一级公路，线路与主要地方道路设平交口，其余采用分离式立交；收费方式为开放式收费，收费标准为江苏省开放式收费公路的定额收费标准。因沿线主要平交口众多，为保证一定的收费额，采用一站两点验票制方式收费，在新安（K9 +900）和闾江（K47 +630）设两处主线收费站，车辆经过第一个收费站时缴纳通行费并领取二维码通行券（兼作发票），若再经另一个收费站时验票通过，单向通行一次只收取一次通行费。

环太湖公路采用“一路一公司”的管理模式，由江苏交通产业集团和无锡市交通投资公司共同出资成立的无锡环太湖公路公司负责本项目的建设和建成后的运营收费还贷。工程于 2003 年上半年开工，至 2004 年上半年，全线路基已基本成形，新安收费站已开工建设，闾江收费站尚未动工。

随着沪宁高速公路扩建工程的建设和江苏省第二轮高速公路规划的编制，到 2004 年上半年，环太湖公路在路网中的定位发生了重大变化，主要是：

（1）起点将通过沪宁高速公路扩建工程新建的硕放枢纽直接与沪宁高速公路相连，而不是原先需先经过硕放镇镇区道路至沪宁高速公路硕放互通，然后才能上沪宁高速公路。

（2）环太湖公路起点至南泉段拟封闭，纳入苏南高速公路网，远期规划，环太湖公路至南泉后将不再折向北，而是继续向西，与规划的太湖大桥（隧道）相连。

由于上述变化，必须对环太湖公路原有收费方案加以研究，并作出必要调整，以指导整个项目继续顺利进行。

经过对多个方案的初步筛选，适应上述变化，对环太湖公路原有收费方案的调整集中到了三个方案上。

方案一：起点至南泉（K20 +000）段封闭。该方案完全按照远期规划来实施，将环太湖公路起点至南泉段封闭，纳入高速公路封闭式收费系统，根据行驶里程，按高速公路标准收费，须改 3 处平交口为分离式立交，封闭 1 处平交口，增设 312 国道、华庄互通及其收费站，增设南泉主线收费站（远期作为南泉互通收费站），撤销新安主线收费站；同时，因环太湖公路南泉至终点段仅剩 31km，不满足设站收费的一级公路最少长 40km 的标准，闾江收费站也将取消。

该方案优点明显，一步到位，便于远期规划项目——太湖大桥（隧道）的接入，但代价巨大，除土建需增加 1.5 亿元投资外，环太湖公路的年综合收费额也将大幅下降。经测算，起点至南泉封闭段按高速公路标准的年收费额仅为原收费方案的 1/3 左右。

方案二：起点至新安收费站（K9 +900）段封闭。此方案是将环太湖公路起点至新安收费站段先行改造为封闭式高速公路（改 3 处平交口为分离式立交，增设 312 国道简易互通及其收费站），新安收费站至终点段维持原设计，保留新安、闾江收费站；今后太湖大桥（隧道）项目上马时，再对环太湖公路新安收费站至南泉段实施封闭(封闭1处平交口,增设华庄、南泉互通及其收费站,拆除新安和闾江收费站)。该方案充分考虑了环太湖公路的实施现状,最大限度地利用了现有工程,与远期规划的冲突比较小。

就具体的收费方式,该方案又可细分为两个子方案。

子方案甲:起点至新安收费站段纳入高速公路封闭式收费系统,根据行驶里程,按高速公路标准收费,新安收费站至终点段41km仍按一站两点验票制方式收费;在新安收费站收发高速公路通行费和通行卡,同时收取环太湖公路通行费、发放二维码通行券或验票,闾江收费站工作内容维持不变。

子方案乙:起点至新安收费站段仍纳入高速公路封闭式收费系统,根据行驶里程,按高速公路标准收费,但新安收费站仅收发高速公路通行费和通行卡,不再承担环太湖公路的收费职能,从新安收费站至终点段环太湖公路改为一站一点式收费,即仅通过闾江收费站来收费。

甲、乙两子方案土建部分相同,增加的造价约为5 000万元。从表面上看子方案甲的收费额似乎应比子方案乙高(因多了近10km高速公路标准的收费),但由于子方案甲中新安收费站的收费额比邻近的312国道互通收费站和沪宁高速公路硕放互通收费站高出一截,大量车辆将会选择通过地方道路从312国道、硕放收费站进出环太湖公路来避绕新安收费站,因此实际上子方案甲的年综合收费额与子方案乙相当。经测算,两子方案环太湖公路的年综合收费额(含封闭段按高速公路标准的收费)均为原收费方案的2/3左右。考虑到子方案甲保留了较为烦琐的验票程序,并且需要做大量的宣传工作,以避免新安收费站因封闭式收费与开放式收费合并收取可能产生的大量纠纷,故从可操作性而言,子方案乙优于子方案甲。

方案三:环太湖公路维持现状。此方案是在沪宁高速公路硕放枢纽与环太湖公路起点间设置一高速公路主线收费站,收发高速公路通行费和通行卡;环太湖公路仍维持为非封闭式的一级公路,保留原一站两点验票制收费方案;将环太湖公路起点至南泉段的封闭工程(改3处平交口为分离式立交,封闭1处平交口,增设3处互通及其收费站,拆除主线和新安、闾江3处收费站)留待今后太湖大桥(隧道)项目上马时再考虑。

此方案的优点是对环太湖公路现有工程和收费方案没有影响,改造费用最省,仅需增加一处主线收费站。缺点是与远期规划冲突较大。今后太湖大桥(隧道)项目上马时,环太湖公路已通车,那时再对起点至南泉段实施封闭,其费用将比在环太湖公路未通车时先行封闭改造大得多,江苏宁连、宁通一级公路通车后高速化封闭改造的实践已证明了这一点。同时,增加一处主线收费站,高速公路网的收费成本也将增加。因此,该方案近期建设成本低,远期建设成本高。

对上述三个方案作进一步比选。

方案三首先被淘汰,因为相对其优点,方案三的劣势更为突出,除了远期封闭改造实施困难、工程费用难以预测外,在沪宁高速公路硕放枢纽与环太湖公路起点间增设一主线收费站也难以获得江苏宁沪高速公路股份有限公司的认可。

方案一也遭到否决。评审认为,方案一虽与远期规划完全吻合,但其年收费额大幅下降,即使无锡环太湖公路公司在国家政策允许范围内收费收满30年,其收费总额也不足以偿还贷款,方案一在经济上不可行。

剩下的方案二似乎成了仅有的选择,它虽与远期规划略有冲突,但尚可接受;虽其年收费额较原收费方案下降,但在30年的收费期限内,无锡环太湖公路公司还是可以偿还贷款的。方案二是在近期实施与远期规划之间可以接受的中间方案。

可是再深入分析,方案二是有漏洞的。虽然目前太湖大桥(隧道)还只是远期规划,而且由于其环保可行性存在着重大争议,在未来相当一段时间内该项目不会上马,但是在今后30年内它建成的可能性极大,或许只需15年。而一旦建成,则环太湖公路的收费方案必然由方案二转换为方案一,即起点至南泉段封闭纳入苏南高速公路网封闭收费体系,同时撤销闾江收费站。因此,方案二在经济上是否可行是不确定的,它取决于太湖大桥(隧道)项目的建成时间,建成时间越早,就越接近方案一。

就在收费方案难以定夺时,新的问题又出现了。随着无锡市区的不断扩大,环太湖公路南泉至梅园段事实上已经成为城市道路;而梅园至终点段系改造利用既有不收费的230省道,该段道路又是无锡市区至无锡马山区的必经之路，设在该路段上的间江收费站一旦建成，势必造成对市区往返马山的城市交通收费，因此间江收费站的建设遭到了市民与地方区政府的强烈反对，这使方案二也变得不那么可行了。

收费方案的难产使环太湖公路建设遇到了危机，工程陷入停顿。此时恰逢江苏交通产业集团并入江苏交通控股有限公司，于是无锡市政府与江苏交通控股有限公司协商，报江苏省计划发展委员会批准，对环太湖公路的投资方式进行了重大调整：起点至南泉段作为高速公路，由江苏交通控股有限公司属下的江苏锡宜高速公路有限公司投资建设经营；南泉至梅园段作为城市道路，由无锡市政府出资建设管养；梅园至终点段作为230省道的改造项目，采用无锡市政府出资、江苏省公路局定额补助并管养的方式建设。至此，环太湖公路的收费调整方案得以最终落定，建设危机得以化解，工程得以继续进行。实际上，正是通过调整投资方式，使得原不可行的方案一成为可行方案。

环太湖公路收费方案调整一波三折，其原因值得思考。

首先，该项目的工程可行性研究和初步设计对我省第二轮高速公路规划估计不足。环太湖公路初步设计时，我省第二轮高速公路规划已经启动，对与环太湖公路密切相关的沪宁第二通道之太湖大桥（隧道）已有初步意向，但由于各种原因，工程可行性研究和初步设计对此可能产生的影响估计不足甚至视而不见，未与充分研究，以致在建设过程中对规划难以调整适应。如果事先早作考虑，对环太湖公路的工程可行性进行充分论证，或者在初步设计时即着手进行调整，就可以避免现在在建设过程中的被动局面。

其次，开放式收费道路并不是想建就能建的，像环太湖公路这样具有绕城公路和部分城市道路性质的公路不适合建成开放式收费公路。因为它类似集散道路，与城市道路交叉众多，除解决过境交通外，还承担部分市内交通。此类道路设主线收费站，不仅错收漏收众多，而且会对部分市内交通收费，影响市民出行和地方经济的发展。像312国道江苏段，经过苏南五市城市建成区的路段城市道路化严重，各开放式收费的主线收费站原来都在城市市区边缘，因严重影响市民出行和地方经济的发展，现不得不趁国道改造之际，纷纷改移至市与市交界处，远离市区。在此背景下，再在城市市区边缘新建收费站，遭到反对也在情理之中。实际上，仔细分析前述方案比选可以看出，即使没有江苏省第二轮高速公路规划，由于间江收费站建设的不可行，环太湖公路原有的收费方案也是不可行的。

再次，收费方案可行与否和项目的投资构成有重大关系。环太湖公路原本走"贷款修路、收费还贷"的路，当建设过程中发现收费还贷行不通时，工程不得不停顿下来，后将60%的路段改为由省拨款和市财政出资，工程才得以继续，从而生动地说明了这一重大关系。

环太湖公路收费调整方案的比选过程充分说明：首先，项目的工程可行性研究必须脚踏实地、考虑全面、实事求是，不能先定项目后论证，搞形式主义走过场。其次，"贷款修路、收费还贷"这一加快公路基础设施建设的行之有效的好办法并不是普遍适用的，在新建经营性收费公路时，不能想当然地认为是公路就可以建成收费公路，在这预先设定的前提下来论证收费经营的经济可行性，而应先论证项目是否可以实行收费经营。只有真正按程序严格办事，才能真正保证项目可行。

27 福塔(FORTA AR)纤维加筋沥青混合料的路用性能比较

叶迎伟[1] 龚涌峰[2]

(1. 大诚建设有限公司;2. 无锡市高速公路建设指挥部办公室)

摘　要　加筋纤维可以明显提高沥青混合料的各项性能,在经济条件许可的前提下,可适当推广。本文对福塔纤维加筋沥青混合料的高温稳定性、低温抗裂性以及水稳定性等路用性能进行了评价,结果表明福塔纤维沥青混合料具有优良的路用性能。

关键词　芳纶福塔(FORTA AR)纤维　加筋沥青混合料　路用性能

1 概述

纤维作为一种高强、耐久、质轻的增强材料,由于能极大地提高沥青路面的力学性能及延长其使用寿命而得到越来越多的应用。路用纤维的加入,一方面起到了吸附沥青的作用(其比表面积 $>200m^2/kg$),另一方面起到微观加筋的作用(其抗拉强度可达 500 ~ 1 000MPa)。福塔纤维(FORTAAR)是一种新型的聚合物有机纤维,它由聚丙烯(Polypropylene)和芳纶(Kevlar)按照质量比 3:1 混合而成。由于其特有的复合长纤维的构造,能更有效地起到加筋作用,从而提高沥青混凝土的抗变形能力和抗裂性能。

2 福塔纤维加筋沥青混合料的路用性能试验

2.1 设计级配与最佳油石比

纤维在沥青基体内的分布是三向随机的,由于截面纤细,使得纤维掺量不大的沥青基体内,纤维数目却相当大,形成纵横交织的空间网络。纵横交错的纤维形成的纤维骨架结构网以及"结构沥青"网,增大了结构沥青比例,减薄了自由沥青膜,使得沥青混合料很难压实成型。为了使纤维加筋混合料具有与常规混合料相近的体积性质,在进行纤维加筋混合料设计时,试件成型温度应比常规混合料提高 5℃左右,沥青用量一般略增加 0.1% ~0.2%。

本次室内目标配合比设计所用集料为石灰岩,沥青为 SBS 改性沥青,混合料级配类型采用 AC-20 型(表 1),通过马歇尔试验确定最佳油石比。福塔纤维加筋沥青混合料的配合比设计过程与常规沥青混合料基本相同。首先按常规沥青混合料的设计方法确定设计级配和最佳油石比,然后掺入沥青混合料质量的 0.045% 的福塔纤维,增加 0.1% 的油石比进行马歇尔试验验证,各项体积指标均满足要求。

AC-20 沥青混合料设计级配　表 1

筛孔	26.5	19	16	13.2	9.5	4.75	2.36	1.18	0.6	0.3	0.15	0.075
上限	100	100	94.0	85.0	74.0	55.0	39.0	28.0	20.0	15.0	11.0	7.0
下限	100	90.0	78.0	65.0	54.0	35.0	23.0	14.0	9.0	6.0	4.0	3.0
设计级配	100	98.1	88.4	79.5	70.9	45.1	31.9	24.6	16.4	10.3	7.1	5.5

从表2结果看出，掺福塔纤维与不掺纤维混合料的体积指标（空隙率、VMA、饱和度）基本一致。由于掺入福塔纤维，稳定度有一定提高。

AC－20 最佳油石比与对应的马歇尔体积指标 表2

AC－20	油石比（%）	稳定度（kN）	流值（0.1mm）	空隙率（%）	VMA（%）	饱和度（%）
不掺纤维	4.5	12.21	29.5	4.4	13.1	66.4
掺福塔纤维	4.6	14.20	31.2	4.4	13.4	67.0
要求	—	≥8.0	20～50	4.0～5.5	≥13	65～75

2.2 水稳定性能比较

本次水稳定性试验采用浸水马歇尔和冻融劈裂试验。

浸水马歇尔试验是我国最常用的检定沥青混合料水稳定性的试验。试件两面击实各75次达到设计空隙率，将试件分成两组，两组试件空隙率平均值大致相等。第一组试件在60℃水浴中保温48h，第二组试件在60℃水浴中浸泡30min，分别进行马歇尔稳定度试验，得到两组稳定度的比值，称之为马歇尔残留稳定度。

冻融劈裂试验用马歇尔击实仪成型试件，试件两面击实各50次，试件直径为101.6mm±0.25mm，高为63.5mm±1.3mm。将试件分成两组，两组试件空隙率平均值大致相等。第二组试件在常温下（25℃）浸水，0.09MPa抽真空约15min，取出将试件在－18℃冰箱中冷冻16h，取出后放在60℃水浴中保温24h。将第一组试件和第二组试件全部浸入25℃水温中不少于2h，分别进行劈裂试验，得到试验的最大荷载，然后计算出冻融劈裂试验强度比（$TSR = R_2/R_1 \times 100\%$）。

试验结果分别见表3、表4。

浸水马歇尔检验 表3

AC－20	马歇尔稳定度（kN）	浸水马歇尔稳定度（kN）	残留稳定度 S_0（%）	要求（%）
不掺纤维	12.14	10.99	90.5	≥85
掺福塔纤维	14.23	13.23	93.0	

冻融劈裂检验 表4

AC－20	非条件劈裂强度（MPa）	条件劈裂强度（MPa）	TSR（%）	要求（%）
不掺纤维	0.724 6	0.626 1	86.4	≥80
掺福塔纤维	1.091 2	0.966 3	88.6	

从表3、表4可见，掺入福塔纤维后，浸水前后的马歇尔稳定度值、条件与非条件试件的劈裂强度值均有一定提高，表明掺入纤维能提高混合料的整体强度，同时水稳定性也有明显增长。

2.3 高温稳定性能比较

动稳定度试验是评价沥青混合料高温稳定性的重要方法，按要求成型各混合料试件，在0.7MPa、60℃的条件下进行车辙试验，记录荷载—变形曲线，以动稳定度来评价沥青混合料的高温稳定性，其试验结果见表5。

动稳定度检验 表5

AC－20	动稳定度（次/mm）				
	1	2	3	平均	要求
不掺纤维	3 254	3 652	3 553	3 553	≥2 800
掺福塔纤维	4 500	4 846	4 846	4 731	

2.4 低温抗裂性能比较

低温小梁弯曲试验主要用于衡量沥青混合料的低温抗裂性能。按要求成型车辙板试件，再切割成30mm×35mm×250mm的小梁试件，试验温度为-10℃，加载速率为50mm/min。试验结果见表6。

-10℃小梁弯曲试验结果　　表6

AC-20	最大荷载(kN)	跨中挠度(mm)	抗弯拉强度(MPa)	劲度模量(MPa)	破坏应变(με)	要求(με)
不掺纤维	0.99	0.40	8.06	3 947	2 122	≥2000
掺福塔纤维	0.91	0.62	7.43	2 282	3 255	

3 室内试验结果分析

(1)从浸水马歇尔试验和冻融劈裂试验结果看，掺入福塔纤维后残留稳定度及劈裂强度比均有提高，说明掺加福塔纤维有助于提高沥青混合料的水稳定性。

(2)从动稳定度试验结果看，掺加福塔纤维后的沥青混合料动稳定度明显提高，与不掺相比，提高约33%，说明掺加福塔纤维能有效提高沥青混合料的高温抗车辙能力。

(3)从-10℃小梁弯曲试验结果看，掺入福塔纤维后，沥青混合料的低温弯曲破坏应变有较大提高，约增长了53%，说明福塔纤维的延展性较好，能明显改善沥青混合料的低温抗裂性能。

4 施工质量抽检

为了考查在大规模施工时福塔纤维分散的均匀性，对拌和楼拌制的沥青混合料随机取样进行了相关路用性能检验，从表7~表10可以看出试验结果与室内拌制的混合料基本相当，表明福塔纤维施工时的分散均匀性能得到保证。

福塔纤维沥青混合料浸水马歇尔试验结果(拌和楼取样)　　表7

混合料类型	马歇尔稳定度(kN)	浸水马歇尔稳定度(kN)	残留稳定度 S_0(%)	要求(%)
AC-20	15.14	13.93	92.0	≥85

福塔纤维沥青混合料冻融劈裂试验结果(拌和楼取样)　　表8

混合料类型	未冻融劈裂强度(MPa)	冻融后劈裂强度(MPa)	劈裂强度比(%)	要求(%)
AC-20	0.984 0	0.846 0	86.0	≥80

福塔纤维沥青混合料车辙试验结果(拌和楼取样)　　表9

混合料类型	动稳定度(次/mm)				
	1	2	3	平均	要求
AC-20	5 700	5 550	5 480	5 577	≥3 000

-10℃小梁弯曲试验结果(拌和楼取样)　　表10

混合料类型	最大荷载(kN)	跨中挠度(mm)	抗弯拉强度(MPa)	劲度模量(MPa)	破坏应变(με)	要求(με)
AC-20	0.97	0.53	9.01	3 362	2 713	≥2 000

5 结论

福塔纤维的加入可以起到加筋作用，能明显提高沥青混合料的各项性能，表明福塔纤维是一种有效的沥青混合料增强材料,在经济条件许可的前提下,可适当推广,但在应用过程中应加强混合料设计与施工等方面的控制。

参考文献

[1] 史建方,刘中林,谭发茂,等.高等级公路沥青混凝土路面新技术[M].北京:人民交通出版社,2002.
[2] 江苏省高速公路建设指挥部沥青路面施工技术指导意见汇编[G].2005.
[3] JTG F40—2004 公路沥青路面施工技术规范[S].北京:人民交通出版社,2004.
[4] JTJ 052—2000 公路工程沥青及沥青混合料试验规程[S].北京:人民交通出版社,2000.

28　粉胶比对沥青结合料和沥青混合料性能的影响

王　捷[1]　龚涌峰[2]

(1. 江苏省交通科学研究院;2. 无锡市高速公路建设指挥部办公室)

摘　要　通过试验对比分析了粉胶比对沥青—矿粉结合料的高温、低温及疲劳性能以及对沥青混合料的高温稳定性、低温抗裂性、水稳定性和疲劳性能的影响,推荐连续密级配沥青混合料粉胶比(0.075mm 通过率/有效沥青含量)宜控制在0.8~1.6。

关键词　粉胶比　沥青结合料　沥青混合料　高温　低温　水稳定性 疲劳性能

1　前言

矿粉作为填料,在沥青混合料中起着至关重要的作用。沥青只有吸附在矿粉表面形成薄膜,才能对其他粗、细集料产生黏附作用,所以沥青矿粉混合物才是真正的沥青结合料。

美国早在1914 年出版的《填料在沥青混合料中的作用》这一专著中,就阐述了填料的作用。20 世纪 30 年代的许多研究表明,填料可增大沥青胶结料的劲度,且劲度的增长情况与填料的种类与细度有关。之后,Puzinauskas 在20 世纪60 年代的研究表明,填料在沥青混合料中具有双重的作用:填充集料骨架空隙并为大集料颗粒间的接触创造条件;与沥青一起形成高黏度的沥青—矿粉结合料,并将集料黏结在一起。

沥青与矿粉(包括填料)之间的相互作用是沥青混合料结构形成的决定性因素。它直接关系到沥青混合料的强度、温度稳定性、水稳定性以及老化速度等一系列重要性能。

2　粉胶比对结合料和沥青混合料高温性能的影响

沥青路面的高温流动变形问题是世界各国普遍关注的路面损坏形式之一。在我国大部分地区,夏季的最高气温能达到35~40℃,沥青路面的最高温度可能达到60~65℃,再加上高温的持续时间长,使沥青路面在重交通作用下迅速变形破坏。

2.1　粉胶比对沥青—矿粉结合料高温性能的影响

粉胶比是指沥青混合料中0.075mm 筛孔的通过率与有效沥青的比值。为了考察粉胶比对沥青路面的高温稳定性有何影响,重点研究了粉胶比对结合料及沥青混合料高温性能的影响。

试验中所用矿粉和 AH-70 普通重交沥青的品牌都相同。研究发现,随着粉胶比的增大,原样和短期老化的沥青—矿粉结合料在同一温度下 $G^*/\sin\delta$ 值逐渐增大,$G^*/\sin\delta$ 值越大,表明沥青胶结料抵抗流动变形的能力越强。但温度越高,$G^*/\sin\delta$ 值增大的幅度越小(图 1、图 2)。因为在高温时,沥青—矿粉结合料更多地表现为流体的性质。试验结果见表 1。

短期老化(旋转薄膜老化)后不同粉胶比结合料 DSR 试验　　表 1

粉胶比(%) / 试验温度(℃)	0.8	1.2	1.6
58	1.52×10^4	3.05×10^4	3.94×10^4
64	6.18×10^3	1.33×10^4	1.53×10^4
70	2.92×10^3	5.90×10^3	6.66×10^3

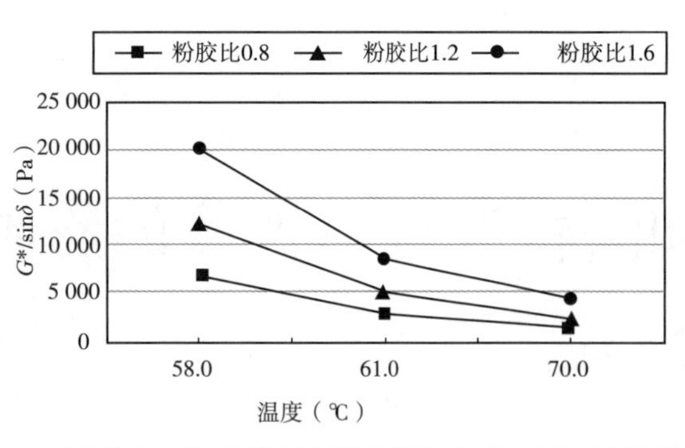

图1　不同粉胶比在不同温度下的原样沥青胶结料的高温性能

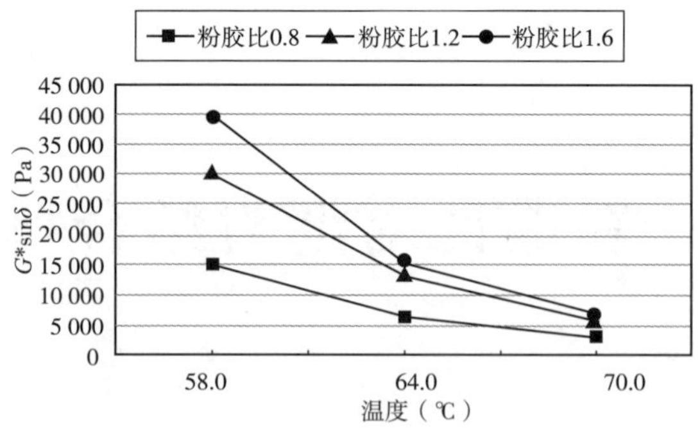

图2　不同粉胶比在不同温度下的短期老化沥青胶结料的高温性能

美国沥青路面协会1999年的研究报告表明，在沥青中加入矿粉后与加入矿粉前两者的软化点之差若小于11℃，则加入矿粉的结合料的劲度不至于增长过多而影响其性能。本试验中未加矿粉前，该沥青的软化点为47.2℃，若按照该研究的结论，则不至于因劲度增加过多而影响性能的结合料软化点最高不能超过58.2℃。由图3可见，粉胶比达到1.6时，掺加矿粉的结合料的软化点正好超过该范围的最高值。参照这个标准，粉胶比大于1.6时，结合料将因劲度增长过多而影响其性能。表2所示为不同粉胶比下沥青—矿粉结合料的软化点。

不同粉胶比下沥青—矿粉结合料的软化点　　表2

粉胶比	软化点（℃）
0.8	51.0
1.2	54.0
1.6	58.3

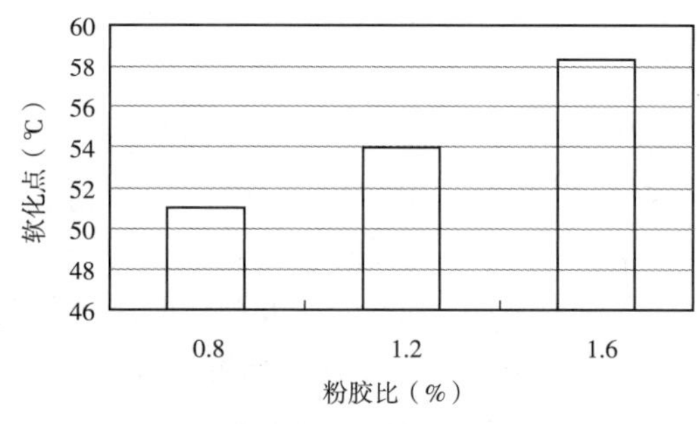

图3　不同粉胶比结合料的软化点

2.2　粉胶比对沥青混合料高温性能的影响

黏性劲度模量是反映沥青混合料高温稳定性能的一个较好的指标。黏性劲度模量越高，表明混合料的抗车辙性能越好。课题组针对中、下面层石灰岩沥青混合料AC20和AC25级配分别进行不同粉胶比沥青混合料的单轴蠕变试验，计算其黏性劲度模量。试验时，按"抓中药"法配制级配，即除0.075mm筛孔通过率不同之外，其他筛孔通过率均相同。试验中沥青混合料的粉胶比均为0.075mm，通过率与有效沥青含量的比值，试验结果如图4～图6所示。

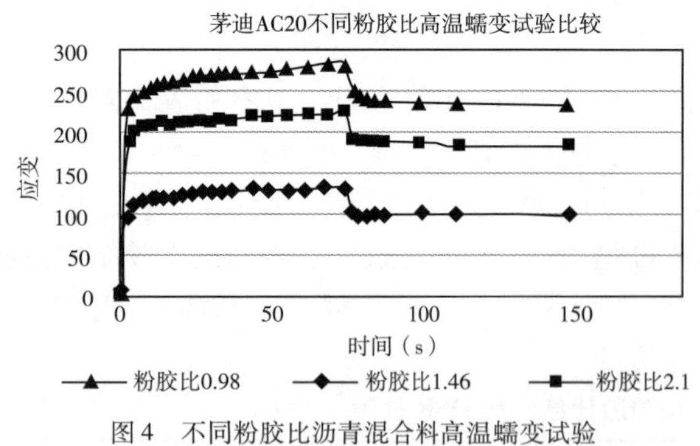

图4　不同粉胶比沥青混合料高温蠕变试验

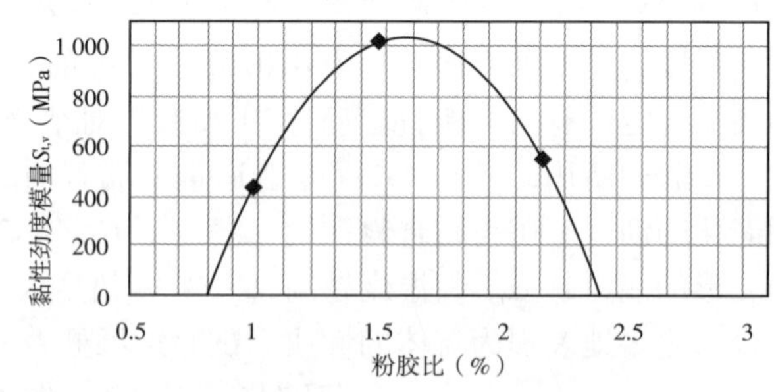

图5　茅迪AC20沥青混合料$S_{t,v}$随粉胶比变化图

从图4单轴蠕变试验图上可以看出，粉胶比从0.98增大到1.46时，沥青混合料的永久变形减小了，即高温稳定性变好了；而当粉胶比从1.46增大到2.1时，永久变形却增大了，即高温稳定性变差了。从图5沥青混合料黏性劲度模量随粉胶比的变化可见，粉胶比与沥青混合料的$S_{t,v}$呈凸形抛物线关系，当粉胶比小于临界值时，$S_{t,v}$随粉胶比增大而增大，即沥青混合料的高温抗车辙性能随粉胶比的增大而有所改

善；而当粉胶比大于临界值时，$S_{t,v}$却随粉胶比的增大而不断减小，表明此时沥青混合料的高温抗车辙性能减弱了。这种现象可以用胶浆理论来解释。

近代胶浆理论认为，沥青混合料是一种多级空间网状胶凝结构的分散系。它是以粗集料为分散相而分散在沥青砂浆的介质中的一种粗分散系。同样，砂浆是以细集料为分散相而分散在沥青浆介质中的一种细分散系。而胶浆又是以填料为分散相而分散在高稠度的沥青介质中的一种微分散系。这种理论认识图解见图6。

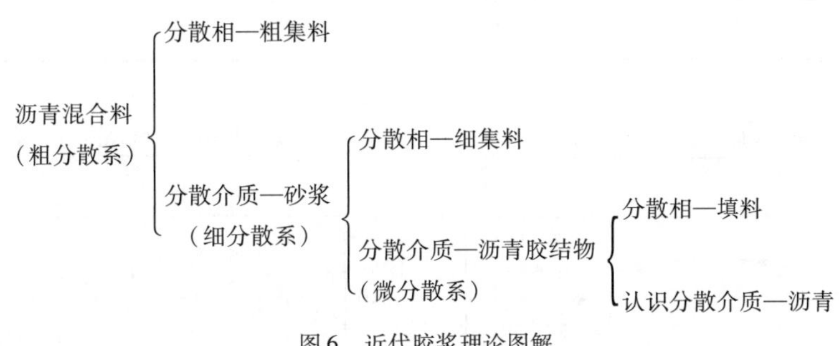

图6　近代胶浆理论图解

这三级分散系以沥青胶浆（沥青—矿粉系统）最为重要，沥青混合料的弹—黏—塑性，主要取决于起黏结使用的沥青—矿粉系统的结构特点。这种多级空间网状胶凝结构的特点是，结构单元（固体颗粒）通过液相的薄层（沥青）而黏结在一起。可以认为，沥青混合料的弹性和黏塑性的性质主要取决于沥青的性质、黏结矿物颗粒的沥青层的厚度以及矿物材料与结合料相互作用的特性。因此，当粉胶比过小时，填料与沥青之间没有形成完全的胶浆，自由沥青过多，易产生滑移，与粗细集料的黏附性差；而当粉胶比过大时，自由沥青完全被填料吸收，没有足够的沥青起介质作用，整个胶浆稠度过大，易发脆、发硬，与粗细集料的黏附性变差；只有当粉胶比处于一个较理想的水平时，胶浆与粗细集料的黏附性才会达到最佳。

图5和图7表明，粉胶比分别为1.6和1.38时，黏性劲度模量最大，即高温稳定性能最好。

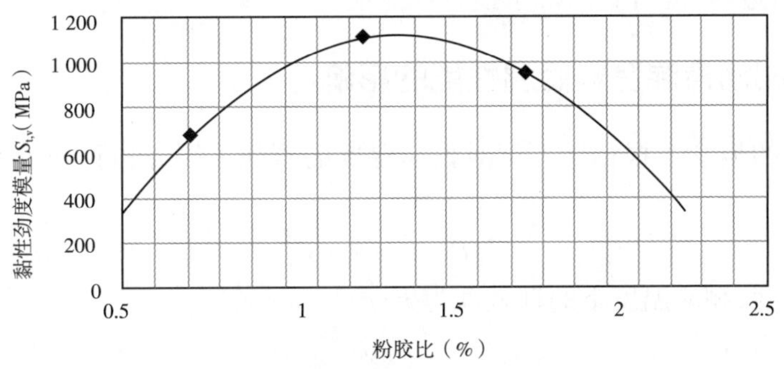

图7　金坛AC25沥青混合料$S_{t,v}$随粉胶比变化图

3　粉胶比对沥青混合料水稳定性能的影响

水损害是沥青路面的主要病害之一。江苏省地处东南沿海地区，全年雨量充沛，水损害的问题尤其突出。

为了考察粉胶比对沥青混合料水稳定性能的影响程度，分别进行了浸水马歇尔和AASHTO－T283试验，试验结果见表3、表4、图8、图9。

茅迪AC20不同粉胶比水损害试验　　表3

粉胶比（%）	浸水马歇尔残留稳定度（%）	AASHTO T283劈裂强度比（%）
0.98	86.73	77.76
1.46	101.19	84.87
2.10	94.73	73.24

金坛 AC25 不同粉胶比水损害试验　　表 4

粉胶比 （%）	浸水马歇尔残留稳定度 （%）	AASHTO T283 劈裂强度比 （%）
0.71	97.43	86.27
1.25	112.65	102.02
1.75	107.67	89.04

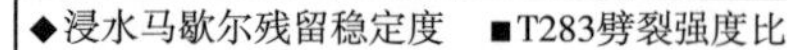

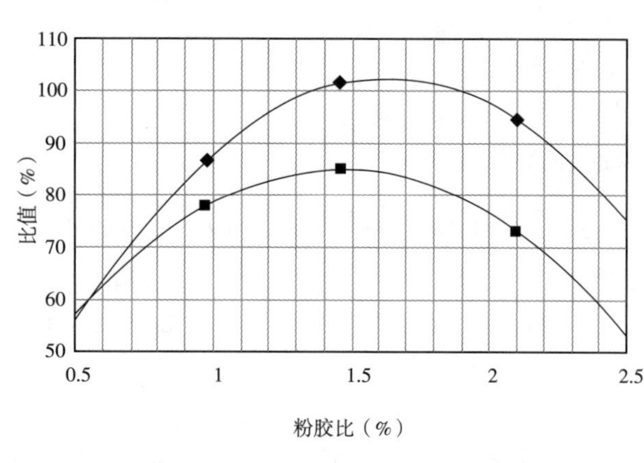

图 8　茅迪 AC20 不同粉胶比与水损害试验关系图

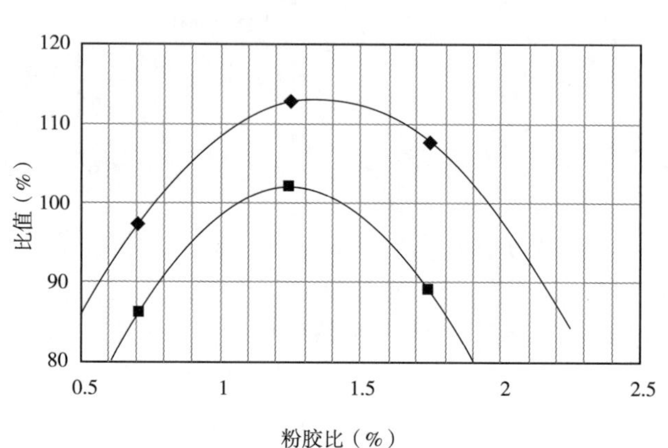

图 9　金坛 AC25 不同粉胶比与水损害试验关系图

从图 8 和图 9 可见，浸水马歇尔残留稳定度和 AASHTO T283 劈裂强度比都与粉胶比呈凸形抛物线关系，当粉胶比在 1.5 附近时，混合料的抗水损害性能最好。

4　粉胶比对结合料和沥青混合料低温性能的影响

首先介绍当量脆点的概念。根据针入度对数与温度的直线关系，进行 $y = a + bx$ 一元一次方程的直线回归。

$$\lg P = K + A \times T \tag{1}$$

式中：T——不同试验温度，相应温度下的针入度为 P；

K——回归方程的常数项 a；

A——回归方程系数 b。

按式(1)回归时必须进行相关性检验，直线回归相关系数 R 不小于 0.997（置信度 95%），否则，试验无效。按式(2)确定当量脆点 $T_{1.2}$。

$$T_{1.2}\frac{\lg 1.2 - K}{A} = \frac{0.0792 - K}{A} \tag{2}$$

为了考察粉胶比对沥青—矿粉结合料低温性能的影响，分别测试了一组当量脆点和 15℃ 延度。当量脆点 $T_{1.2}$ 作为评价沥青胶结料低温抗裂性能的指标，试验方法简单，尤其是与 SHRP 等先进方法的试验结果有良好的相关性，所以被认为是符合我国国情的评价指标。表 5 中数据表明，随着粉胶比的增大，当量脆点与粉胶比呈凹形抛物线关系，当粉胶比在 1.2 附近时，其当量脆点最小，即低温性能相对最好。美国 SHRP 报告 A－399 中提出，不管是原样沥青（未老化的）、TFOT 残留沥青（经短期老化的），还是 PAV 残留沥青（经长期老化的），其 15℃ 针入度与反映沥青混合料低温开裂性能的约束试件温度应力试验（TSRST）的破断温度之间有良好的相关性，即沥青胶结料 15℃ 的针入度越大，抗裂性能越好。参照此研究成果，在室内测试了不同粉胶比时玛蹄脂的 15℃ 针入度，发现随着粉胶比的增大，15℃ 针入度不断变小，说明粉胶比变大对沥青—矿粉结合料是不利的。

不同粉胶比的沥青—矿粉结合料的 $T_{1.2}$ 和延度　　表 5

粉胶比	当量脆点 $T_{1.2}$(℃)	15℃延度(cm)	15℃针入度(0.1mm)
0.8	-17.6	16.6	18.3
1.2	-23.1	6.4	16.8
1.6	-16.4	4.0	12.2

粉胶比的变化对沥青混合料低温性能的影响也很显著，这可以从表 6 金坛 AC25 沥青混合料低温小梁弯曲劈裂试验结果看出。试验条件：试验温度 -10℃，加载速率 50mm/min。

-10℃小梁弯曲试验结果　　表 6

粉胶比(%)	最大荷载(N)	跨中挠度(mm)	抗弯拉强度(MPa)	劲度模量(MPa)	破坏应变(με)
0.71	1 141.40	0.708 1	9.32	3 217.49	3 717.26
1.25	1 458.78	1.489 3	11.91	1 566.86	7 818.83
1.75	1 089.50	0.372 4	8.89	6 306.78	1 954.84

从图 10 可见，粉胶比与最大弯拉应变成凸形抛物线关系，当粉胶比在 1.20 附近时，最大弯拉应变达到最大值，即此时沥青混合料的低温性能最好。由此可得，粉胶比恰当时，沥青混合料才会有较好的低温抗裂性能。

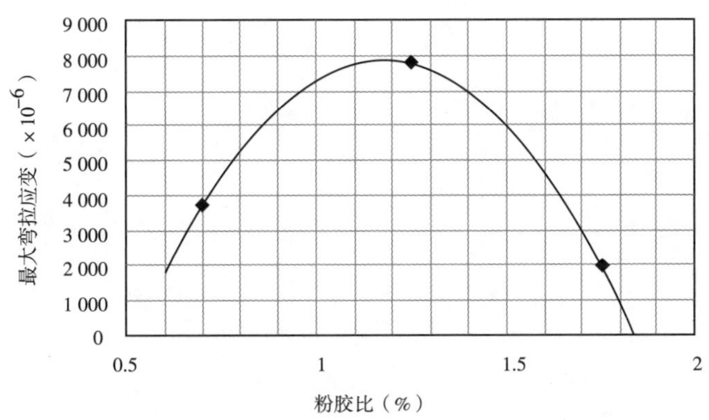

图 10　AC25 低温小梁弯曲试验粉胶比与弯拉应变关系图

5　粉胶比对结合料疲劳性能的影响

对不同粉胶比的结合料进行 PAV 老化，模拟其长期老化的状态。然后进行中等温度 DSR 疲劳试验，试验结果见表 7。

沥青—矿粉结合料长期老化后不同粉胶比下的疲劳性能　　表 7

温度(℃)	粉胶比 0.8	粉胶比 1.2	粉胶比 1.6
25.0	5.06×10^6	7.99×10^6	9.38×10^6
28.0	3.48×10^6	4.97×10^6	5.83×10^6
31.0	2.23×10^6	3.36×10^6	3.67×10^6

从表中数据，可得到以下结论：

(1)随着粉胶比从 0.8 增大到 1.6，沥青—矿粉结合料的长期老化后(PAV)的 $G^*/\sin\delta$ 值也相应地增大，即结合料抵抗疲劳破坏的能力下降了，表明矿粉用量过大对结合料的疲劳性能不利。因此，合理选取粉胶比是必要的。

(2)随着粉胶比的增大，沥青—矿粉结合料的劲度逐渐增大，但温度越高，不同粉胶比的胶结料的 $G^*/\sin\delta$值相差越小，表明温度越高，沥青的黏性性质表现得越充分，矿粉用量对结合料疲劳性能的影响也就降低了。

6 结语

通过沥青混合料不同粉胶比对沥青—矿粉结合料及混合料高温稳定性能、水稳定性能、低温抗裂性能和疲劳性能的试验分析,推荐连续密级配沥青混合料粉胶比(0.075mm 通过率/有效沥青)宜控制在0.8~1.6。

参考文献

[1] 杜骋.沥青混合料回收粉的利用研究[D].南京:东南大学,2002.

[2] Prithvi S K, Cynthia Y L ,Frazier P J. Characterization Tests for Mineral Fillers Related to Performance of Asphalt Paving Mixtures[J]. NAPA Report No.98-2,January 1998.

[3] JTJ 052—2000 公路工程沥青及沥青混合料试验规程[S].北京:人民交通出版社,2000.

[4] 余叔藩,译.性能分级沥青结合料规范和试验[Z].//美国沥青协会.Superpave 丛书(第一册),1994.

29 既有预应力混凝土空心板梁破坏性试验研究

龚涌峰

（无锡市高速公路建设指挥部办公室）

摘　要　依托无锡机场路既有 20m 预应力混凝土空心板梁的再利用工程，通过破坏性试验，并结合非线性有限元计算，获取了试验桥梁的变形、应力和裂缝的发展规律，研究了既有预应力混凝土空心板梁的承载能力、受力特性、破坏机理，为其再利用提供决策依据。

关键词　空心板梁　破坏性试验　有限元　承载能力

1　概述

预应力混凝土空心板梁因其具有跨越能力较大、结构性能好、易实现标准化和工厂化施工、产品质量可靠等优点，在桥梁建设中应用广泛。对于预应力混凝土空心板梁桥的重建和改建，实现既有板梁构件的再利用，可以节省建设资金，减少环境影响。但这些既有预应力混凝土空心板梁由于超载、自然侵蚀、人为破坏等原因，其承载能力可能会有所下降。因此，在既有预应力空心板梁再利用之前，必须对它们的承载能力进行评定，判定其是否能够满足再利用的要求。

目前对于预应力混凝土空心板梁承载能力的评定主要通过静载试验进行，多数试验只进行运行荷载下的试验测试[1~3]，即不进行破坏性试验，从而对预应力混凝土空心板梁的全过程受力特性和极限承载能力难以准确评价。本文主要依托无锡机场路既有 20m 预应力混凝土空心板梁的再利用工程，通过破坏性试验，并结合非线性有限元计算，对既有预应力混凝土空心板梁的承载能力、受力特性、破坏机理等进行研究，为其再利用提供决策依据。

2　试验

2.1　试验加载

试验加载的方式采用千斤顶在梁体 1/2 处进行分级加载，总加载量 54t，分 17 级施加，加载装置如图 1 所示。在正式加载之前对梁体进行预加载，以检验整个试验装置的可靠性、安全性及消除试验装置和梁体的非弹性变形。预加载值不超过结构正常使用极限状态荷载计算值的 70%。开裂前试验加载采用力控制分级加载，分级荷载为正常使用极限状态计算值的 10%，在加载过程中实时监控和采集数据，加载完成后持荷 10min，然后记录本级荷载下各测点的响应数据。开裂后试验加载采用位移控制加载，荷载将根据位移测点的数据反馈来确定，持荷然后分析变形的时间收敛性，如未进入极限承载状态则记录数据；位移控制要求加载缓慢稳定，加载速度不高于 0.5t/min。

2.2　试验测试

试验板梁沿着梁长平均划分为 3 个应力测试断面和 5 个位移测试断面。其应力测试断面为梁体 1/4、1/2、3/4 截面处，采用应变传感器测试梁体相应位置的应变变化；位移测试断面为左右两支点截面及梁体 1/4、1/2、3/4 截面处，采用位移计进行测试。同时，在对梁体进行初始检查后，对比较明显的裂缝布置测点，观测其在加载过程中的变化。在达到开裂荷载后，对梁体出现的部分裂缝进行布点，观测其在后续加载作用下的变化情况。

2.3 试验过程

试验空心板梁在加载至30t时,底板开始出现可见横向裂缝,并随着荷载的增加,底板裂缝不断增多,并沿腹板往上延伸。当加载至接近破坏阶段时,裂缝数量和延伸高度基本保持稳定,裂缝宽度不断增大。

最终破坏形式表现为跨中顶板区域混凝土压碎,顶板构造钢筋屈服,底板出现较为均匀的间距为20cm左右的横向受力裂缝。试验梁破坏后如图2所示。

图1 加载装置

图2 试验梁体破坏图

3 有限元计算

试验和计算相结合的方法是目前研究桥梁结构的最主要的手段,而三维非线性有限元法是对预应力混凝土结构进行计算分析的主流工具。本文采用三维非线性有限元法对试验板梁的试验全过程进行模拟计算。

混凝土选用八节点三维实体单元模拟,预应力筋和普通钢筋选用空间杆单元模拟,钢筋单元与混凝土单元之间的连接采用节点耦合法实现。考虑到一般预应力钢筋混凝土结构中钢筋和混凝土之间都有良好的锚固,因此假设钢筋和混凝土之间位移完全协调,不考虑两者之间的滑移。结构有限元离散如图3所示,共计单元14 198个,结点19 163个,其中混凝土单元9 200个,预应力钢筋和普通钢筋单元4 998个。

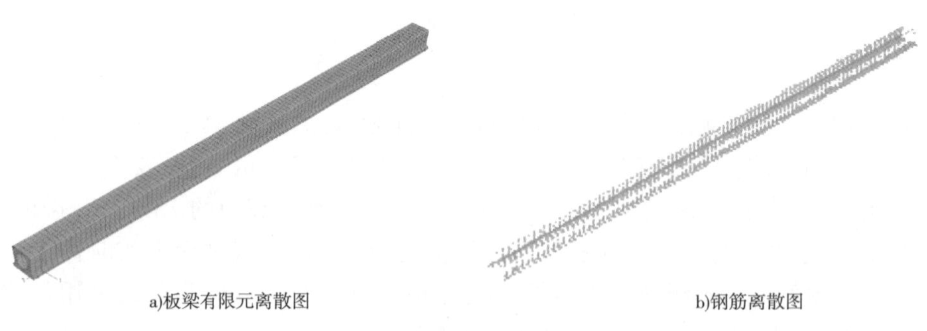

a)板梁有限元离散图　　b)钢筋离散图

图3 离散图

混凝土材料本构模型采用弥散开裂模型[4],综合考虑了混凝土的开裂响应和压缩响应。预应力钢筋的力学模型采用三折线等向强化模型,该模型应用Von Mises屈服准则以及等向强化的假定。普通钢筋的力学模型采用理想弹塑性模型,应用Von Mises屈服准则。

预应力采用杆单元的降温来模拟,预应力损失可以按《公路钢筋混凝土及预应力混凝土桥梁设计规范》(JTG D62—2004)规定计算。考虑到不同位置的预应力钢筋的预应力损失各不相同,可以采用分段降低不同的温度的方法来近似模拟预应力对结构的作用。

根据实际试验加载过程,有限元模型中采用中跨集中加载,加载方式采用分级加载,以便模拟实际试验加载过程,提高非线性计算精度和收敛性。同时,每个荷载步分成若干个荷载子步,子步数由计算收敛性确定。

4 结果分析

4.1 变形分析

试验实测和计算所得的试验梁的荷载位移曲线如图 4 所示。从位移结果可以看出:实测和计算荷载—位移曲线趋势相同、基本吻合,在开裂之前荷载位移曲线基本为线性变化,即都处于线弹性状态。开裂后,结构进入塑性阶段,曲线斜率变小,即结构刚度下降。随着裂缝进一步发展,结构刚度也进一步降低,直至破坏。根据荷载位移曲线特征,实测开裂荷载和极限荷载分别为 30t 和 54t,计算模型由于没有考虑梁体的初始损伤缺陷等不确定因素,其所得的开裂荷载约为 35t,略高于实测值。计算极限荷载为 47.6t,略低于实测值。

4.2 应力分析

试验全过程的应力结果如图 5 ~ 图 9 所示。从跨中底板纵向应力可以看出,混凝土开裂后梁的实测应力迅速下降释放,跨中底板压应力随着加载量增加逐步增加,至底板开裂后,增速加大,最大达到 30 ~ 40MPa。

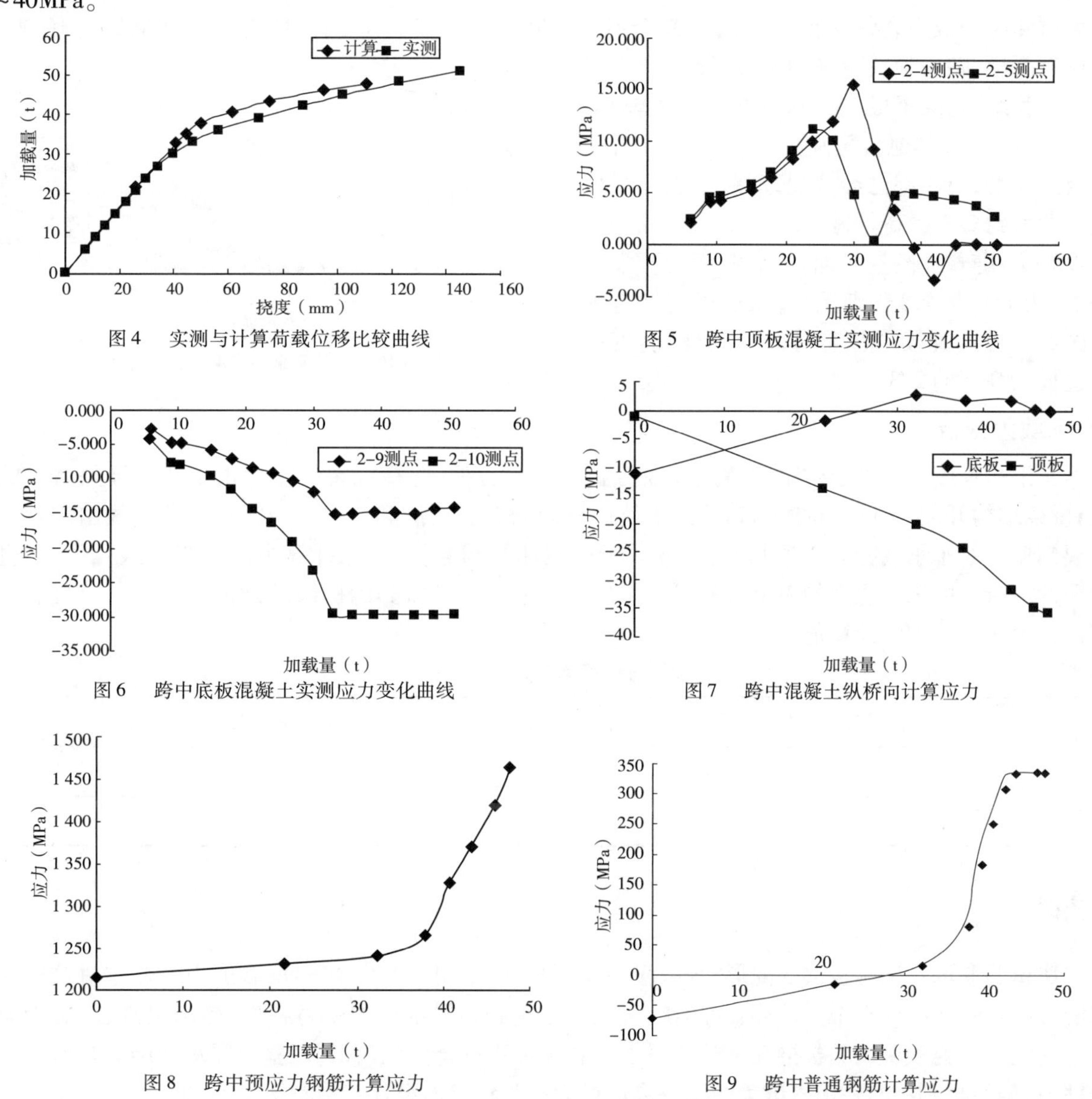

图 4 实测与计算荷载位移比较曲线

图 5 跨中顶板混凝土实测应力变化曲线

图 6 跨中底板混凝土实测应力变化曲线

图 7 跨中混凝土纵桥向计算应力

图 8 跨中预应力钢筋计算应力

图 9 跨中普通钢筋计算应力

从应力数据也可以看出,实测开裂荷载大约为30t,计算开裂荷载为35t,开裂后底板混凝土应力释放,截面中性轴上移,顶板压应力进一步增大,直至接近混凝土抗压强度,裂缝高度超过腹板的中线。

从预应力钢筋预应力计算结果可以看出,预应力钢筋由于预应力作用,在初始状态就处于高应力状态。随着加载量的增加,跨中区域的预应力筋应力逐渐提高。至加载结束,板梁跨中截面的预应力钢筋已经超过1 465MPa,进入塑性阶段,超过设计值1 260MPa,但未达到极限强度1 860MPa。

从普通钢筋应力计算结果可以看出,随着加载量的增加,跨中区域的普通钢筋应力逐渐提高。至加载结束,板梁跨中截面顶板和底板的普通钢筋均已经达到普通钢筋的屈服应力330MPa,进入塑性流动阶段。

从钢筋应力计算结果还可以看出,预应力钢筋和普通钢筋应力随着加载量增加,应力逐步提高。当混凝土开裂后混凝土拉应力转移由钢筋承担,导致钢筋应力和预应力钢筋应力急剧增加,直至钢筋屈服。

4.3 裂缝分析

试验过程中对各个加载工况的梁体裂缝进行了记录,并采用应变计对部分裂缝的发展进行了跟踪监测。

在加载量30t时在跨中底板出现首条裂缝。随着加载量增加裂缝进一步发展,由跨中向两端发展,裂缝也逐渐深入腹板。在底板主要以横向裂缝为主,至试验结束裂缝主要分布在跨中1/3区域。裂缝高度最高已经接近顶板。

为监测跨中截面裂缝发展,沿着跨中截面不同高度布置了多个应变计,所得测试结果如图10所示。从中可以看出,随着加载量增加,裂缝逐渐向上发展。至试验结束,除了最上边的应变计数值较小,说明没有开裂外,其他位置应变值皆超过混凝土抗拉极限应变,说明都已经开裂,即跨中裂缝高度已经达到大约2/3梁高。另外,从应力计算结果中也可以看出,随着加载量增加,板梁截面的开裂区(即拉应力超标区域)逐渐上升,从底板逐渐进入腹板区域。至达到极限状态时,拉开裂区高度已经超过板梁高度的2/3。

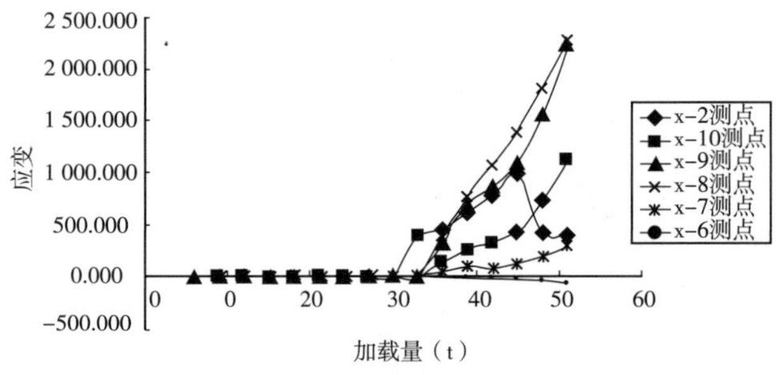

图10 跨中截面各高度跨缝应变

4.4 承载力分析

本文根据预应力混凝土桥梁的特点以及分析研究的方便,选择抗裂性作为正常使用极限状态的指标,当桥梁结构开裂,即认为桥梁达到了正常使用极限状态。实测和计算以荷载—位移曲线出现拐点作为开裂判据。对于承载能力极限状态,实测以梁体破坏为判据,有限元计算中以计算收敛性作为判据。实测和计算所得的承载能力如表1所示。按照规范的方法计算得到的极限承载能力为37t。可以看出,规范计算值小于实测和计算值。

实测与计算承载力(单位:t) 表1

正 常 使 用		极 限 承 载	
实测	有限元	实测	有限元
30	35	54	47.6

5 结语

本次试验获取了试验板梁的变形特性、应力发展规律、裂缝发展规律和承载能力。通过对这些试验结果的分析以及非线性有限元计算,对预应力混凝土空心板梁结构的受力特性、破坏机理、承载能力等进行了研究。研究表明试验板梁在试验荷载下的破坏过程符合传统认识,试验板梁承载能力具有较大的安全储备,满足再利用的要求。试验研究成果也可为此类桥梁的设计与维护提供参考。

参考文献

[1] 谭冬莲，宁立，游金兰.预制预应力混凝土空心板梁施工现场的静载试验研究[J].桥梁机械与施工技术,2007(4):51－53.

[2] 黄东彩. 20m预应力空心板梁静载试验与质量评定[J]. 福建建筑,2007(9):41－42,47.

[3] 王晓旭,王鹏.空心板梁的静载试验分析[J].北京建筑工程学院学报,2006,22(3):11－15.

[4] 江见鲸，陆新征，叶列平.混凝土结构有限元分析[M].北京：清华大学出版社，2005.

30 沥青混合料高温稳定性评价指标的试验研究

龚涌峰[1] 胡应德[2]

（1. 无锡市高速公路建设指挥部办公室；2. 江苏省交通科学研究院）

摘 要 通过大量的室内试验，对沥青混合料高温性能的四种评价指标（动稳定度、车辙试验相对变形、单轴蠕变试验劲度模量、Superpave 混合料最大次数下的残余空隙率）进行了比较分析。研究表明，采用不同评价指标来评价沥青混合料的高温性能，其基本规律是一致的；车辙试验的相对变形指标比较直观、准确；单轴蠕变试验与 SHRP Superpave 混合料高温性能的评价方法较为接近。车辙动稳定度指标有一定的局限性，建议采用其他三项指标来评价沥青混合料的高温性能。

关键词 车辙试验 动稳定度 相对变形 单轴蠕变试验 劲度模量 Superpave 混合料 残余空隙率

1 引言

沥青混合料的高温稳定性是混合料重要性能，沥青路面早期损坏病害中车辙变形就是其突出的表现，为此，高温性能的试验研究及评价指标的选取是混合料设计的关键技术之一。目前，我国规范中评价沥青混合料高温性能的指标为车辙试验动稳定度。而国外车辙试验常采用两种方法来评价：一种是动稳定度指标；另一种是相对变形指标。相对变形指标直接反映了荷载作用下试件的变形性能。

综合国内外研究情况，沥青混合料高温稳定性性能的试验方法主要有以下三种：一是单轴高温蠕变试验（无侧限）；二是车辙试验；三是 SHRP Superpave 设计中评价沥青混合料高温性能的体积指标，即最大旋转压实次数下的残余空隙率。

本文结合江苏近年来沥青及沥青混合料试验研究成果，对上述几种高温稳定性指标进行分析评价，力图找出科学合理的混合料高温稳定性评价指标。

2 沥青混合料高温稳定性试验方法简介

2.1 单轴静载蠕变试验

高温蠕变试验通过蠕变劲度模量来评价混合料的高温稳定性，劲度模量通过试验按下式求得：

$$S_{6,\varepsilon} = 6/\varepsilon_{永久} \tag{1}$$

式中：$S_{6,\varepsilon}$——高温蠕变试验蠕变劲度模量，MPa；

6——蠕变试验应力，MPa；

$\varepsilon_{永久}$——蠕变试验永久变形。

通过直接在蠕变试验过程中测量试件的变形来求得。式中实际上已包括了上述弹性、黏性和黏弹性三部分的综合影响，可满足工程应用的要求。从上述分析可以看出，永久变形越大，蠕变模量越小，其高温抗车辙性能愈差；反之，其高温性能愈好。

试验仪器：本次试验采用的是 SHRP 简单剪切试验机 SST（Superpave Simple Shear Test）

试验条件：试验温度 $T=60℃$；施加压力 $\sigma_0=0.1\text{MPa}$；试验时间 $t=60\text{min}$；预载 0.002MPa。

试验采用设计空隙率成型。

2.2 车辙试验

车辙试验方法最初由英国道路研究所(TRRL)开发的,由于试验方法本身比较简单,试验结果直观且与实际沥青路面的车辙相关性甚好,因此在日本、欧洲、北美、澳大利亚等国得到了广泛应用。沥青混合料车辙试验是用一块碾压成型的板块试件(通常尺寸为300mm×300mm×50mm)在规定温度条件(通常为60℃)下,以一个轮压为0.7MPa的实心橡胶轮胎在其上行走,测量试件在变形稳定期时,每增加1mm变形需要行走的次数,即称为"动稳定度",以次/mm表示。

沥青混合料试件的动稳定度按下式计算:

$$DS=\frac{(t_2-t_1)\times 42}{d_2-d_1}c_1c_2 \tag{2}$$

车辙试验另一个评价高温稳定性性能的指标是相对变形指标。它是在规定作用次数、时间下所产生的变形与试件总厚度的比值。这个次数根据实际交通荷载和沥青混合料的使用要求的不同而不同,如法国规定两个交通水平下荷载作用次数分别为3 000次和10 000次,计算公式为:

$$\delta=\frac{\Delta l}{l}\times 100\% \tag{3}$$

本次试验研究为了方便对比在车辙试验时间60min(42次/min)作用次数下,测定沥青混合料车辙试验总变形(车辙深度),以此来计算车辙试验的相对变形。

2.3 SHRP Superpave 技术间接高温稳定性性能的评价方法

Superpave技术是美国公路战略研究计划(SHRP)的重要研究成果,其在沥青胶结料的试验评价、沥青混合料的设计及沥青混合料性能的评价方面提出了全新的试验设计方法。对高温稳定性的评价,Superpave采用的是体积方法。首先依据交通量ESAL's的大小确定旋转压实成型的压实次数,包括$N_{初始}$、$N_{设计}$、$N_{最大}$三种压实水平。$N_{设计}$压实水平下的体积参数用来确定设计混合料设计压实水平下的各项试验参数,包括空隙率、矿料间隙率、饱和度及粉胶比等,在混合料各种材料组成及特性确定以后,$N_{最大}$压实水平下的体积参数用以检验设计混合料在大交通量下抵抗长期塑性变形的能力,即间接表示混合料抗车辙变形的能力。SHRP提出的$N_{最大}$压实水平下的压实度要求是不应大于98%,即空隙率应大于2%。

混合料的体积性质决定了路面的变形性能,Superpave混合料设计空隙率为4%,在大交通量、长期荷载作用下路面混合料的残余空隙率不应小于2%,Superpave据此评价混合料抵抗永久变形的能力。

3 单轴蠕变试验、车辙试验动稳定度及SHRP高温性能指标的对比研究分析

我们对江苏某条高速公路三种设计方法确定的中面层沥青混合料高温性能进行分析对比。其中,级配1采用的马歇尔方法规范AC-20I中值设计;级配2完全遵照Superpave方法设计;级配3采用马歇尔方法但是级配设计时避开了Superpave限制区来进行设计。三种混合料设计结果见表1。

各级配设计试验结果 表1

级配类型	油石比	下列筛孔的通过率(%)(方孔筛)											
		26.5	19	16	13.2	9.5	4.75	2.36	1.18	0.6	0.3	0.15	0.075
级配1	4.5	100	91.6	79.3	73.1	62.6	47.4	40.1	22.3	16.8	10.9	9.0	7.3
级配2	4.4	100	97.5	—	79.9	60.0	39.8	27.0	16.4	12.6	8.3	7.1	6.2
级配3	4.4	100	92.8	82.0	68.4	55.5	42.0	33.6	18.4	13.9	9.0	7.5	6.1

采用车辙试验、单轴蠕变试验及SHRP方法来评价其热稳定性时,其试验结果见表2。

三种级配类型的沥青混合料性能比较试验　表2

级配类型	油石比	车辙动稳定度（次/mm）	平均应变（$\times10^{-6}$）	黏性劲度模量（MPa）	SHRP高温性能评价指标（最大次数下的残余空隙率，%）
级配1	4.5	909	265.4	376.8	1.1
级配2	4.4	1 346	146.6	682.1	2.5
级配3	4.4	915	212.7	470.1	1.6

从上表的数据可以看出车辙试验动稳定度指标与蠕变试验黏性劲度模量规律一致，级配2具有很好的高温稳定性，但从试验数据来看黏性劲度模量可以明显地看出各设计级配高温性能的优劣，如图1所示。

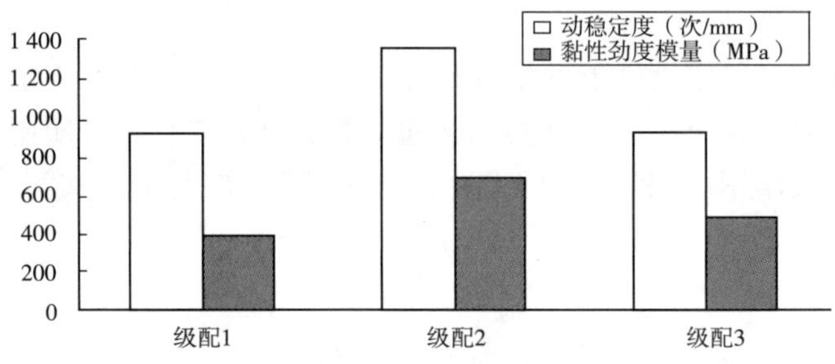

图1 设计沥青混合料高温性能的比较

从单轴蠕变试验及SHRP高温评价性能指标来看，二者试验结果一致，级配2具很好的高温稳定性。从试验数据的结果也可以很好地看出三种试验级配高温性能的差别。

4　车辙试验动稳定度与相对变形指标的试验研究分析

本文选取了江苏省院近年对沥青混合料车辙试验约30组数据进行分析。试验数据见表3。

沥青混合料车辙试验相对变形及动稳定度　表3

混合料类型 \ 试验结果		下列时间（min）的变形（mm）						动稳定度（次/mm）	相对变形（%）
		1	6	7	30	45	60		
1	SMA	0.13	0.40	0.43	0.73	0.83	0.91	9 000	1.82
2	SMA	0.17	0.64	0.77	1.60	1.90	2.15	2 625	4.3
3	Sup13	0.12	0.45	0.47	0.81	0.89	0.98	6 300	1.96
4	Sup13	0.49	0.76	0.79	1.11	1.24	1.34	5 727	2.68
5	Sup13	0.19	0.49	0.54	0.88	0.99	1.10	6 300	2.2
6	SMA	0.30	0.75	0.78	1.08	1.17	1.22	12 600	2.44
7	SMA	0.45	0.86	0.89	1.31	1.44	1.55	6 300	3.1
8	SMA	0.15	0.99	1.06	1.66	1.84	1.96	5 250	3.92
9	AK-13	0.05	0.35	0.38	0.77	0.92	1.02	6 300	2.04
10	AK-13	0.02	0.13	0.14	0.30	0.37	0.43	10 500	0.86
11	AK-13	0.05	0.43	0.47	1.04	1.28	1.46	3 938	2.92
12	AK-13	0.42	0.89	0.93	1.35	1.48	1.60	6 300	3.2
13	AK-13	0.28	0.48	0.50	0.75	0.85	0.95	5 727	1.9
14	SMA	0.09	0.38	0.40	0.71	0.83	0.93	9 000	1.86
15	SMA	0.02	0.21	0.23	0.63	0.78	0.90	6 300	1.8
16	AK-13	0.52	0.71	0.73	0.97	1.07	1.15	7 875	2.3

续上表

混合料类型		下列时间(min)的变形(mm) 1	6	7	30	45	60	动稳定度(次/mm)	相对变形(%)
17	AK-13	0.34	0.69	0.71	1.03	1.13	1.21	7 000	2.42
18	AK-13	0.50	0.88	0.90	1.23	1.34	1.43	7 000	2.86
19	AC	0.15	0.82	0.90	2.17	2.91	3.57	955	7.14
20	AC	0.15	1.01	1.13	3.05	4.09	5.00	716	10.0
21	AC	0.14	0.90	0.97	2.03	2.53	3.03	1 260	6.06
22	AC-20	0.20	0.78	0.86	2.10	2.82	3.52	900	7.04
23	AC-20	0.14	0.83	0.92	2.26	2.87	3.43	1 167	6.86
24	AC-20	0.11	0.65	0.71	1.61	1.94	2.22	2 333	4.44
25	AC	0.16	0.65	0.74	1.62	2.06	2.42	1 750	4.84
26	AC	0.17	0.67	0.71	1.44	1.77	2.07	2 032	4.14
27	AC	0.38	1.19	1.26	2.22	2.59	2.89	2 100	5.78
28	AC	0.34	0.97	1.05	2.24	2.82	3.26	1 432	6.52
29	AC	0.17	0.81	0.88	2.02	2.56	3.08	1 260	6.16
30	AC	0.13	0.79	0.86	1.91	2.30	2.65	1 800	5.30

将上述数据按上及中、下面层混合料类型的不同进行动稳定度与相对变形关系进行相关性分析，分析结果分别如图2、图3所示。

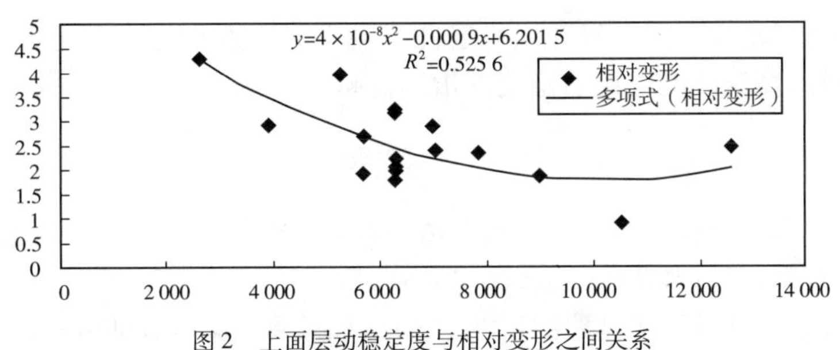

图2 上面层动稳定度与相对变形之间关系

由图2可知，二者的相关系数为0.525 6，相关性不是很理想。

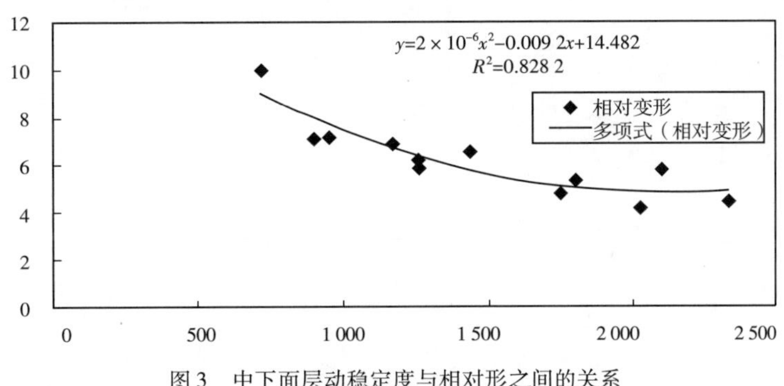

图3 中下面层动稳定度与相对形之间的关系

由图3可知，二者的相关系数为0.828 2，相关性较好。

从上述试验数据的总结分析可以看出，当车辙试验测试的动稳定度数据较小时，动稳定度与相对变形具很好的相关关系；当动稳定度数据很大时，二者的相关关系较差。从图2、图3也可明显看出这一点，当动稳定度数据较大时，其远远偏离回归曲线。

通过上述的试验数据分析说明，动稳定度与相对变形用于衡量沥青混合料的高温性能并不能完全统一（特别是在车辙动稳定度很大时）。显然，相对变形反映的是沥青混合料加载时间内的总变形，而动稳定度是一个间接指标。当车辙动稳定度测试结果很大时，并不一定能说明其车辙试验的总变形就小，这一点可以从车辙动稳定度的定义上找到解释（因其仅测量试验45min后的变形作为计算的基础数据）。

我国采用车辙试验的动稳定度指标作为衡量混合料高温性能的一个间接指标，主要是基于实践的试验认识过程。在整个变形中，开始阶段的几次碾压能产生很大的变形，与试件接触的好坏是数据波动的重要原因。另外，总变形能区分试验结果的差别，但不便估计变形的发展情况。因此，采用动稳定度作指标，以避免试验开始阶段，尤其是开始与试件接触的影响理论上分析是比较合理的，同时对于预测沥青混合料长期的抗变形性能具较大的意义。总变形指标反映的是沥青混合料受荷载作用下的变形性能，其包含沥青混合料初期的压密变形，但是实际的试验实际情况并非这样。车辙要求成型的空隙率在混合料的设计空隙率附近（马歇尔密度的100% ±1%），按此要求混合料的压密变形应很小。此外，当车辙试验动稳定度数据很大时，要求测量变形的精度很高，国产仪器的试验误差就很大。为此，采用相对变形指标来衡量沥青混合料的高温性能具很大的优点。

5 结论

本文基于试验研究的基本数据，对评价沥青混合料高温性能的各项指标进行了研究，有如下结论：

（1）用动稳定度、车辙试验的相对变形、单轴蠕变试验的劲度模量及SHRP高温性能的评价方法来评价沥青混合料的高温性能，其基本规律是一致的。

（2）从试验数据的分析比较来看，车辙试验的相对变形指标来评价混合料的高温性能相对比较直观、准确，各国也有采用此种标准来评价沥青混合料的高温性能。

（3）单轴蠕变试验与SHRP Superpave混合料高温性能的评价方法较为接近，对于具备试验设计条件的地方可以采用上述两种方法代替沥青混合料的车辙试验。

综合分析比较，现行规范沥青混合料高温稳定性车辙动稳定度指标有一定的局限性，采用其他三项指标来评价沥青混合料的高温性能应比动稳定度指标优越。

参考文献

[1] 张登良. 沥青和沥青混合料[M]. 北京：人民交通出版社，1993.

[2] 严家伋. 道路建筑材料[M]. 北京：人民交通出版社，1997.

[3] 沈金安. 沥青及沥青混合料路用性能[M]. 北京：人民交通出版社，2000.

31 沥青混合料类型与设计方法的试验研究

龚涌峰[1] 胡应德[2] 王 捷[2]

（1. 无锡市高速公路建设指挥部办公室；2. 江苏省交通科学研究院）

摘 要 针对中、下面层沥青混合料的工程应用实际，本文采用马歇尔方法及 Superpave 方法对混合料类型及设计方法进行系统研究，并通过车辙、Superpave 设计最大次数下的压实度及高温蠕变试验来研究设计混合料的高温性能。通过浸水马歇尔、AASHTO T283 试验来评价设计混合料的水损害性能，据此提出改进 AC 型混合料级配。

关键词 马歇尔设计方法 Superpave 设计方法 车辙 高温蠕变试验 AASHTO T283 试验

“九五”及“十五”期间，我国高速公路建设迅猛发展，大部分已建及在建的高速公路均采用的是半刚性沥青路面结构。这种类型结构的路面行车舒适、噪声小，路面服务性能远远优于水泥路面，因此其得到大范围的应用。

但是伴随着沥青路面的建设，沥青路面的损坏现象也突现出来，具体表现为许多建成通车的沥青路面在不长的时间内出现路面车辙、拥包、沥青与集料剥离现象。造成这种现象的原因较为复杂，有施工、原材料质量等方面的原因。但是沥青混合料技术上的原因也不可忽视，很多沥青路面混合料类型选用不当，沥青混合料设计方法不当造成沥青路面集料级配不合理，沥青混合料高温性能不好、抗水害能力不强往往是造成这些路面早期损坏的主要因素。为此，有必要结合工程实际对沥青混合料类型与设计方法进行深入研究，完善混合料设计，提出更为合理的级配类型，这些研究工作对提高高速公路建设质量具深远意义。

1 下面层沥青混合料类型与设计方法的试验研究

优良的沥青混合料应具有较好的高温稳定性和水稳定性。当它作为沥青路面的抗滑表层时，还应具备构造深度较大和抗滑系数较高等良好的抗滑特性。

我国前期建成的高速公路大都采用 AC－I 型或 AK 型沥青混合料，在设计中其级配基本是尽量按照规范中值进行配合比组成计算，用马歇尔方法进行设计。AC－I 型混合料抗水损害性能比较好，但压实后骨料呈悬浮形态、不嵌挤，因此，该类混合料抗永久变形的能力相对较差；当作为表层使用时，其抗滑性能较差。而 AK 型级配虽然表面粗糙，抗滑性能较好，但由于级配中的粗集料较多，而将细集料与粗集料联合起来的中间集料相对较少，在施工时若控制不当，极易发生离析，从而在路面上形成细料多的地方较密实，抗渗水性好，粗料多的地方空隙率较大，水易从此处渗入面层，将石料上的沥青剥离，造成水损害，而水损害现象在江苏极为普遍。

1.1 原材料及室内试验概况

为了对比中、下面层不同沥青混合料类型的性能，进行了室内试验研究，分别采用了两种石灰岩石料。下面层所用石料为句容宝华（用于宁靖盐高速公路泰州段）和徐州汉王刘庄（用于连徐高速公路徐州段）料厂产石灰岩；中面层所用石料为徐州姚集（用于宁宿徐高速公路宿迁段）和连云港港务处（用于连徐高速公路连云港段）料厂产石灰岩。其中，连徐高速公路徐州段的下面层级配很设计中添加了部分天然黄砂。

每种石料分别采用了三种级配进行试验研究。级配1采用规范AC－20I、AC－25I中值型；级配2采用Superpave方法设计；级配3采用改进的AC－20、AC－25型。级配1完全遵循马歇尔设计方法；级配3采用Superpave级配控制方法避开限制区来确定级配，然后遵循马歇尔方法设计；级配2完全采用Superpave方法设计。

设计中所用沥青均为重交70号普通沥青。

1.2 沥青混合料配合比设计结果

对下面层所用石料分别采用马歇尔方法、Superpave方法进行混合料配合比设计。各级配组成及沥青用量的结果见表1。

下面层沥青混合料矿料级配及沥青用量　　表1

级配类型		油石比（%）	下列筛孔的通过率（%）（方孔筛）												
			31.5	26.5	19	16	13.2	9.5	4.75	2.36	1.18	0.6	0.3	0.15	0.075
级配1 规范AC－25I中值	泰州	4.5	100	99.7	84.4	73.0	63.2	54.7	43.7	33.6	20.2	16.2	10.1	7.6	5.6
	徐州	4.4	100	98.3	79.2	71.8	65.8	55.3	42.8	32.6	21.4	16.2	9.9	7.4	6.1
级配2 Superpave方法	泰州	4.6	100	99.8	87.0	—	67.9	55.8	39.2	21.4	13.8	11.6	8.3	7.0	5.9
	徐州	4.4	100	98.9	85.9	—	75.7	62.9	46.4	22.4	15.2	12.1	8.2	6.8	5.3
级配3 改进的AC－25型	泰州	4.5	100	98.9	77.7	70	63	52.7	37.9	26.8	17.3	12.8	8.8	7.0	5.2
	徐州	4.6	100	98.6	82.9	77	71.1	58.4	42.7	25.1	17.2	13.6	8.9	7.1	5.6

表2为三种级配最佳油石比时的马歇尔试验技术指标。

三种设计级配最佳油石比时的马歇尔试验技术指标　　表2

级配类型		油石比（%）	马歇尔试验技术指标				
			稳定度（kN）	流值（0.1mm）	空隙率*（%）	沥青饱和度*（%）	残留稳定度（%）
级配1 规范AC－25I中值	泰州	4.5	13.7	34.5	4.0/3.7	71.7/73.2	98.2
	徐州	4.4	15.9	34.8	3.8/3.5	73.8/74.1	97.8
级配2 Superpave方法	泰州	4.6	9.3	34.3	4.9/4.4	66.2/70.3	96.0
	徐州	4.4	14.4	36.4	4.7/4.2	67.6/70.3	89.4
级配3 改进的AC－25I型	泰州	4.5	13.4	35.2	4.0/3.7	71.9/73.3	96.4
	徐州	4.6	12.9	38.2	4.1/3.6	71.7/74.3	89.7
规范技术指标			>7.5	20～40	3～6	70～85	≥75

注：表中“/”的意义是用表干法计算的空隙率或沥青饱和度/用视密度计算的空隙率或沥青饱和度。

表3为三种级配Superpave方法试验技术指标（依据交通量选择最初压实次数8次，设计压实次数100次，最大压实次数160次）。

1.3 沥青混合料性能试验结果

将三种级配类型的混合料分别进行高温车辙试验、水损害试验（浸水马歇尔试验、AASHTO T283试验）。各种级配类型的沥青混合料性能试验结果见表4。

三种级配旋转压实试验体积性质技术指标 表3

级配类型		油石比	Superpave旋转压实试验体积性质技术指标						
			设计次数空隙率 V_a (%)	设计次数压实度 (%)	最初次数时压实度 (%)	最大次数时压实度 (%)	矿料间隙率 VMA (%)	沥青饱和度 (%)	粉胶比 (F/A)
级配1 规范AC-25I中值	泰州	4.5	2.1	97.9	88.4	99.2	12.0	82.5	1.4
	徐州	4.4	2.4	97.6	89.0	98.7	12.2	80.3	1.5
级配2 Superpave方法	泰州	4.6	3.8	96.2	85.1	97.7	13.4	71.6	1.4
	徐州	4.4	3.6	96.4	86.0	98.0	13.4	73.1	1.3
级配3 改进的AC-25I型	泰州	4.5	3.0	97.0	86.7	98.5	13.1	74.8	1.2
	徐州	4.6	3.6	96.4	86.5	98.1	13.5	73.3	1.4
Superpave标准			4.0	96.0	≤89.0	≤98.0	≥12.0	65.0~75.0	0.8~1.6*

三种级配类型的沥青混合料性能比较试验 表4

级配类型		油石比(%)	车辙动稳定度(次/mm)	水损害性能检验	
				浸水马歇尔残留稳定度(%)	AASHTO冻融劈裂试验TSR(%)
级配1 规范AC-25I中值	泰州	4.5	980	98.2	82.6
	徐州	4.4	908	97.8	87.5
级配2 Superpave方法	泰州	4.6	1 042	96.0	82.5
	徐州	4.4	955	89.4	86.2
级配3 改进的AC-25I型	泰州	4.6	928	92.3	83.1
	徐州	4.6	913	89.7	82.9
标准			≥800	≥75	≥80

2 中面层混合料类型与设计方法的试验研究

2.1 沥青混合料配合比设计结果

与下面层研究方法相同，对中面层所用石料分别采用马歇尔方法、Superpave方法进行混合料配合比设计。各级配组成及沥青用量的结果见表5。

中面层沥青混合料矿料级配及沥青用量 表5

级配类型		油石比	下列筛孔的通过率(%)(方孔筛)											
			26.5	19	16	13.2	9.5	4.75	2.36	1.18	0.6	0.3	0.15	0.075
级配1 规范AC-20I中值	宿迁	4.5	100	91.6	79.3	73.1	62.6	47.4	40.1	22.3	16.8	10.9	9.0	7.3
	连云港	4.6	100	96.8	85.2	74.5	61.2	48.5	37.9	22.2	16.4	10.0	8.1	6.8
级配2 Superpave方法	宿迁	4.5	100	95.7	—	80.6	66.5	50.3	34.6	18.3	13.7	8.9	7.4	6.1
	连云港	4.4	100	97.5	—	79.9	60.0	39.8	27.0	16.4	12.6	8.3	7.1	6.2
级配3 改进的AC-20I型	宿迁	4.4	100	92.8	82.0	68.4	55.5	42.0	33.6	18.4	13.9	9.0	7.5	6.1
	连云港	4.4	100	97.5	90.0	79.9	60.0	39.8	27.0	16.4	12.6	8.3	7.1	6.2

表6为三种级配最佳油石比时的马歇尔试验技术指标。

三种设计级配最佳油石比时马歇尔试验技术指标　　表6

级配类型		油石比	马歇尔试验技术指标				
			稳定度（kN）	流值（0.1mm）	空隙率*（%）	沥青饱和度*（%）	残留稳定度（%）
级配1 规范AC-20I中值	宿　迁	4.5	13.9	32.5	3.8/3.5	73.2/74.9	97.6
	连云港	4.6	15.6	34.1	3.9/3.8	72.5/73.3	95.69
级配2 Superpave方法	宿　迁	4.5	10.5	36.3	5.4/4.8	65.1/67.8	105.3
	连云港	4.4	11.0	34.7	4.1/3.9	70.9/71.8	96.4
级配3 改进的AC-20I型	宿　迁	4.4	14.2	33.8	3.7/3.5	73.0/74.3	95.3
	连云港	4.4	11.0	34.7	4.1/3.9	70.9/71.8	96.4
规范技术指标			>7.5	20~40	3~6	70~85	≥75

注：表中“/”的意义是用表干法计算的空隙率或沥青饱和度/用视密度来计算的空隙率或沥青饱和度。

表7为三种级配Superpave方法试验技术指标（依据交通量选择最初压实次数8次，设计压实次数100次，最大压实次数160次）。

三种级配旋转压实试验体积性质技术指标　　表7

级配类型		油石比	Superpave旋转压实试验体积性质技术指标						
			设计次数空隙率 V_a（%）	设计次数压实度（%）	最初次数时压实度（%）	最大次数时压实度（%）	矿料间隙率VMA（%）	沥青饱和度（%）	粉胶比
级配1 规范AC-20I中值	宿　迁	4.5	2.8	97.2	87.5	98.9	12.7	77.3	1.6
	连云港	4.6	3.0	97.0	86.9	98.5	12.9	76.7	1.6
级配2 Superpave方法	宿　迁	4.5	4.3	95.7	85.4	97.2	13.7	68.0	1.4
	连云港	4.4	4.0	96.0	84.4	97.5	13.4	67.9	1.5
级配3 改进的AC-20I型	宿　迁	4.4	3.2	96.8	86.6	98.4	13.2	70.3	1.5
	连云港	4.4	4.0	96.0	84.4	97.5	13.4	67.9	1.5
Superpave标准			4.0	96.0	≤89.0	≤98.0	≥13.0	65.0~75.0	0.8~1.6或0.6~1.2

2.2 沥青混合料性能试验

将三种级配类型的混合料分别进行高温车辙试验、水损害试验（浸水马歇尔试验、AASHTO T283试验）。各种级配类型的沥青混合料性能试验结果见表8。

2.3 单轴高温蠕变试验

研究沥青混合料永久变形特性的试验方法很多，从实用、有效的目的出发，选用的试验方法应能真实反映沥青混合料的高温性能，试验结果数据与实际路面的永久变形响应有较好的相关性。美国研究人员发现，单轴压缩蠕变试验与路面实际的永久变形有很好的相关性，因此本文将该方法选为试验研究方法之一。

沥青混合料的应力与永久变形之比为黏性劲度模量（$S_{mix-v}=\sigma/\varepsilon_{永久}$），该值越大，表明沥青混合料抵抗高温永久变形的能力越强。为了进一步对比不同沥青混合料高温抵抗永久变形能力，室内成型旋转压实试件（试件尺寸ϕ150mm×100mm），空隙率控制在5.0%±0.5%，在60℃、0.1MPa条件下进行高温蠕变试验。试验采用预载5min，加载60min，卸载60min后测定其永久变形。试验结果见表9。

三种级配类型的沥青混合料性能比较试验　　表8

级配类型		油石比	车辙动稳定度（次/mm）	水损害性能检验	
				浸水马歇尔残留稳定度（%）	AASHTO T283 TSR（%）
级配1 规范 AC-20I 中值	宿　迁	4.5	909	97.6	84.3
	连云港	4.6	1 238	95.7	88.3
级配2 Superpave 方法	宿　迁	4.5	1 075	105.3	86.7
	连云港	4.4	1 346	96.4	86.2
级配3 改进的 AC-20I 型	宿　迁	4.4	915	87.3	85.1
	连云港	4.4	1 346	96.4	86.2
标　准			≥800	≥75	≥80

高温蠕变试验结果　　表9

级配类型	试件1（$\times10^{-6}$）	试件2（$\times10^{-6}$）	试件3（$\times10^{-6}$）	平均应变（$\times10^{-6}$）	黏性劲度模量（MPa）
AC-20I 中值	253.7	256.1	286.3	265.4	376.8
Superpave 20	131.1	161.4	147.2	146.6	682.1
改进的 AC-20I 型(宿迁)	198.3	234.3	205.6	212.7	470.1

表9的结果表明，Superpave 20 的黏性劲度模量最大，改进型 AC-20 Ⅰ其次，AC-20I 中值型沥青混合料的黏性劲度模量最小。这进一步说明：对于试验中所用的材料而言，三种沥青混合料抵抗高温永久变形的能力依次为 Superpave 20 > 改进型 AC-20 Ⅰ > AC-20 Ⅰ中值型。

3　结语

结合工程实际，采用高速公路建设用石料，通过采用马歇尔方法及 Superpave 方法分别对中下面层沥青混合料进行配合比设计，并对设计配合比性能进行试验验证，有如下结论：

（1）本文采用马歇尔方法及旋转压实两种方法分别进行设计。从设计结论看，各级配的混合料抗水损害、高温稳定性能均满足现行规范要求。

（2）采用 Superpave 最大压实次数下的压实度来验证混合料高温性能，AC 型混合料设计最大次数下的压实度均大于98%，Superpave 混合料最大次数下压实度均在98%以下，改进的沥青混合料最大次数下的压实度值介于二者之间。因此，用 Superpave 技术来评价混合料的高温性能。其高温性能如下：Superpave > 改进的 AC 型 > AC 型混合料。

（3）通过采用浸水马歇尔、AASHTO T283 试验来评价混合料的水损害性能，其结论是各研究级配水损害性能相当，均具有优良的抗水损害性能。

（4）通过采用高温蠕变试验来评价混合料的高温性能，从试验结果来看，Superpave 20 的蠕变劲度模量要远大于规范 AC 型混合料，表明 Superpave 20 混合料性能具很优良的高温性能。

（5）Superpave 技术由于仪器及技术上的原因，在目前难以大范围推广应用，为此本文提出改进的 AC 型混合料设计级配范围。其级配见表10、表11。

推荐下面层改进的 AC-25 型级配范围　　表10

级配范围	下列筛孔的通过率（%）（方孔筛）												
	31.5	26.5	19.0	16.0	13.2	19.5	4.75	2.36	1.18	0.6	0.3	0.15	0.075
范围上限	100	100	87	79	71	61	46	35	26	19	13	10	7
范围下限	100	93	75	66	58	48	34	22	15	10	6	4	3

推荐中面层改进的AC－20型级配范围　表11

级配范围	下列筛孔的通过率(%)(方孔筛)											
	26.5	19	16	13.2	9.5	4.75	2.36	1.18	0.6	0.3	0.15	0.075
推荐范围上限	100	100	92	81	67	50	37	26	19	14	10	7
推荐范围下限	100	93	75	64	53	36	24	15	10	7	5	3

参考文献

[1] 沈金安．沥青及沥青混合料路用性能[M]．北京:人民交通出版社,2001.

[2] 姚祖康．路面[M]．北京:人民交通出版社,1997.

[3] AASHTO. AASHTO Guide for design of pavement structures, D. C. :AASHTO,1993

[4] 美国沥青协会．高性能沥青路面(Superpave)基础参考手册[M]．贾谕,等,译．北京:人民交通出版社,2005.

[5] JTJ 014—97 公路沥青路面设计规范[S]．北京:人民交通出版社,1997.

32 关于沥青路面的几点建议

陈 祎[1] 龚涌峰[2]

（1. 大诚建设有限公司；2. 无锡市高速公路建设指挥部办公室）

1 引言

从20世纪80年代末，我国高等级公路建设快速发展，截止到2003年底，通车总里程已近3万km，沥青路面得到广泛应用。高速公路建成对国民经济的贡献不断提升，但距“质量型、效益型、功能型”的目标还有一定的差距。建成的高速公路经过一段时间的使用后，多则五六年，少则一二年，路面就出现了结构性和功能性损坏，使得路面在未达到设计年限（15年）便提到中修和大修，造成了很大的经济损失和不良的社会影响。造成沥青路面发生早期损坏的原因非常复杂，主要与路面结构设计、施工质量控制、原材料选用、公路的建设管理、运营期的合理养护措施、交通荷载以及自然环境的作用等多种因素有关。下面笔者结合参与无锡多条高速公路的经验，针对目前无锡高速公路建设的实际情况发表一下自己的看法。

2 现有路面结构设计不尽合理

根据统计，在已建的25 000km高速公路中，沥青路面占85%～90%，全国高速公路沥青路面几乎都采用半刚性基层。而国外，在20世纪50～60年代就半刚性基层材料进行了大量的对比和试验研究，并得出以下主要结论：

（1）多数采用无机结合料稳定的粒料只能用作底层，有的国家只用作路基改善层。这是因为采用无机结合料稳定粒料基层容易产生开裂，为了防止反射裂缝，一般都在底基层上面层间增加一层粒料过渡层，以减少反射裂缝。

（2）使用最广泛的结合料是水泥，国外一般称为水泥处理基层（Cement Treateil Base，简称CTB）。需要指出的是，“无机结合料稳定粒料”一词中“稳定”的概念是以改善和提高结构层强度为目的，并对无机结合料的强度进行了限制，并非越高越好。

（3）在无机结合料稳定基层上的沥青混凝土结构层的总厚度一般大于20cm。

我市的高速公路沥青路面结构层都是分为三层，为4cm－6cm－7cm或4cm－6cm－8cm。由于施工时每个摊铺层的厚度只有4～8cm，温度在160℃以下，而摊铺层下部的温度较低，为20～30℃，所以摊铺后摊铺底部1～2cm厚度范围内的混合料温度下降过快，不管如何碾压，此处的密实度都比较差，仅仅是上部被压实。所以三层碾铺实际上是形成6个密疏程度不同的层次，路面结构层的整体受力状况受到了较大的影响。

建议：

（1）开展包括柔性基层沥青路面在内多种路面结构形式（二层或三层）的研究，把沥青路面结构组合设计作为路面结构的设计重点。开展路面材料室内力学性能与野外路用性能的联系和研究，使设计结构更准确、更符合实际。

（2）近年来，Superpave技术在省内外应用较多，太湖大道路面结构已采用了Superpave技术。从总体情况看，在造价基本没有提高的情况下，Superpave沥青混合料的路用性能优于采用传统技术修筑的路面，有推广应用价值。

3 关于路面的养护及预养护方面

沥青路面的早期损坏现象主要有路面沉陷和桥头跳车、路基压实度不够和基层质量不好造成的损坏、水损害、车辙、泛油等现象。其中，水损害现象尤为突出，主要发生在春融和梅雨季节，有时只需几天的大雨就会导致沥青面层出现小块的唧浆（冒白浆）、网裂、松散、坑洞、推移、拥包。产生水损害的原因是多方面的，主要有沥青面层本身空隙率偏大、压实度不足和路面离析不均匀。如何解决或减少水损害，也就是如何阻止水侵入路面结构层，或让路面结构层的水迅速排走（可采用大空隙率的沥青混合料），一直是个重点、难点问题。对于新建沥青路面，目前省内乃至国内采用较多的是沥青玛蹄脂碎石混合料（SMA）和美国 Superpave 的研究成果高性能的沥青混合料。这两者共同点是：空隙率小，基本不渗水，又具有一定的构造深度和抗滑能力；区别是前者造价较高，后者效果较前者稍差。

然而，对于通车不久且尚未出现或出现少量较轻水损害的沥青面层，采用预防性养护措施保护沥青面层免遭进一步的破坏并延长沥青面层的使用寿命，从而以较小的代价获得较好的效果。2004 年 9 月，在杭州召开的第五届全国路面材料及新技术研讨会上，许多公司在这方面作了一些研究，下面推荐几例，以供有关部门决策参考。

3.1 实例一

汕头高速公路公司和同济大学道路交通工程研究所开发、思华实业（深圳）有限公司生产的“TL 路面强化剂”。通过室内试验和广州华南干线中山立交试验段的应用，一致认为“TL－2000”路面强化剂涂在沥青面层表面，形成一层不透水的薄膜封层，使沥青面层中因降雨而积聚的水分基本没有或大为减少，从而减轻消除沥青面层产生水损害的外因。这种薄膜封层既能保护沥青层表面免受太阳紫外线和红外线的辐射，防止沥青老化，还能使已老化的沥青还原，起到延长面层使用寿命和减少养护费用的作用。缺点是“TL－2000”涂在沥青表面上，会使路面构造深度有所减低，但路面的抗滑能力与未涂的沥青面层相比基本不变，建议对于新建或改建的沥青面层在通车 2～3 年后，若雨后发现有水损害现象时，宜考虑采用预防养护措施——洒布 TL－2000 路面强化剂，以减轻水损害的发展，延长路面使用寿命。

3.2 实例二

RJSeal［沥再生］™——沥青路面再生密封剂（中怡企业发展有限公司）。［沥再生］™是沥青路面预养护和快速养护的一种新型材料，在北美地区有较多应用，我国的北京、上海、广东、重庆、成都、昆明等省市也作了试探性应用。［沥再生］™不仅能对沥青路面起到密封作用，而且还能恢复沥青的活性，能够渗透到沥青表层，将路面表层约 15mm 或以上厚的沥青再生，有效地降低了沥青的硬化程度和脆性，增加了路面的柔韧性和弹性。通过试验得出如下结论：

（1）喷涂［沥再生］™后，回收沥青的针入度增大、软化点减低、延度性能有明显的改善。

（2）动态剪切流变试验（DSR）（评价沥青混合料流变性能）表明，喷涂［沥再生］™后，沥青的复数剪切模量减小，相位角增加，虽与原样沥仍有较大的差距，但确实起到了改善沥青的流变性能的作用。这也是沥青延度性能有明显的改善的原因之一。

（3）通过对喷涂和未喷涂［沥再生］™沥青路面回收混合料性能测试，喷涂［沥再生］™后，马歇尔稳定度流值大体恢复到接近正常范围。［沥再生］™应该在沥青路面尚未出现损坏痕迹前施用，越早使用，路面就越容易养护，成本也就越低，从而延长沥青路面的寿命。

4 关于彩色、薄型、防滑路面

欧洲的经验表面，将彩色、薄型、防滑路面作为解决交通管理问题的一种措施是行之有效的，如果我们在公交专用线、公交站台、收费站区和服务区使用彩色、薄型、防滑路面，不仅有利于交通阻塞的疏导，对预防和控制道路交通事故有一定的作用，而且也为美化道路环境提供了新的手段。在杭州召开的第五届全国路面材料及新技术研讨会上，已有许多公司在这方面作了一定的研究，下面推荐两例，以供有关部门决策参考。

(1)重庆交通科研设计院、重庆市智翔铺道技术工程有限公司开发研究的彩色薄层环氧抗滑层(CAM)是一种防水、防滑、耐油、耐磨的新型路面材料。

(2)中国特殊路面材料有限公司(CSS)引进欧洲防滑路面技术,专业从事彩色防滑路面的施工,能够提供红、绿、蓝、黄四大系列的道路面层,色彩丰富、持久。

33 排水沥青路面在苏锡高速公路上的应用

龚涌峰[1] 朱止波[2] 王 捷[2]

（1. 无锡市高速公路建设指挥部；2. 南京东交工程咨询有限公司）

摘 要 在原材料各项指标合格的前提下，特别是沥青的动力黏度有较高的要求，对排水沥青混合料进行设计，空隙率、连通空隙率等指标应满足要求。各项准备工作完成后，进行排水路面试铺工作，对两种碾压方案作了对比，然后对试验路进行了检测，各项指标满足行车要求。

关键词 排水 空隙率 配合比 施工

1 引言

排水沥青路面在各国的叫法不尽相同，在美国称之为 Open Graded Asphalt（简称 OGA）或 Open Graded Friction Course（简称 OGFC），欧洲称之为多空隙沥青混合料（Porous Asphalt Mixture），日本则多称之为排水沥青混凝土路面，我国规范中则称之为 OGFC 混合料。无论叫法如何，这类混合料设计空隙率较大，地表排水可以透过沥青上面层沿下面层表面排至路面两侧，不仅有效地降低了表面积水引起的水雾、眩光，而且提供了足够的表面粗糙度，降低了噪声。

无锡处于潮湿多雨地区，降水时普通路面行车安全存在着一定的隐患，因此有必要在该地区尝试排水路面这一技术，为在该地区推广应用这一技术做好准备。试验路选择在苏锡高速公路无锡段新建工程的一段。

2 混合料设计

胶结料采用壳牌高黏度改性沥青，参考国内外资料，选定沥青动力黏度（60℃）不小于 10 万 Pa·s，其他各项检测指标见表 1。

高黏度改性沥青检测结果　　表 1

检测项目		单位	检测结果	技术要求
针入度（25℃，100g，5s）		0.1mm	50	≥40
软化点（环球法）		℃	99	≥80
延度（5cm/min）	（15℃）	cm	81	≥50
	（5℃）	cm	26	≥20
弹性恢复（25℃）		%	98	≥85
闪点（开口式）		℃	>260	≥260
动力黏度（60℃）		Pa·s	181 342	≥100 000
运动黏度（170℃）		Pa·s	1.092	≤3
黏韧性（25℃）		N·m	24	≥20

续上表

检测项目		单位	检测结果	技术要求
韧性(25℃)		N·m	17	≥15
RTFOT后残留物	质量变化	%	<0.1	≤0.6
	针入度比	%	87	≥65
	5℃延度	cm	21	≥15

石料采用玄武岩，矿粉是石灰岩。根据国内外相关研究成果，本文选取了排水路面沥青混合料推荐级配，见表2。根据筛分结果，调试级配，见表2。

级配调试结果 表2

各档料名称及用量(%)	下列筛孔(方孔筛mm)通过百分率(%)									
	16	13.2	9.5	4.75	2.36	1.18	0.6	0.3	0.15	0.075
合成级配	100.0	93.5	51.5	22.8	15.4	11.8	9.3	6.2	5.4	3.6
级配上限	100	100	70	30	22	18	15	12	8	6
级配下限	100	90	40	10	10	6	4	3	3	2

采用初试油石比4.6%，以旋转压实方法(100次)和马歇尔击实(正反75次)成型试件。试验结果见表3、表4。

旋转压实技术指标表 表3

油石比(%)	设计压实次数时			矿粉/有效沥青	初始压实度(%)
	毛体积相对密度	最大理论相对密度	空隙率(%)		
4.6	2.260	2.710	16.85	0.38	74.20

马歇尔试验体积性质技术指标表 表4

试验项目	试验结果	要求
稳定度(kN)	7.73	≥4.0
流值(0.1mm)	35.9	—
空隙率(%)	19.8	19~22
连通空隙率(%)	17.3	≥14
沥青膜厚度(μm)	13.9	≥13

综合考虑马歇尔试件空隙率、连通空隙率、沥青膜厚度等体积性能指标要求，本次目标配合比设计的最佳油石比取值4.6%。

3 性能验证试验

在体积性质技术指标满足设计要求的前提下，对混合料的各项性能进行了检验。本文排水路面混合料以PAC表示，结果见表5~表10。

(浸水)飞散试验结果 表5

级配类型	油石比(%)	试验项目	飞散率1(%)	飞散率2(%)	飞散率3(%)	飞散率4(%)	平均(%)	要求(%)
PAC-13	4.6	浸水飞散	11.85	13.00	12.53	13.46	12.71	≤30
		飞散	10.18	7.45	8.19	9.93	8.94	≤20

析漏试验结果　　表6

级配类型	油石比(%)	析漏(%)		平均(%)	要求(%)
PAC-13	4.6	0.189	0.160	0.175	≤0.3

动稳定度试验结果　　表7

混合料类型	油石比(%)	动稳定度(次/mm)				
		1	2	3	平均	要求
PAC-13	4.6	8 541	8 264	8 800	8 535	≥3 000

浸水马歇尔试验结果　　表8

混合料类型	马歇尔稳定度(kN)	浸水马歇尔稳定度(kN)	残留稳定度 S_0(%)	要求(%)
PAC-13	7.73	6.89	89.1	≥80

冻融劈裂试验结果　　表9

混合料类型	未冻融劈裂强度(MPa)	冻融后劈裂强度(MPa)	劈裂强度比(%)	要求(%)
PAC-13	0.478 2	0.405 3	84.8	≥80

室内渗水系数试验结果　　表10

混合料类型	油石比(%)	渗水系数(mL/min)				
		1	2	3	平均	要求
PAC-13	4.6	15s渗完1 000 mL	15s渗完900 mL	15s渗完1 050 mL	15s渗完983 mL	≥900 mL/15s

从试验结果来看,PAC-13混合料各项指标均符合设计要求,能够满足实际使用要求。

4　试铺

首先应检测排水路面下部防水黏结层的密水性能,应满足不渗水的要求。这是排水路面成败至关重要的一个环节,应引起充分重视。

根据目标配合比设计结果,进行生产配合比设计和试拌试验,符合要求后,进行上面层PAC-13混合料的试铺工作,试铺桩号BK0+206.301~BK0+460.000左幅,计长253.70m,试铺段落路面宽为11m,上面层层厚4cm。

按照生产配合比确定的热料仓比例进行试铺混合料的生产。从生产的沥青混合料外观来看,沥青裹覆得较为均匀、无花白料、无结块和离析现象。沥青混合料的出料温度在180~185℃范围内。

运输过程中应注意加强覆盖,每一运料车都采用两层油布中间加棉絮的覆盖方式,以便混合料运输到现场的温度能够得到保证。

摊铺采用两台ABG423摊铺机并排行驶,采用非接触式平衡梁控制方式,两台摊铺机间距约控制在5~10m,摊铺速度约为2m/min。从摊铺后的面层的表观看,整体上基本均匀。摊铺温度在170~175℃范围内。

施工采用两种碾压方案,碾压组合见表11。

碾压组合方案　　表11

	碾压组合		碾压方式	碾压遍数	碾压速度(km/h)
方案一	初压	BM202钢轮压路机	静压	2	1.5~2
	复压	BM203钢轮压路机	静压	2	3.5~4.5
	终压	XP301钢轮压路机	静压	1	2~3

续上表

	碾压组合		碾压方式	碾压遍数	碾压速度(km/h)
方案二	初压	BM202 钢轮压路机	前静后振	2	1.5 ~ 2
	复压	BM203 钢轮压路机	静压	1	3.5 ~ 4.5
	终压	XP301 钢轮压路机	静压	1	2 ~ 3

碾压过程中沥青混合料没有产生明显推移现象,复压时随时喷洒植物油与水的混合液,胶轮粘轮现象控制较好。沥青混合料施工时,初压温度在 160℃左右,复压温度在 130℃左右,终压温度为 70 ~ 80℃,符合要求。

5 沥青路面的现场检测结果

路面压实度的检测结果见表 12。

路面压实度检测结果 表 12

碾压方式	桩号	芯样厚度(cm)	芯样密度(g/cm^3)	标准密度(g/cm^3)	理论密度(g/cm^3)	马氏压实度(%)	连通空隙率(%)	空隙率(%)
方案一	BK0 + 250	4.05	2.131	2.139	2.715	99.6	13.4	21.5
	BK0 + 300	4.52	2.148	2.139	2.715	100.4	13.0	20.9
方案二	BK0 + 340	4.24	2.146	2.139	2.715	100.3	12.6	21.0
	BK0 + 375	3.95	2.120	2.139	2.715	99.1	13.2	21.9

沥青路面渗水试验检测结果见表 13。

试铺段路面渗水试验检测结果 表 13

碾压方式	桩号	渗水系数(mL/15s)	渗水系数技术要求
方案一	BK0 + 250	1 875	≥900mL/15s
	BK0 + 300	1 500	
方案二	BK0 + 340	1 667	
	BK0 + 375	1 667	

现场检测结果表明,试验路压实、排水效果都符合设计要求,碾压方案二的压实效果要略优于方案一。采用振动的碾压方案,更有利于沥青路面的压实,可防止为了满足设计空隙率而牺牲压实度的现象发生。因此,大规模施工期间采用初压前静后振的碾压方案。

6 结论

本文对苏锡高速公路无锡段排水路面混合料的原材料选择、混合料配合比设计、施工工艺等各个环节作了简单介绍。根据试验路检测情况来看,各项指标满足行车、排水要求。针对整个设计、施工过程,提出以下几点建议:

(1)排水路面应及时检测沥青的动力黏度,确保满足设计要求。

(2)排水路面的配合比设计至关重要,如确定的沥青用量偏高则在施工中会产生析漏,碾压时产生严重推移变形;反之,沥青用量偏低则会影响沥青混凝土路面的耐久性和施工和易性。

(3)施工过程中应注意控制碾压温度,选择合理的碾压方案,保证路面压实。

参 考 文 献

[1] JTJ 052—2000 沥青与沥青混合料试验规程[S]. 北京:人民交通出版社,2000.

[2] JTG F40—2004 公路沥青路面施工技术规范[S]. 北京:人民交通出版社,2004.

34　浅析锡宜高速公路沥青上面层表面沥青膜剥落现象

龚涌峰

（无锡市高速公路建设指挥部办公室）

摘　要　针对锡宜高速公路上面层部分路段沥青混合料表面沥青膜剥落现象，通过一系列的相关试验，分析产生的原因和采取相应的措施，为今后的高速公路建设提供参考。

关键词　沥青混凝土　沥青膜剥落　相关试验　原因分析

1　问题的提出

近几年，随着高速公路的迅猛发展，路用材料日趋紧张，沥青路面面层所用玄武岩尤为紧缺。而沥青路面所用材料的质量的好坏，直接影响到路面的路用性能和使用寿命。下面就锡宜高速公路路面上面层部分路段沥青混合料表面沥青膜剥落现象作一分析。

在锡宜高速公路沥青上面层的施工过程中，我们发现在摊铺碾压施工结束之后10～15d，上面层有部分粗颗粒石料上表面沥青膜脱落，呈石料本色现象，行车道、超车道和紧急停车带均有上述现象。随着时间的推移，这种现象日趋增多。在通车后，经过多次观察，这种现象逐渐稳定（图1、图2）。

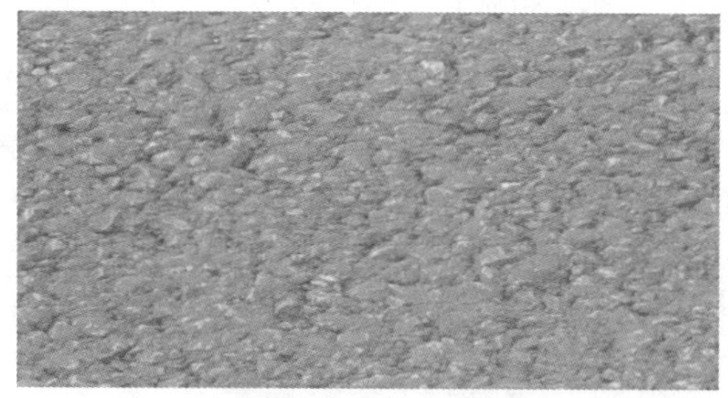

图1　锡宜高速公路K19+000右幅行车道（拍摄时间：2004－5－22）

图2　锡宜高速公路K56+000左幅行车道（拍摄时间：2004－5－24）

2　原因分析

（1）产生这种沥青膜脱落现象所用的玄武岩为南京六和塔子山和马头山采矿区的玄武岩。经现场勘察和取样分析：塔子山玄武岩目前开采的上部玄武岩风化强烈，岩石颜色褪色明显，表面呈浅灰黑色，局部浸蚀，呈灰褐黄色。垂直节理与水平节理裂隙极为发育，裂缝面充填灰白色薄膜，薄膜具滑感。所开采的石块，以碎石为主，碎石块体积较小。玄武岩常见块状结构（大块板石）少见，底部岩石颜色变灰黑色，块状较完整，石块体积增大。

马头山玄武岩矿开采区玄武岩岩石风化程度相对较弱，石块颜色呈灰黑色，岩石垂直节理与水平节理两组裂隙明显减少，所开采玄武岩岩石体积相对增大，灰白色薄膜减少，局部呈现斑晶结构。

(2)化学成分的分析比较(表1)，委托地质矿产部南京综合岩矿测试对南京六合玄武岩与句容天王金山玄武岩进行化学成分分析。

两种矿玄武岩化学成分分析比较(单位:%) 表1

成分 产地	SiO_2	Al_2O_3	Fe_2O_3	CaO	MgO	TiO_2	K_2O	烧失量
句容金山	41.25	12.84	12.78	10.45	10.88	2.17	1.56	1.56
南京六合	48.64	15.32	11.03	7.64	7.63	1.61	2.35	—

(3)施工检测资料的分析：对南京六合玄武岩轧石厂生产的玄武岩集料，镇江科氏所生产的国产改性沥青及由此生产的沥青混合料，市高指共检测沥青23组，合格率100%，石料检测44组。合格率100%，现场压实度302点，合格率97%，渗水检测348点，合格率99.1%，残留稳定度98.1%，各项检测指标均满足要求。

(4)由于在施工碾压过程中为了防止沥青混合料粘轮，采用了菜籽油油水混合物作为隔离剂。针对泛黄石料在室内进行多次模拟与沥青黏附性试验(表2)。

泛黄石料黏附性试验比较 表2

石料的状态	黏附性等级	
	掺抗剥落剂	不掺抗剥落剂
洗净的石料	5	5
未洗净的石料	5	4
浸水石料	5	4
浸油水混合物石料	5	4

试验结果表明：泛黄石料与沥青的黏附性均能达到四级或四级以上，有的仅为沥青膜少许移动。

(5)对集料进行压碎值试验：60℃水浴浸泡48h和常温下的压碎值，水浴浸泡压碎值的测定方法是将试样放入60℃的水浴浸泡48h，再将试件风干12h后，进行压碎值试验，试验结果见表3。

两种矿石料在同一条件下压碎值比较 表3

结果 矿名	压碎值 (常温)	压碎值 (水浴法泡48h，60℃)
南京六合	11.4%	15.4%
句容金山	10.4%	15.1%

试验结果表明两者在同一条件下的压碎值基本一致，无明显差别。

(6)沥青混合料的T283对比试验：T283试验是将一组三个试件作为条件试验。将条件试件进行真空泡水，接着在-18℃的条件下冰冻16h，然后在60℃的水浴中浸泡24h，将两组试件放入25℃水中进行0.5h浸泡，对所有试件进行劈裂试验，计算其劈裂强度比。参照锡宜高速公路沥青上面层施工的配合比和最佳油石比，对南京六合和句容金山玄武岩进行对比试验，见表4~表6。

玄武岩配合比结果 表4

筛孔(mm)		16.0	13.2	9.5	4.75	2.36	1.18	0.6	0.3	0.15	0.075
合成级配	句容金山	99.9	91.5	66.4	43.9	35.8	28	19.8	13.9	9.2	6.6
	南京六合	99.9	94.3	68.9	45	33.1	24.7	16.5	11.7	8.3	6.1

T283试验结果(AK-13) 表5

玄武岩种类	未冻融劈裂强度(MPa)	冻融劈裂强度(MPa)	劈裂强度比(%)	要求(%)
句容金山	1.462	1.202	82.2	80
南京六合	1.400	1.127	80.5	80

注：沥青选用日本重交AH-70，未添加抗剥落剂。

T283 试件体积指标 表 6

玄武岩种类	油石比(%)	试件的毛体积密度(g/cm^3)	最大理论密度(g/cm^3)	空隙率(%)
句容金山	5.4	2.451	2.615	6.3
南京六合	5.3	2.426	2.604	6.8

试验结果表明:两者结果基本相当,无明显差别。

(7)汉堡轮辙试验:委托美国科氏(中国)有限公司北京研发中心,进行了相应混合料(南京六合玄武岩)汉堡轮辙试验,结果符合要求。

3 结论与建议

(1)经过一系列的试验,分析认为产生此现象的主要原因是南京六和塔子山和马头山的玄武岩块石节理裂隙发育明显,节理裂隙中矿物组成复杂。南京六合玄武岩轧石厂生产的石料部分节理裂隙面黏附物较多,材料相对偏酸性。其节理裂隙表面与沥青的黏附力在高温状态下,不如胶轮压路机的胶轮与沥青的黏附力大,导致这种泛黄石料颗粒表面的沥青膜在施工碾压过程中被胶轮粘走。

(2)此现象在施工后 10 ~15d 显现的原因是:施工碾压时隔离剂采用的是菜籽油、洗洁精及水的混合液。因改性沥青黏稠度高,隔离剂用量略多,高温下菜籽油呈现黑色,随着时间的推移,菜籽油挥发,无沥青膜的石料便显现出来。

(3)石料表面沥青膜脱落的现象在以往建成的高速公路通车路段上也曾有发现,只是现象没有这次普遍。路面是否出现严重松散、早期坑塘等病害,主要取决于沥青路面的压实度等主要因素。

(4)经过近一年的定点、定期观察,目前锡宜高速公路路面运行质量良好。经过车轮行驶、碾压的作用,沥青油膜得到提升并重新分布,施工期间出现的沥青上面层部分石料表面沥青膜剥落、无膜现象没有出现进一步发展的迹象。

(5)建议管理部门和养护单位继续跟踪定期定点观测,并做好详细记录,以便能够及时发现问题,并及时处理。

(6)建议在今后的路面施工过程中要加强原材料的源头管理,尤其是石料的宕口管理,避免使用不合适的块石进行加工,以确保路面工程质量。

35 纤维加强沥青路面在宁杭高速公路中的应用

何微微[1] 龚涌峰[2] 林 喜[2]

（1. 大诚建设有限公司；2. 无锡市高速公路建设指挥部办公室）

摘 要 为提高沥青路面高温稳定性、低温抗裂性能和疲劳耐久性，宁杭高速公路 NH－YX21 标沥青路面上面层采用了纤维加强改性沥青混合料，通过对 NH－YX21 标和 NH－YX22 标采用纤维和不采用纤维有关试验检测数据的对比，得出了一些结论，并提出了一些建议。

关键词 纤维 沥青路面 应用

日益增长的经济建设对道路交通提出了越来越高的要求，随着高等级公路建设的发展，沥青混凝土已成为最主要的路面材料。为了提高沥青路面的高温稳定性、低温抗裂性和疲劳耐久性，减少沥青路面的早期损害，延长沥青路面的使用寿命，在宁杭高速公路沥青路面将高分子合成纤维作为加强材料用于沥青混凝土路面。

1 关于聚合物化学纤维

在高分子聚合物化学纤维中，聚酯纤维（涤纶）和丙烯酸纤维（晴纶）是最通用的纤维品种。宁杭高速公路 NH－YX21 标沥青路面中使用的是由英国 Acordis 集团下属德国工厂生产的德兰尼特（DOLANTT @ AS）路用纤维，是专门用于沥青混合料改性的腈纶纤维。它由 5 万～7 万个分子聚合而成，大分子链纵向排列更有序，纤维的截面呈花生状，表面是均匀的纵向结构。据介绍：Ig DOLANTT@ AS 每公斤含有 8.7 亿～11 亿根长 6mm 的纤维。当这些纤维加到沥青混凝土之中，纤维与纤维、纤维与周围的基体之间由于纤维的不连续性而存在着复杂的相互作用，显著影响沥青混合料的韧性和破坏过程。然而，并不是纤维含量越高，沥青混合料的有效弹性模量越大。通过试验证实，当纤维含量为 0.2% 时，纤维对沥青的弹性模量有所改变，又不改变沥青混凝土的黏结力。当纤维含量增加到一定程度时，使沥青混凝土的黏性减弱，即骨料之间的黏结力减弱，使材料发生松散，从而增加了沥青混合料的微裂缝，使材料的弹性模量减低。宁杭高速公路 NH－YX21 标经东南大学室内试验和参照有关公路建设的经验，纤维掺量确定为 0.225%。

2 工程实例

2.1 路面结构

NH－YX21 标：下面层为 8cmAC－25I（70 号普通重交沥青）、中面层为 6cmAC－20I（国产 SBS 改性沥青）、上面层为 4cmAK－13A（国产 SBS 改性沥青＋0.4% 抗剥落剂＋0.225% 纤维）。

NH－YX22 标：下面层为 8cmAC－25I（70 号普通重交沥青）、中面层为 6cmAC－20I（国产 SBS 改性沥青）、上面层为 4cmAK－13A（进口 SBS 改性沥青＋0.4% 抗剥落剂）。

2.2 原材料

上面层石料两合同段均为句容天王玄武岩；沥青 NH－YX21 标为镇江科氏 SBS 国产改性沥青，NH－

YX22 标沥青为镇江美仑生产的 SBS 进口改性沥青;抗剥落剂为西安公路研究所生产的 PA-1 型抗剥落剂,具体指标见表 1~表 3。

改性沥青检测结果 表 1

试验项目	测试值		技术要求	试验规范
	NH-YX22	NH-YX21		
针入度 25℃,100g,5s(0.1mm)	69	68	50~80	T0604—2000
针入度指数 PI	-0.15	0.2	-0.2~+1.0	T0604—2000
延度 5℃,5cm/min(cm)	37.5	38.6	≥30	T0605—1993
软化点(℃)	70.5	83	≥60	T0606—2000
动力黏度 60℃(Pa·s)	4 620	5 100	≥800	T0625—2000
动力黏度 135℃(Pa·s)		2.28	≤3.0	T0625—2000
溶解度(%)	99.8	99.8	≥99.0	T0607—1993
闪点 COC(℃)	310	314	≥230	T0611—1993
离析(℃)	1.6	1.3	≤2.5	T0661—2000
弹性恢复(%)	96	97	≥70	T0662—2000
TFOT 后残留物				
质量损失(%)	-0.01	0.06	≤0.6	T0609—1993
针入度比 25℃(%)	71.0	70.6	≥65	T0604—2000
延度 5℃,5cm/min(cm)	23.8	24.3	≥20	T0605—1993

沥青抗剥落剂性能检测 表 2

测试项目		测试值		技术要求
		NH-YX21	NH-YX22	
黏附性试验	未老化	5	5	—
	老化	5	5	—
浸水马歇尔稳定度	未老化	94.1	91.8	≥85%
	老化	91.3	89.2	
冻融劈裂试验	未老化	91	89.3	≥80%
	老化	88.2	88.5	

德兰特尼纤维(DOLANTT)性能检测 表 3

测试项目	测试值	
	NH-YX21	技术要求
长度(mm)	6	4.5~7.5
直径(mm)	0.012	0.010~0.025
相对密度(g/cm^3)	1.19	1.18
熔点温度(℃)	248	≥240
抗拉强度(MPa)	932	>500
颜色	淡黄	自然色(淡黄)
卷曲性	无	无
含水率(%)	1.9	≤2.0

通过对原材料各项性能检测,其结果均能符合相应技术规范要求。

3 试验

3.1 生产配合比及室内相关试验数据结果(表4)

生产配合比及最佳油石比　　表4

项目 标段	油石比(%)	通过筛孔(方孔筛,mm)百分率(%)									
		16	13.2	9.5	4.75	2.36	1.18	0.6	0.3	0.15	0.075
NH - YX21	5.4	100	96.5	72.3	44.9	34.2	24.5	17.6	11.1	7.5	5.6
NH - YX22	5.2	100	94.2	67.3	43.4	32.9	24.5	16.4	11.2	8.2	5.8
规范上限		100	100	80	53	40	30	23	18	12	8
规范下限		100	90	60	30	20	15	10	7	5	4

由表4可知,由于采用了同一种厂家的玄武岩石料,两者生产级配基本一致,NH - YX21标掺加0.225%的纤维最佳油石比比NH - YX22大0.2%。

3.2 NH - YX21、NH - YX22标生产配合比最佳油石比的马歇尔试验结果(表5)

生产配合比的马歇尔试验结果　　表5

马氏指标 标段	油石比(%)	马氏密度(g/cm^3)	理论密度(g/cm^3)	空隙率(%)	稳定度(kN)	流值(0.01cm)	饱和度(%)	粒料间隙率(%)
NH - YX21	5.4	2.513	2.623	4.2	15.3	46.2	74.3	16.6
技术要求				3.5~5.0	>10	20~60	70~85	≥15
NH - YX22	5.2	2.547	2.655	4.1	16.8	38.4	75.1	16.3
技术要求				3.5~5.0	>7.5	20~50	70~85	≥15

3.3 室内马歇尔试验结果汇总(表6)

将施工过程中,施工单位、监理组及检测中心三方的室内马歇尔试验数据NH - YX21标78组、NH - YX22标86组进行数理统计分析,各项指标均能满足技术规范要求,两者相差不大。

室内马歇尔试验结果汇总　　表6

马氏指标 标段	马氏密度(g/cm^3)	理论密度(g/cm^3)	空隙率(%)	稳定度(kN)	流值(0.01cm)	饱和度(%)	粒料间隙率(%)	残留稳定度(kN)
NH - YX21	2.508	2.621	4.3	16.8	42.7	74.3	16.7	93.5
技术要求			3.5~5.0	>10	20~60	70~85	≥15	>85
NH - YX22	2.545	2.562	4	15.2	36.5	75.1	16.4	93.6
技术要求			3.5~5.0	>7.5	20~50	70~85	≥15	>85

3.4 车辙试验(表7)

掺加了0.225%的德兰尼特的纤维沥青混合料比不掺加纤维的沥青混合料平均提高26.2%。

车辙试验结果(DS)(60℃,次/mm)　　表7

标　段	1	2	3	平均	要求	变异系数(%)	要求
NH - YX21	5 784	6 032	5 255	5 690	≥3 000	7.0	<20
	4 863	5 134	5 240	5 079	≥3 000	3.8	<20
NH - YX22	4 400	4 136	4 825	4 454	≥2 500	7.8	<20
	4 050	3 958	4 266	4 091	≥2 500	3.9	<20

3.5 低温弯曲试验(表8)

掺加了0.225%德兰尼特纤维的沥青混合料比不掺加纤维的沥青混合料高7.4%。

低温弯曲试验(-10℃) 表8

标段	弯曲破坏应变平均值(10^{-6})	要求(10^{-6})
NH-YX21	2 341	≥2 000
NH-YX22	2 179	

3.6 冻融劈裂试验(表9)

掺加了0.225%德兰尼特纤维的沥青混合料与不掺加纤维的沥青混合料TSR基本相同,但非条件、条件的强度前者比后者平均高19%。

冻融劈裂试验结果 表9

标段	非条件冻融劈裂(MPa)	条件冻融劈裂(MPa)	TSR(%)	要求(%)
NH-YX21	0.671	0.604 0	90.1	≥80
	0.626 7	0.612 9	97.8	
NH-YX22	0.583 0	0.548 0	93.9	
	0.502 0	0.471 3	93.8	

3.7 现场检测情况

现场检测压实度、平整度、弯沉等各项指标均符合要求,但在路用抗滑性能摩擦系数和构造深度两者有一定的差别,掺加了0.225%的德兰尼特的纤维沥青混合料比不掺加纤维的沥青混合料低,见表10。

摩擦系数、构造深度检测结果 表10

标段	摩擦系数BPN	构造深度(mm)
NH-YX21	70	0.6
NH-YX22	81	0.7
技术要求	>45	>0.55(0.7)

注:括号内为省高指指导意见控制要求。

4 结论

NH-YX21标与NH-YX22标上面层在集料、抗剥落剂相同,矿粉、沥青检测指标基本一致的前提下,通过添加聚酯纤维后,沥青混合物物性发生了较明显变化。

(1)通过添加聚酯纤维,路面均匀性得到改善。聚酯加强改性沥青混合料马歇尔稳定度,浸水马歇尔稳定度均得到提高,说明沥青路面承受的最大荷载、高温稳定性和水稳性得到了改善。

(2)通过添加聚酯纤维,使沥青的黏稠度和黏聚力增大,同时由于纤维的纵横交错的加筋作用,使得混合料具有较高强度,使混合料的高温抗车辙性能改善,平均提高了26.2%。

(3)通过添加聚酯纤维的加筋作用,使混合料具有较好的柔性,并使混合料的低温抗裂性能增强,平均提高了7.40%。

(4)采用了纤维加强改性沥青混合料,路面在抗滑性能构造深度和摩擦系数上有所减低。

5 体会及建议

(1)化学纤维能否承受高温拌和温度,因为有时发现聚合物纤维在高温拌和时会融化卷曲,对于它究竟是起到了改性剂的作用,还是起到了纤维增强作用,还有待从机理上进一步证实。

(2)聚合物化学纤维价格较高,近5万元/t,用量0.2%~0.3%,1t混合料使用聚合物纤维要增加100~140元,相当于1t沥青混合料所使用的沥青成本,给推广使用带来一定的难度。

(3)从施工角度分析,包括以下几方面:

①施工时需把聚合物化学纤维做成小包,由人工添加。其缺点是:在分成小包时容易吸潮,加上人为

因素,使得纤维含水率过高,影响纤维的正常使用效果。在检测纤维含水率时,一般都能满足低于2%的要求,但我们也检测达到高达20%~30%的含水率(主要是供货商的原因)。

②为保证纤维的均匀拌和,应在矿料干拌过程中按量掺入纤维,先将纤维与集料干拌10~15s后,再加入沥青和矿粉进行湿拌,混合料总拌和时间(干拌与湿拌)应不少于60s。

③纤维沥青混合料在摊铺碾压时,初压时粘轮现象相当严重,可在钢轮表面均匀洒水或隔离剂,但要防止过量洒水引起沥青混合料温度降低。同时,在摊铺和初压时采用强振方式,可减轻甚至消除粘轮现象。

参考文献

[1] 苏高技〔2004〕125号. 纤维加强改性沥青路面上面层施工要点.

[2] 沈金安. SMA路面中各种纤维应用现状及发展趋势[C].//中国公路学会. 第五届全国路面材料及新技术研讨会论文集. 北京:中国公路杂志社,2004.

36　悬浇箱梁施工质量控制

吴定山[1]　任克祥[2]　龚涌峰[2]

（1. 江苏省交通工程集团有限公司;2. 无锡市高速公路建设指挥部办公室）

摘　要　依据悬浇箱梁的施工过程,介绍了悬浇箱梁施工工序中的质量控制和注意事项。

关键词　悬浇箱梁　施工质量　控制

1　前言

连续箱梁采用挂篮悬浇施工是一项成熟的工艺,目前在较大跨径的桥梁中广泛采用,采用逐块悬臂浇注,施工工序多,各施工工序的质量控制十分复杂。随着高速公路建设规模的扩大,航道等级的逐步提高,连续箱梁的主跨跨径越来越大,施工质量的控制特别是线形、高程及预应力施工的控制显得更加尤为重要,直接关系到成桥后的桥梁总体质量。近几年来,我公司在苏州、无锡、扬州、上海等地先后承建了跨径 80 ~ 140m 不同跨径十几座连续箱梁桥的施工,结合相关桥梁的施工,对悬浇箱梁施工的质量控制和注意事项进行了总结。

2　施工准备期间的质量控制

正式施工前组织相关的技术人员熟悉施工图纸,了解设计意图,特别是 0 号块的临时支撑、临时固结、合拢段的锁定形式、边跨和中跨合拢的顺序、合拢段的配载大小和形式等,对挂篮悬浇箱梁的各关键工序的设计要求有清晰的认识,针对各工程的特点编制各工序的作业指导书。

根据块件的质量,准备挂篮的选型和设计,所设计挂篮的质量控制在块件最大质量的 0.3 ~ 0.5,最大变形控制在 20 ㎜以内,各种安全系数不小于 2。

对合拢段的预应力束布置和跨中合拢段的底板压应力进行验算。若底板的压应力偏大,应及时提醒设计单位,适当减少预应力束或增加防崩措施,防止底板压应力过大在合拢后产生裂缝或底板开裂。

3　施工过程的质量控制

3.1　0 号块的施工

0 号块的施工主要包括支架搭建、临时支撑和临时固结的设置、模板施工、压载、钢筋绑扎和预应力管道布置、混凝土施工及预应力束施工。

在支架搭建过程中要注意临时支撑和临时固结的设置,临时支撑和临时固结设置是影响施工质量和施工安全的重要环节,主要有两个目的:一方面是在悬臂施工阶段承受“T”构的荷载,避免永久支座参与受力或只受部分垂直力;另一方面是满足施工时的稳定,对梁体起到约束作用,防止因施工偏载误差而产生的倾覆。临时支撑和临时固结常用的形式很多,主要有:墩顶预埋钢筋(或精轧螺纹钢筋)和墩顶设置硫磺砂浆或混凝土,墩顶设置砂筒和预埋钢筋(或精轧螺纹钢筋),钢管支撑并在其内设置预应力束,钢管支撑中根据承台的尺寸大小有垂直设置和斜向设置,临时墩(钢管混凝土或钢筋混凝土墩),各种形式的临时支撑和固结各有利弊,但只要满足设计需要方便施工便于解除即可。

支架搭建时应该结合承台的尺寸大小和0号块的长度来考虑支架基础是采用软基础还是硬基础、支架的卸落装置、底模支架和侧模支架的矛盾处理方式,同时需要对支架的承重系统进行挠度计算。

为消除支架的非弹性变形,校验弹性变形值,检验支架的强度和稳定,需要对支架进行压载,一般考虑采用沙袋和水袋进行等载或超载预载,注意布设观测点和测量,在两个连续观测时间段内,变形不超过3mm后,可以卸载,并利用测量结果对模板高程进行调整。

预应力管道的布置要认真对待,波纹管的定位和固定一定要按照图纸要求施工。如果是塑料波纹管定位钢筋要适当加密,竖向精轧螺纹钢筋下部的螺帽一定要拧紧,防止混凝土浇注时因振捣而脱落;纵向束在混凝土浇注前要穿衬管,防止混凝土浇注时因漏浆而产生堵管。

混凝土浇注前要注意检查:模板的支撑和对拉、预应力管道的坐标及数量,预埋件和预留孔的位置和数量,底模和侧模的清理和冲洗,特别是钢筋密集的支座上方和各拐角处,防止有杂物存积。混凝土浇注要坚持在纵断面上自两端向支点、在横断面上先底板后腹板再顶、翼板的顺序。底板浇注时注意设置减速漏斗,防止混凝土离析,在整个浇注混凝土的过程中要确保两端加载平衡。为防止腹板浇注时底板翻浆,底板倒角处要设置反压模板。对支点处的横隔梁,若其厚度超过2m,必须采用冷却管通水冷却,降低混凝土内部的温度,防止产生裂缝;对钢筋密集的支点横隔梁的下部为保证其浇筑质量,采用流动度的混凝土或自密性混凝土进行浇注,确保混凝土的密实,混凝土浇注完成后要注意及时养护。

3.2 悬浇块件施工

3.2.1 挂篮的选型和拼装

挂篮的类型很多,在我们公司目前主要使用321钢梁做主梁(贝雷梁)挂篮、三角形挂篮、菱形挂篮三种形式,行走系统全部采用轨枕和反扣轮。不论采用何种形式的挂篮,其强度、刚度、稳定性、累计变形量都要满足要求。挂篮和模板的总质量控制在块件质量的0.30~0.45。挂篮桁架的数量按照箱梁腹板数量设置,桁架的位置根据桥梁的纵横向中心线而定。吊带的数量和位置依据上下横梁而定。吊带均采用直径32mm的精轧罗网钢筋,长度不足时采用连接器进行加长。对大悬臂的桥梁要适当增加悬臂部分的吊带,防止悬臂处变形过大。横梁根据桥梁的宽度和块件的质量采用双拼工字钢、贝雷梁或自加工的桁架。

3.2.2 挂篮预压

挂篮拼装完成后需对其进行预压,对挂篮的主桁架、横梁、吊带进行应力和变形测定,测量挂篮的弹性变形,消除非弹性变形。目前,我公司挂篮预压采用反压逐级加载的方式进行,荷载按照悬浇最重块件120%计算,加载的顺序为0→30%→60%→90%→120%,逐级逐断面测量变形,卸载的同时进行变形测量。

在设计反压反力架时要注意计算箱梁横断面各部分的恒载,预埋钢板的尺寸,杆件的大小,焊缝的长度,防止施加荷载时发生意外,反力架和反压加载如图1所示。

3.2.3 块件施工

(1)高程控制。悬浇箱梁高程的控制好坏直接关系到成桥后的桥梁线形,因此十分重要。高程控制主要包括挂篮前移的定位高程(箱梁设计高程、施工预拱度、成桥后的预拱度、挂篮的变形)、块件浇注后高程、预应力张拉后块件高程,因此在挂篮选定后,要及时与设计单位联系,以获得设计支持,特别是块件浇注后高程、预应力张拉后块件高程要在各悬浇块件立模高程中计入。同时,要求测量人员加强观测,及时将观测结果反馈到监控单位,适时调整各块件的立模高程。

(2)钢筋、预应力管道、混凝土施工。钢筋施工严格按照图纸进行下料成型和绑扎,正确理解各种钢筋的作用和功能,并确保底、腹、顶板的钢筋连接成为一个整体。预应力管道位置要准确,定位钢筋在跨中部分要适当加密,必要时在跨中合拢段附近相邻的预应力束之间增加封闭式的定位钢筋,防止压应力过大时产生裂缝。混凝土灌注要注意两端对称,浇注顺序与0号块相同。浇注混凝土时要安排专门人员振捣,特别是齿板部分和张拉锚头处,防止混凝土产生蜂窝,影响预应力施工,在波纹管密集段要小心振捣,既要保证混凝土密实,又要防止破坏波纹管或移位。

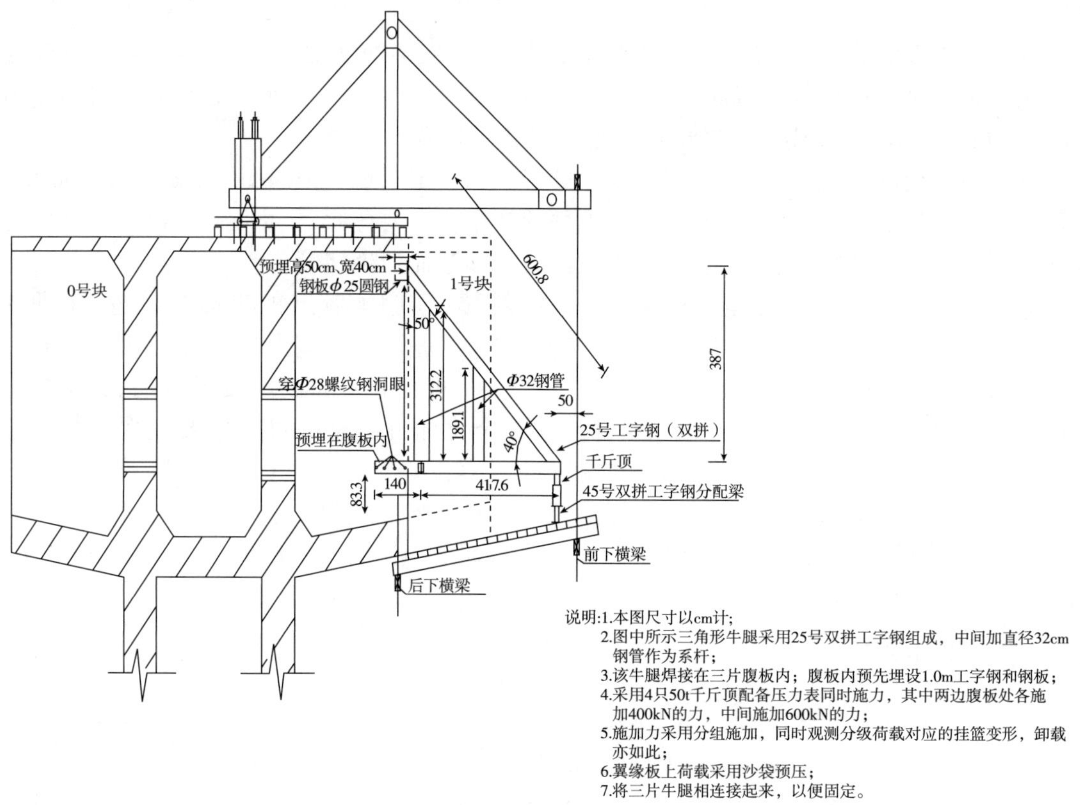

图1 反力架和反压加载图

3.2.4 挂篮前移

块件预应力施工完成后,松开已完块件和挂篮的连接件,特别是后锚部分的连接件,检查预埋螺栓和轨枕的固定、反扣轮的销轴、同一个挂篮的两个或几个主桁架之间的连接情况,对称同步前移挂篮。同一个挂篮的两个或几个主桁架前移的速度要一致,否则容易造成挂篮的扭曲变形。

3.2.5 挂篮的回移和拆除

悬浇块件全部完成后,先将挂篮的底、侧模就地落下,在航道中心处要临时断航,T构的两端要对称卸落;在落模之前必须完成所有的预应力束的施工,特别是横、竖向束,防止因拆除挂篮而产生裂缝。对称回移挂篮的主桁架至0号块附近予以拆除,确保在拆除时T构不产生偏载。

3.3 合拢段施工

合拢段施工是悬浇梁施工中最容易出现问题的环节,是各种问题的最后集中体现,因此要十分重视。施工前要制订详细的施工方案,确定合拢的顺序和时间,完成边跨现浇段,测量合拢前的高程,检查预埋件的位置和数量。一般是先边跨合拢,后次中跨合拢(如果有),再中跨。中跨合拢前要解除支座的约束拆除临时支撑和临时固结。

对连续刚构而言,由于连续刚构桥采用的是柔性墩,墩高壁薄,中跨合拢前须向中跨悬臂端施加一个顶推水平力,以改善墩身受力状况。通过中跨合拢段两侧施加顶推力,可产生与恒载弯矩反号的墩身弯矩,使墩身发生向外的水平位移,从而导致外侧墩柱轴力增大,内侧墩柱轴力减小,对墩身抗弯大有益处。

3.3.1　锁定

合拢前的锁定有两种形式，即体内和体外锁定。体内锁定要注意焊接好预埋钢管，按照图纸要求吨位张拉临时预应力束。体外锁定要注意确保劲性骨架与预埋件之间的焊缝长度，焊接时注意保护已经完成块件的混凝土，防止因焊接而烧伤老混凝土。合拢段所有的底、腹、顶板纵向钢筋一定要与现浇段、悬浇段纵向钢筋焊接，使梁体钢筋形成劲性骨架的作用。边跨锁定前要解除过渡墩的支座约束以及现浇段的滑动约束。无论是体内锁定还是体外锁定，合拢段的锁定必须在一天中的最低温度下进行。

3.3.2　混凝土浇注

合拢段的混凝土采用微膨胀混凝土，浇注前按照设计要求在合拢段配重，配重多采用小沙袋或水袋，以方便在灌注混凝土的同时逐步减少配重。必须在1d中的最低温度下浇注混凝土，边浇注混凝土边减少配重，并做好养护工作，防止因养护的不到位产生裂缝。由于合拢段采用了微膨胀混凝土，其早期的强度发展不快，因此要加强养护，养护时间不得小于7d。

3.3.3　预应力施工

合拢段混凝土达到设计要求的强度后，对体外锁定而言，先解除体外锁定或张拉部分预应力束后解除体外锁定（按照设计规定），然后按照设计图纸规定的顺序进行预应力束张拉。对底板宽度大、合拢段预应力束多的桥梁的合拢段，最好分批张拉和压浆，逐步增加合拢段底板的压应力。

4　结语

连续梁悬浇施工的工序比较多，施工的周期也较长，只有在各工序施工前认真编写作业指导书，认真进行设计和施工交底，提高施工人员的技术素质，控制好各工序的施工质量，才能保证整个工程的总体施工质量。

参考文献

[1] 交通部第一公路工程总公司．公路施工手册(桥涵)[M]．北京:人民交通出版社,2000.
[2] 徐岳．预应力混凝土连续梁桥设计[M]．北京:人民交通出版社,2000.

37　某混凝土连续梁板梁桥病害分析及加固建议

陈　俊

（无锡市高速公路建设指挥部办公室）

摘　要　通过对桥梁的病害成因和结构验算分析，确定桥梁的加固设计方案。

关键词　板梁　病害成因　结构验算　加固设计

1　桥梁概况

某钢筋混凝土连续梁桥始建于1989年，为一座四跨一联的钢筋混凝土空心板梁桥，跨径组成为(10+13+13+10)m，下部结构为柱式墩、台，桩基础。本桥为一大斜度斜交桥，斜度41°。主梁采用多圆孔断面，板梁横向为等高度，桥面横坡为1.5%。板梁梁高为60cm，箱梁顶板宽为1 100cm，底板宽为800cm，共设斜横隔梁3道，正横隔梁6道。

桥梁原设计荷载为汽车-20级，验算荷载为挂车-100，人群350kg/m^2，桥面宽度为净-8.0m+2×1.5m人行道，全宽11.0m。

2　桥梁主要病害

(1)梁体横向错位。

(2)支座横向偏移。

(3)桥台与桥头搭板位移。

(4)伸缩缝封闭橡胶破坏脱落，缝内夹杂异物。

(5)梁体有裂纹、露筋现象。

(6)梁跨下挠。

3　结构验算

采用桥梁博士结构计算程序，对本桥结构按原设计荷载进行验算。

在运营阶段共计算了六种荷载组合，具体为：

(1)组合Ⅰ：恒载+汽车-20级。

(2)组合Ⅱ：恒载+挂车-100。

(3)组合Ⅲ：恒载+汽车-超20级+支座沉降+温度变化。

3.1　承载能力极限状态验算(表1～表3)

墩顶负弯矩极限承载力验算(单位：t·m)　　表1

截面 / 组合类型	设计弯矩		结构承载力	结构安全系数	
	边跨墩顶	中跨墩顶		边跨墩顶	中跨墩顶
Ⅰ	1 443.8	1 428.0	1 377.2	0.95	0.96
Ⅱ	1 368.2	1 356.6		1.01	1.02
Ⅲ	1 494.6	1 340.0		0.92	1.03

跨中正弯矩极限承载力验算(单位:t·m)　　表2

截面 组合类型	设计弯矩		结构承载力	结构安全系数	
	边跨跨中	中跨跨中		边跨跨中	中跨跨中
Ⅰ	1 232.7	1 166.0	1 616.5	1.31	1.39
Ⅱ	1 201.5	1 103.0		1.35	1.47
Ⅲ	1 536.9	1 490.8		1.05	1.08

支点处剪力极限承载力验算(单位:t)　　表3

截面 组合类型	边跨支点	中跨支点	结论
Ⅰ	376.4	358.5	板腹内斜筋配置数量偏少
Ⅱ	338.1	321.8	

3.2　正常使用极限状态验算

3.2.1　裂缝宽度验算

采用《公路桥涵设计通用规范》(JTG D60—2004)第4.2.5条:最大裂缝宽度计算公式:

$$\delta_{\mathrm{fmax}} = c_1 c_2 c_3 (\sigma_{\mathrm{g}}/E_{\mathrm{g}})[(30+d)/(0.28+10\mu)]$$

跨中:

$$\delta_{\mathrm{fmax}} = 0.218\mathrm{mm}$$

支点:

$$\delta_{\mathrm{fmax}} = 0.202\mathrm{mm}$$

经计算,裂缝超过0.2mm的要求。

3.2.2　结构刚度验算

(1)在汽车荷载作用下:12号节点的竖向挠度9mm;38号节点的竖向挠度11mm。

(2)在挂车荷载作用下:12号节点的竖向挠度10mm;38号节点的竖向挠度13mm。

根据《公路桥涵设计通用规范》(JTG D60—2004)第4.2.3条要求,梁桥最大竖向挠度不应超过$L/600=58\mathrm{mm}$。

4　病害成因分析

4.1　验算结论与病害成因

根据裂缝分布的情况及性状判断,并结合结构验算结论,我们认为:

(1)结构截面尺寸偏小,顶、底板厚度较薄,梁高为60cm,导致结构刚度较小。

(2)板梁结构正、负弯矩区纵向主筋配置似偏小(钢筋直径为ϕ18mm,ϕ16mm),部分截面承载力不满足规范要求。

(3)腹板抗剪斜筋配置不足,箍筋直径选取偏小,按配箍率要求,箍筋设置的最大间距为15cm,而原设计为20cm。

4.2　结构现状检测与病害成因

4.2.1　梁体横向错位

从桥台处的支座位移和损坏情况看,梁体受到了某种横向水平力,使梁端相对于桥台向锐角方向移动,固定于桥台上的支座即被动限制梁端横移而将固定于梁体上的支座钢裙边抵坏。相对于桥台而言,梁体是梁端横移的主动者,是梁体带动桥台移动,而不是桥台带动梁体横移。据桥梁养护部门反映,梁体的横向错位在夏季的升温季节发展最快,因此我们可以判断梁端错位与温度变化有关。当温度上升时,梁体会伸长,桥头搭板也会因路面的膨胀而向河侧位移。如果搭板与梁端间的伸缩缝能正常工作,则这种因温度变化而引起的效应不会使梁端产生横向位移。但是现在伸缩缝已损坏,里面填充杂物,而且逐年的温度效应会使桥头搭板向河侧“爬行”,从而导致伸缩缝的有效伸缩空间少。因此,当温度上升时,桥头搭板与梁端因没有足够的伸缩空间而抵触。搭板与梁端将产生垂直于交接面的相互作用力。由于是斜交桥,这一作用力的水平分力将使梁端产生横移。

桥头搭板相对于桥台向河侧的位移也是公路面受热膨胀推动搭板造成的。由于搭板和挡土排架通过抗剪短钢筋连在一起的,因此挡土排架也被搭板带动向河侧位移。

4.2.2 梁体裂纹

在梁体结构中,腹板的受力是最复杂的,所以也最容易出现问题。对整体钢筋混凝土板梁,腹板上最易出现裂纹。从受力上来看,腹板不仅主要承担剪力,同时还要承担部分弯矩,腹板会因弯剪作用受拉而开裂。腹板上的大部分斜向裂纹和跨中附近的竖向裂纹主要是由于梁体受弯产生的,由于竖向剪力的存在使得这些裂纹从跨中竖直向两侧逐渐变成倾斜。

温度也是引起腹板开裂的重要因素,有时甚至是主要因素。当顶板直接受阳光照射而迅速升温膨胀时,腹板因温度较低约束顶板的膨胀而受拉;当气温骤然降低时,腹板一般因较厚而产生温度自应力,使其外侧受拉而内侧受压。这些因温度引起的效应都会引起腹板开裂,或者加剧已有的裂纹。

施工期间的施工临时荷载或支架下沉或由以上各因素的联合作用,也会引起梁体开裂。

从梁体上裂纹分布来分析,腹板上的大部分裂纹是由于梁体受弯产生的,由于竖向剪力的存在使得这些裂纹从跨中竖直向两侧逐渐变成倾斜,而温度等非荷重因素的影响,会加剧开裂或改变这些裂纹的方向和长度。而沿整个跨长均有分布的竖向通长裂纹则是非外力的原因造成的,这些裂纹可能是施工因素或温度或其他原因引起的,其宽度较大。底板上的裂纹大部分是由梁抗弯底板受拉产生的,底板上也有一些非受力原因产生的裂纹,这些裂纹与腹板上的非受力裂纹应是同时产生的。顶板上的主要裂纹显然不是受力裂纹,因为这些裂纹主要集中顶板受压的正弯矩区,受压的顶板是不应产生的这些横向裂纹的。因此,我们认为这些裂纹产生的原因与时间与腹板上非受力裂纹是一致的。

5 加固措施

经综合比较,本桥采用以下措施加固:

(1)封闭交通,设置限位顶推支点和主梁顶起工作平台,主梁顶起,支座更换并纠偏梁体。

(2)压注浆体及封闭裂缝加固。对于宽度超过 0.2mm 的裂缝,则采用压注环氧浆液进行加固;对于宽度不超过 0.2mm 的裂缝,采用环氧水泥封闭。

(3)粘贴钢板条加固。除采用环氧浆液对腹板裂缝进行压浆及封闭外,对主梁支点一定范围内在腹板裂缝区先用环氧水泥粘贴钢板条。钢板条的粘贴方向与裂缝方向垂直,后压注环氧浆液进行加固处理。

(4)粘贴碳纤维板进行加固。针对结构存在的承载能力不足的情况,拟采用在底板及墩顶顶板下缘粘贴碳纤维板进行加固。

6 加固验算

6.1 箱梁底板粘贴碳纤维布的补强计算

拟选用 TXD-C-30 碳纤维布粘贴箱梁底板跨中,对梁体进行总体补强,该材料抗拉强度为 3 400MPa,拉伸模量为 2.35×10^5MPa。若粘贴一层(厚 0.167mm),其截面积为:$500\times0.167/10=8.35(\text{cm}^2)$。

经计算,粘贴一层碳纤维的结构极限承载力为 1 840.8t · m。加固后结构安全系数明显提高,裂缝宽度明显减小。

6.2 钢板补强计算

支点范围粘贴钢板,以提高墩顶截面之极限承载力。拟采用 60mm 宽、6mm 厚的 16Mnq 钢进行计算。

经计算,支点截面粘贴 31 块钢板后,结构的极限承载力为 1 834.8t,较加固前明显提高。

38　公路工程施工现场管理应注意的问题

陈　俊

（无锡市高速公路建设指挥部办公室）

摘　要　公路工程施工的现场管理是施工管理的核心，现场管理效果直接影响工程的质量、进度和效益。加强现场管理就是在一定的时间和空间内有组织、有计划、有秩序地施工，以实现公路建设项目快速、优质、低耗。

关键词　公路工程　施工　现场管理

1　引言

随着我国市场经济体制的不断完善，公路作为国民经济发展的重要基础设施正日益发挥着极其重要的作用。公路工程施工是一项复杂的技术、经济活动，具有流动性强、协作性高、周期长、受外界干扰及自然因素影响大等特点，同时涉及众多的社会主体和多变的自然因素，受到物质、技术条件的制约。因此，如何根据公路施工的特点，加强施工现场管理，将施工各要素进行科学、合理地安排，在一定的时间和空间内有组织、有计划、有秩序地开展施工，实现工程项目快速、优质、低耗，已成为公路建设者普遍关注的焦点。

下面本文着重就施工单位在公路工程施工现场管理中应注意的问题作一阐述。

2　进行充分的施工准备

施工现场管理贯穿于工程施工的全过程，充分的施工准备是管理好施工现场的基础。施工单位只有通过充分的施工准备，才能保障施工过程的连续、协调、均衡和经济。在进行施工准备工作中应注意以下问题：

（1）要建立严谨、规范的内部约束、考核、激励机制，用制度管人，用规章管理工程。

（2）要补充调查工程沿线影响施工的因素，标注出平面位置图，并进行分析、论证，写出调查报告，作为修订施工方案、编制施工控制预算的依据。

（3）研究施工图纸，吃透设计意图，澄清图纸中的问题，恢复定线和施工放样。对所有控制点进行加密、保护、记录。

（4）根据施工合同协议和现场调研认真编制施工控制预算，作为控制支出、进行成本预测分析、经济核算以及统计工程进度的依据。

（5）进行业务、技术培训和技术交底，使相关人员对工程的技术标准、操作规程、质量控制、资料整理有全面的了解。

（6）建立工地试验室，并申请临时资质。对施工中拟使用的各种原材料取样试验，建立相关技术参数的数据库。

（7）绘制关键工序施工工艺流程图和试验操作规程、质量检查评定、计量支付、设计变更、事故处理等操作管理框图，并使图表上墙。

（8）根据工期要求、技术标准、机械设备能力、材料供应、自然条件等进行综合分析，选择最佳施工方案，完善施工组织设计。

3 合理配置施工资源

合理配置施工资源是保证施工现场动态投入生产要达到最佳组合，完成阶段施工任务，获取较大经济效益的关键。

在施工过程中，人力、材料和机械需求量不断变化，在配置施工资源时应力求均衡。要根据进度计划编制人力、材料、机械进场计划；根据材料供应与使用情况决定材料储备量；根据主导机械配置与之能力相适应的附属机械；根据天气情况和实际进度对资源进场计划进行调整，做到人、机、料、法、环协调统一。

实践证明：违背客观规律，不计成本而大量增加投入，盲目赶工的“形象”工程和投入不足致使进度缓慢的“胡子”工程都将导致施工资源的极大浪费和工程的严重亏损。

4 认真做好试验段

开工后，施工单位对自然条件、施工工艺、质量控制都有一个适应的过程。通过试验段施工，可以初步掌握工程的质量控制要点、主要技术参数、施工进度、机械组合以及施工过程中的协调情况，故它是施工现场管理的一个重要环节。

试验段施工之前要编制施工计划，明确施工方法、技术要求、试验检测内容以及达到的质量标准。施工中发现问题应及时调整，做好记录、分析、总结，为大面积施工提供理论和实践依据。

5 适时调整机械组合

机械化施工能有效地降低成本、提高质量、保证进度，是当前公路建设发展的主流。在施工过程中，要保持机械组合的相对稳定。由于受进度、天气等方面的影响，机械的使用数量发生变化时，现场管理者必须适时改变机械组合。组织机械施工应注意：

(1)根据进度计划、质量要求和机械的生产能力选择主导机械，并留有适当的余量。

(2)全套机械的生产能力是由其中生产能力最小的机械决定的，因此，加强机械的统一调配，始终保持机械的最佳组合，提高机械的使用率。

(3)要组织维护、抢修小组，备有关键配件，定期维护，随时排除故障，提高机械的完好率，确保工程正常进行。

6 切实做好防洪排水

施工受自然因素影响较大，应有针对性地采取预防和应急措施，否则，工程进度、质量、效益就无法得到保证。在自然灾害中尤以水害最为严重，水害是影响工程质量和进度的主要因素。施工中若对防洪排水工作措施不力，将造成工期拖延，费用增加，故应注意以下问题：

(1)施工前，要结合施工方案和施工图中的排水设计，制订防洪排水方案，做到永久性排水设施与临时性排水设施相结合。

(2)路基路面施工要选择合适的位置和方式，始终保持纵横坡度和碾压的平整度，使雨水能迅速排走，防止边坡坍塌堵塞水沟。对排水困难或地质不良地段，应尽量避开雨季施工。

(3)合理安排桥梁施工次序，主河槽基础应尽量在枯水季节施工，桥梁预制场应建在洪水位以上。汛期施工时，机械、材料、设备用过后尽快撤离现场，减少灾害损失。

(4)下雨期间要经济上路巡查，及时疏通水沟，减少路基积水。要了解天气变化情况，采取应对措施，减小雨水对施工的不利影响。

7 重点治理质量通病

工程质量是公路建设永恒的主题。贯彻国家有关工程质量的方针，提高全员质量意识，推行全面质量管理，是施工现场管理的重点。公路工程中的质量通病有：桥头涵顶跳车、路基不均匀沉降及路面平整

度差等。加强现场质量管理,要以治理质量通病为突破口,重点抓好以下工作:

(1)彻底处理软弱路基,确保路基整体稳定。路基不均匀沉降会导致路面开裂、路基失稳,危及行车安全。主要原因是路基未充分压实。为此,现场质量控制要抓好地表清淤和路基分层填筑及压实;在路基填挖方交界处、施工分段接头等非连续地段要作为质量控制的关键点加强控制。

(2)认真处理路基与桥涵接头,防止桥头涵顶跳车。桥涵与路基施工往往不能同步进行,在路基与桥涵之间形成接头,若施工质量控制不好,就会造成跳车。一般设置桥头搭板,铺设土工隔栅或土工布,改换填料等。这些措施如果没有严格的质量控制和合理的施工工艺保证,仍然不能达到满意的效果。因此,现场管理的重点是确保碾压到位,压实度符合质量标准。

(3)严格控制路线的线形与高程。随着公路修建等级的不断提高,施工中对路线线形与高程的要求也越来越严。纵横坡不适、平整度差等直接影响公路的外观质量和使用品质,影响服务对象的舒适度,影响施工企业的经济效益。对这些问题,要从路基开始层层检查验收,达不到要求及时返工,谨防积重难返。

(4)确保结构物的内在和外观质量。公路是暴露在野外的线形构造物,既要满足行车要求。又要与周围的景观相协调,满足行人的视觉要求。为此,要达到内在质量与外观质量的统一。满足结构物的内在质量,必须控制关键材料、关键工序、关键工艺;满足结构物的外观质量,必须做到工艺精细、线条分明、线形顺适、层次清晰。

8 加强进度控制

进度计划是控制工程进度的依据,施工组织中的月、旬作业计划以及材料、机械使用计划都要服从进度计划的要求。进度计划反映工程从准备到竣工的全过程,反映施工中各分部、分项工程及工序之间的衔接关系,是现场管理者统筹全局、合理调配施工资源、正确指导生产活动的基础。能否按照计划旗实施,既体现施工单位的合同意识,也体现施工单位的组织协调能力和管理水平。当工程进度受到自然和人为因素的影响而与计划偏差较大时,现场管理者要结合实际,对进度计划进行调整,并做到:

(1)根据网络计划或进度管理曲线,查找实际进度与计划进度的差距,分析影响进度的原因。

(2)调整滞后项目的施工方案,适当增加资源投入,科学安排施工顺序,采用多作业面的平行流水作业或立体交叉平等流水作业,加快施工进度。

(3)合理压缩关键线路上的作业时间,尽量保证总工期实现,必要时倒排工期。

9 搞好成本管理

成本管理就是通过成本核算来计划和控制经济活动。施工现场管理要达到的目的就是通过对工程进度、质量的控制来降低工程成本、提高经济效益。不计成本、不搞核算的粗放型管理只能导致工程干的越多、亏得越大。为此,要注意抓好以下工作:

(1)完善成本管理制度,使采购、库存、发放、使用等每一环节在制度在约束下进行。

(2)根据施工定额对各分项工程进行成本控制,力求使人工、材料、机械控制在规定的范围内。

(3)分项或分部工程完成后,要对照施工控制预算进行成本预测,对已经出现或可能出现的超支采取应对措施。

(4)单位工程完成后,要及时进行成本核算,根据实际发生的工、料、机及管理费计算出该工程的实际成本,与施工控制预算比较,查找成本管理中的问题。

(5)工程全部完成后,要结合施工控制预算、计量支付进行效益分析,总结经验教训。

10 做好施工保通

施工现场保通关系到施工能否正常进行。无论是新建工程,还是改建工程,如果便道、便桥、边施工边通车的路段不能通行,机械、材料、人员就无法进场开展工作,同时还会打乱施工秩序,造成经济损失和质量问题。现场保通要注意：

(1)便道、便桥的通行能力和承载标准要与施工规模及机械通过量匹配。要加强养护，使便道、便桥始终处于完好状态。

(2)地方道路作便道时，要与道路所有者签订使用维护协议，对承载能力低的桥涵进行加固。

(3)边施工边通车的路段要设立安全标志，且由路政管理人员指挥交通，避免交通事故，减少堵车现象。

11 加强初期养护，配合交工验收

为了保持路容、路貌，保证公路各项能力的正常发挥，使工程顺利通过交工验收，施工单位要加强工程的初期养护，对工程外观进行整修，并注意以下问题：

(1)全面检查路基、路面、桥涵、构造物、交通安全设施，存在问题及时处理。

(2)清理路基、路面上的施工废料；按路基标准横断面整修路肩、边坡；清理桥涵、构造物上的附着砂浆；修补路面及构造物的局部损坏；使公路线形顺适、整齐美观。

(3)按照《公路工程竣工验收办法》的要求，写出施工总结，恢复路线控制点，标注里程桩号，为质量鉴定创造条件。

综上所述，公路工程施工的现场管理是一项复杂的系统工程，不同的工程项目，所采取的管理措施应有所不同。作为施工单位的现场管理者要与时俱进，大胆探索新的管理思路，通过加强施工的现场管理，使工程质量、进度和效益不断得到提高。

39　浅谈桥梁钻孔灌注桩质量缺陷的处治

陈　俊

（无锡市高速公路建设指挥部办公室）

摘　要　钻孔灌注桩由于对各种地质条件的适应性、施工简单易操作且设备投入一般不是很大，因此在各类工程建设中都得到了广泛的应用。钻孔灌注桩的施工大部分是在水下进行的，其施工过程无法观察，成桩后也不能进行开挖验收。施工中的任何一个环节出现问题，都将直接影响整个工程的质量和进度，甚至给投资者造成巨大经济损失和不良社会影响。因此，必须防治在钻孔过程中及水下混凝土灌注过程中经常出现的施工质量问题，保质、保量地完成桩基施工任务。

关键词　灌注桩　施工质量　防治措施

1　钻孔过程中出现的施工质量问题及防治措施

1.1　护筒冒水

护筒外壁冒水，严重的会引起地基下沉，护筒倾斜和移位，造成钻孔偏斜，甚至无法施工。

造成原因：埋设护筒的周围土不密实，或护筒水位差太大，或钻头起落时碰撞。

防治措施：在埋筒时，坑地与四周应选用最佳含水率的黏土分层夯实。在护筒的适当高度开孔，使护筒内保持1.0～1.5m的水头高度。钻头起落时，应防止碰撞护筒。发现护筒冒水时，应立即停止钻孔，用黏土在四周填实加固。若护筒严重下沉或移位时，则应重新安装护筒。

1.2　孔壁坍陷

钻进过程中，如发现排出的泥浆中不断出现气泡或泥浆突然漏失，则表示有孔壁坍陷迹象。

造成原因：孔壁坍陷的主要原因是土质松散，泥浆护壁不好，护筒周围未用黏土紧密填封以及护筒内水位不高。钻进速度过快、空钻时间过长、成孔后待灌时间过长和灌注时间过长也会引起孔壁坍陷。

防治措施：在松散易塌的土层中，适当埋深护筒，用黏土密实填封护筒四周，使用优质的泥浆，提高泥浆的相对密度和黏度，保持护筒内泥浆水位高于地下水位。搬运和吊装钢筋笼时，应防止变形，安放要对准孔位，避免碰撞孔壁，钢筋笼接长时要加快焊接时间，尽可能缩短沉放时间。成孔后，待灌时间一般不应大于3h，并控制混凝土的灌注时间，在保证施工质量的情况下，尽量缩短灌注时间。

1.3　缩颈

缩颈即孔径小于设计孔径。

造成原因：塑性土膨胀。

防治措施：采用优质泥浆，降低失水量。成孔时，应加大泵量，加快成孔速度，在成孔一段时间内，孔壁形成泥皮，则孔壁不会渗水，也不会引起膨胀；或在导正器外侧焊接一定数量的合金刀片，在钻进或起钻时起到扫孔作用。如出现缩颈，采用上下反复扫孔的办法，以扩大孔径。

1.4　钻孔偏斜

成孔后桩孔出现较大垂直偏差或弯曲。

造成原因：钻机安装就位稳定性差，作业时钻机安装不稳或钻杆弯曲所致；地面软弱或软硬不均匀；

土层呈斜状分布或土层中夹有大的孤石或其他硬物等情形。

防治措施：先将场地夯实平整，轨道枕木宜均匀着地；安装钻机时，要求转盘中心与钻架上起吊滑轮在同一轴线，钻杆位置偏差不大于20cm。在不均匀地层中钻孔时，采用自重大、钻杆刚度大的钻机。进入不均匀地层、斜状岩层或碰到孤石时，钻速要打慢挡。另外，安装导正装置也是防止孔斜的简单有效的方法。钻孔偏斜时，可提起钻头，上下反复扫钻几次，以便削去硬土。如纠正无效，应于孔中局部回填黏土至偏孔处0.5m以上，重新钻进。

1.5 桩底沉渣量过多

造成原因：清孔不干净或未进行二次清孔；泥浆相对密度过小或泥浆注入量不足而难以将沉渣浮起；钢筋笼吊放过程中，未对准孔位而碰撞孔壁使泥土塌落桩底；清孔后，待灌时间过长，致使泥浆沉积。

防治措施：成孔后，钻头提高孔底10～20cm，保持慢速空转，维持循环清孔时间不少于30min。采用性能较好的泥浆，控制泥浆的相对密度和黏度，不要用清水进行置换。钢筋笼吊放时，使钢筋笼的中心与桩中心保持一致，避免碰撞孔壁。可采用钢筋笼冷压接头工艺加快对接钢筋笼速度，减少空孔时间，从而减少沉渣。下完钢筋笼后，检查沉渣量，如沉渣量超过规范要求，则应利用导管进行二次清孔，直至孔口返浆相对密度及沉渣厚度均符合规范要求。开始灌注混凝土时，导管底部至孔底的距离宜为30～40mm，应有足够的混凝土储备量，使导管一次埋入混凝土面以下1.0m以上，以利用混凝土的巨大冲击力溅除孔底沉渣，达到清除孔底沉渣的目的。

2 水下混凝土灌注过程中出现的施工质量问题及防治措施

2.1 卡管

水中灌注混凝土过程中，无法继续进行的现象。

造成原因：初灌时，隔水栓堵管；混凝土和易性、流动性差造成离析；混凝土中粗骨料粒径过大；各种机械故障引起混凝土浇筑不连续，在导管中停留时间过长而卡管；导管进水造成混凝土离析等。

防治措施：使用的隔水栓直径应与导管内径相配，同时具有良好的隔水性能，保证顺利排出。在混凝土灌注时，应加强对混凝土搅拌时间和混凝土坍落度的控制。水下混凝土必须具备良好的和易性，配合比应通过实验室确定，坍落度宜为18～22cm，粗骨料的最大粒径不得大于导管直径和钢筋笼主筋最小净距的1/4且应小于40mm。为改善混凝土的和易性和缓凝，水下混凝土宜掺外加剂。应确保导管连接部位的密封性，导管使用前应试拼装、试压，试水压力为0.6～1.0MPa，以避免导管进水。在混凝土浇筑过程中，混凝土应缓缓倒入漏斗的导管，避免在导管内形成高压气塞。在施工过程中，应时刻监控机械设备，确保机械运转正常，避免机械事故的发生。

2.2 钢筋笼上浮

钢筋笼的位置高于设计位置的现象。

造成原因：钢筋笼放置初始位置过高，混凝土流动性过小，导管在混凝土中埋置深度过大钢筋笼被混凝土拖顶上升；当混凝土灌至钢筋笼下，若此时提升导管，导管底端距离钢筋笼仅有1m左右时，由于浇注的混凝土自导管流出后冲击力较大，推动了钢筋笼的上浮；由于混凝土灌注过钢筋笼且导管埋深较大时，其上层混凝土因浇注时间较长，已接近初凝，表面形成硬壳，混凝土与钢筋笼有一定的握裹力，如此时导管底端未及时提到钢筋笼底部以上，混凝土在导管流出后将以一定的速度向上顶升，同时也带动钢筋笼上升。

防治措施：钢筋笼初始位置应定位准确，并与孔口固定牢固。加快混凝土灌注速度，缩短灌注时间，或掺外加剂，防止混凝土顶层进入钢筋笼时流动性变小，混凝土接近笼时，控制导管埋深在1.5～2.0m。灌注混凝土过程中，应随时掌握混凝土浇注的高程及导管埋深，当混凝土埋过钢筋笼底端2～3m时，应及时将导管提至钢筋笼底端以上。导管在混凝土面的埋置深度一般宜保持在2～4m，不宜大于5m和小于1m，严禁将导管提出混凝土面。当发生钢筋笼上浮时，应立即停止灌注混凝土，并准确计算导管埋深和已浇混凝土面的高程，提升导管后再进行浇注，上浮现象即可消失。

2.3 断桩

混凝土凝固后不连续,中间被冲洗液等疏松体及泥土填充形成间断桩。

造成原因:由于导管底端距孔底过远,混凝土被冲洗液稀释,使水灰比增大,造成混凝土不凝固,形成混凝土桩体与基岩之间被不凝固的混凝土填充;受地下水活动的影响或导管密封不良,冲洗液浸入混凝土水灰比增大,形成桩身中段出现混凝土不凝体;由于在浇筑混凝土时,导管提升和起拔过多,露出混凝土面,或因停电、待料等原因造成夹渣,出现桩身中岩渣沉积成层,将混凝土桩上下分开的现象;浇注混凝土时,没有从导管内灌入,而采用从孔口直接倒入的办法灌注混凝土,产生混凝土离析造成凝固后不密实坚硬,个别孔段出现疏松、空洞的现象。

防治措施:成孔后,必须认真清孔,一般是采用冲洗清孔,冲孔时间应根据孔内沉渣情况而定。冲孔后,要及时灌注混凝土,避免孔底沉渣超过规范规定。灌注混凝土前认真进行孔径测量,准确算出全孔及首次混凝土灌注量。混凝土浇筑过程中,应随时控制混凝土面的高程和导管的埋深,提升导管要准确可靠,并严格遵守操作规程。严格确定混凝土的配合比,混凝土应有良好的和易性和流动性,坍落度损失应满足灌注要求。在地下水活动较大的地段,事先要用套管或水泥进行处理,止水成功后方可灌注混凝土。灌注混凝土应从导管内灌入,要求灌注过程连续、快速,准备灌注的混凝土要足量。在灌注混凝土过程中应避免停电、停水。绑扎水泥隔水塞的铁丝,应根据首次混凝土灌入量的多少而定,严防断裂。为了确保导管的密封性,导管的拆卸长度应根据导管内外混凝土的上升高度而定,切勿起拔过多。

40 软基沉降观测及其数据处理方法

宋 健[1] 徐伟荣[1] 胡伍生[2]

（1. 无锡市公路管理处；2. 东南大学交通学院）

摘 要 本文简述了高速公路软基沉降观测及其断气处理的目的和意义；介绍了沉降观测和布点原则；提出了高速公路软基沉降观测的技术要求；介绍了基于VB的高速公路软基沉降观测数据处理软件。在实际工程中，由于种种原因，会造成沉降观测数据不连续，本文就沉降观测数据不连续时沉降量估算提出了三种处理方法，在实际工程应用中起到了较大的作用。

关键词 高速公路 软基 沉降

1 引言

在软土地基上修筑高速公路路堤，最突出的问题是稳定和沉降[1]。软土在我国的沿海和内陆地区均有相当大的分布范围，由于软土地基的强度低、承载力小、压缩性高、渗透性低、固结变形持续时间长，所以软土路基的沉降观测工作和数据处理分析就成为提高高速公路建设质量的关键技术之一[2,3]。为掌握路堤在施工期中的变形动态，施工期间必须进行地表沉降量的动态观测。其主要目的有：

(1)根据观测数据控制、调整填土速率。

(2)预测沉降趋势，确定预压卸载时间和结构物及路面施工时间。

(3)提供施工期间沉降土方量的计算依据。

(4)预测工后沉降，使工后沉降控制在设计允许范围之内。

(5)通过实测沉降量，预测沉降量并验证设计合理性，进行设计的再优化，控制和保证工程的建设质量，特别是对于预压处理路基，沉降速率和预测的工后沉降是判别路堤稳定和卸载与否的两个主要指标[4]。

软基沉降观测的数据处理工作也是十分重要的。数据处理工作主要包括沉降量计算和沉降速率分析[5]。高速公路一般路程较长，沉降观测点很多且观测时间长、观测次数频繁、观测资料数据量极大，如果人工来处理海量观测数据，并组织生成各类报表，对沉降观测结果进行分析处理，工作量将十分巨大且容易出差错。因此，利用计算机数据库编程技术来进行路基施工沉降监测的数据理是十分必要的。

2 沉降观测点的布置原则

沉降观测点应设置在需要观测的位置，它直接反映出测点处地基变形情况。因此，测点的位置设置不仅要根据设计要求，同时还应针对施工掌握的地质、地形等情况调整或增设。布点原则为：一般路线100～200m在路中心设一个测点；路堤高度大于4m的断面、桥头断面，须设置左、中、右三个观测点；通道只在中心设置一个观测点。

3 沉降观测的技术要求

目前，公路路基施工中的沉降观测都采用埋设沉降标的测量方法，即在软基处理结束后，路基填筑

1～2时埋设沉降标,在施工过程中定期(一般填土1～2层观测一次)测量出沉降标上的测管的高程,测管顶端的高程变化值为沉降量。随着填土高度的增加,测管可不断接高,接管时同时观测接管前后的管顶高程,分别称为“下顶高”和“上顶高”,以保证沉降量的连续性。沉降观测工作一般采用几何水准测量方法,具体技术要求为:

(1)路基填筑期的沉降观测精度应不低于国家四等水准测量要求;预压期沉降测按照国家三等水准测量要求;路面施工期沉降观测按照国家二等水准测量要求;观测工作必须严格执行国家水准测量规范,使观测资料可靠、完整、连续。

(2)第二填筑一层时应观测一次,间歇期较长时要增加测次,每15d至少观测一次。

(3)观测仪器应符合规范要求,应定期进行检验与校正;记录手簿及资料整理应规范。

(4)为了消除观测中的系统误差,尽可能使观测条件相同,观测工作应做到五固定的观测原则。五个固定是:后视尺固定、测站位置固定、仪器固定、观测人员固定、转点固定。

4　沉降观测的数据处理

东南大学交通学院利用ACCESS数据库,以Visual Basic 6为开发平台,开发出了高速公路沉降观测数据处理与分析软件。利用该软件,能实现沉降观测资料中的各类信息的查询和自动快速提取,处动生成各类成果电子报表(如沉降观测成果整理表、沉降成果汇总表、沉降速率分析表等)。另外,该软件还能对沉降结果、沉降速率进行分析、处动绘制沉降曲线图,能预报学降量,利用其中的“施工决策支持”模块,还能为各级领导和决策人员进行施工决策提供技术帮助等。图1就是能过该软件自动生成的沉降曲线图。

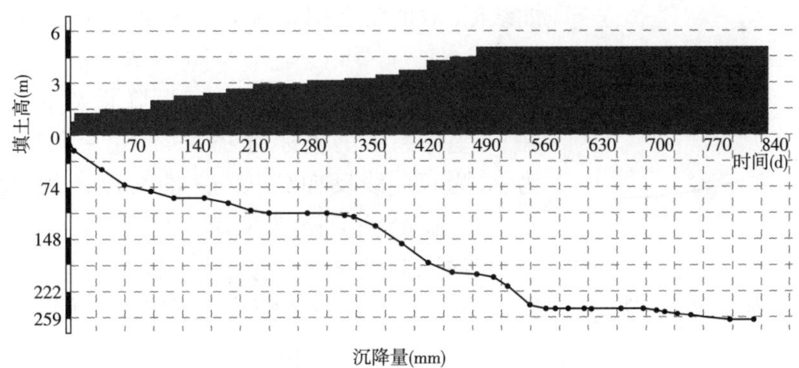

图1　高速公路某沉降点填土高、深降量与时间关系曲线图

5　不连续沉降观测的数据处理

5.1　沉降观测中的问题

从很多施工现场的测情况看,沉降观测在实际操作中仍存在不少问题,特别是施工过程中沉降标的破坏现象比较严重。例如,重型施工器械对沉降标造成破坏;学降标测管被盗现象;施工影响使个别沉降点未能观测等。由于沉降观测不连续,会造成无法计算某个时间段的沉降量、无法计算该时间段的沉降速率、影响总沉降量的计算、对路基处理设计的评价有影响、对工后沉降的估算有很大影响等,因此,有必要对不连续沉降观测数据进行适当处理,以期望其数据分析结果更客观地反映出实际情况。

5.2　不连续沉降观测的处理方法

图1为某高速公路其中一个沉降点的填土高、沉降量与时间关系曲线图。由于该沉降点观测过程控制较好,全程数据完整,因此我们可以用它来比较、分析当某一时段未能观测时推算值与实测值的差异。这里就匀速加载时观测数据不连续的情况介绍几种处理方法。

5.2.1　前推法

前推法,就是根据该沉降点前一时段的沉降情况来推算未能观测时间段的沉降量。由于同一个沉降点的土质情况相同,相邻时间段的软土参数基本不变,因此沉降还率可认为只与填土速率有关,可用式(1)来推算沉降量。

$$\Delta S_2 = \frac{\Delta S_1}{t_1 \cdot n_1} \cdot t_2 \cdot n_2 \tag{1}$$

式中:ΔS_1、ΔS_2——时段沉降量;

t_1、t_2——时段时间间隔;

n_1、n_2——时段填土高。

这是进行沉降实时动态预测时经常采用的一种方法。当匀速加载、观测间隔固定时,$\Delta S_2 = \Delta S_1$。

5.2.2 内插法

如果再考虑该时间段后期的沉降速率,就可以采用插值的方法来推算:

$$\Delta S_2 = \frac{1}{2}\left(\frac{\Delta S_1}{t_1 \cdot n_1} + \frac{\Delta S_3}{t_3 \cdot n_3}\right) \cdot t_2 \cdot n_2 \tag{2}$$

以上两种方法对于匀速加载时沉降量的推算比较实用,实际计算效果较好。在公路施工中,由于是分层加载,从整个施工期看,可以看成是匀速加载。

5.2.3 双曲线法

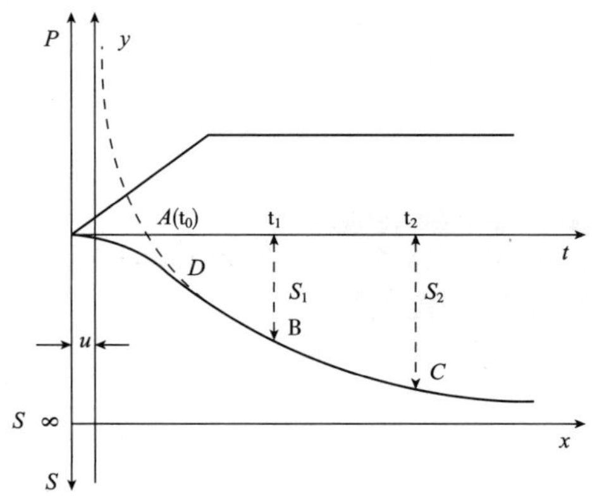

图 2 沉降过程曲线及其趋近双曲线

如图 2 所示,横坐标 t 的止方为 $P-t$(荷载与时间)曲线,下方为 $S-t$(沉降与时间)曲线。一般情况下,沉降过程曲线均以 $S-t$(沉降与时间)坐标系来表达。当用双曲线方程来拟合沉降曲线时,双曲线在图 2 的 xy 坐标系中的方程为:

$$xy = K \tag{3}$$

对于曲线上任取一点,其沉降量与时间为 $P(t,S)$。该点在 xy 坐标系中的坐标为 $P(t-u, S_\infty - S)$。图中各符合的意义为:t_0 为双曲线反向延长与 t 的交点,工程施工中常常近似为施工期 T_0 的一半;S 为实测沉降量;S_∞ 为预测总沉降量;U 为未知参数,是地基土参数、地基固结性能及填土速率的综合参数。将这三个点的坐标代入公式(3)就可以求得双曲线的方程式。

$$(t-u) \cdot (S_\infty - S) = K \tag{4}$$

式中有三个未知参数,通过三个实测数据就可以求得这三个未知数,从而得到双曲线的方程。

5.3 算例

对图 1 的沉降观测数据,用以上介绍的两种方法,对任一时间段缺少观测数据时进行沉降量的推算。结合工程实践经验,参考推算结果中的数据,我们可以得出以下结论和建议:

(1)在实际应用中,前推法和内插法在施工整个阶段都可以应用。其中,前推法可以提前预测某个时间段的沉降量,而内插法是根据不连续时间段前后的沉降情况进行内插,因而具有较高的精度。

(2)当某观测点缺乏最新观测数据时,往往采用前推法来估算。一旦得到该点的后期观测数据,则应采用内插法来计算,从而提供计算结果精度。

(3)荷载加载到一定高度以后,沉降曲线才趋近于双曲线。因此,施工前期,双曲线法预测的可信度较低。我们的经验是,当路堤填筑到整个填土高度的 70% ~80% 时,双曲线法才可能得到比较理想的结果。

(4)前推法和内插法的计算方法简单易行,编制简单程序就可实现。施工后期,双曲线法的计算结果更合理,特别是对于软土路基预压期的沉降量预测,其作用更加明显。其缺点是计算复杂,特别是随着观测数据的增加进行实时动态预测时,计算量明显增加。

6 结语

高速公路软基沉降观测是一项十分重要的工作,它对高速公路施工决策、提高高速公路建设质量都有十分重要的作用。同样,软基沉降观测数据处理工作也非常重要。在实际工作,一方面要加强沉降观测工作的组织和管理,确保沉降观测数据的正确性、可靠性和连续性;另一方面要加强对沉降观测数据的分析工作,从而真正做到充分利用沉降观测数据来指导施工。由于种种原因,往往有部分沉降观测点的沉降数据不连续,本文提出了三种不连续沉降观测的数据处理方法。这些方法在实际工程应用中起到了较大的作用。

参考文献

[1] JTJ 017-96 公路软土地基路堤设计与施工技术规范[S]. 北京:人民交通出版社,1997.

[2] 折学森. 软土地基沉降计算[M]. 北京:人民交通出版社,1998.

[3] 陆培毅. 土力学[M]. 北京:中国建材工业出版社,2000.

[4] 刘松玉. 公路地基处理[M]. 南京:东南大学出版社,2001.

[5] 胡伍生,邓永锋,方磊. 数据库在路基施工沉降观测中的应用[J]. 东南大学学报,2000,30(6).

41　二灰碎石厂拌质量的控制

宋　健

（宜兴市公路管理处）

摘　要　在二灰碎石路面基层出现的破坏中，厂拌施工质量控制不力是一个重要原因，本文结合宁合公路高速化工程施工，阐述了二灰碎石厂拌质量的控制措施。

关键词　二灰碎石　原材料　厂拌质量　控制

目前，我国高等级公路基层大多采用二灰碎石。二灰碎石作为半刚性材料，具有耐久性好、强度高、造价低等许多优点。但随着道路的建成通车，许多缺陷暴露出来，最常见的即通车1～2年后，修建其上的沥青面层相继出现裂缝，进而产生网裂、沉陷，造成路面破坏。这些病害的产生，既有设计上的原因，也有施工时质最控制不严的原因。本文仅就宁合公路（江浦县龙华～滁河大桥）高速化改造工程（以下简称“宁合工程”）中二灰碎石厂拌质量控制的措施进行探讨。

1　原材料质最控制

1.1　石灰

石灰中氧化钙（CaO）和氧化镁（MgO）的含量对二灰碎石的强度有着显著的作用，特别是与粉煤灰发生水化反应后，其用量多少所起的影响极为明显。

增加石灰剂量可以提高二灰碎石强度，但同时必然导致施工成本的提高，且对于二灰结石料的抗裂性能是十分不利的。在不增加石灰剂量的前提下，选用二级以上石灰，既可增加有效钙镁含量，提高稳定效果，又不影响抗裂性能，对保证质量是十分有利的。

1.2　粉煤灰

粉煤灰是一种火山灰材料，是一种硅质的或硅铝质的材料。它本身很少或没有黏结性，但当它以细分散的状态与水和消石灰混合时，在常温下与氢氧化钙发生反应生成一种具有黏结性的化合物。粉煤灰中与石灰发生水化反应的氧化物主要是SiO_2、Al_2O_3和Fe_2O_3三种材料，其含量对二灰混合料的强度有明显影响（试验结果见表1）。因此，要求这三种材料的总含量大于70%、且烧失量小于20%。水化反应主要方程为：

$$R(OH)_2 \cdot SiO_2 \xrightarrow{H_2O} xRO \cdot ySiO_2 \cdot zH_2O$$

$$R(OH)_2 + Al_2O_3 \xrightarrow{H_2O} xRO \cdot yAl_2O_3 \cdot zH_2O$$

$$R(OH)_2 + Al_2O_3 + SiO_2 \xrightarrow{H_2O} xRO \cdot yAl_2O_3 \cdot zSiO_2 \cdot wH_2O$$

另外，粉煤灰颗粒愈细，比表面积愈大，粉煤灰活性愈强，从而可提高混合料强度；而当颗料粗时，需水量增大，产生干缩性也变大，因此，粉煤灰比表面积宜大于2 500cm^2/g。

1.3 集料

目前我国高等级道路施工基本都采用密实型二灰碎石在这种二灰碎石混合料中,大粒径集料起骨架支撑作用,小粒径集料与石灰、粉煤灰一同起着填充空隙和黏结作用,因此集料压碎值应控制在30%以下,而含泥量则应接近于零。在我国,二灰碎石集料多采用石灰岩,压碎值一般都能满足要求,含泥量就成了重要的控制指标。

试 验 结 果　　表1

氧化物含量(%)	抗压强度(MPa)			
	龄　期(d)			
	7	14	28	90
50.2	0.24	0.35	0.44	1.31
79.4	0.76	1.00	1.60	2.30
87.1	0.92	1.49	1.93	4.92

2 厂拌过程质量控制

厂拌过程质量控制是二灰碎石生产质量控制最关键的环节,在这个环节中,材料的含水率和级配是重要的控制项目,只有控制住了含水率和集料级配,生产质量才有保证。

2.1 含水率

含水率的控制是以标准击实试验求得的最佳含水率作为标准的,"宁合工程"中二灰碎石最佳含水率为8.5%。据有关材料和实测结果(日平均气温28℃,远距10km),二灰碎石从出厂到开始摊铺含水率约下降1%,为使混合料运到现场摊铺碾压时的含水率能接近最佳值(或略低一点以降低干缩系数),必须在厂拌时将混合料含水率控制在最佳含水率加1%左右,"宁合工程"中控制标准即为9.5%。

二灰碎石材料中对含水率的影响程度依次为粉煤灰最大,石灰次之,细集料较小,粗集料基本无影响。根据这一规律可以认为,控制二灰混合料含水率的关键即是控制粉煤灰和石灰的含水率。

粉煤灰是亲水性材料,持水率较高,极易吸收把持水分。在火力发电厂,为避免灰尘污染,多采用混排灰装置收集,因此出厂时粉煤灰含水率普遍偏大,甚至在运到拌和场地后,仍高达50%以上。《公路路面基层施工技术规范》(JTJ 034—2000)(以下简称"规范")中规定湿粉煤灰含水率不宜超过35%。达到这一要求,必须采取一系列有效措施,如提前备料、使粉煤灰在场地上日晒风吹来降低含水率,但当产量较大时,往往来不及供料,无法实现。在这种情况下,可以使用运输散粉料的水泥罐车进一批干灰,然后将湿粉煤灰和干灰按一定的比例拌和,来达到降低含水率的目的。当然各地情况不同,可根据自身条件采取措施,但要求是一致的,即将粉煤灰含水率降至35%以下,最好控制在30%以下。

石灰中所含水分主要是消解过程剩余的水,降低石灰含水率,可以采用以下两个措施,一是将石灰消解地放在水泥混凝土地面上,根据经验来浇洒插灌适量的水,将多余的水分减至最少;二是将石灰提前7~10d消解。一般来说,1t二级以上生石灰打成一堆,消解时间约为5~6d,那么在使用前8d消解,既可消除生石灰的危害,又可通过蒸发降低石灰中所含水分来达到控制石灰含水量的目的。

控制住了粉煤灰和石灰的含水率,在拌和时即可根据混合料的拌和标准含水率,通过实测各种材料所含水分,确定并及时调整向拌和室中添加的水量。在实际操作时,可根据每小时的产量计算加水量,然后进一步确定每分钟加水量来调试供水系统。

在降雨量较大的地区,拌和场地应搭有防雨棚,避免粉煤灰、石灰、细集料淋雨,如无条件,也应将以上三种材料堆放在地势较高处,用塑料布或其他材料覆盖起来。

2.2 级配

在二灰碎石拌和过程中,集料的最大料径、粒料级配,应符合"规范"中表4.2.4的规定。

在拌和前,应首先筛除集料中不符合要求的颗粒,对于粉煤灰团预先打碎,粉煤灰块不应大于12mm。集料粒径符合要求后,即可调试所用的厂拌设备,使混合料的颗粒组成规定达到要求。“宁合工程”二灰结集料配比见表2。

“宁合工程”二灰结集料配比 表2

筛孔孔径筛分及配合比例			30	20	10	5	2	1	0.5	0.075
筛分结果	碎石		100	25.9	0.2					
	瓜子片		100	99.3	36.3	1.9	0.4			
	米砂				100	84.5	43.8	36.8	22.8	7.6
	石粉			100	97.0	93.8	86.4	80.5	37.4	0.4
配合比例	碎石	13	13	3.4						
	瓜子片	30	30	29.8	10.9	0.6	0.1			
	米砂	32	32	32	32	27.0	14.0	11.8	7.3	2.4
	石粉	25	25	25	24.3	23.4	21.6	20.1	9.4	0.1
粒料级配			100	90.2	67.2	51.0	35.7	31.9	16.7	2.5
规范要求			100	90~100	55~80	40~65	28~50	20~40	10~20	0~10

一般来讲,二灰碎石拌和机只有5个料仓,而原材料有石灰、粉煤灰、碎石、瓜子片、米砂、石粉等不止5种。在这种情况下,可将米砂、石粉这种粒径较小的材料预先在场地上用装载机按比例打堆翻拌均匀,将石灰、粉煤灰、碎石、瓜子片、米砂石粉混合料按顺序各放置一料仓,然后调试配料机的调速电机转速。

在进行配比设计时,各种材料的比例是质量比,而给料机供料采用的是体积比,因此在实际生产时,必须先把质量比依据每种材料的密度换算成体积比。例如,二灰碎石拌和机每小时产量为180t,拌制含水率为9.5%,石灰比例为6%,石灰含水率为9%,则每小时应加石灰10.8t,假设石灰密度为$1 \times 10^3 kg/m^3$,则每小时应加石灰$10.8m^3$。

调节斗门开启高度时,除要考虑到每种材料的粒径大小外,还要保证调速电机在中高速(500~1 000r/min)运行,对于石料,设置斗门开启高度为35mm,相应调速电机为711r/min,考虑到材料过程中的质量损失,调速电机转速可定为750r/min。其他材料给料机转速以此类推亦可算出。下面是连续式二灰碎石拌和机的调速电机转速计算公式:

$$N = 1\,646 \times Q \times Y/(V \times H)$$

式中:N——调速电机速度,r/min;

Q——设备总生产率,t/h;

Y——某种物料的质量百分比;

V——该种物料重度,t/m^3;

H——实际斗门高,mm。

计算出每个供料仓调速电机转速后,先进行试样,用四分法取样筛分,根据筛分结果重新调试,直到符合级配要求。由于实际情况是不断变化的,正式生产时每天仍需取样筛分,进行调试,只有这样,才能保证生产质量满足要求。

在实际施工过程中,虽然按以上方法进行了控制,仍然发现运到摊铺现场的二灰混合料有离析现象。分析认为,除了运料车在运输过程中的颠簸原因外,还有一个重要原因就是拌和厂家为了省事,把混合料存仓的斗门置于开户状态,使拌好的混合料源源不断地直接落到料车里,从而造成混合料粗细料分离。经过交涉,拌和厂家调整为每2~3min开启斗门一次,较好地解决了混合料离析问题。

3 结论

(1)原材料控制是质量控制的基本条件,必须选用符合规范要求的材料,石灰宜选用二级以上石灰。

(2)石灰质量、含水率和石料级配是保证二灰结合料强度的关键因素。

(3)从整个混合料来看,粉煤灰和石灰所含水分是含水率的主要影响因素。

(4)调试调速机转速时,应充分考虑到原材料的粒径大小和含水率,以及调速电机的合理转速。

(5)拌和时要遵守操作规程,避免混合料离析。

参考文献

[1] 沙庆林. 高等级道路半刚性路面[M]. 北京:中国建筑工业出版社,1993.

[2] JTJ 034—2000 公路路面基层施工技术规范[S]. 北京:人民交通出版社,1993.

42 无损检测技术在高速公路钢箱梁焊接质量控制中的应用

宋 健 徐伟荣

（无锡市高速公路建设指挥部）

摘 要 以江阴至太仓高速公路峭岐枢纽主线钢箱梁桥焊接制造为例，简要介绍无损检测技术在钢箱梁焊接质量控制中的应用。

关键词 钢箱梁 焊接质量 无损检测

1 工程概况

江阴至太仓高速公路峭岐枢纽主线总体布置为40m+62m+47.5m三跨连续钢箱梁，由相互独立的左右两幅组成，两幅之间为1m的中央分隔带，箱梁全宽16.5m，箱室部分宽12.5m，两侧各悬臂2m。钢箱梁的顶板兼桥面承重结构，按正交异形板设计，板厚为14mm。顶板和底板的纵向加劲肋采用U形闭口肋，两侧悬臂部分以及腹板水平加劲肋采用板式加劲肋。钢箱梁共分66个节段，最大节段长度为5.083m，最小长度为4.810m。

2 无损检测技术在高速公路钢箱梁焊接质量控制中的应用

钢箱梁焊接质量是钢箱梁施工质量控制的重要环节，焊接质量的优劣直接关系到钢箱梁的施工质量和成桥后的使用安全。峭岐枢纽主线钢箱梁桥焊接采用了对接、角接、T形接头等多种接头形式，手工电弧焊、自动和半自动埋弧焊、CO_2气体保护焊、现场单面焊双面成型等多种焊接方法和焊接工艺，焊缝总长度66 792延米。无损检测技术是控制钢箱梁焊接质量的重要手段，能在不损伤焊缝和构件表面的情况下检测焊缝存在的裂纹、夹渣、气孔、未熔透等多种质量缺陷，促进焊接工艺的改进，控制焊接过程中产生的焊接质量缺陷。

无锡市高速公路建设指挥部为确保钢箱梁施工质量，在要求施工单位按照规范要求对钢箱梁焊缝进行全面的无损检测的同时，专门委托江苏省煤矿机械无损检测中心对焊缝质量进行了无损检测，要求无损检测单位无损检测要覆盖工厂加工阶段及现场拼装阶段所有焊缝，按照25%的检测频率对钢箱梁焊接质量进行有效复检。通过综合应用超声波探伤、磁粉探伤和射线探伤等无损检测手段，有效地保证了钢箱梁的焊接质量。

2.1 钢箱梁无损检测的技术准备工作

针对钢箱梁制造过程中焊接种类多、焊接工作量大、焊缝质量要求高的特点，在无损检测前进行了认真的技术准备工作。

(1)根据峭岐枢纽主线钢箱梁桥节段划分的情况和设计文件的要求，对钢箱梁工厂加工阶段及现场拼装阶段所有焊缝进行分类，以表格形式一一对各类焊缝的数量、焊接的方法和工艺、等级、检验范围、检验方法、质量要求等进行了明确，作为施工方和无损检测单位钢箱梁制造和检验的指导性文件。

(2)编制了无损检测流程图(图1)和无损检测工艺文件。无损检测是一项专业性比较强、技术要求高的工作,受人为因素影响较大,这便要求在工作开展前编制一套完整的无损检测工艺文件,用以规范操作流程,并具体指导探伤人员操作。根据工程的实际情况,并参照有关检测标准,无损检测单位专门编制了《对接焊缝超声波探伤工艺规则》、《全熔透焊接接头超声波探伤工艺规则》、《全熔透T型接头超声波探伤工艺规则》等检测工艺文件。

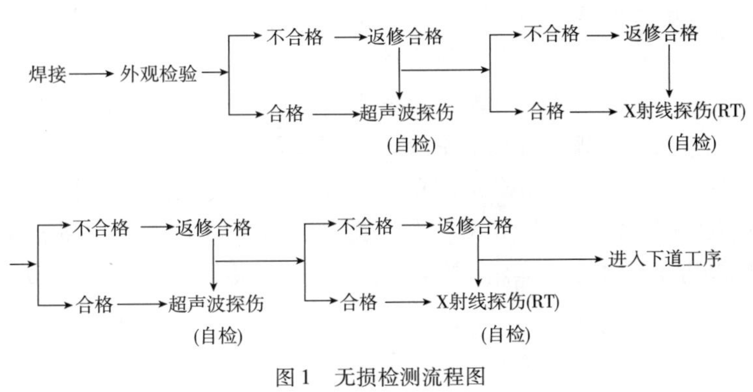

图1 无损检测流程图

(3)检测人员的要求、检测设备的调试及使用规定。指挥部要求参加本工程的施工方和无损检测单位所有无损检验人员必须经无损检测专业培训,考试合格取得国家有关部门颁发的无损检测资格证书者担任。为此,指挥部专门组织了对无损检验人员的资历、资质的检查,符合条件者方可上岗。

为严格控制设备的测量精度、灵敏度和可靠性,保证探伤数据的准确性,针对超声波探伤仪探头容易磨损,精度易发生偏差的实际问题,指挥部和无损检测单位制订了严格的设备调试及使用规定。

①所有无损检测仪器必须经过权威机构进行计量检定,合格后在有效期内使用。

②在每次现场探伤前,超声波探伤仪必须用标准试块进行仪器的调试和校准。

③当探头磨损超过规定限值的70%时,重新更换探头,确保探伤质量。

2.2 无损检测技术控制焊接质量的主要环节

2.2.1 焊接工艺评定

峭岐枢纽主线钢箱梁桥主要材质为Q345D,是钢桥制造单位首次使用的材料,所以在钢箱梁焊接前,必须进行焊接工艺评定,对焊接工艺试板进行探伤、化学成分、物理力学性能等有关检验和试验。通过对焊接工艺试板进行无损检测,可发现工艺试板中存在的缺陷,为焊接工艺编制人员提供准确的检测数据,促进焊接工艺的改进和完善。

2.2.2 技术培训及质量意识教育

焊工上岗前必须进行上岗培训,对焊接试板进行探伤是焊工考试的重要内容。通过对试板进行探伤检测,可以有效反映焊工焊接水平,有利于提高焊工焊接技术。对无损检验人员进行了理论和操作考试,重点对检验标准、无损检测工艺文件、操作规程及焊接的各种质量缺陷波形的辨认方法等技术理论进行培训。

2.2.3 焊接工艺监督检查

为防止焊工在生产过程中执行焊接工艺不严格而产生质量问题,在钢箱梁制造过程中,通过对焊缝的无损检测,可以及时发现生产中出现的有关质量问题,反馈给钢箱梁制造单位,及时进行整改,完善和改进焊接工艺,确保钢箱梁施工质量。

2.2.4 成品和零部件验收和检验

对工厂加工阶段及现场拼装阶段所有焊缝进行无损检测。

3 无损检测技术进行焊接质量控制的情况

3.1 工厂加工初期

工厂加工初期,无损检测单位对钢箱梁制造单位的生产制造现场进行了检查。

(1)通过对场地上已完成前期制作工序的6个节段的面板和底板的对接焊缝进行超声波探伤,获得了钢箱梁对接焊缝的首批内在质量信息。

(2)通过对钢箱梁制造单位的无损检测自检资料进行检查,发现了以下几方面问题:

①X射线探伤报告内容不完整,缺曝光参数及透照长度。

②底片制作质量不理想,存在个别地方发生错评及存有影响评片的伪缺陷等问题。

③无损检测报告样式欠妥,检测数据及结论反映不够简洁、清晰明了。

在此基础上,指挥部会同监理组和无损检测单位提出了整改意见:首先要无损检测单位具体指导钢箱梁制造单位无损检验人员的检测操作,组织一次对无损检验人员的技术培训;其次要有设计符合本工程实际情况的无损检测报告书样本及原始记录表样表。另外,还根据超声波探伤的情况,提出了焊接工艺改进和完善的意见。

3.2 工厂加工阶段

大板的拼接均采用半自动埋弧焊,该工艺在制造单位已趋成熟,故对接焊缝的质量均达到优良。角焊缝采用手工俯焊及手工仰焊工艺,受箱梁结构限制,操作上较为困难,因而在初始阶段曾频繁出现焊偏或打底焊不到位,从而表现为中间间断型未焊透。经无损检测单位精确定位后,予以彻底返修,并且由此得出经验,在以后的施焊中得以纠正,确保了角焊缝焊接质量。

3.3 现场拼装阶段

现场拼装初期,6条面板对接焊缝经探伤发现存在密集气孔在一定区域内连续分布的问题。无损检测单位通过探伤确定了气孔的分布规律,从而发现了焊接工艺上的问题:因现场打底焊采用的是CO_2气体保护焊(仰焊),而面板的板面又是开放的,室外的自然风破坏了CO_2保护气氛,造成了密集气孔的产生。通过改进焊接工艺,焊缝质量得到了保证。

3.4 无损检测单位无损检测数据统计(表1)

无损检测单位无损检测数据一览表 表1

工程名称	超声波探伤(UT)			X射线探伤(RT)			备注
	受检总长(m)	平均一次返修率(m)	平均二次返修率(m)	总摄片数(张)	平均一次返修率(m)	平均二次返修率(m)	
峭岐枢纽主线钢箱梁桥	2 882.4	12.6	0	388	4.5	0	平均一次返修率较高主要产生在钢箱梁制造初期

4 结语

峭岐枢纽主线钢箱梁桥从厂内加工至现场拼装全部结束共历时四个半月,通过应用无损检测技术,有效减少了焊接过程中产生的各种缺陷,改进和完善了焊接工艺,保证了钢箱梁焊接质量。实践证明,无损检测技术是控制钢箱梁焊接质量的有效方法。

参考文献

[1] TB 10212—2009 铁路钢桥制造规范[S]. 北京:中国铁道出版社,2009.

[2] JTJ 041—2000 公路桥涵施工技术规范[S]. 北京:人民交通出版社,2000.

[3] GB 50205—2001 钢结构工程施工质量验收规范[S]. 北京:中国建筑工业出版社,2002.

[4] GB/T 11345—89 钢焊缝手工超声波探伤方法和探伤结果的分级[S]. 北京:中国标准出版社,1989.

[5] GB/T 3323—2005 金属熔化焊焊接接头射线照相[S]. 北京:中国标准出版社,2005.

43 空心板梁在锡澄高速公路澄张连接道路中的应用

吕春峰[1]　宋　健[2]

(1. 锡澄高速公路至张家港港区;2. 保税区连接道路建设指挥部)

1 引言

锡澄高速公路至张家港港区及保税区连接道路全长11.918km,其中大桥三座,中桥三座,主线跨人民东路桥和东外环桥两座高架桥采用空心板梁,共396片,梁长分18m、20.2m和22m三种,断面形式如图1所示(中梁)。江阴市交通工程总公司预制场经过改造后,承接全部预制任务,2000年6月1日正式开工,12月20日预制结束。空心板采用分次浇筑,先浇筑底板和腹板,最后浇筑顶板的二次成型方案;钢筋分二次进行绑扎,在台座上铺放预应力筋,进行整体张拉,然后绑扎箍筋,分布钢筋和铰缝钢筋,立模浇筑底、腹板;待顶板模板安装就位后再绑扎顶板横、纵向钢筋,焊上预埋钢筋。

2 预应力筋张拉

预应力筋张拉采用千斤顶法整体张拉,张拉台座经改造后采用锚板整体定位钢绞线,锚板和铁箱经过验算和试张,均能较好地满足要求。

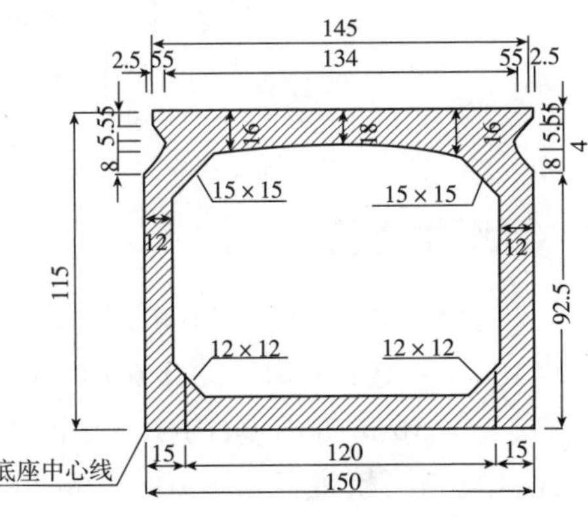

图1　中梁断面形式(尺寸单位:cm)

(1)预应力筋由于采用低松弛钢绞线,张拉程序为:初张拉为P_0→(总张拉吨位的10%~15%)→持荷3min→(测量引伸量δ_1)→张拉到总张拉吨位P→持荷3min(测量引伸量δ_2)→回油→(测量引伸量δ_3);在预应力筋有效长度范围以外部分采用硬塑料管将失效范围的预应力筋套住,以使预应力筋与混凝土不产生握裹作用。

(2)根据设计文件的规定,预应力筋采用张拉力和伸长值双控施工,以引伸量为主,引伸量的测定以直接测定的钢绞线伸长值为准,张拉前一般在锚固板尾端钢绞线截面处画线,然后直接测定δ_1和δ_2,实测引伸量值用公式$\delta = P(\delta_2 - \delta_1)/(P - P_0)$计算;查看$\delta_3 - \delta_2$是否大于8mm,如大于8mm,则表明出现滑丝,应查明原因并采取措施解决后可继续进行张拉。

(3)预应力筋放松。根据设计文件规定待混凝土强度达到设计强度的85%以后进行预应力放松,放松时采用千斤顶法整体四次放张工艺,每次放张力不得大于设计张拉吨位的40%,最后一级放张应在5min内缓慢进行。

3 模板

开始时考虑采用橡胶芯模,橡胶芯模内衬钢板,由于梁比较长,橡胶芯模刚度仍嫌不足,腹板厚度不能满足设计文件要求[(0±10)mm],一般偏厚;顶板由于橡胶芯模上浮,可能导致顶板厚度不足。现采用二次成型方案，内外侧模均采用大块钢模，每块长 4m，侧模板以卡口式联结，顶板模板采用木模，表面钉镀锌铁皮，每块长 2m，模板结构如图 2、图 3 所示。

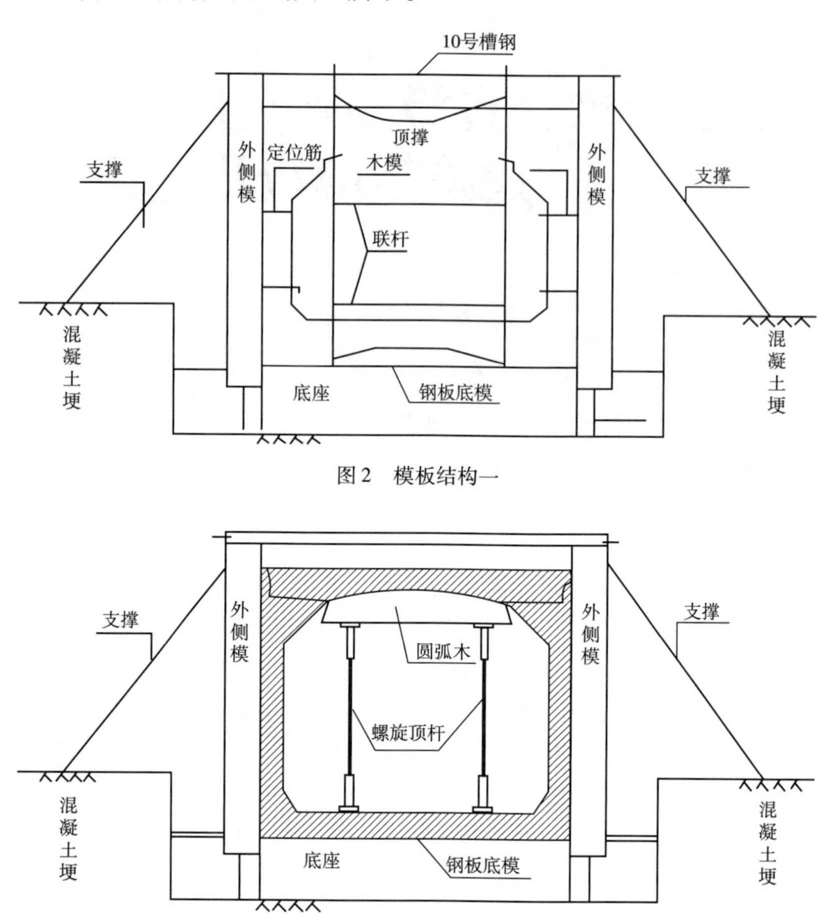

图 2　模板结构一

图 3　模板结构二

4　混凝土浇筑

（1）空心板设计强度 C40，考虑到预制进度和浇筑工艺，试配时适当提高了配制强度，28d 强度达到 52.4MPa，采用水泥用量的 0.6% 的金陵 3 号减水剂，提高早期强度，有利于内模的拆除；气温在摄氏 20℃ 左右，一般 5h 可拆内模，内模拆卸视气温变化作相应调整。具体混凝土配合比如下：采用普通硅酸盐 525 水泥，中粗砂，粗集料采用 10 ~ 30mm 碎石，坍落度 3 ~ 5cm，水泥: 细集料: 粗集料: 水: 外加剂 = 380: 632: 122: 160: 228。

（2）底腹板浇筑时，底板略领先腹板，用插入式振动器进行振捣，为了保证底板混凝土密实，紧面时用手提式平板振动器进行振捣。腹板与顶板结合面要振捣密实，在施工缝上喷涂一层薄薄的表面缓凝剂，待混凝土终凝后用压力水冲洗施工缝面上的浆体处理施工缝。

（3）提高混凝土早期强度，缩短了预制周期（一般 6d），放张后空心板梁上拱小，这与混凝土强度好、抗压弹性模量高有关（上拱值与抗压弹性模量成反比）。现以 20.2m 空心板梁举例说明，设计上 20.2m 边板张拉后 7d 上拱 2.2cm，见表 1。

20.2m 空心板梁张拉后上拱值　　表 1

梁编号		浇筑日期	放张日期	放张时混凝土强度（MPa）	抗压弹性模量（MPa）	张拉后 7d 上拱值（cm）
边梁	JB－12	6－6	6－9	43.1	4.37	1.3
	JB－27	6－15	6－19	46.5	4.23	1.4
	JB－61	9－5	9－9	43.7	4.58	1.3

续上表

梁编号		浇筑日期	放张日期	放张时混凝土强度（MPa）	抗压弹性模量（MPa）	张拉后 7d 上拱值（cm）
中梁	J-10	6-7	6-11	40.5	4.47	1.1
	J-39	6-17	6-21	42.3	4.36	1.2
	J-103	9-16	9-20	44.3	4.50	1.2

5 结语

本项工程空心板梁预制中，采用了整体张拉和放松工艺，节约了钢绞线，缩短了张拉和放张的时间。空心板的采用减少了恒载，降低了成本，396 片空心板集中在江阴市交通工程总公司预制场预制，取得了良好的经济效益。

44 浅谈路桥工程招标过程中应注意的一些问题

郑晓东

（无锡市高速公路建设指挥部办公室）

摘　要　本文针对路桥工程招标的特点，对一些细节方面问题的处理，提出了相应的建议与方法。
关键词　路桥工程　招标　问题

1　引言

这些年，正值全国高速公路建设工作飞速发展之时，而江苏省无锡又是全国高速公路建设的排头兵。笔者有幸在无锡市高速公路建设指挥部计划处参加工作几年来，先后参与了锡宜、宁杭、沿江高速公路以及环太湖一级公路及其高速化改造、太湖大道、蠡湖大道、惠山大道跨线主桥、太湖大道春阳路跨线桥等市政道路市政道路的招标工作。在领导和同事们的支持下，在一次次相似但更加完善的招标过程中，日积月累，逐渐对招标工作中应该注意的一些细节问题形成了一些认识，经过总结，写出来与大家共同探讨，不足之处望路桥界业内人士批评指出。

2　招标过程中应注意的一些问题

2.1　规范招标工作周期，营造公平竞争环境

《江苏省招标投标条例》（以下简称《条例》）第十八条，七部委〔2003〕第30号文《工程建设项目施工招标投标办法》（以下简称《办法》）第十条等规定：“自招标文件或者资格预审文件出售之日起，最短不得少于五个工作日。”这一条规定对于规范招标工作周期，营造公平竞争环境有着深远的意义。试想，一个使得投标单位连报名都没有足够时间赶过来的招标活动，又怎么能营造一个公平竞争的环境呢？由于过去招标办法没有完善，各地在招标时间上普遍存在紧缩，在很大程度上限制了外地特别是路途较远的单位及时赶来报名，造成南方的招标活动往往北方的单位赶不及报名，北方的招标活动也是如此。久而久之，形成了投标单位资源不能全国普遍共享，在客观上产生了地方保护主义。这样的局面，实际上对业主与投标单位都不利。一方面，业主方在选择施工经验丰富、有优秀业绩的队伍的范围上受到很大局限；另一方面，本地的投标单位出不去，外地的投标单位进不来，从而形成了一种恶性循环，不利于招标市场的健康发展。而《条例》与《办法》明确规范了招标工作周期，恰似一场及时雨，激活了招标市场，对业主方来说，对优秀施工队伍的选择有了更广阔的空间。另外，由于投标单位的增多，竞争也由原来的弱竞争走向适度竞争。在一些项目（如绿化、交通工程）的报价由暴利性逐渐趋于合理化的同时，随着招标制度的日益完善，施工单位数目增多，单价可比性也有了更多的参考依据，单价构成情况、单价平衡性也有了更多的比较，低价抢标现象也明显得到遏制。对于投标单位来说，过去是在一个地方死呆着等机会，忙的时候拼命干，闲得时候心发慌，而说不定此时在另外的省份，业主却在等施工单位；而现在全国各地都有中标的机会，所以在投标中也更加理性化，对于他们来说，“东边不亮西边亮”，“只要有活干就可以生存下去”，极大地活跃了招投标市场。对业主与施工单位来说，是一种“双赢”。

2.2　招标的公开首先是招标信息的公开

报载：某市一家中学欲盖一座办公楼，已经达到应招标的规模。但是当记者采访这家中学校长时，问

是否发布了招标信息，这个校长一本正经地说："发布了啊，我带你来看。"随后，领记者走到学校传达室旁边，指着一张告示给记者看。记者指出："这样是不够的，要向全社会发布。"这位校长当即表态："好，我立即派人把这个公告贴满校园的几处围墙以及各个处室。"这件事情成为一个笑话，大笑之余，我陷入思考：这位校长的办事可谓是认真的，闻过即改，但是问题在于，他还没有领会到什么叫做信息的公开，如何公开。社会上面同样有一部分人没有理解这一点。在此要强调一下，所谓招标信息的公开，目前最广泛的就是通过媒体，如有影响力的报纸等，常见的是在招标网上向全社会发布招标信息，让全国各地的投标单位都有机会了解到信息，做到真正意义上的"公开"。

2.3 发放招标文件与打开投标文件时轻送轻放，以显示对投标人心血的重视

每一份投标文件中都凝结着投标人所在单位的工作人员的心血与汗水，在一份份装帧完美的投标文件背后，不知道包含了投标单位人员多少个不眠之夜的思虑，每一页文件都有着他们集体智慧的结晶。因此，重视他们的劳动成果比口头上说尊重投标单位更务实一些。在招标过程中，业主单位人员一些细微的动作对投标单位的情绪也是有一定影响的，但是这一点往往被我们忽略。常见的小事例如发放招标文件时隔着桌子从一边投掷到另一边让投标单位人员接着；开标时从标箱里面抱出投标文件往桌子上面一摔，有些甚至不小心重重地掉在地上；拆封投标文件时，用手或者刀子大力哗啦一声重响，一不留神将投标文件撕个口子……这些细节，投标方看在眼里，痛在心中，虽然说这些动作或许是业主方人员无意中做出来，没有刻意轻慢的意思，但是换个位置想想，如果别人对你的劳动成果是这种态度你会如何想呢？所以，作为投标方，要能设身处地地为对方着想，发放招标文件与打开投标文件时，要轻递轻放，给对方一个友好的表示，从而赢得对方的敬意，吸引更多更好的单位投入到建设来中。

2.4 补遗书（编号的招标修改书）发放要及时，回执要留存

原交通部〔2002〕第2号文《公路工程施工招标管理办法》第二十条、苏交招〔2001〕第28号文第十四条等规定："招标人如需对已出售的招标文件进行补充说明、勘误或者局部修正时，应当在投标截止期15日以前以书面形式通知所有投标人，并应当按照项目管理权限报交通主管部门核备。"这一条是很明确的，投标截止期15日以前且以书面形式通知。之所以提出15日以前，就是为了给投标单位足够的时间准备文件，否则的话，文件都要装订了，突然来一个修改书，修改且不说，还要再次投入人力、物力来重新计算、重新考虑投标价格、重新装订，这些对于投标单位人员来说，苦不堪言。因此，修改书宜早不宜迟，现在已经有了明确的时间限制。关于回执，这点业主方就要注意了，因为修改书一般是以传真的形式发送的，对方有没有收到修改书就只有通过回执来确认了。回执一般是由对方单位法人代表或其授权代理人签署，并且加盖单位公章。补遗书一定要见到回执，一来确保大家都能站在同一个理解层面上报价，二来也防止将来中标后的争议以及不中标单位的投诉抱怨。

2.5 合理低价的原则

这点在投标书的格式中有此一条："我方理解，贵方并不一定接受最低价中标。"这点是很有意义的，在同比情况下，当然价格低一些比较好，但并不是说越低越好，这个涉及恶意竞争，等到将来中标后疯狂变更或在中标后偷工减料出现质量隐患或由于亏损而无法将工程继续进行下去。总承包商为了抢标而低价中标，导致的连锁反应就是包括对原材的质量以及非主体工程若有分包且不超过30%的那部分分包队伍的工程费用、施工机械质量及数量、施工组织以及人员的工资及安全保障等都会产生连带的不到位。举个例子来讲，纸糊的房子尽管最低价，但是却不能用。对质量、费用、进度（工期）以及企业资质业绩、拟投入人员的资质业绩、投入的施工机具设备、施工组织设计等各个方面要综合考虑，切不可盲目推崇最低价中标，否则后患无穷。

2.6 单价平衡性的原则

作为一种投标手段，对可能考虑到的要变更增大的项目上单价略微高点，将来可能变更减少的单价低些，这在一定程度上是一种总体投标价不变的情况下的一种策略。但作为招标方，对此也要有个单价平衡性的考虑，若这点没有一定的把握，会大量超过概预算，所以既要在前期的招标用初步设计图纸中尽量能把风险性变化的工程量考虑的到位一点，同时又要防止那种边设计边招标的现象，要在招标过程中，

考虑到单价平衡性的问题。单价平衡性,这个度的博弈在于:这是投标单位的一种策略,或者说是对风险的一种评估作出的应对,在一定程度上恰是其智谋所在;而对招标单位而言,面临量变而价不变的风险,若量增加,则单价不变到最终产生变更费用增加的风险则会很大。这个可以通过设置综合单价的不平衡报价幅度不得大于某一临界值(如10%)来实现,否则该标书为废标。这样既有了一定程度的不平衡报价的空间,同时也有效预防了过度不平衡造成的风险。

2.7 主体工程与配套设施招标求同存异的原则

主体工程与配套工程招标的相同点在于:都是通过招标的模式,不管是资格先审还是资格后审,在同比条件下,从众多投标单位中,好中取优,综合考虑,评出满足条件的最佳的投标者。不同点在于:主体工程一般是在清单材料方面具有相同的可比性,主要在于报价;而配套设备的差别则较大,因为在满足基本技术要求的前提下,品牌不同,价格的差距是很大的,甚至档次比较高的配套设备的最低价格也要比档次较低的最高价格高出一两倍。在这种情况下,如果仍然采取最低价中标的方式(即便不是最低价中标,但是价格的分数相差大了后面的业绩、信誉等评分是很难再追上去了),那么基本可以确定,中标的十有八九就是较低档次的设备了。也可能这个设备也并不是当初考虑需要的,但是在此种情况下,只能接受。所以,在配套设备的过程中,关于品牌,是要在初期考虑的。如果是"能满足基本要求就可以"的原则,那么可以考虑在档次比较低的同类设备中比选;如果考虑提升一个档次,更好地满足目前及将来的需要,那么可以考虑在较高档次的同类设备中比选。因此,主体工程和配套设备虽然都是好中取优,但是后者则涉及一个同比条件的考虑。

2.8 密封及装订的要求

密封起码包含两层含义:密封及按规定要求密封,这个需要招标人明确,避免在开标时拆开标书前的符合性检查时候产生不必要的争议。装订,即投标文件的正本与副本应分别装订成册,不得采用活页夹。投标文件应编制目录,并且逐页标注连续页码,否则,招标人对由于投标文件装订松散而造成的丢失或其他后果不承担任何责任。因为活页装订且不编页码的,一旦丢失其中重要的内容,就有可能造成招标人或评审专家的误解,影响评标结果。目前的投标是不允许用活页装订的。

3 结语

前文所述,就是我从事招标以来的一点心得,希望能与路桥界同仁共同探讨,以便取得更大的提高。

参考文献

[1] 张允明. 工程量清单的编制与投标报价[M]. 北京:中国建材出版社,2003.
[2] 中华人民共和国交通部公路司. 公路工程国内招标文件范本[M]. 北京:人民交通出版社,2003.

45　关于检测工程师考试的一些体会

郑晓东

（无锡市高速公路建设指挥部办公室）

摘　要　本文针对检测工程师考试的特点，明确了考试侧重的重点，提出了相应的方法和一些技巧。

关键词　检测工程师　考试　技巧

1　引言

考试科目的通过，在若干偶然性因素中有其必然的因素。在申报资质的过程中，执业资格证书的取得也是生产力。“工欲善其事，必先利其器。”作为交通运输部的乙级实验室，在人员上首当其冲的就是满足检测师、检测员执业资格证书的基本数量标准配置，以正常开展进行常规的检测。那么，如何正确分析交通运输部检测师考试特点，理顺其大纲要求掌握的知识结构，顺利通过考试取得证书呢？本文所要解决的就是上述问题。

2009 年，我参加了交通运输部组织的检测工程师考试，顺利通过了公共基础、公路、桥梁、材料几门课程的考试。经常有同行会问通过究竟有何诀窍？每当遇到这个问题，我总是以运气为原因来回答。因为我毕竟不是以大比分领先的优势通过的，比我分数考得高的大有人在，我仅仅是每门考试的分数比分数线高几分或十分而已。

如今，借着无锡市高速公路建设指挥部十八年来经验总结论文集编订的机会，我想把我考试的一些心得做个小小的总结，算是抛砖引玉。关于工程上的施工方法、管理方法、新科技新材料这方面的题材是很多的，而关于考试方法与技巧方面的文章还不太多。但路桥方面的内容是密切相关的，只是站的角度不同而已，业主方面侧重于计划、协调、进度、支付等综合管理；设计单位侧重于线形、承载力、交通渠化等角度；监理单位方面侧重于现场进度费用质量三大控制；施工单位主要负责施工工艺施工组织方面；而检测单位主要负责工程实体质量的控制与验收。侧重点虽然不同，但是质量是作为主线的，一切保障、监控、工艺措施，都是为了确保工程质量。

作为检测人员，就要从各个环节的质量控制点出发，逐个监控与排查，既要对进场的原材料进行控制，也要对实体结构进行有损或无损检测，用数据说话。下面就从考试的各科考试内容详细分析探讨考试策略与方法。

2　公共基础

说到公共基础考试，不少人有一个误区，那就是以为公共基础主要是各门课蜻蜓点水式地作个概论与总结，并且不深刻，其他课程复习到位了，那么公共基础大部分内容也就可以水到渠成了。其实这种思想是不正确的，从实际考试情况看，不少人专业课考过了，但公共基础没有过；于是下次考试又参加基础的考试，结果还是没过。鉴于检测工程师考试的滚动式有效的原则，原来考过的专业课也作废了，只能重新开始全部再考。不少考生感叹道：让公共基础害死了，大风大浪都过去了，却在阴沟里翻船！也有不少考生第一次没有过，第二次很认真地复习，做了大量的习题，结果仍是名落孙山。

那么，如何正确把握公共基础究竟要考什么？怎么做才能通过？是不是光做题就万无一失了呢？对于这些问题，我们要一个个来分析解决。首先，对于考什么的问题，目前的考试要求为如下内容：

(1)法律法规方面——《中华人民共和国计量法》、《中华人民共和国标准化法》、《中华人民共和国产品质量法》、《建设工程质量管理条例》、《实验室资质认定评审准则》、《公路水运工程试验检测管理办法》、《贯彻 <公路水运工程试验检测管理办法> 的通知》、《检测和校准实验室能力的通用要求》、《数值修约细则》、《量和单位》、《中华人民共和国法定计量单位》、《中华人民共和国计量法实施细则》。

(2)试验检测基础知识——含统计数据处理、不确定度等。从考纲上分析，关于基础知识要考什么就比较明确了。相关的法律是否了解？如果不了解，是否仔细地看过几遍？关于试验检测基础知识的数据处理、不确定度等是否在平时的试验中有意识地去考虑？若仅靠大量做题，而没有仔细研读法律法规知识，那么只能说做过的题目考到了算运气好，而没有做到的题目完全有可能考到，那时就一筹莫展了。关于统计数据处理，不确定度，也可以同时把修约等放到这一块来。仅仅了解个四舍五入是远远不够的，修约间隔等有明确的规定与计算方法。说白了，上述内容其实就是一些条条框框的规定，有些平时可能有所接触，有些却很少涉及，只能是对着这些条款，理解了条文的意思，并且顺着条文能看些例题，再有针对性地做点习题，碉堡式地前进，从而把握不同的知识点，真正掌握公共基础知识。若不看书、不研读细节、光看题目，等于是无源之水、无本之木，很可能偏离了方向，增大了考试通过的难度。

3 公路

其实，在几门专业考试中，公路应该算是相对简单的。因为公路的知识很直观，只要经历过现场检测的都会有大概了解，且从检测角度出发，没有太多复杂的力学结构的考虑(如涉及路面弯沉方面，土基回弹模量推算以及弯沉值的要求，这一般是设计院从设计角度考虑的内容，检测考试基本不会从这个角度考，而是从如何用贝克曼梁检测弯沉的步骤及数据的处理的角度考)。公路的直观性决定了平时只要大致看过现场、做过一些操作，再回头看看书，就很明了了。毕竟，土工方面主要以日常压实度为主，相关的土工标准击实、灌砂灰剂量实验常作为考点；验收时弯沉的检测也常常作为考点；水稳方面主要是配合比验证、取芯、强度等方面为主；沥青路面则是渗水、构造深度、摩擦系数、取芯、弯沉、平整度等；再加上一些测量方面的内容。在我印象中目前对测量内容涉及得已经并不是很多了，三米直尺测平整度的内容是归到公路现场检测的内容中了，其他的全站仪、经纬仪的操作考试基本已经取消，仅仅保留了这些概念，如在什么时候用到这些仪器且仅仅在选择题中偶尔出现。正如最难炒的一道饭那就是蛋炒饭一样，公路如果被扣分的话，很可能是一些例如灌砂法锥体的标定、水稳计算题里面提供的碎石中水分的扣除、三米直尺外带塞尺首尾相连连续十尺取最大间隙读到 0.2 测平整度等。大题里面这些点的忽略，很可能丢掉不少分数，越是步骤少的题目，每步所占分数比例越大。还有的就是沥青混凝土配合比三个阶段，三个阶段大家或许都知道，但是三个阶段各自干什么，则有些不明确，往往这个题目回答到了最后，感觉几个阶段干的内容都差不多。实际上三个阶段内容的区别不小，仔细看看书，把有侧重、有区别的地方都罗列出来，记住哪个阶段干哪些事情，这对于不常做沥青混凝土配合比设计的人来讲是非常重要的。再有就是车辙试验的温度、沥青与矿料黏附性试验(以粒径 13.2mm 为界分为水煮法和水浸法两种)，其中水煮法往往是常考的内容。如果对这部分内容只是记得 5 个颗粒用细线系牢，浸入加热的沥青中，是远远不够的，最多只能得到三分之一的分数。过筛—洗净—烘干—沥青加热—集料浸入—煮沸—观察剥落程度—平行试验这个全过程，必须要描述出来，并且对温度、时间要详尽描述，且不能遗忘了最后一步的平行试验。关于平行试验，其实在不少考点中都有所涉及，这也是常见的丢分点。这个仅仅是个例子，我在实考中对这个题目的主要遗憾的是温度细化不够，大概丢了些分。公路考试结束后，往往不少人觉得都知道接触过，但是考下来或是没有考过或是刚刚过线，说明这些考生在细节上没有把握好。

4 材料

其实，说到几门专业课程中，内容最难、涉及知识点最多的，应该是材料。有的人之所以觉得不是最难，是因为平时接触得比较多，正所谓“难者不会，会者不难”这一说法。如果是从事试验或者见过这些试验的话，难度会下降很多；如果没有或很少做的话，那么是比较困难的。所以，公路过关率就相对要高于材料一些,这也是因为公路涉及内容少且直观一些。目前,在集料方面,磨光值、磨耗值考的内容比较多,可以出现在大题中,(要记住详细步骤),也可以出现在选择题、判断题中。在小型的题目中,主要的考点是:集料磨光值、磨耗值哪个越高越好?哪个越小越好?答案是磨光值越高越好,因为磨光值越高,抗滑性能越好;磨耗值就是消耗掉的,自然消耗掉的越少,集料抗磨好性能越好。细度模数方法,主要理解细度模数的算法,分子、分母的构成,在计算的过程中,注意最后可能考出的平行试验细度模数之差不超过0.2这一考点。同时,需要深刻了解的是细度模数(即粗度),这光从公式上看可能不是太明显,但是因为粗的占的权重大,故细度模数越大,说明料越粗。维卡仪水泥标准稠度的步骤这个也是考点,对于大多数考生来讲,这个并不是难点。另外,固结试验适用范围及注意事项这个也是考点,这个对于不常做此类试验且对书本及规范不太了解的考生就要注意了,这道题目很可能会丢不少分。

5 桥梁

桥梁对搞公路的人来讲,相对较难,但是内容不多,容易把握。简单理解,就是桩基、承台、立柱、梁等,相当于搭积木一样从下到上。牵涉的考点可能有:桩基检测、混凝土强度(含试块评定、回弹法含碳化检测细节、超声回弹综合等)、橡胶支座、静载锚固、挠度测试的现场布设、桥梁动静载试验等内容。几大板块的考点基本是固定的,变化也不是太大,所以只要平时参与过桥梁实体的检测,从灌注桩一直到现浇全过程有个大致的了解,问题是不大的。如果没有参与过全过程的检测,那么通过看书、看规范,重点记忆一下也是可以的。如果个别题目现场没参与过检测,书上规范上也没有看到的话,那么不妨采取以下办法:这个办法的依据在于桥梁本身虽然从力学角度是比较难的,但是从检测角度,切割成几大板块的话并不多,那么大题的内容很可能会在选择题、判断题中看到一部分提示,将这些提示结合起来,组合排序,再合理加工,那么试验的大致顺序是可以理出来一部分的。也就是说,可以得到一部分分数,而不至于留下空白。当然,这个方法是建立在卷面上正好有类似的选择题和判断题,且自己也略微有点现场经验的基础上。如果前面没有类似的题,那么基本就是能回答多少是多少了,这也是个没办法的办法,属于投机了。要想稳稳当当地考过,还是要踏踏实实地将理论与实践相结合。

上述就是本人参与考试的一些浅见,希望给广大的即将参加考试的同仁们一些参考。如果能对大家有所帮助,本人将不胜欣慰。

参考文献

[1] 张超,郑南翔,王建设.路基路面试验检测技术[M].北京:人民交通出版社,2004.
[2] 王建华,孙胜江.桥涵工程试验检测技术[M].北京:人民交通出版社,2004.

46　如何做好市政工程索赔工作

郑晓东[1]　王国庆[2]

（1.无锡市高速公路建设指挥部办公室；2.江苏省交通工程集团有限公司）

摘　要　本文针对市政工程索赔的特点，明确了索赔项目，提出了相应的方法和一些技巧。

关键词　市政工程　索赔　技巧

1　引言

索赔通常是指在工程合同履行过程中，合同当事人一方因对方不履行或未能正确履行合同或者由于其他非自身因素而受到经济损失或权利损害，通过合同规定的程序向对方提出经济或时间补偿要求的行为。索赔是目前我国施工单位的薄弱环节，由于施工单位自身的原因和我国的工程环境，不懂索赔和不敢索赔给施工企业造成了巨大的经济损失。不懂是业务知识方面的欠缺，不敢是因为投鼠忌器，担心索赔不成，或者索赔虽然成功但是影响了将来的中标。目前，随着我国与国际社会的接轨融合，索赔已经逐渐走上正规化，而市政工程由于目标高、工期紧、要求严、政治性强，项目建设过程中要考虑城市形象和附近居民生活、交通等民生问题等特点，不可避免地会出现索赔事项。那么，施工单位应如何做好市政工程的索赔呢？首先，必须要做好索赔准备工作，明确市政工程索赔项目。其次，要采用一点的索赔技巧，按照市政工程索赔程序进行。

2　市政工程索赔的准备工作

（1）培养熟练掌握和运用各种法律、法规，精通公司业务，胜任合同拟定、修改、谈判和解释，熟悉合同履行和市政工程索赔管理，熟悉工程造价和会计账务的复合型人才。

（2）可借助专业化、规范化的工程咨询服务机构，完善企业法律顾问制度，为市政工程索赔提供必要的外部环境和条件。

（3）项目经理和相关责任人必须认识到索赔的重要性，熟悉市政工程索赔业务，随时分析和掌握市政工程可能发生的索赔机会，及时抓住机会，布置人员进行索赔事宜的整理。

（4）在市政工程项目部设立必要的索赔管理组织和专职人员。

（5）建立和利用现代化的索赔管理技术手段，利用计算机及相关软件，及时发现索赔，提高索赔效率。

3　明确市政索赔项目

市政工程索赔项目见表1。

市政工程索赔项目　　表1

序号	索赔项目	主要内容	实例
1	现场条件的改变	发生了不可预见的自然环境变化;人为障碍(无理阻工);在施工现场发现了文物和化石等,要求施工单位采取合理的保护措施等	由于拆迁问题,部分市民的无理阻工
2	工程设计变更	施工条件与原设计有较大出入;施工数量与原设计发生变化;施工工艺和要求发生变化	实际施工地质情况与勘察地质部分不符,设计要求增加桩基
3	合同文件的缺陷	合同文件的错误和含糊不清引起的工程损失	合同中未明确定位钢筋计量事宜
4	业主及业主代表的行为	业主要求施工单位完成的合同外工程量;业主未能按时提供施工用地;未能按时支付工程款;业主未能按时提供图纸;图纸有误;业主指令通知有误	业主要求施工单位完成沿线污水管线的迁移
5	监理工程师的行为	监理单位要求剥露或凿出符合合同要求的任何部位;监理单位要求进行合同外合格工程的试验;监理单位指令通知有误	监理单位要求增加桩基声测管检测数量
6	特殊风险	材料价格上涨下跌超出合同允许的范围	钢材的价格上涨超过10%
7	其他索赔项目	在保修期间要求对工程进行补充、重建、对非承包商造成的缺陷、收缩或其他毛病进行修补的费用	在保修内,业主要求增设声屏障

4　市政工程索赔的程序

(1)索赔事件发生后28d内,向监理工程师发出索赔意向通知。

(2)施工单位在发出索赔意向通知后的28d内,向监理工程师提交补偿经济损失和(或)延长工期的索赔报告及有关资料。

(3)监理工程师在收到施工单位送交的索赔报告和有关资料后,于28d内给予答复。

(4)监理工程师在收到施工单位送交的索赔报告和有关资料后,28d内未予答复或未对施工单位作进一步要求,视为该项索赔已经认可。

(5)当该索赔事件持续进行时,施工单位应当阶段性向监理工程师发出索赔意向通知。在索赔事件终了后28d内,向监理工程师提供索赔的有关资料和最终索赔报告。

5　市政工程索赔的进行

5.1　市政工程索赔证据的准备

(1)工地会议记录和有关工程的来往信件。

(2)各种施工进度表,包括业主代表和分包编制的进度表。

(3)施工备忘录(日记)。

(4)做好业主和监理的口头指示记录,及时以书面形式报告予以承认。将他们的书面指示按年月日顺序编号存档。

(5)工程照片需有专人管理,照片都应标明拍摄的日期,最好购买带有日期的相机。将照片按工程进度整理编排。

(6)收集记录每天的气象报告和实际气候情况。

(7)整理保存工人和雇员的工资与薪金单据、材料物资购买单据,按年月日编号归档。

(8)完整的工程会计资料,包括工卡、人工分配表、工资薪金支票、材料购买定货单、收讫发票、收款票据、账目及有关图表、财务信件、经会计师核证的财务决算表等。

(9)所有的合同标书文件、合约图纸、修改增加图纸、计划工程进度表、人工日报表、材料设备进场报表及账单(工程付款单)等需归类保存入档。

5.2 市政工程索赔报告的编写

当索赔事件所造成的影响结束后,施工单位应在合同规定的时间内向监理工程师提交最终索赔详细报告,并同时抄送、抄报相关单位。

最终报告应包括以下内容:

(1)施工单位的正规性文件。

(2)索赔申请表。填写索赔项目、依据、证明文件、索赔金额和日期。

(3)批复的索赔意向书。

(4)编制说明。索赔事件的起因、经过和结束的详细描述。

(5)附件。与本项费用或工期索赔有关的各种往来文件,包括施工单位发出的与工期和费用索赔有关的证明材料及详细计算资料。

5.3 索赔结束后的总结

施工单位在完成市政项目的合同任务和索赔工作后,应该对市政工程索赔工作进行细致的分析和研究,总结索赔工作的成功之处和不足之处,并且总结出行之有效的改进措施,从而吸取成功的索赔方法和技巧。

5.4 市政工程索赔的技巧

5.4.1 认真履行责任合同

施工单位要以良好的信誉,积极的合作的态度,按合同规定保质、保量、按期完成各项工作。对事先不能预见的干扰事件,应及时采取措施,降低影响,切不能为了将来的索赔而故意扩大损失或不作为,否则在责任的认定方面也会处于不利的地位。索赔的本质是产生了实际的损失才进行的索赔,而不是可以克服避免的损失而使损失产生或扩大放任而产生的本不必产生索赔的索赔。恪守职业道德,尽量避免没必要的索赔,即使产生了,也要尽可能地缩小损失。一定要本着"业主为本"的思想,在友好、和谐、信任、依赖的气氛中圆满完成合同任务和索赔工作。只有这样,才能最大限度地争取到业主的认可与理解。

5.4.2 及时把握索赔时间

索赔事件产生后,一定要注意在规定的时间范围内监理工程师发出索赔意向通知;提交补偿经济损失和(或)延长工期的索赔报告及有关资料;索赔事件终了后28d内,向监理工程师提供索赔的有关资料和最终索赔报告。对于这些时间点,要特别注意把握好。有的施工单位,由于平时不注意这方面的把握,过了有效期才提出索赔,往往得不到支持。现在随着索赔的逐渐规范,大部分施工单位在意识上已经有了很大的提高,这也是一种进步。

5.4.3 着眼重大索赔

一般情况下,对于小额的市政索赔项目不要太斤斤计较,小额的索赔次数太多、太频繁,容易引起业主的反感,反而影响了大的索赔的成功率,过犹不及。所以,关于索赔一定要有大局观,抓住主要矛盾,并且抓住矛盾的主要方面。不过,如果小的索赔没有进行,也要告诉业主自己是出于友好合作的诚意,放弃了索赔的要求,或者在一个有效的时间段内,对一些累计数量比较多的小的索赔总体打包提交索赔请求。

5.4.4 分析业主心理

在索赔工作中,施工单位要以受损者的形象出现,要多谈市政工程干扰事件的不可预见性,强调不合理的解决对施工单位在财务和施工能力方面的重大影响。无论解决是否圆满,都要少谈业主的失误,维护业主的尊严,以最大限度地争取到业主单位的同情与支持,在合法合理的情况下,也容易使得业主对索赔事项进行认真的考虑与处理。这也是一种技巧。

5.4.5 合理动员外交手段

在市政工程施工工程中,施工单位与业主、监理、设计、政府机关等都有合作关系。在索赔工作中,要充分利用这些关系,争取各方的合作和支持。合法合理的索赔相关单位也是可以理解的,但是要充分地争取,不能觉得自己的索赔理由很充分了,便坐在那里等着来理赔。现在报上去的索赔就已经堆积不少了,若自己再不主动沟通,充分说明索赔事由,争取获得适当的索赔,那索赔成功的几率就相当低了。因此,合理动用外交手段进行沟通也是相当重要的一环。

6 市政工程成功索赔实例

某市市政项目在施工过程中发生了实际施工地质情况与初勘不符、各类管线的迁移和保护、社会通道处门洞方案的变更、房屋拆迁导致的误工等情况。针对以上情况,通过与业主的协商和交涉,因为证据详实,方法得当,业主同意了1 400多万元的费用补偿。另外,在该地区通过加强与业主的联系,严格抓好施工工程质量和进度管理,在取得良好的经济效益的同时,也在任务承揽方面有了较大的发展。

7 结语

市政工程索赔工作重在实践,只有在实践中不断积累经验,才能不断完善索赔的方法和技巧,从而摸索出适应市政工程特点和工程实情的索赔方法,并不断与时俱进。随着了解市政工程推行的针对新问题、新的解决方法,更加准确地把握市政工程的当前特点,从而促进企业的发展,提高行业的水平。

参 考 文 献

[1] 梁大监.国际工程施工索赔[M].北京:中国建筑工业出版社,2000.
[2] 成虎.建设工程合同管理与索赔[M].南京:东南大学出版社,2000.
[3] 肖凯成.承包商如何成功索赔[J].工业建设与设计,2004,(4):71-72.
[4] 崔淑梅,马立国,于仁才,等.我国工程索赔现状及对策[J].四川建筑,2004,24(5):126-127.

47 档案管理新时代

于雪芹

（无锡市高速公路建设指挥部办公室）

21世纪是知识和信息的时代，随着信息化浪潮涌现，信息化从理论转化为实践，深刻地影响着档案管理，不断赋予档案管理全新的内涵。正视这种发展与变化，准确地把握新时期档案管理的新趋势、新要求，是现代档案工作人员的方向。

有些片面的观点认为档案就是一个汇总的过程，只是一个工程的扫尾工作，无关紧要，往往得不到建设者的重视。其实不然，档案是“今世赖之以知古，后世赖之以知今”的重要环节，是一个动态的过程，涉及设计、施工、监理、建设等各个方面。档案的工作流程包括记录、存储、整理、加工、查找、交流、传递，是环环相扣，步步相关的。

随着工程建设浪潮的掀起，档案事业也跟着不断发展，档案的种类和数量也急剧增长，给保管和利用都带来问题。同时，利用者也对档案工作提出了更高的要求，他们希望档案管理部门能及时、无遗漏地向其提供所需要的档案材料，并迅速传递到每一个需要利用的地方。以往人工管理根本无法解决这种难题，因此改革落后的档案管理手法已成为十分紧迫的任务。信息时代的快速发展，特别是电子计算机和通信技术的广泛应用，为实现档案工作现代化提供可靠的硬件基础。

档案整理最终的目的是交流、传递，但整理过程就各有不同了。然而，要达到快速、完整，大概的流程应该雷同。

首先是文书处理。文书处理工作与档案工作各有不同的工作任务，具有相对的独立性。但由于文书是档案的来源，档案是文书的归宿，所以，两者又是文档工作流程中紧密相关的工作环节。因此，我们要强化系统思维意识，树立文书处理工作规范化、标准化与档案工作规范化、标准化同行的工作指导思想，在实际工作中，把住文书处理工作规范化、标准化的入口关，以实现档案工作的规范化、标准化。

在如今的网络工作环境下，电子文件也属于档案的一部分，包括电子文件的自动上传和收集。目前，在单机上形成的电子文件的收集工作，已成为档案管理部门不容忽视的问题。与传统纸质档案收集有很大差异的是，许多电子文件的形成通过下载和上传就完成了。因此，档案部门可以改变传统工作模式，在网页上建立电子文件自动上传的工作窗口，在第一时间将其收集到，并在档案馆的服务器上归档。

其次是开展在线服务。传统的档案利用方式，如到档案部门利用档案、参加档案展览、阅读档案复制件或公布件，特别是到档案部门利用档案原件的方式，在信息化时代里必然要发生变化，至少是部分变化。社会的全面信息化改变了人们工作、学习和生活的环境，使人们更注重信息的时效性，希望通过信息系统、信息网络及时准确地获得多种信息。因此，被动的、手工式的档案提供利用方式必然逐步被主动的、现代化的档案服务方式所代替。

除了整理、利用，档案管理很重要的一点就是保护。传统意义上档案保护主要是指库房、设施、设备等。随着新型存储介质的不断出现和现代信息处理技术的广泛应用，出现了许多新型载体的档案，如声像档案、电子档案等。这些档案信息的记录和存储载体有磁性的、光学性的和磁光性的，有磁带、磁盘、光盘等不同形式。新型载体档案与传统载体档案在形成介质、利用方式、存储方式等各个方面都有不同的特点和要求，因此，以新型档案载体为对象的档案分配制度现代化将成为今后研究的重点内容，而且它不仅研究有效保护和保管档案载体的方式、方法，还要深入研究如何保护档案信息内容的安全性、真实性与完整性。

档案管理标准化也是档案管理现代化的一项重要基础。档案管理现代化是建立在先进的技术、严密的分工和广泛协作的基础上的。档案标准化通过制订和贯彻各种标准、规范，使技术应用和分工协作有了统一的科学准则和依据，保证了档案各项工作能够有机地联系起来，并且在档案的管理中获得最佳的效益。在信息时代，信息的共享和沟通更依赖于统一的标准与规范，如各种档案数据的交换、档案信息的传递、档案资源的共享、网络平台的链接等，都需要通过建立一系列的标准、规范来实现。这就必须通过制订和建立各类档案管理标准，形成档案管理标准体系，以确保档案管理现代化各项工作的有效实现。

科技在迅猛发展，社会在不断进步，国家在日益强大，档案部门应充分认识档案现代化、信息化建设的重大意义，站在新的起跑点，用新思路、新方法，与时俱进，全面推进档案现代化、信息化建设，促进档案事业持续健康快速发展，为国家改革开放和现代化建设服务。

48　粉喷桩工艺在公路软基处理中的应用

任克祥

（无锡市高速公路建设指挥部办公室）

摘　要　对高速公路软基处理中应用的粉喷桩技术机理，施工中的材料要求、设备、工艺流程及优、缺点作一简单的分析和说明。

关键词　软基处理　粉喷桩　工艺　应用

1　引言

粉喷桩为一种新的深层搅拌桩型，采用粉喷桩机成孔，运用粉体喷射搅拌法（喷粉法）原理，用压缩空气将粉体（水泥或石灰粉）输送到钻头，并以雾状喷入加固地基的土层中，并借钻头叶片旋转，加以搅拌，使其充分混合，形成水泥（或石灰）土桩体，与原地基构成复合地基，从而达到加固软弱地基的目的。它是应用日广的一种新颖、简便、经济、有效且很有发展前景的软土地基加固技术。加固原理是利用水泥等材料作为固化剂，通过特制的深层搅拌机械，在地基深部就地将软土和水泥等固化剂强制拌和，利用固化剂与软土之间所产生的一系列物理化学反应，使软土硬结具有整体性、水稳性好和较高强度的水泥（或石灰）加固体，与天然地基形成复合地基。它作为一种新型的软基加固技术，已越来越被公路界重视，并已被广泛应用于公路工程建设施工中。

该技术适用于加固淤泥类软土，加固效果明显，加固后可很快进行下一工序的施工，满足了快速施工、缩短工期的要求。在高速公路软基处理施工过程中，对粉喷桩的施工要求和施工工艺有一定的体会和了解，现总结如下。

2　材料和机具的选用

2.1　水泥

水泥选用32.5级普通硅酸盐，其各项技术性能要求应符合《通用硅酸盐水泥》（GB 175—2007）的规定，水泥生产厂家应控制在市高指材料源头范围内，选用源头范围以外的水泥生产厂家必须上报市高指，并得到市高指批准。每批水泥进场均应检查出厂质量保证单及出厂日期，施工单位、监理单位按规定的频率独立取样检测，检验其胶砂强度、安定性、细度等指标，并建立《水泥用量台账》。

2.2　机械设备

（1）深层搅拌机：PH 5或PH 5A型喷粉桩机。

（2）发电机组：功率大于75kW。

（3）储灰罐：体积大于400L。

（4）空气压缩机：压缩量不小于$60m^3/h$。

（5）其他：压力胶管、定位卡具、仪表控制装置等。

设置吊塔架，安装起吊装置和导向架，吊装储灰罐、供灰泵、仪表、工作平台，安装发电机组、配电箱、管线的连接，试运行应工作良好。

2.3 劳动力组织

每台粉喷桩机每班组配备8名工作人员,其中班长、操作工、司泵工、记录员、机电工各一名,上料工3名。

3 现场工艺性试桩

在施工前各项准备工作满足要求的情况下可进行工艺性试桩,试桩数量不少于6根。在进行正式工艺性试桩前,各施工钻机可在护坡位置或桩位以外先进行试打,以保证正式进行工艺性试桩时机械设备能够正常运转。每台钻机在正式施工前,必须根据所承担的施工段落、不同地质土层进行工艺性试桩,试桩的目的是确定有关技术参数,包括钻进速度、走灰时间(灰自泵出至到达灰喷口的时间)、提升速度、水泥用量(总量和单位用量)、喷灰次数、复搅速度及复搅次数等。试桩时必须有项目部动技术负责人、分包单位负责人、监理组专业工程师在现场,对试桩参数进行确认,试桩必须填写试桩报告。工艺性试桩期间,由监理组综合不同的地质情况和钻机类型,在试桩5~7d后有选择地进行全程取芯,取芯时必须有市高指有关人员在场,以确定合适的施工工艺。工艺性试桩结束后,项目部应按"首件工程认可制"的要求,上报有关资料至监理组,进行首件认可,首件认可后才允许全面开工。

4 粉喷桩施工工艺

粉喷桩施工工艺流程图如图1所示。

4.1 清表

按界桩范围清除原地面20cm厚的耕植土,场地低洼处应回填素土,地表过软处应进行处理,并初压平整,测量平整后的地面高程。场地四周挖设排水沟,避免场地积水。

4.2 测量放样

根据导线点,定出公路中心线和放样基轴线,按监理组批准的桩位平面图等间距平格网平差放样,布置出所有桩位,用竹签加石灰做好标记,并按顺序编号i行j列。根据设计桩长划分出不同的施工区域,分区施工控制搅拌深度(桥头钻孔桩位置应留出来,一般距钻孔桩外边缘1m,该范围以内不必进行粉喷桩施工)。

4.3 储料

将水泥提前倒入储灰罐内,数量稍大于一根桩的水泥用量。严禁使用受湿、结块、失效的水泥,不准将混入编织带、水泥纸的水泥倒入储灰罐中。

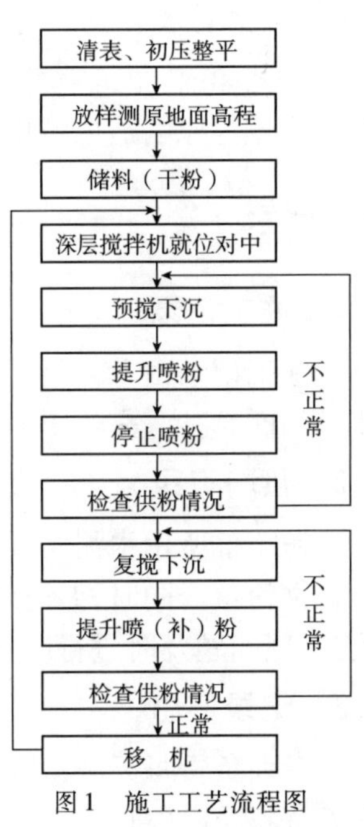

图1 施工工艺流程图

4.4 搅拌机就位对中

深层搅拌桩机按施工顺序就位,调整桩机平台、导向架,使钻机倾斜度小于1%,检查钻头直径不应小于设计桩径1cm。钻头对中桩位,对中误差不应大于5cm,测定钻杆长度,并在钻机上刻画明显的进尺标志,记录储灰罐初始读数及钻杆初始高程。

4.5 预搅下沉

启动搅拌机,使钻头开始旋转,待转动正常后,边旋转边钻进,保持钻进速度0.5~0.8m/min,根据设计要求控制桩底高程。下钻过程主要是搅动软土,为了不堵塞喷射口,要求边旋转边喷高压气流,这样有利于钻进,减少负扭矩。根据经验,当钻至距设计桩底高程1m时,应调整转速保持下钻速度在0.3m/min,目的是喷粉前充分搅动土体,有利于第一次喷粉。下沉钻头钻进时应控制速度,须根据土质软硬选择挡位,时刻注意电流的变化及时换挡。

4.6 提升喷粉

钻进到位后,调整钻头成反向旋转,边旋转边以0.5m/min左右的速度上升,此时粉体发送器开始喷粉(喷粉应有一个时间提前量,根据试验确定),保持送粉空气压力在0.4MPa,气流为20L/s,保证桩身每延米的喷粉量。提升时不使用快挡,而选择中、慢挡,保证搅拌均匀,达到每提升20㎜搅拌轴转动不少于一圈。

注意事项如下:

(1)提升过程须与喷粉一致,不允许先提后喷,喷粉应有提前量。

(2)喷粉过程中若发现胶管漏气或堵管,应立即停止提升钻头,关闭粉体发送器停止送粉,检修并排除故障。

(3)严格控制喷粉高程和停粉高程,不得中断喷粉,确保桩体长度。严禁在尚未喷粉的情况下进行钻杆提升作业。

4.7 停粉

当钻头提升到离地面50cm时,发送器应停止送粉,改送压缩空气,此时钻头应停止上升。注意不应将水泥带入剩余的50cm土内或带出地表,以防止给后面施工造成困难和环境污染。

4.8 复搅下沉

为了提高上部桩身质量,适应荷载应力的传递,须进行复搅,复搅深度一般为桩长的1/3并不小于5m,使水泥与地基土均匀拌和。当第一次停粉后,应立即换挡下沉,进行复搅。其工艺如前所述,记录复搅深度。

4.9 提升补粉

工艺如前,整桩喷粉结束后,应检查粉体计量仪。施工中,发现喷粉量不足,应整桩复打。如因停电、机械故障等原因造成喷粉中断时,必须部分复打补喷,复打重叠孔段应在1m以上。

5 记录

5.1 施工记录

施工记录由专人负责,详细记录每次施工的桩号、水泥批号,预搅、喷粉、复搅的起终时间,钻进、搅拌、提升的速度,空气压力等;记录停灰、停钻时间、喷粉深度、停灰高程等内容。

5.2 供粉记录

粉喷桩所用水泥实行总量控制,每根桩要记录起始、最终供粉量,储灰罐每一次供粉量,记录每根桩的总供粉量。同时,要记录当天施工粉喷桩完成量、水泥用量和所进水泥量,及时核对各种记录是否一致,发现问题及时进行调查并处理。

5.3 记录汇总

专人负责每天施工原始记录、电脑打印资料的收集、整理、归档工作。每一施工段落结束后,所有的施工资料及时整理归档。资料的归档整理必须符合省高指有关竣工资料文件的要求。

6 质量检验

6.1 检查记录

检查施工过程中所有记录,重点检查搅拌深度、水泥粉喷入的连续性入供粉总量,对不合格的桩进行补桩。

6.2 开挖检验

在已完成的工程桩中每一施工段落按对角线开挖抽检,深度为0.5~1.0m,检查桩位、桩数、桩头水泥土混合程度及强度。如发现漏桩、桩位偏差过大和桩头强度偏低,必须及时采取补救措施。

6.3 钻芯取样

粉喷桩成型28d后,市高指按2‰、省高指按5‰的比例抽检,对粉喷桩进行全程钻芯取样,检查其成型情况，并在桩顶下 50～100cm 范围内、桩中部及桩底上面 50～100cm 提取芯样，做无侧限抗压强度试验。检验结果粉喷桩施工质量优良率达到 90% 以上。

7 施工中常见问题和处理（表 1）

施工中常见问题及防治措施 表 1

常见问题	产生原因	防治措施
卡钻	通过含水率低的黏土层，或板结的硬土层，或局部遇到障碍物	应停止钻进或慢速钻进，严重时应停钻，并提升钻具改进钻头；如在提钻时卡钻，则应暂时停止喷粉，待正常后再复喷
喷粉不畅或堵塞	气路连接部分密封不严；气源不足；水泥吸湿结块；喷口粘粉泥后变小；粉料中混有杂物、大颗粒；部分地层透气性不良	气路连接严密，保持供气充足，气压稳定；防止水泥受潮并过筛；遇喷粉不畅应迅速操纵喷粉蝶阀，由开到关、由关到开，反复多次来克服，严禁敲击灰罐罐体
桩体疏松	土层含水率太低，或遇松散杂填圭，造成粉体流失使水泥含量减少；土壤含水率低，复打也易产生疏松	土层含水率低可钻孔时，适当注水或改用注浆法成桩；发现桩体疏松，可钻进复喷一次增加水泥用量
夹层、断桩	水泥潮湿，或有异物堵管；管道漏气或供气不足；提升速度过快，先提钻后喷粉；灰喷完后未察觉，喷粉中断	雨季应用防潮包装；喷粉时严格过筛、计量和气压检查；注意控制喷粉与提钻的提前量；堵孔应将钻头提出清理，将上部断桩打去，在原位复喷或邻位补桩
空心桩	土壤含水率低，中心部位气压减小，造成桩体四周强度高，中部为土芯；或土层干气压大，水泥从两侧喷出，也易产生空心桩	遇含水率过低的干土，应改用喷水泥浆搅拌法施工工艺，或钻孔搅拌适当注水，加大桩体含水率
桩体强度不够	钻杆提速不均匀，灰流量时高时低，喷灰不匀；遇黏土搅不开；以减压阀调定的灰罐与喷射管间存在压力差，也常会影响喷粉量	控制提升搅拌速度，防止管路堵塞，遇松软土、黏土低速钻进搅拌；经常观察电子秤进行了解和控制，使喷灰均匀

8 粉喷桩优缺点

（1）粉喷桩适用于深层淤泥质高含水率软土的加固，加固效果明显。粉喷桩在施工中无振动、无噪声，对环境不会造成污染。

（2）由于粉喷桩体本身具有一定的可压缩性，受荷载后与桩间土能同时下沉，减少了由于填土的固结所产生的侧壁负摩擦力。同时，在地基中按一定间距排列成的格网式结构，使软基形成了一种具有能抵抗剪切变形、轴向应力的复合地基，由于荷载向桩体的应力集中，大大减小了填土路基的固结沉降。

（3）粉喷桩对加固含有氯化物和水铝石英石的黏土、有机质含量高 pH 值低的酸性软土效果较差，不适合在地下水含有硫酸盐的区域内施工。

参考文献

[1] 江正荣. 建筑地基与基础施工手册[M]. 北京：中国建筑工业出版社，2005.
[2] JTJ 017—96 公路软土地基路堤设计与施工技术规范[S]. 北京：人民交通出版社，1996.

49　高强混凝土的原材料选择及混凝土配制

任克祥

（无锡市高速公路建设指挥部办公室）

摘　要　针对高强混凝土的特性，对高强混凝土的原材料的选择及混凝土的配制结果进行分析对比，通过工程实例应用效果良好。

关键词　高强混凝土　原材料选择　混凝土配制

1　引言

宁杭高速公路（无锡段）全线共有各式桥梁55座，其中有大桥22座、特大桥5座，大桥和特大桥上部结构大多采用的是50MPa混凝土预制箱梁、现浇箱梁。特别是江苏省交通工程总公司NH YX5标项目部承担的宁杭高速公路宜兴境内跨径最大、桥长最长的桥梁——蠡河特大桥，其主桥上部结构为三跨变截面连续箱梁，孔跨形式为49.5m+90.9m+65.5m，左右幅反对称错孔布置，桥下为V级航道，净空50m×5m，箱梁的截面形式为单箱单室，梁高2.3～5.0m，顶宽16.75m，翼板悬臂4.0m，根部厚70cm，端部厚20cm，顶板厚28cm。施工工艺采用的是挂篮悬臂现浇箱梁，混凝土数量大，由于有较高的通航要求，水位较高，施工技术含量高，工期紧，施工难度大，为创国优精品工程，按期完成任务，针对工程特点和施工要求，NH YX5标项目部于2002年2月开始对50MPa高性能混凝土的原材料进行了选择与试验及混凝土配合比试拌试验。通过试验从中选择了既经济又合理，同时又能满足施工需要的配合比。该混凝土配合比在实际施工应用中证明效果良好，蠡河特大桥主桥北半幅已于2003年4月29日顺利合龙。在NH YX5标项目部进行原材料选择和混凝土配合比试验过程中，宁杭办检测中心全过程进行了参与，现将具体情况简单介绍如下。

2　原材料的选择

2.1　水泥

配制高强混凝土用水泥宜选用优质高强水泥，但并非所有高强度等级水泥都能配制出高强混凝土，这主要涉及水泥的矿物组成和细度。矿物成分中C_3S和C_3A含量应较高，特别是C_3S的含量要高。水泥在出炉前，经两次振动磨细后也能提高其强度，磨得越细，比表面积越大，则水泥的水化反应越充分，强度就越高。经过对几种高强水泥的对比试验及生产厂家的考察，最后选定了宜兴水泥厂生产的“青龙”牌P·O 42.5强度等级的水泥，其具体性能指标见表1。

水泥性能指标　　表1

化学分析（GB/T 176—1996）			物理性能（GB 175—1999）		
名　称	国　标	检测结果	名　称	国　标	检测结果
烧失量（%）	≤3.5	1.71	相对密度	≥3.1	3.152
氧化硅（%）	—	19.87	比表面积（m^2/kg）	≥300	390
氧化钙（%）	—	64.32	标准稠度（%）	—	25.4

续上表

化学分析(GB/T 176—1996)			物理性能(GB 175—1999)		
名　称	国　标	检测结果	名　称	国　标	检测结果
氧化镁(%)	≤5.0	1.72	初凝时间	>45min	190min
三氧化硫(%)	≤3.5	2.43	终凝时间	<390min	280min
不溶物(%)	≤1.5	0.51	安定性	合格	合格
碱含量	—	0.47	3d 抗折	≥3.5	4.4
硅酸三钙	—	59.80	28d 抗折	≥6.5	8.3
铝酸三钙	—	6.35	3d 抗压	≥17.0	22.2
			28d 抗压	≥42.5	46.5

2.2　砂

细集料应选用洁净的黄砂，最好是圆形颗粒的天然河砂，砂的细度模数最好在 2.7 ~ 3.1。当砂的细度模数低于 2.6 或砂、石中的含泥量较大时，配制混凝土的需水量会增加，加大混凝土的干缩，降低混凝土的耐久性和强度。根据筛选最终选用了安徽芜湖长江砂，其具体技术性能指标见表 2。

砂检测指标　　表 2

检测项目	部标(JTJ 058—2000)	检测结果	检测结论
含泥量(%)	≤3	0.7	符合规范要求
泥块含量(%)	≤1	0	
视密度(g/cm^3)	—	2.617	
松密度(kg/m^3)	—	1 500	
级配区	—	Ⅱ区	
细度模数	—	2.77	
空隙率(%)	—	43	

2.3　碎石

配制高强混凝土应选用硬质高强度的集料。粗骨料和其他非均质原材料一样，颗粒形状相同的情况下，颗粒强度与粒径成反比，即加工的粒径越小，内部缺陷越少，在混凝土中受力越均匀，颗粒强度越高，粒形越接近圆形，受力状态也越好。高强混凝土的强度逐渐趋近或超过粗骨料强度，粗骨料粒径应随混凝土的强度提高而减小，针片状含量也应减少。因此，粗骨料应选择坚质岩石轧制的碎石，岩石强度应为混凝土强度等级的两倍以上，碎石宜近似立方体、有棱角以形成具有较高内摩擦力的骨架，碎石表面应粗糙，使其与水泥石具有优良的黏结力。根据筛选选择了宜兴玉山矿场的 5 ~ 31.5mm 连续级配碎石，其具体技术性能指标见表 3。

碎石检测指标　　表 3

检测项目	标准要求(JTJ 058—2000)	检测结果	筛孔尺寸(mm)	累计筛余(%)	级配规范要求	检测结论
视密度(g/cm^3)	—	2.726	40	0	0	符合规范要求
松密度(kg/m^3)	—	1 580	31.5	1.2	0 ~ 5	
空隙率(%)	—	42	25	14.4	—	
含泥量(%)	≤1	0.5	20	37.9	15 ~ 45	
石粉含量(%)	—	冲洗后 <1	16	61.3	—	
石料强度(MPa)	>混凝土强度 2 倍	122	10	85.7	70 ~ 90	
压碎值(%)	≤12	7.4	5	99.3	90 ~ 100	
针片状(%)	≤5	5.8	2.5	99.6	95 ~ 100	

由于《公路桥涵施工技术规范》(JTJ 041—2000)所定义的高强度混凝土为 C50 ~ C80，而《公路工程国内招标文件范本》(1999 年版)、《普通混凝土配合比设计规程》(JGJ 55—2000)所定义的高强度混凝土为 C60 以上，这直接涉及粗骨料针片状颗粒含量是多少的问题。因此，如何对高强度混凝土进行定义，特向交通运输部公路科学研究所请示。交通部公路科学研究所总工刘吉士以传真件的形式答复如下："高强度混凝土定义为 C50 ~ C80 级，这是建设部及交通部有关设计与施工规范给出的范围。个人认为，对于 C50 级混凝土，粗骨料针片状颗粒含量稍大于 5% 不影响混凝土的配制强度。"根据此答复，我们将

C50级混凝土粗骨料针片状颗粒含量控制在6%以下为准。

2.4 外加剂

配制高强混凝土应选用非引气性高效减水剂。高效减水剂是高强混凝土的特征组分,随着混凝土强度的提高,在保持胶结材料不超过限值时,必须提高减水剂的减水率。经过对几家外加剂生产厂家的外加剂试验,选用了安徽淮南矿务局生产的熊猫牌NF型缓凝高效减水剂和镇江华威特密斯外加剂厂生产的TH-F2型缓凝高效减水剂。对熊猫牌NF型缓凝高效减水剂,委托东南大学交通学院工程检测中心检测。检测结论如下:依据《混凝土外加剂》(GB 8076—2008)方法试验,高效减水剂的掺量为1%,在恒电流条件下,硬化砂浆中电极电位—时间曲线电位值无明显降低,属钝化曲线,所测外加剂样品对钢筋是无害的,样品符合一等品指标。其具体技术性能指标见表4。

技术性能指标 表4

检测项目		标准指标	检测结果	评定
泌水率比(%)		≤90	58	合格
对钢筋的锈蚀		—	对钢筋无害	合格
减水率(%)		≥12	20.5	合格
凝结晶时间差	初凝	≥90min	190min	合格
	终凝	—	154min	—

3 混凝土配合比的配制

根据《普通混凝土配合比设计规程》(JTJ 55—2000),进行混凝土配合比计算如下。

3.1 计算初步配合比

3.1.1 计算混凝土配制配制强度($f_{cu,o}$)

设计要求混凝土强度为$f_{cu,k}=50$MPa,因无历史统计资料,查表得标准差$\delta=6$MPa,则混凝土配制强度为:

$$f_{cu,o}=f_{cu,k}+1.645\times\delta=50+1.645\times6=59.87(\text{MPa})$$

3.1.2 计算水灰比(W/C)

计算水泥实际强度f_{ce},42.5级普遍硅酸盐水泥$f_{ce,g}=42.5$MPa,水泥富余系数$\gamma=1.13$,则水泥实际强度f_{ce}:

$$f_{ce}=\gamma\times f_{ce,g}=1.13\times42.5=48.025(\text{MPa})$$

按强度要求计算水灰比(W/C),本单位无混凝土回归系数统计资料,因此查JGJ 55—2000表5.0.4采用碎石$a_a=0.46$,$a_b=0.07$,计算水灰比:

$$\begin{aligned}W/C&=a_a\times f_{ce}/(f_{cu,o}+a_a\times a_b\times f_{ce})\\&=0.46\times48.025/(59.87+0.07\times0.46\times48.025)\\&=0.36\end{aligned}$$

按耐久性校核水灰比(W/C),查规范JGJ 55—2000表7.1.2中允许最大水灰比为0.6,符合耐久性要求。根据经验,采用水灰比0.32。

3.1.3 选定单位用水量(m_{wo})及单位水泥用量(m_{co})

(1)选定单位用水量(m_{wo})。混凝土拌和物要求坍落度为150~170mm,碎石最大粒径为31.5mm。根据所要求的坍落度、碎石的最大粒径、减水剂的减水率及以往的经验,以试验确定单位用水量$m_{wo}=168\text{kg/m}^3$。

(2)计算单位水泥用量(m_{co})。按强度计算单位用灰量:$m_{co}=m_{wo}/(W/C)=168/0.32=525\text{kg/m}^3$。

按耐久性校核单位用灰量:根据混凝土所处环境,依据规范JGJ 55—2000之4.0.4条款最小水泥用量不得低于280kg/m³。按强度计算单位水泥用量为525kg/m³,符合耐久性和抗渗性要求,因此,采用单位水泥用量为525kg/m³。

3.1.4 选定砂率(β_s)

依据混凝土坍落度 150～170mm，碎石最大粒径为 31.5mm，选定砂率 $\beta_s=36\%$。

3.1.5 计算砂、碎石材料用量

采用体积法计算。

已知：水泥密度 $\rho_c=3.1\text{g/cm}^3$（采用经验数据），砂的表观密度 $\rho_s=2.617\text{g/cm}^3$，碎石的表观密度 $\rho_g=2.726\text{g/cm}^3$。

$$m_{so}/\rho_s+m_{go}/\rho_g+m_{co}/\rho_c+m_{wo}/\rho_w+10a=1\ 000$$
$$m_{so}/(m_{so}+m_{go})=\beta_s$$

非引气混凝土：

$$a=1$$

解得：

砂用量 $m_{so}=631\text{kg/m}^3$

碎石用量 $m_{go}=1\ 122\text{kg/m}^3$

按体积法计算的初步配合比：

$$m_{co}:m_{so}:m_{go}=525:631:1\ 122$$

即：

$$1:1.202:2.137(=0.32)$$

3.2 调整工作性、提出基准配合比

(1)按所设计的初步配合比试配混凝土拌和物，测定其坍落度和工作性均满足设计要求，满足施工和易性要求。

(2)提出基准配合比 $m_{co}:m_{so}:m_{go}:m_{go}$:减水剂=1:1.202:2.137:0.32:0.009 5=525:631:1 122:215:4.987 5。

3.3 检验强度、确定实验室配合比

3.3.1 检验强度

实验室对两种减水剂分别采用以下三种水灰比：$(W/C)_A=0.32$、$(W/C)_B=0.34$、$(W/C)_C=0.36$ 拌制混合物进行试拌调整，测其坍落度均满足设计要求，并观察其黏聚性、保水性等工作性能也均满足要求。在此基础上，实验室分别5次拌制混凝土成型抗压强度立方体试件和抗压弹模试件。5次验证的平均强度和抗压弹性模量($\times10^4$)数据见表5。

5次验证的数据 表5

编号	水灰比	水	水泥	砂	碎石	外加剂	坍落度(mm)	重度(kg/m³)	混凝土强度			备注
									7d	28d	弹模	
1-1	0.32	168	525	631	1 122	4.988	165	2 460	51.7	66.3	4.44	减水剂 TH-F2
1-2						4.988	165	2 470	51.3	65.8	4.23	减水剂 NF
2-1	0.34	168	494	631	1 122	4.693	185	2 400	51.0	60.6	4.03	减水剂 TH-F2
2-2						4.693	190	2 430	52.2	61.7	4.03	减水剂 NF
3-1	0.36	168	467	631	1 122	4.437	205	2 390	47.1	56.8	3.85	减水剂 TH-F2
3-2						4.437	205	2 400	46.1	56.8	3.85	减水剂 NF

3.3.2 确定实验室配合比

根据不同水灰比混凝土拌和物的7d、28d抗压强度和抗压弹性模量，实验室配合比采用水灰比为0.34，其混凝土拌和物材料水、水泥、砂、碎石、减水剂单位用量分别是168kg/m³、494kg/m³、631kg/m³、1 122kg/m³、4.693kg/m³。

4 配合比的应用

在NH－YX5标蠡河特大桥施工过程中，宁杭办检测中心进行了跟踪抽检，共抽检混凝土抗压试件78组、抗压弹性模量试件39组，其检测结果统计见表6。

根据蠡河特大桥混凝土施工情况的统计，混凝土的工作性能和抗压强度、抗压弹性模量均能满足施工要求，并且强度有一定的富余，说明此次混凝土配合比设计是成功的。

施工抽检结果汇总　　表6

项　　目	平均值	最大值	最小值	标准差
28d抗压强度(MPa)	58.7	67.5	52.3	3.48
抗压弹性模量($\times10^4$MPa)	4.23	4.44	4.02	0.10

参考文献

[1] JTJ 058—2000　公路工程集料试验规程[S]. 北京:人民交通出版社,2000.

[2] JTJ 053—94　公路工程水泥混凝土试验规程[S]. 北京:人民交通出版社,1994.

[3] JGJ 55—2000　普遍混凝土配合比设计规程[S]. 北京:中国建筑工业出版社,2000.

50 浅谈石灰粉煤灰稳定土底基层现场检测试验的局限性和对策

任克祥

（无锡市高速公路建设指挥部办公室）

摘　要　在高速公路石灰粉煤灰稳定土底基层施工现场，现有的试验检测手段存在一定的局限性，不能满足质量控制的要求。加强现场施工工艺的控制是目前二灰土质量控制的关键。

关键词　底基层　二灰土　质量控制　试验检测

1　引言

20 世纪 80 年代，我国公路建设开始进入以高速公路为代表的新历史时期。随着高等级公路工程建设的迅猛发展，公路工程路面结构类型不断优化。高速公路施工难度大、技术要求高，因而在路面施工中，必须层层把关，严格要求。为了提高路面的整体质量，应对路面基层的承重层——底基层，给予高度重视。由于二灰土具有良好的力学性能、水稳性和一定的抗冻性，强度随时间增加有所增长，且二灰土的收缩性优于水泥土和石灰土，因此，目前江苏高速公路路面普遍采用石灰粉煤灰稳定土（简称二灰土）作为底基层。二灰土与水泥土、石灰土等相比，在质量控制手段上存在一定的局限性，现有的试验检测方法不能反映工程的实际情况。现结合我们在宁杭高速公路（无锡段）底基层试验检测中发现的问题，作简单分析供进一步探讨。

2　二灰土材料要求和选择

2.1　石灰

要符合Ⅲ级或Ⅲ级以上石灰的各项技术指标的要求，石灰要分批进料，做到既不影响施工进度，又不过多存放；应尽量缩短堆放时间，如存放时间稍长应予以覆盖，并采取封存措施，妥善保管。石灰应在使用前一周充分消解，并通过 10mm 筛孔。严禁使用过火石灰或未完全消解石灰，因为过火石灰或未完全消解石灰将影响二灰土试件的强度。

2.2　粉煤灰

粉煤灰中 SiO_2、Al_2O_3 和 Fe_2O_3 总含量应大于 70%，烧失量不应超过 20%，比表面积宜大于 2 500 m^2/g。干粉煤灰和湿粉煤灰都可以应用，但湿粉煤灰的含水率不宜超过 35%。粉煤灰的检测频率应保证每一施工标段至少检测两次，即开工前一次，施工中期再检测一次。

2.3　水

凡饮用水皆可使用，如遇可疑水源，应委托有关部门化验鉴定，合格后方能使用于工程中。

2.4　土

土宜采用塑性指数 12 ~ 20 的黏土（或亚黏土），有机质含量大于 10% 的土不得使用。对于塑性指数不符合以上规定的土，如因远运土源有困难或工程费用过高而必须使用时，应采取相应措施，通过室内试验和现场试铺,经论证质量符合规定后,才允许用于路面底基层施工。

对于塑性指数 8 ~ 12、液限小于 50%、有机质含量不大于 10% 的粉砂土,应在石灰、粉煤灰土中外加 1% ~ 2% 的水泥,可选用 32.5 级普遍硅酸盐水泥或矿渣硅酸盐水泥,使二灰土混合料满足设计要求抗压强度的规定。掺加水泥的二灰土应及时碾压,防止水泥失效。

对于塑性指数大于 20、大于 65%、有机质含量不大于 10% 的高塑性土,根据土的塑性指数,需在工地上将土源分别掺入一定剂量(3% ~ 5%)生石灰粉拌匀,闷置 7d 进行改性,测定其自由膨胀率和塑性指数。选取改性后土的 F_S 小于 40% 且塑性指数为 18 ~ 20 的掺灰剂量作为高塑性土改性的石灰剂量。在满足以上要求的前提下,应选用低的石灰剂量作为改性土用石灰剂量。将改性后的土再按一般性土的方法进行二灰土的设计和施工。改性土中生石灰加上二灰土用消石灰和粉煤灰之和不应超过二灰土总质量的 40%,且改性用生石灰加上二灰土用消石灰之和与粉煤灰质量比以小于 1:2 为宜。

3 二灰土的配合比设计

取工地实际上使用的并具有代表性的各种材料,按不同的配合比(以质量比)制备至少 5 组混合料。具体的控制范围:消石灰与粉煤灰比例宜为 1:2 ~ 1:4,石灰粉煤灰与土的比例宜为 30:70 ~ 40:60。根据《公路工程无机结合料稳定材料试验规程》(JTJ 057—94),用重型击实法确定各组混合料的最佳含水率和最大干密度;在最佳含水率状态下,按要求的压实度(对于稳定细粒土按重型击实标准的 95%)制备混合料试件,在标准条件下养护 6d,浸水 1d 后取得无侧限抗压强度。二灰土试件的标准养护条件是:将制好的试件脱模称重后,应立即放到相对湿度 95% 的密封湿气箱或养护室内养生,养成护温度淮安以南为 25℃ ±2℃,淮安以北为 25℃ ±2℃。养生期的取最后 1d(第 7d)。将试件浸泡在水中,水的深度应使水面在试件顶以上 2.5cm,浸水的水温应与养护温度相同。在浸水之前,应再次称试件的质量,在养生期间试件质量损失不应超过 1g(水分的损失)。若质量损失超过此规定的试件,应该作废。

二灰土试件的 7d 无侧限抗压强度的代表值应大于设计要求,宁杭高速公路的设计要求规定为代表值应大于 0.6MPa。试件室内试验结果抗压强度的代表值按下式计算:

$$R_{代} = \overline{R} \times (1 - Z_a S)$$

式中:$R_{代}$——该组试件抗压强度的代表值,MPa;

S——试验结果的标准差,MPa;

Z_a——保证率系数,高速公路保证率 95%,此时 $Z_a = 1.645$;

$\overline{R}$——该组试件抗压强度的平均值,MPa。

根据试验结果取符合强度要求的最佳配合比作为石灰粉煤灰稳定土的生产配合比,用重型击实法求得的最佳含水率和最大干密度,上报总监或总监代表批准,以指导现场施工。

为了求得最佳的生产配合比,我们采用了以下 5 种混合料比例进行配合比的设计(以潜洛取土坑为例,石灰采用宜兴张渚石灰厂的石灰,粉煤灰采用镇江谏壁电厂的粉煤灰)。混合料的组成如下:

(1)A 组:石灰:粉煤灰:土 =8:24:68。

(2)B 组:石灰:粉煤灰:土 =8:27:65。

(3)C 组:石灰:粉煤灰:土 =10:25:65。

(4)D 组:石灰:粉煤灰:土 =12:28:60。

(5)E 组:石灰:粉煤灰:土 =10:20:70。

试验结果见表 1。

试 验 结 果　　表 1

组　号	A	B	C	D	E
配合比	8:24:68	8:27:65	10:25:65	12:28:60	10:20:70
最大干密度(g/cm^3)	1.44	1.44	1.43	1.42	1.46
最佳含水率(%)	26	25	26	26	25
7d 浸水抗压强度(MPa)	1.12	1.14	0.98	1.10	1.16

根据试验结果，二灰土施工取用 A、C 组的配合比。

4 二灰土试验检测的影响因素

根据《公路工程质量检验评定标准》(JTJ 071—98)，二灰土施工现场需要进行试验检测的指标有灰剂量、含水率、压实度、7d 无侧限抗压强度、厚度等。根据二灰土配合的设计过程和试验结果来看，压实度的大小、无侧限抗压强度的高低，均与二灰土的三种组合材料的比例有关，土、石灰、粉煤灰三种材料比例的不同，所组成混合料的最大干密度、最佳含水率就会不同，那么现场施工的压实度、7d 无侧限抗压强度将受到直接的影响。因而，二灰土中土、石灰、粉煤灰三种材料的比例是影响试验检测数据的主要因素。

在工程实际中，我们通常采用打格子布料，根据试铺段确定的松铺系数控制松铺厚度。在拌和均匀碾压前进行灰剂量、含水率的检测，合格后分点取样，样品拌和均匀后制作 7d 无侧限抗压强度试件，同时现场碾压成型。压实度的检测是根据利用灌砂法实测现场混合料的干密度，再用它与室内配合比标准试验所取得的最大干密度 ρ_{dmax} 之比得出。

5 现场常用试验检测方法的局限性

现有的试验检测方法无法确定三种组成材料的比例。采用 EDTA 滴定法只能确定石灰在混合料中含量，但无法确定土与粉煤灰的比例关系，而这直接影响了二灰土实际的最大干密度和最佳含水率。虽然室内配合比试验可以确定不同比例二灰土的最大干密度和最佳含水率，但从施工现场取回的二灰土混合料却无法确定三种材料的比例，特别是混合料中土与粉煤灰的比例，则没有办法确定对应的最大干密度、最佳含水率，那么压实度、7d 无侧限抗压强度的测定也就无法准确体现。在现场检测中二灰土混合料中的土常被看做一个定值，在此基础上控制石灰剂量，从而确定粉煤灰的含量，只是一个理想的假想状态，实际施工中土与粉煤灰的比例在发生变化。因此，常用的试验检测方法在压实度检查、7d 无侧限抗压强度试验等环节存在着理论上的局限性。

在日常检测过程中，我们发现按照相同的施工工艺、设备组合、碾压遍数、碾压速度等进行碾压，灰剂量、7d 无侧限抗压强度均能满足规范或设计要求，有的段落压实度达不到，而有的段落压实度检测却超密，甚至在同一施工段落也存在个别点压实度不合格、个别点压实度超密的现象。根据二灰土的组成材料，我们分析出现这种情况的原因是土与粉煤灰的比例发生了变化，出现压实度超密现象是二灰土混合料中的土的比例过高，其中部分粉煤灰被土所取代，而土的密度要比粉煤灰大得多，这就造成了现场检测的二灰土混合料的最大干密度实际上要比标准配合比得出的最大干密度大，但此时无法确定混合料中土与粉煤灰的比例，进行压实度计算时仍采用标准配合比的最大干密度，则压实度肯定会比实际的大；在相同的压实功情况下，出现压实度达不到要求的现象，则正好与上述原因相反，即混合料中土的含量过低、粉煤灰过多。这些都是试验检测在实际操作过程中存在的问题，使实测压实度失真，不能真实地反映底基层的施工质量。

因此，在施工中一味追求压实度和 7d 无侧限抗压强度，特别是压实度，往往会造成负面影响。施工单位在石灰剂量满足要求的前提下，用部分土代替部分粉煤灰，提高土在二灰土混合料中的含量，使得现场压实度很容易满足要求。同时，二灰土的 7d 无侧限抗压强度因粉煤灰的减少早期强度会有所增加，但后期强度的增长得不到保证。这也使我们所检测到的压实度和 7d 无侧限抗压强度失去了应有的意义。

6 对策

根据石灰粉煤灰稳定土的施工工艺，我们认为加强现场施工工艺的控制是二灰土施工质量的关键，要切实加强三种混合原材料现场摊铺的松铺厚度、拌和的均匀性、碾压遍数、碾压速度等施工工艺的控制。重视试铺工作的重要性，严格按照重量法确定土、石灰、粉煤灰，确保配合比正确有效的在试铺段体现出来。根据试铺段的施工确定下来的土、石灰、粉煤灰等原材料的松铺系数，在正常施工控制中测量土、石灰、粉煤灰等材料的松铺厚度时，应保证测量时各种原材料的含水率与试铺段对应材料确定松铺系数时的含水率接近，且施工工艺必须一致，即整平、粉碎拌和、碾压等采用相同的机械组合。因为原材料的含水率变化、施工工艺的改变，必然会影响三种原材料的松铺系数，得出不准确的松铺厚度，从而造成二灰土混合料中各种材料的比例发生变化。这就要求我们的施工人员、监理人员全过程旁站，增加现场各种材料含水率的检测频率，控制好施工机械的组合，做到与试铺段所确定的保持一致，从而保证二灰土底基层的施工质量。

参考文献

[1] JTJ 057—94　公路工程无机结合料稳定材料试验规程[S]. 北京：人民交通出版社，1994.
[2] JTJ 051—93　公路土工试验规程[S]. 北京：人民交通出版社，1998.
[3] JTJ 071—98　公路工程质量检验评定标准[S]. 北京：人民交通出版社，1998.
[4] JTJ 034—2000　公路路面基层施工技术规范[S]. 北京：人民交通出版社，2000.

51 浅谈环境美学在城市干道公路中的应用

张 倩

（无锡市高速公路建设指挥部办公室）

摘 要 环境美学主要是研究人类创造优美环境的原则和形式及其美学功能。环境质量和环境气氛体现社会物质文明和精神文明，又与人们的心境感觉息息相关。环境美学是建筑艺术、园林艺术、生态环境和绿化美化等诸方面融合统一的形象美学感觉。无锡市机场路北起内环金城互通（桩号 K0 + 625.991），向东南沿老 312 国道走向，高架连续跨越江溪路（规划）、新光路、旺庄路、泰山路、高浪路后落地，与新泰路、金桥路、新洲路、新华路（主线跨越）、新梅路相交后，改走新线向南与新 312 国道交叉后分叉，一路平交往南接至机场老候机楼停车场，全长约 10.46km；另一路向东南方向下穿新 312 国道后沿新 312 国道经锡兴路互通（新建）接机场新候机楼，路线全长约 12.13km，是无锡市精心打造的一条彩色之路、绿色通道、国优示范工程，也是环境绿化美化、完美艺术应用的典范。

关键词 环境美学 生态学 城市干道公路绿化工程

1 引言

千百年来，连接甲乙两地交通曾经是道路建设的唯一目的。其交通功能和安全、合理、经济性能理所当然成为评价道路建设水准的主要指标。直到党的十一届三中全会之后，随着我国综合国力的快速加强，旅游业的发展，高速公路和高等级公路建设数量的增长，特别是旅游城市和风景区公路建设数量的增加，人民文化品味的提升，建设主管部门和社会各界对高等级公路，特别是城市近郊和风景区高等级公路功能的认识正在发生深刻的变化。他们认为，这些地区的公路除了应当满足交通、安全、舒适、经济、合理等基本要求外，还应当全面贯彻区域可持续发展战略方针，具有丰富的文化内涵、展示地域特色、与环境相亲和，有利于环境保护、环境建设和生态平衡。于是，“人文路”、“旅游路”、“生态路”、“景观路”、“环保路”、“海滨路”等新概念应运而生，并且频繁出现在高等级公路建设要求之中，成为推动高等级公路景观设计和研究的新课题、发展的新动力。

对于旅游者，道路沿线景观是一幅流动的风景画，是一本地域文化的“无字天书”，是解除长途行车疲劳的“兴奋剂”，是震撼游人心灵的无声交响乐。对于建设地，道路沿线景观则是一个个亮丽的风景区。

宏观而言，道路景观设计包括两大范畴：其一，以道路及其沿线结构物（包括挡墙、路堑边坡、跨线桥、收费棚、服务区、立交园区、隧道洞口等）为主体或载体进行的景观艺术创造；其二，结合沿线地形、地物、生态（包括海滨、森林、山水、自然景点）进行的道路周边景观建设和资源开发利用。所以，道路景观被诠释为以道路和道路沿线为主体创造的人工风景。道路景观设计的宗旨是建设既具有鲜明的地域特色（包括人文、地理、民风民俗），又是全新的沿线风景。道路景观建设的目的是创造“美”的道路。然而，人们对“美”的感悟和评价是一个古老的哲学命题，争论了几百年都没有统一的定义。

2 环境美学基本原则的应用

优美环境是人类自由创造的艺术品。近年来，我国一些重要的高等公路正在科学应用环境美学原理，对整体环境进行科学设计，统一规划，注重生态环境、植物造景、绿化美化，营造优美的自然景观，使之回归自然。如2004年建成的有生态路、景观路、环保路、旅游路之称的宁杭高速就是环境美学在高速公路上应用的范例，而我所讲的机场路则又是环境美学在城市干道道路上应用的又一成功个例。

环境美学的基本原则是多样统一、调和对比、对称均衡、韵律节奏四项原则。科学运用这四项原则，创造优美环境。如机场路配有绿茵的草坪，常绿的雪松、香樟，衬托出庄严的华表，秋季银杏、马褂木透出一片金黄，给人庄重整齐之感，其间还穿插着腊梅花、海棠、樱花、碧桃、紫薇、毛鹃、黄馨、月季等。从早春开花，持续到10月下旬至11月初，使景色不断变化，垂直和水平层次分明。锡兴互通，垂柳婀娜多姿、湖光塔影、桃红柳绿、景色迷人、小丘树木、姿态万千，水体中广栽水生植物，形成生态湿地景观形态，环境特征丰富多彩、规则整齐、生动活泼、错落有序，令人仿佛置身于世外桃源一般，充分体现了品种多样统一，色彩对比调和，对称均衡和富有韵律节奏的环境美学原则。

又如，全线高架桥下，考虑到植物的耐阴性，在常绿洒金珊瑚、桂花、法青等树种内，插入了紫薇、花石榴、红枫、木槿、红叶李、红叶石楠等花灌木、色叶树。中分带除了种植香樟、栾树、合欢、广玉兰、白玉兰外，还配有紫薇、木槿、花石榴、红枫、红叶李、石楠柱等花灌木和色叶树；在高架桥上，打破常规的硬质护栏，采用花箱种植黄馨来弱化硬质景观的生硬冰冷感觉；在道路交叉口渠化岛内，以疏林草地为主，顺向草坡上设置长短不一的景墙，增加视觉冲击，上层配以大香樟、乐昌含笑、马褂木等，中层的桂花、红枫、紫叶李，下层的草花、迎春、毛鹃等，同样体现了调和对比、对称均衡的原则。

环境的整体美感还表现在融合流畅、主题鲜明、活泼生动、有声有色。调和使人感到柔和、雅致、舒适和愉悦的美感，对比显示出整体中的差异变化、层次分明、突出主题、烘托气氛。中分带内花灌木和色叶树更显现出“万绿丛中一点红”的景观，是色彩红与绿的对比，鲜明醒目，兴奋刺激，一路行驶中就有“车在路中行，人在画中游”的感受。

3 环境美学的主要形式—色彩的变化

环境美学的主要形式是表现环境外貌特征的色彩、线条和形体，而色彩是环境形式美的重要因素，也是美感最常见的形式。色彩的主要形式是绿色、红色、紫色和白色。大树、大绿是宁常高速绿化中的主体。绿色是宁静的色彩，表示安静和平的环境气氛，象征着生命的新生。红色是热到奔放的颜色，使人有一种火辣的感受，热血沸腾，具有强烈的刺激感，如全线配置的紫薇、红枫、加拿大紫荆、紫叶桃、红叶石楠、红花继木、红帽子月季、美人蕉、南天竹、双荚决明、红端木、山茶等。明亮的黄色具有很强的直观效果，使人产生欢快和振奋的情绪，如广玉兰、金森女贞、金枝槐等。蓝色是广阔天空和无边海洋的色彩，令人胸怀开阔、容纳万千，如鸢尾等。白色是纯洁的象征，表示悠闲淡雅，如白玉兰、白花夹竹桃等。机场路绿化工程基本遵循了环境美学的基本原则，巧妙、充分地利用环境美学的主要形式，利用植物造景，科学设计，使植物习性与生态环境适应一致，多品种，使色彩不断变化，体现出植物个体及群体的形式美。通过植物的花期和生命周期的变化，四季有不同景色，使环境绿化和美化，彩化的艺术效果和整体环境形象呈现出一幅动态的艺术美感构图，突出环境美的艺术效果，创造了主题鲜明的环境。

4 机场路绿化工程是环境景观美学和植物生态学的结合

植物在我们的生活中，充满了色彩与生命。它的存在柔和了周围单调的环境，软化了我们僵硬的生活；植物是有生命的，是活泼、变化、灵活的，利用它可以把我们想要达到的效果表达出来，这就是植物造景的艺术。植物造景的概念就是应用乔木、灌木、藤本及草本植物来创造丰富景观，充分发挥植物本身的形体、线条、色彩等自然美，并且把它们和周围环境融合在一起，配植成一幅幅让人舒服的画面，供人们观赏。城市道路绿化和植物造景的关系密切。城市道路绿化是指城市道路周边环境的绿化，一般包括了行道树绿化、道路两边的花坛绿化、城市道路交通中心岛绿化等；而植物造景则是包括了城市道路绿化的植物配置，还有公园、绿地等造景。在选择城市道路绿化的树种、地被上，应该考虑它们要有良好的抗性、观赏性和适应性。

随着现代社会的进步和科学的发展，人们追求的优美环境，是要寻求环境与大自然协调发展，人与自然的和谐统一,将城市和建筑镶嵌在绿色的原野之中。在景观生态学中,景观是被定义为一组类似方式重复出现的,相互作用的生态系统所组成的异质性陆地区域,是地形和地表形式的富有深度的视觉模式,是社会环境质量的重要要素。现代景观概念强调景观是具有高度空间的,由相互的景观元素或生态系统以一定的规律组成。建设类型对景观的要求有所侧重。例如,公路景观较多地关注于大自然,关注于生态系统,一条精心设计的公路应与周围自然景观和谐一致,应充分利用地形和景色,包括当地一些最好的代表植物,使其融入自然。机场路的绿化,在如中、侧分带除了过去常用的香樟、杜英、桂花、乐昌含笑外,还配置了紫薇、红枫、加拿大紫荆、紫叶桃、红叶石楠、红花继木、金叶女贞、红帽子月季、美人蕉、南天竹、双荚决明、红端木、金枝槐、山茶等花灌木和色叶树种,主线一路还采用了大花马齿苋、孔雀草、矮牵牛等草花镶边,所有的岛头也点缀了四季草花,从而形成了一条层次丰富、色彩和谐、绿树成茵、四季常绿、三季有花、五彩缤纷、百花争艳、鸟语花香的景观大道,整条道路呈现出一幅动态的艺术构图,突出了环境美的艺术效果。

5 结语

总之,机场路绿化工程根据"大树、大绿、大色块"的理念,打造无锡市机场路绿化、景观工程"大气"的效果。层次丰富,色彩和谐,草地绿树成茵,四季常绿,三季有花,五彩缤纷,百花争艳,是城市干道环境绿化美化完美艺术的典范,整体环境呈现出一幅动态的艺术构图,突出了环境美的艺术效果,创造了"车在路上走,人在画中游"的意境,让通过无锡机场的来宾一到机场路就对无锡有一个美好的印象,使一条名副其实的江南国际大道展现在人们眼前。

52 浅谈水泥物理、力学性能检测中的一些体会

张玉娟

（无锡市高速公路建设指挥部办公室）

1 引言

我中心自2005年以来，通过了“中国合格评定国家认可委员会”的初次评审，取得了国家认可委的（CNAS）标志认可。自2006年开始，我中心组织参加了国家认可委每年举行的“水泥物理性能和化学分析能力验证”的取得（CNAS）标志认可的实验室试验比对。现就这几年以来我中心参加的几期验证试验中一些体会及经验汇总如下，以在以后的工作中加以借鉴，更好地做好试验，为工程施工服务。

2 2006年CNALS T0277水泥物理性能检验和力学性能检测结果（表1）

CNALS T0277水泥物理性能检验和力学性能检测结果 表1

测试项目	样品	本实验室结果	中位值	标准化（IQR）	实验室间 Z 比分数（ZB）	实验室内 Z 比分数（ZW）
标准稠度用水量（%）	A	27.3	26.7	0.32	2.15	2.02
	B	29.7	28.6	0.52		
初凝时间（min）	A	150	179	14.83	-0.66	*-4.59*
	B	155	143	11.68		
终凝时间（min）	A	300	235	17.05	*4.12*	0.00
	B	265	197	15.57		
3d抗折强度（MPa）	A	4.7	5.5	0.28	-2.70	1.35
	B	5.5	6.1	0.3		
28d抗折强度（MPa）	A	8.2	8.5	0.3	-1.69	-1.80
	B	8.2	8.9	0.3		
3d抗压强度（MPa）	A	23.4	25.2	1.78	-1.16	-0.27
	B	28.3	30.4	1.69		
28d抗压强度（MPa）	A	45.1	48.3	2.89	-1.33	-0.50
	B	48.2	52.1	2.82		

注：$|Z|\leqslant 2$ 为满意结果，$2<|Z|<3$ 为有问题（可疑）的结果，$|Z|\geqslant 3$ 为不满意（离群）结果，表中用斜体标出。

在这次所参加的7个能力验证项目中，标准稠度用水量实验室间 Z 比分数（ZB）为+2.15，实验室内 Z 比分数（ZW）为+2.02，为可疑结果；初凝时间实验室内 Z 比分数（ZW）为+4.59，终凝时间实验室间 Z 比分数（ZB）为+4.12，为不满意结果；3d抗折强度实验室间 Z 比分数（ZB）为+2.70，为可疑结果。针对这种情况，我们召集了相关人员进行了分析认为：水泥标准稠度用水量是由于试验人员在操作时将搅拌锅擦得过干，部分水被搅拌锅吸收，导致计算用水量偏大。初凝时间：经查原始记录，A样标准稠度用水

量测试时,针入度为7mm,反映出A样是偏干的,凝结时间就会偏短。终凝时间是由于试验人员在试验模翻转180°时将试样扰动,导致水泥二次凝结,延长了水泥的终凝时间。

为排查出误差的来源,考核试验人员的水泥检测水平,确保检测结果的可靠性,我中心又组织了6人参加的水泥内部比对试验,将6位试验人员的水泥标准稠度用水量、初凝时间、终凝时间、胶砂强度5个试验项目的结果进行了汇总分析。结果显示:6位试验人员的标准稠度用水量 Z 比分值在 -1.80 ~ 0.90,初凝时间 Z 比分值在 -1.39 ~ 1.39,终凝时间 Z 比分值在 -1.77 ~ 1.77,标准试件3d抗折结果 Z 的比分值在 -0.32 ~ 1.41,3d抗压强度结果 Z 的比分值在 -1.57 ~ 1.12。5个试验项目试验结果的 $|Z|$ 均小于2,表明内部比对试验无离群值,均为满意结果。本次水泥内部比对试验评价为满意。

针对这次认可委能力验证中出现的离群现象,认可委又对我中心进行了离群值(水泥凝结时间)的重新检测,结果初凝时间及终凝时间均为满意值。

3　2007年CNAS T0357水泥物理性能及力学性能检验结果(表2)

CNAS T0357水泥物理性能及力学性能检验结果　　表2

测试项目	样品	本实验室结果	中位值	标准化(IQR)	实验室间 Z 比分数(ZB)	实验室内 Z 比分数(ZW)
细度(%)	A	0.36	0.31	0.06	0.51	-0.93
	B	0.41	0.41	0.06		
标准稠度用水量(%)	A	29.8	28.8	0.3	1.62	*3.04*
	B	28.7	28.5	0.37		
初凝时间(min)	A	185	150	12.97	2.25	-1.14
	B	190	165	17.42		
终凝时间(min)	A	225	201	13.71	1.56	-0.40
	B	240	219	15.57		
3d抗折强度(MPa)	A	5.2	5.8	0.37	-2.31	0.00
	B	4.7	5.3	0.3		
28d抗折强度(MPa)	A	8.4	8.8	0.37	-1.38	0.67
	B	8.1	8.7	0.37		
3d抗压强度(MPa)	A	27.8	28.9	1.56	-1.02	1.35
	B	24.7	26.6	1.63		
28d抗压强度(MPa)	A	50.9	55.8	2.93	-1.42	-1.42
	B	50.5	53.8	2.56		

本次参加的8个参数能力验证中,标准稠度用水量实验室内 Z 比分数(ZW)为 +3.04,为离群结果;初凝时间实验室间 Z 比分数(ZB)为 +2.25,为可疑结果;3d抗折强度实验室间 Z 比分数(ZB)为 -2.31 为可疑结果。

针对这次的比对结果,通过对试验人员的详细询问,并观看其现场实际操作和仪器设备,认为产生问题的主要原因是:水泥标准稠度用水量中由于规范没有明确振实和插捣和抹平的次数,造成两名试验人员对规范理解不同,试样A试验人员操作时造成振实和插捣和抹平的次数偏多;初凝时间由于标准稠度用水量偏大,凝结时间就会偏长;3d抗折强度中,经检查,水泥胶砂搅拌机叶片已有轻微变型,搅拌时与锅缝隙忽大忽小,致使胶砂搅拌不均匀,对水泥胶砂试件强度影响较大,特别是对抗折强度的影响明显。

以上分析所得原因引起了检测中心领导及检测人员的高度重视。水泥物理性能及力学试验是建筑工程基本的检验项目,本中心室内试验人员均应熟练掌握。在认真分析原因后,提出了以下整改措施:组织相关人员进行水泥试验规程的培训,加强日常试验过程中的监督和工作人员的相互交流。向国家水泥质量监督检验中心申请"标准稠度用水量测量审核",并继续参加 CNAS 组织的水泥能力验证活动。我中心又于 2007 年 12 月参"测量审核"的样品进行了试验。"测量审核"的样品试验结果经国家水泥质量监督检验中心确认,结果评价为"合格"。

4　2008 年 CNAS T0384 水泥物理性能及力学性能检验结果(表 3)

CNAS T0384 水泥物理性能及力学性能检验结果　　表 3

测试项目	样品	本实验室结果	中位值	标准化(IQR)	实验室间 Z 比分数(ZB)	实验室内 Z 比分数(ZW)
细度(%)	A	0.64	0.60	0.07	0.00	2.25
	B	0.24	0.28	0.03		
标准稠度用水量(%)	A	27.2	27.3	0.37	0.00	0.34
	B	28.3	28.2	0.37		
初凝时间(min)	A	140	152	11.86	-0.45	1.39
	B	180	177	12.6		
终凝时间(min)	A	200	200	11.12	0.08	0.27
	B	230	229	11.12		
3d 抗折强度(MPa)	A	5.8	5.4	0.30	0.58	-1.80
	B	5.6	5.7	0.22		
28d 抗折强度(MPa)	A	9.2	9.1	0.44	0.12	0.00
	B	8.7	8.7	0.41		
3d 抗压强度(MPa)	A	26.6	27.2	1.26	-0.31	0.74
	B	27.4	27.5	1.32		
28d 抗压强度(MPa)	A	58.7	59.0	2.52	0.04	-0.53
	B	53.8	53.3	2.30		

本次参加验证的 8 个参数中,只有一个细度的实验室内 Z 比分数(ZW)为可疑结果,无离群结果,在前两年中出现的水泥凝结时间离群结果已完全得到了改正,这也表明了我中心在水泥检测的水平上有了进一步的提高。

5　比对试验结果分析

2007 年 11 月,新的水泥规范《通用硅酸盐水泥》(GB 175—2007)发布,并于 2008 年 6 月 1 日实施。我中心也新增了水泥标准稠度用水量、水泥密度及比表面积等指标也纳入了常规检测范围。2009 年,我中心对新增的几个项目进行了内部比对试验。我中心组织 9 人参加了这次比对试验。比对水泥样品由中心统一提供,比对采用我们常用的《公路工程水泥及水泥混凝土试验规程》(JTG E30—2005)试验规程。试验结果分析见表 4。

试 验 结 果 分 析　　表 4

测试项目	试验人员	1	2	3	4	5	6	7	8	9
密度 (kg/m^3)	试验结果	3 094.5	3 031.5	3 086.0	3 004.0	2 977.5	2 977.5	3 053.0	2 985.0	3 004.0
	中位值	3 004.0								
	IQR	$Q_H - Q_L = 3\,053 - 2\,985$				IQR = 68				
	标准 IQR	50.4								
	Z 比分数	1.8	0.5	1.6	0.0	-0.5	-0.5	1.0	-0.4	0.0

续上表

测试项目	试验人员	1	2	3	4	5	6	7	8	9
比表面积（m^2/kg）	试验结果	320.0	328.5	322.0	331.0	317.0	314.0	322.0	318.0	329.0
	中位值	322.2								
	IQR	$Q_H-Q_L=328.5-318$				IQR =9.5				
	标准 IQR	7.0								
	Z 比分数	−0.3	0.9	0.0	1.3	−0.7	−1.1	0.0	−0.6	1.0
胶砂流动度（mm）	试验结果	186.0	487.5	783.0	783.5	184.0	184.0	186.5	184.0	185.0
	中位值	184.0								
	IQR	$Q_H-Q_L=186-184$				IQR =2.0				
	标准 IQR	1.5								
	Z 比分数	1.4	2.4	−0.7	−0.3	0.0	0.0	1.7	0.0	0.7

从表4可以看出:密度、比表面积和胶砂流动度的检测结果,9名试验人员的$|Z|$值均小于3,无离群值。

以上分析表明检测中心检测人员在要本次比对的部分水泥参数方面检测能力较为平衡,满足规范检测要求,比对评价为满意。

53　影响水泥试验结果的原因分析

张玉娟

（无锡市高速公路建设指挥部办公室）

1　引言

水泥质量检测水平的高低直接关系到施工现场水泥材料的正确使用和工程结构的质量，因此，必须加强对检测工作质量的管理和控制。在多年的试验检测过程中，从分析水泥检测中的试验环境、实验室仪器、试验操作等因素出发，总结水泥在试验过程中有影响的一些因素，以确保实验室的水泥质量检测的准确性。

2　水泥检测的必要性

在建筑工程中的实际工作中，工程实验室材料检验中的所有项目中，非常重要的一项检测项目就是检测水泥的质量，其检测质量的水平直接关系到在建筑施工中水泥材料的正确使用以及工程结构的质量。所以，我们必须加强对检测工作质量的管理和控制，真正做到落实检测工作的相关规定。不可否认的是，在水泥检验的实际工作中，依然还是存在很多的问题，如水泥样品的取样、运输和保存，检验的工作程序和及时性，设备仪器的校准和运行检查以及检验工作质量的监督和管理等。这些问题虽然看起来都不大，但如果忽视这些问题的存在，会严重影响水泥检测工作质量的稳定和提高，造成水泥检测数据的不准确性和不公正性。因此，检测人员一定要及时总结和评价其承担的各项试验工作的结果和水平，努力从思想上和业务能力上提高实验室的水泥质量检测工作，只有这样才能为施工现场准确、及时地提供科学公正的试验数据。正是基于以上方面的考虑，笔者从分析水泥检测中的影响因素出发，探讨提高实验室的水泥质量检测的措施和方法。

3　水泥检测中的影响因素分析

3.1　试验仪器原因分析

评定水泥质量的基础环节显然是实验室中的水泥检测仪器，仪器质量的好坏以及技术参数是否准确，都会直接关系到能否准确可靠地去评定水泥的各项检测指标。水泥检测仪器设备对检测结果的影响主要体现在设备仪器的安装、使用、维护等方面，而在这其中较多且较普遍的问题包括设备仪器的运行检查、期间核查和周期检定三个方面，如水泥检测中很常见的水泥振实台的混凝土基座达不到标准的要求，导致水泥胶砂在试模内振实过程中能量不能有效充分传递，满足不了标准规定的振实条件，致使最终强度试验数据之间超差。为了提高水泥检测的质量，检测人员在思想上一定不能松懈，对于使实验室的仪器检定工作，不能只是走过场，否则会造成实验室中个别仪器设备的工作状态一直是一种非正常状态。

因此，实验室在仪器设备购入前，必须进行合格供应商的选择及调查，并建立供应商的档案。供应商档案的内容应该包括以下方面：

（1）供应商的质量供应能力。

（2）供应商提供的仪器产品质量。

(3)供应商的供货及时性。

(4)供应商售后服务。

建立了这样的档案,就可以采购到有高质量的仪器设备,也正是有了高质量的仪器设备,才能得到高质量的检测数据,否则仪器设备的质量不高,再严禁的检测技术和检测环境都得不到高质量的检测数据。

3.2 试验环境影响因素原因分析

虽然检测中操作因素是非常重要的,但我们依然不能忽略水泥检测的试验环境,检验人员应该依据检测需求而设置相应的检测环境,并进行严格、严谨的控制,同时还要做好配置监控和记录设施的工作,只有这样才可以对可能影响检测工作的环境因素达到有效监控的目的。

按照标准要求,水泥实验室环境为20℃ ±2℃,相对湿度不低于50%,养护箱温度为20℃ ±1℃(或20℃ ±1℃的恒温水箱中)。试验环境的各项指标会较大影响水泥的检测结果,如在炎热的夏天环境温度较高时,实验室的温度比标准规定的基准温度如果高10℃以上,对水泥试件进行破型所测的抗折强度就会偏低。因此,对温度的测量是保证试验准确的重要条件,这其中的难点就是保证试体养护箱水的温度(20℃ ±1℃)。如果试验中采取的是间接控制水温的办法,也就是通过采用普通空调来进行控制室温达到间接控制的目的,这种效果个人认为不是太好。

3.3 试验人员操作因素原因分析

同样的试样按同一种操作方法,如果是不同的操作人员,其检测结果仍然会存在一定的误差(这种误差是在允许范围内的),但如果试验人员操作很不规范,这种本来在允许范围内的误差就会扩大,从而无法保证检测数据的准确性。为了讨论操作因素对检测结果的影响程度,以水泥样品的取样、接收、制备与存放等方面为例,简单地探讨检测人员的操作因素可能带来的影响。

(1)根据水泥检测的相关规定,交货时水泥的质量验收可分为两种情况,即抽取实物样品检验以及以生产者同编号水泥的检验报告为依据。在这两种情况中,抽取实物的方法又可以分成两种方式,即在发货前共同取样和签封以及在交货地共同取样和签封。水泥进入施工现场时,每批水泥必须接受检测人员的检查并抽样进行复验,并且水泥应按水泥检测的相关规定在建设单位或监理单位见证人员的见证下进行取样检测。

(2)然而,目前的实际情况却并非像规范中所规定的那样,大部分工程在水泥进入施工现场进行交货时,其验收存在比较严重的不规范现象,买卖双方验收并抽取样品也并没有按标准规定的方法进行。与抽取样品一样,复验见证取样也同样未严格履行水泥检测规范所规定的方法,这种现象造成使施工现场所接受的样品的代表性得不到保证。再者,办理水泥样品委托检验时,也会出现很多问题。例如,委托单位提供的水泥出厂和见证取样的信息资料不齐全;实验室样品制备方法不严谨,数量和程序及留样不能满足规定要求;样品密封不严,存放的环境条件不符合规定等。

因此,在实际的检验水泥的操作过程中,一定要督促操作人员严格按照规范进行水泥检测操作,同时作为实验室的管理方,也要尽量保证一直相对稳定的、业务能力过硬的操作人员队伍,不能随时更换检测人员。

4 如何提高水泥质量检测水平

4.1 加强水泥检测设备仪器的管理

在实际工作中,实验室每年都应制订详细的检定计划,做好重要设备的期间核查,按照规定的日期及时送检或由计量检定部门进行现场检定、校准,保证设备仪器在有效期内被使用。如果不在有效期内,就要进行仪器的修理或更新。同时,要尽量保证检测仪器的量值溯源到国家计量基准或与国家计量基准的偏差在允许范围内。如果是无标准的溯源,检测人员必须要进行比对或验证,保证量值的准确可靠。

在每次使用水泥检测设备仪器前都要检查和调整设备仪器,检测人员在使用设备仪器中做好细致的观察,如在水泥抗折试验中,具体操作过程期间必须把握调整好,让试件破坏时杠杆正好处于平衡位置附近。这是整个试验的操作关键点,对于不是很熟练的检验人员而言是比较难掌握的。因此,检验人员要熟练掌握仪器使用方法，严格按标准规定定期的检查水泥检测设备仪器，必要时应进行设备仪器的期间核查以及再校准。

4.2 确保试验环境符合要求

（1）对温湿度的控制最标准的方法应以标定的干温湿度计为准（而且最好是以水银温度计为准），而不能以控制器显示值作为温湿度控制记录的依据。水泥成型室、养护箱和养护水箱各处配备的温度计要定期标定，并配备合理的数量，同时保证温湿度控制记录是及时和真实的。

（2）检查胶砂试模有无变形，以免在胶砂试件成型时就已经试模变形，从而影响水泥的检测结果。在水中养护水泥胶砂试件时，最好使用水泥试件的专用塑料养护箱，这样可以保持水泥胶砂试件养护条件是一致不变的。

（3）养护箱内的架子或隔板的状态应该是水平的，只有这样，所养护的未硬化水泥胶砂试件才能一直保持水平状态，否则会容易变形或流浆。当带模养护时，上部应有适当的遮挡，以免有养护箱上凝结的水滴滴到未凝结的胶砂试件上表面上，导致水泥质量的检测结果不准确。

（4）在实际工作中，经常有单位送样仅是送来一整包装袋的水泥试样，我们要加强水泥样品的取样、验收工作。水泥应按规定在建设单位或监理单位见证人员的见证下按规范要求取样检测。

（5）每个单位的试验检测人员虽然参加过各种标准的学习和培训，但也有的检测人员不能真正理解和掌握试验标准规范的理论知识、技术要求和操作手法，致使试验结果有较大的误差。所以，试验检测人员应随时加强培训学习，准确理解标准要求，正确、熟练和规范地进行试验操作，保证试验结果的准确性和公正性。

54　浅谈环太湖公路沥青路面结构变更

朱静洁

（无锡市高速公路建设指挥部办公室）

摘　要　本文结合无锡市环太湖公路沥青路面结构变更的实际情况，对比分析了变更前后的沥青混凝土结构类型的特点，同时探讨了工程变更对工程建设项目的影响。

关键词　沥青路面　结构　变更

在无锡市环太湖公路沥青混凝土路面施工前，为了提高沥青混凝土路面的高温抗车辙性能，延长路面使用寿命，无锡市高速公路建设指挥部委托东南大学交通学院对无锡市环太湖公路的沥青混凝土路面设计进行研究并提供咨询意见，同时邀请无锡市交通规划设计院等相关单位和有关专家召开了沥青混凝土路面结构设计咨询会，对原有的沥青混凝土路面结构进行了设计变更。

1　当时高速公路沥青路面建设情况

2001 年以后，江苏省高速公路沥青混凝土路面上面层主要采用 SMA－13 和 AK－13A 这两种结构，沥青混凝土路面的上面层厚度一般为 4cm，中面层一般采用 6cm 厚的 AC－20I 结构，下面层一般采用 8cm 厚的 AC－25I 结构。在设计中，一般根据道路建成后交通量的大小，在沥青混凝土路面上面层中沥青采用 SBS 改性沥青或普通重交石油沥青 AH－70，集料采用玄武岩；在中、下面层中沥青采用重交石油沥青 AH－70，集料采用石灰岩。上面层的沥青混凝土混合料均掺加液体抗剥落剂，中、下面层的沥青混凝土混合料不加抗剥落剂。

为了提高沥青混凝土路面的高温抗车辙性能，从 2003 年起江苏省高速公路建设指挥部分别在宁杭高速公路一期、锡宜高速公路等高速公路的中、上面层结构中采用了改性沥青技术，从试验检测及实际应用效果来看均取得了较大的成功。在对集料的要求方面，加强了对集料质量的控制，提出了高温压碎值指标的要求，同时提高了对集料压碎值、含泥量等指标的要求，从而提高了沥青混凝土路面所用的集料质量，保证了建成后的沥青混凝土路面的质量。在沥青混凝土路面的中、下面层中采用改进型 AC 结构，从而使高速公路沥青混凝土路面的中、下面层结构的表面均匀性均有了明显改善，压实度得到了较大提高，基本达到了路面不渗水的要求。

2　原设计简介

2.1　原路面设计结构

无锡市环太湖公路由无锡市交通规划设计院设计，沥青混凝土路面主要采用了两种结构形式：一种为主线路面结构段，另一种为市政路面结构段。

根据《公路沥青路面设计规范》（JTJ 014—97）和预测交通量，经分析计算，主线段沥青混凝土路面路表设计弯沉值 L_d 为 22.5（1/100mm）。路面结构计算采用双圆垂直均布荷载下的多层弹性连续体系理论为基础，以路表设计弯沉值作为路面整体刚度的设计指标，计算路面结构厚度，并对沥青混凝土面层和半刚性材料的基层、底基层进行层底拉应力的验算。

根据设计，主线路面结构段采用的沥青混凝土路面，其主线行车道及路缘带路面结构均为4cm抗滑表层AK13+6cm中粒式沥青混凝土(AC-20I)+8cm粗粒式沥青混凝土(AC-25I)，基层为36cm水泥稳定碎石，底基层为20cm二灰土。路肩处的路面结构与主线行车道同厚度同结构。路基设计控制类型为干燥状态，在水泥稳定碎石基层顶面均设置有沥青封层作为技术处理措施，以防止因雨水下渗对基层产生的破坏。主线段桥面铺装层采用4cm抗滑表层AK13+6cm中粒式沥青混凝土(AC-20I)型结构。HH21标(含HH5和HH6)7座桥的桥面铺装采用7cm厚石灰岩AC-16I结构。沥青混凝土路面的上面层均采用玄武岩集料，其余各面层采用石灰岩集料。

市政道路段路面采用5cmAC-16I+7cmAC-25I型结构，沥青混凝土面层均采用石灰岩集料。

2.2 原材料要求

(1)沥青：沥青混凝土路面面层采用重交通道路石油沥青，采用AH-70沥青。

(2)集料：主线段路面结构上面层采用玄武岩集料，中、下面层采用石灰岩集料，市政道路段上、下面层均采用石灰岩集料。

3 变更后的路面设计

3.1 路面结构形式

3.1.1 主线段路面结构形式

经过多年的工程实践应用表明，沥青路面设计规范中的AC-I型沥青混凝土混合料高温抗车辙性能较差。为了提高沥青混凝土混合料高温抗车辙性能，通过各方的研究研究讨论，结合江苏近年来的工程应用情况，决定将无锡市环太湖公路沥青混凝土路面的中、下面层变更为改进型的AC-I型级配形式，即主线段路面结构形式为：4cm AK-13A+6cmAC-20I+8cmAC-25I(AK、AC均为改进型)。

3.1.2 市政段路面结构形式

对于市政段路面结构形式，各方经过研究，考虑到沥青混凝土路面的上面层属于磨耗层，必须具备较好的抗滑、耐磨耗等性能，同时兼顾沥青混凝土路面的均匀性及施工方便性、日常养护的经济性等因素，无锡市高指决定将市政段路面结构的上面层改为AK-13A型级配，即市政道路段路面结构形式为：4cm AK-13A+8cmAC-25I(AK、AC均为改进型)。

3.1.3 其他路面结构形式

主线段桥面铺装层采用4cm改性沥青AK-13A+6cmAC-20I(AK、AC均为改进型)，同时要求在对桥面铺装层AC-20I进行级配设计时，级配要偏细，以确保桥面铺装层的压实度和密水性。

对于HH21标的7座桥(田舍中桥、洪口圩桥、锡南上跨、章巷中桥、店里巷小桥、新红河小桥和席巷中桥)，市高指根据设计单位及各位专家的意见，经综合考虑，为了沥青混凝土路面的均匀性和施工方便性，决定将桥面铺装改为7cm改性沥青AK-13A(改进型)。

3.2 原材料

3.2.1 沥青

由于环太湖公路建成后的预测交通流量较大，结合江苏省高速公路近年的应用经验，市高指决定在主线段沥青混凝土路面的中、上面层均采用SBS改性沥青，只在下面层采用AH-70重交沥青。具体的技术指标要求见表1、表2。

AH-70重交通道路石油沥青技术要求 表1

检验项目	单位	技术要求
针入度(25℃,5s,100g)	(0.1mm)	60~80
针入度指数PI		-1.3~+1.0
延度(5℃,5cm/min)	(cm)	≥100

续上表

检验项目		单位	技术要求
软化点（环球法）		(℃)	≥46
溶解度		(%)	≥99
闪点		(℃)	≥230
含蜡量（蒸馏法）		(%)	≤2
密度(15℃)		(g/cm^3)	≥1.01
60℃动力黏度		(Pa·s)	≥180
旋转薄膜加热试验(163℃,5h)	质量损失	(%)	≤0.6
	针入度比	(%)	≥60
	延度(15℃)	(cm)	≥100

SBS改性沥青技术要求 表2

检验项目		单位	技术要求
针入度(25℃,5s,100g)		(0.1mm)	50~80
针入度指数PI			-0.2~+1.0
延度(5℃,5cm/min)		(cm)	≥30
软化点（环球法）		(℃)	≥60
溶解度		(%)	≥99
闪点		(℃)	≥230
离析,软化点差		(℃)	≤2.5
弹性恢复(25℃,30min)		(g/cm^3)	≥70
60℃黏度		(Pa·s)	≥800
135℃运动黏度		(Pa·s)	≤3.0
薄膜加热试验(163℃,5h)	质量损失	(%)	≤0.6
	针入度比	(%)	≥65
	延度(5℃)	(cm)	≥20

3.2.2 集料

主线段路面结构上面层采用玄武岩集料，中、下面层采用石灰岩集料，集料各项技术指标要求见表3和表4。

粗集料质量技术要求 表3

指标	技术要求		
	上面层玄武岩		中、下面层石灰岩
石料压碎值(%)	常温	≤20	≤24
	高温	≤24	
洛杉矶磨耗损失(%)	≤30		≤30
视密度(t/m^3)	≥2.60		≥2.50
吸水率(%)	≤2.5		≤2.0
对沥青的黏附性	掺抗剥落剂后不小于5级		≥4级
坚固性(%)	≤12		≤12

续上表

指　　标	技术要求		
	上面层玄武岩		中、下面层石灰岩
细长扁平颗粒含量(%)	≤13		≤15
水洗法<0.075mm 颗粒含量(%)	1 号料	≤0.6	≤1
	2 号料	≤0.8	
	3 号料	≤1.0	
软石含量(%)	≤3		≤5
磨光值(BPN)	≥42		—

细集料质量技术要求　　表 4

规格	公称粒径(mm)	通过下列筛孔的质量百分率(%)				
		9.5	4.75	2.36	0.6	0.075
S15	0～5	100	85～100	40～70	—	0～12.5
S16	0～3	—	100	85～100	20～50	0～12.5

注：①视密度不小于 2.50g/cm^3。
②砂当量不得小于 60%(宜控制在 70% 以上)。
③小于 0.075mm 质量百分率宜不大于 12.5%。

3.2.3　矿粉

矿粉的技术指标见表 5。

矿粉的质量技术要求　　表 5

视密度(t/m^3)	含水率(%)	亲水系数	粒度范围(%)		
			<0.6mm	<0.15mm	<0.075mm
≥2.50	≤1	<1	100	90～100	75～100

3.2.4　抗剥落剂

由于上面层使用的是玄武岩集料，所以在改性沥青中掺加千分之四的抗剥落剂。

3.3　沥青混合料

(1)上面层沥青混合料采用改性沥青改进型 AK－13A，矿料级配见表 6，混合料的相关技术指标见表 7。

AK－13A 矿料级配表　　表 6

筛孔尺寸(mm)	16.0	13.2	9.5	4.75	2.36	1.18	0.6	0.3	0.15	0.075
通过百分率(%)	100	90～100	60～80	30～53	20～40	15～30	10～23	7～18	5～12	4～8

改性沥青 AK－13A 混合料技术指标　　表 7

项　目	指　标	项　目	指　标
击实次数(次)	两面各 75 次	矿料间隙率(%)	宜≥15
稳定度(kN)	>7.5	沥青饱和度(%)	65～75
流值(0.1mm)	20～50	动稳定度 60℃，0.7MPa(次/mm)	≥3 000
空隙率(%)	3～6	浸水马歇尔残留稳定度(%)	≥85

（2）中、下面层沥青混合料采用改进型 AC－20I、AC－25I，改进型 AC－20I 级配见表 8，改进型 AC－25I 级配见表 9，沥青混合料的相关技术指标见表 10。

AC－20I 改进型矿料级配表 表 8

筛孔尺寸(mm)	26.5	19.0	16.0	13.2	9.5	4.75	2.36	1.18	0.6	0.3	0.15	0.075
通过百分率(%)	100	90～100	78～94	65～85	54～74	35～55	23～39	14～28	9～20	6～15	4～11	3～7

AC－25I 改进型矿料级配表 表 9

筛孔尺寸(mm)	31.5	26.5	19.0	16.0	13.2	9.5	4.75	2.36	1.18	0.6	0.3	0.15	0.075
通过百分率(%)	100	90～100	74～92	66～84	56～76	44～64	28～48	20～38	13～28	9～20	6～14	4～10	3～7

AC－20I、AC－25I 混合料技术指标 表 10

项　目	指　标	项　目	指　标
击实次数(次)	两面各 75 次	矿料间隙率(%)	宜≥14
稳定度(kN)	>7.5	沥青饱和度(%)	70～85
流值(0.1mm)	20～40	动稳定度 60℃,0.7MPa(次/mm)	≥800
空隙率(%)	3～6	浸水马歇尔残留稳定度(%)	≥85

注：①采用改性沥青时，流值为 20～50。
②矿料间隙率：AC－25I 不小于 13%，AC－20I 不小于 14%。
③采用改性沥青时，动稳定度不小于 2 500 次/mm。

一般情况下，我们在工程设计和施工中，很少进行重大变更，即使有变更，基本上也是因为在工程项目的施工过程中，受到一些具体的外部环境因素的影响及制约，不得不进行的变更。但是，无锡市环太湖公路沥青混凝土路面工程项目的变更，是在施工开始之前就进行的一次重大变更。我们可以从中看到无锡市高速公路建设指挥部的一种工作思路和工作态度，那就是工程建设百年大计，质量第一。对比该项工程变更前后的路面结构设计，在多年的实际施工及应用的情况下，原设计的沥青混凝土结构在路用性能上的表现不尽如人意，特别是路面的高温抗车辙性能不佳，直接影响到路面的使用寿命。无锡市高速公路建设指挥部因有着对工程质量的高度敏感，及时意识到这一点，并高度重视其在工程质量上可能产生的不利影响，本着对工程质量高度负责的责任心，采取了科学的工作方法，通过委托、邀请的方式，组织起了由专业的研究机构、设计单位和专家组成的咨询会，经过科学、严谨的论证，最终确定并落实了此次工程变更。

环太湖公路市政段于 2004 年通过了交工验收，被评为优良工程，环太湖主线段后来经过高速化改造，于 2006 年通过交工验收，投入运营。通车至今，路面平整、密实，路用性能良好，未出现明显病害，从而证明了路面结构的变更是成功的，此路面结构是适宜的。

通过对“无锡市环太湖公路沥青路面结构变更”的分析研究，一方面，我们可以在技术上有所收获，对两种不同结构的沥青混凝土类型有了更深入的理解，对它们各自具有的特点有更多的了解，从而对它们的适用范围及技术特点掌握得更加透彻。另一方面，我们可以通过学习无锡市高速公路建设指挥部在此次变更上的做法，更加深入地理解和体会工程变更在工程建设项目中的作用，特别是在当工程变更将对工程质量产生长远有利的影响，但同时也增加工程造价的情况下，我们该如何取舍。工程建设百年大计，质量第一，不仅仅是宣传目标和口号，而是更应该以高度的质量敏感，采取科学的工作方法，将质量第一落到实处。

55 浅谈环太湖公路沥青原材料的管理

朱静洁

（无锡市高速公路建设指挥部办公室）

摘　要　本文结合实际工作经验，介绍了如何协调好沥青的供需关系，保质保量地做好沥青供应工作，从而确保工程质量，实现工程进度指标。

关键词　沥青　原材料　供需　管理

石油沥青是沥青混凝土路面的主要原材料，其质量的好坏将对沥青混凝土路面的使用性能造成直接影响。由于在一般的情况下，沥青混凝土路面的施工时间段较为集中，在这段时间内，沥青的需求量是相当大的。因此，在这个阶段内，协调好沥青的供需关系，保质保量地做好沥青供应工作，确保工程质量实现工程进度指标，就成为了一个重要课题。下面就谈一谈无锡市环太湖公路对解决沥青原材料供需问题的管理方法。

1　计划先行，确保供应

无锡市环太湖公路的沥青供应，是先由无锡市高速公路建设指挥部组织采购招标，确定供应单位，然后由施工单位在每月底，书面上报“下月沥青需求计划”，经市高指工程处审核汇总，上报市高指财务处集中批准后，由市高指财务处开出“沥青调拨通知单”给中标的沥青供应单位。

沥青供应单位根据收到的“沥青调拨通知单”，将沥青送至指定的施工标段的拌和楼所在地，在没有市高指财务处的书面通知的情况下，沥青供应单位是不能根据施工单位的要求，擅自将用于无锡市环太湖公路的沥青送至其他地点的。各标段的施工单位，必须要提前至少24h与指定的沥青供应单位取得联系，确定施工时每天所需的沥青数量，并派遣有经验的专人进驻沥青供应单位，直接参与本标段所需沥青的调度，并负责对沥青车运输车进行铅封与押运。

对于重交沥青，无锡市高指要求沥青供应单位在沥青进库时，就要建立相应的沥青进库台账，台账要求标明船次、所进罐号等条目；发货时在每张装运单上都要注明所发沥青的罐号、发出时间与运输车辆的车号。同时，还要求沥青供应单位必须做到，在接到施工单位的供货通知12h内，将施工单位所需沥青送到指定拌和场。

通过采取这种方式，能够使公路建设部门以最直接的方式掌握施工单位所需沥青的数量和来源，从而通过科学的排定计划，及时有效地进行事前干预的方式，达到帮助、管理、促进施工单位的工程质量、工程进度的目的。

通过建设部门招标的形式确定的沥青供应单位，从表面看是增加了建设主管部门的工作量，造成有的施工单位不理解，认为有越俎代庖的嫌疑，但实际上通过招标确定的沥青供应单位，其综合实力是最佳的，其沥青的供应保障能力及沥青质量都能处在有效的控制之下，同时可以因采购量大的优势取得比较优惠的沥青价格。在大幅降低工程造价的同时，避免了因施工单位各自寻找沥青供应单位所能造成的沥青质量不稳定、沥青不能保证及时供应导致工程进度受阻等问题。

2 层层把关,确保质量

石油沥青的质量直接影响到沥青混凝土路面的工程质量,要确保沥青混凝土路面的工程质量,首先要确保石油沥青的质量。为此,无锡市高指制订了一系列的规章制度,并针对一些质量控制的节点环节,确定了详细具体的措施,环环落实到位。

首先,从沥青供应源头就开始抓沥青质量。市高指明确规定,要求中标的供应单位,组织好本工程建设所需沥青的外部货源,在每船次的沥青到港后,立即对沥青进行质量检测,只有符合本工程建设质量要求的沥青,才能卸船装入专门的沥青储藏罐中,并建立专门的沥青进库台账,以备日后查验。同时,市高指还专门委托东南大学交通学院提供技术服务,由学院派专业技术人员进驻沥青供应单位,对沥青质量进行检测,从而确保了沥青在第一个质量控制环节上就受到有效监控,在沥青供应源头上确保了沥青的质量。

其次,为了避免沥青在出厂运输过程中可能出现的人为失误,避免因这种人为失误所造成的沥青质量问题,市高指明确规定,要求沥青供应单位发出的每车沥青都要随车提供本批次沥青的商检报告复印件,并加盖供应单位的业务印章,从而使沥青供应单位在沥青发货和运输环节引起足够的重视,最大限度地避免了在这个环节上出现问题。

最后,沥青送到施工单位拌和楼,即将投入使用,这是控制沥青原材料质量的最后一个重要环节,也是确保实际投入使用的沥青质量的最后一道保险。在这个环节上,市高指、监理单位及施工单位都投入了最多的人力物力,采取一切能采用的措施和手段,加强检测,加强控制。第一步,要求施工单位要设置专用的合格的沥青储油罐,专罐专用,不允许存储非中标沥青供应单位提供的沥青,并建立沥青存储台账。第二步,加强到场沥青的检测。要求施工单位的专业技术人员对到场的沥青进行逐车抽样检测,必须是经过检验,各项技术指标均合格后的沥青,才能放入专用的沥青储油罐内以备使用。监理单位、市高指的专业技术人员也按规范要求的频率进行抽检,在施工最紧张、沥青使用最集中、沥青进场最频繁的阶段,在严格督促检查施工单位加强自检的同时,还加大了抽检频率,以确保投入施工使用的沥青质量都是合格的。对于在抽样检测中,沥青指标有不符合要求的到场沥青,明确要求施工单位不得将该车沥青放入储油罐中,必须上报监理单位和市高指相关部门。事实上,在无锡市环太湖公路建设的沥青供应中,就发现过有批沥青在检测后,发现沥青老化后延度技术指标不符合省高指的指导意见要求的情况。本着对工程质量负责、对施工单价负责、同时也对沥青供应单位负责的原则,为慎重起见,无锡市高指派出专业技术人员和施工单位、监理单位、沥青供应单位的专业技术人员四方人员一起从施工单位的沥青存储罐和沥青供应单位的沥青库中取样,共同封存后,送至交通部公路工程检测中心进行检测。最后,根据交通部公路工程检测中心的检测结论,对该批沥青进行了妥善处理。

在严把质量关、杜绝使用不合格原材料的问题上,建设部门、监理单位、施工单位包括原材料供应单位都是有着共同认识的,各个单位也都有齐抓共管,合力把好质量关。要做出优质精品工程,关键就在于如何去抓,怎样去管的问题。就原材料质量问题而言,建设主管部门是不可能有太多的人力物力投入到具体的每个环节中去的,那么采取类似无锡市环太湖公路建设工程对沥青原材料的管理办法进行管理就不失为一种有效的管理办法。这种管理办法不是采用满天撒网四面开花的方式,也不是采取对施工过程放任自流,只对沥青混凝土路面成品进行质量监控的方式。因为第一种方式的最终结果很可能是心有余而力不足,事事都管,不仅挫伤了监理单位、施工单位参与质量管理的积极性,而且还无力管好工程质量。第二种方式从表面看似乎是最省力的办法,但没有在施工过程中进行强有力的干预,在目前的市场情况下,往往会出现比较严重的质量问题,即使最终将出现的问题整改到位,所花费的人力物力也将是非常大的,而造成的经济损失及不利影响也是巨大的。无锡市高指在确保沥青原材料质量上采取的方式就非常高明。首先对质量控制环节进行科学的分析研究,找准了几个影响沥青质量的关键节点,然后再对这几个节点进行重要性的分析,根据各点的重要性把有限的人力物力合理的分配到节点上,既将沥青原材料的质量控制置于自身的有效监控之下,又充分调动和促进了监理单位、施工单位及沥青供应单位参与质量管理的积极性、主动性,从而形成了一种上下一心共抓质量的氛围,最终达到了严把质量关、杜绝使用不合格原材料的目的。

3 科学计量,结算清楚

无锡市环太湖公路的沥青是由市高指组织供应给施工单位的,这就存在一个如何确认沥青实际用量的问题。这个问题处理得不科学的话,不可避免地将对沥青供应产生严重影响,市高指确定了以施工单位实际收到的沥青量为准的计量思想。为了能在公平、公正、公开的基础上对沥青用量进行计量,市高指要求参建的施工单位的拌和场都必须安装大吨位地磅,地磅必须经过无锡市计量监督管理部门检定合格,并且保证在本工程建设过程中地磅处于核准的有效期内,沥青实际到场数量以施工单位验收的量为准,由驻地监理组派专人参与验收并签字确认,沥青供应单位运输车辆的驾驶人员予以监督。当沥青供应单位对施工单位的计量数量有疑问时,就近在双方均接受的计量器具上复验。

沥青供应单位每15d对所发出的沥青数量与施工单位核对。双方签字盖章后,报监理单位、市高指签字同意,以此作为沥青费用的结算凭证。

采取这种方式来结算沥青费用,不仅最大限度地保证了沥青供应、沥青使用方的利益,同时也便于市高指相关部门及时掌握沥青使用量情况的第一手资料,为制订下一阶段的沥青需求计划提供了翔实的数据,为调拨资金、统筹安排资金、控制工程造价提供了科学的依据。经实践证明,这是得到多方认可的一种管理方式。

经过无锡市环太湖公路建设的实践证明,在控制沥青原材料质量方面,市高指采取的管理模式是一种形之有效的模式,利用自身有限的人力物力资源,不仅做到了从始至终都将沥青原材料的质量问题置于非常有效的监控之下,而且作为建设主管部门,还通过自身的主观努力,在降低了工程造价的同时,在整个沥青路面工程建设期间,有效地解决了沥青的供需矛盾问题,从而为将环太湖公路沥青混凝土路面的按期完成打下了坚实的基础,这种管理模式是值得我们学习和借鉴的。

56　混凝土灌注桩质量监督之探讨

王　雷

（无锡市高速公路建设指挥部办公室）

摘　要　桩基础作为现代建筑工程强制监督内容之一，是桥梁工程质量监督的重中之重。由于桩基工程的隐蔽性，给质量监督及验收带来一定的难度。根据多年对桩基施工的经验及日常质量验收的经验，本文提出了桩基监督的一些关键技术问题。

关键词　灌注桩 质量监督 承载机理 地基承载力 桩身强度 缺陷 防治

灌注桩质量监督从验收规范来看十分简单，无非是地基承载力的鉴定、钢筋笼的检查与桩基混凝土质量的判定，但由于地下工程不可见的因素很多，隐蔽性较强。因此，对桩基施工的判定比较困难。笔者依据在工作中对钻孔灌注桩的施工监督，质量验收以及成桩检测的工作经验及理论知识，从桩的承载机理看质量监督的关键、桩的缺陷与防治措施、桩质量的判定三个问题，围绕桩基施工过程中的质量监督问题进行探讨。

1　从灌注桩承载机理看质量监督的关键

端承桩的承载机理是桩把荷载传递到桩的底部，它支承在坚固的岩土层上，不难得出桩的承载力取决于桩身强度与地基承载力。

当桩身强度大于地基承载力时，桩的承载力等于地基承载力；反之，桩身强度小于地基承载力时，桩的承载力等于桩身强度。

上面公式在孔底没有沉渣情况下成立。对挖孔桩，沉渣不是问题，而沉渣问题对于钻孔桩则是存在的，沉渣量过大，桩受荷时发生大量沉降，桩将失效。因此，在钻孔成桩准备灌注混凝土前一定要仔细检查桩底的沉渣厚度，如果沉渣厚度较大则要认真进行清孔，确保沉渣的厚度在规范的允许范围内，方可对其进行灌注。

1.1　桩质量监督关键之一——地基承载力的鉴定

从桩的施工程序来讲，在质量监督中，首先确保地基承载力符合设计要求。桩基承载力是否符合设计要求主要取决于岩层的构造情况、桩嵌入岩石的深度、岩石单轴饱和抗压强度。如果钻孔过程中发现实际施工地质条件与勘察设计有所不符，则要与设计院沟通，作施工变更，改变桩长以达到原设计要求。

1.2　质量监督关键之二——桩身强度的监督

地基承载力符合设计要求，如桩身强度不足，桩的承载力也得不到保证，桩身强度是桩质量监督的另一关键。桩身质量监督主要在于监督混凝土的质量，桩身强度取决于钢筋笼的制作质量与混凝土质量。钢筋笼的制作检查，简单明了；而影响混凝土质量因素则很多，有些是可见的，有些是不可见的。在工程实践中，不少桩由于混凝土质量问题而使桩身强度达不到设计要求，因此桩身质量的监督主要在于监督混凝土的质量。

混凝土的缺陷除混凝土材料及试配原因外，往往是由于施工工艺不合理引起，因此必须对桩基工程的施工工艺、质量保证措施进行严格的监督，否则，起不到质量监督效果，工程验收时，对工程质量如何，将没有把握，检测出现的问题也会无从分析。

钻孔桩混凝土质量不仅与浇注工艺有关，还与成孔工艺有很大的关系。要确保桩孔成孔质量与灌注工艺的合理性，操作得当。钻孔桩成孔质量在于：桩径不小于设计桩径，护壁可靠。关系到混凝土质量的灌注工艺主要是：

(1)控制好混凝土质量的和易性，防止出现堵管、埋管，引起断桩事故。

(2)控制导管埋深，控制导管埋深2~4m，使混凝土面处于垂直顶升状，不使浮浆、泥浆卷入混凝土，防止提漏引起断桩事故。

1.3 对于钻孔灌注桩质量监督另一个关键——沉渣量的检查

对摩擦桩来说，由于其受力机理是通过桩表面和周围土壤之间的摩擦力或依附力，逐渐把荷载从桩顶传递到周围的土体中，如果在设计中端部反力不大，端部的沉渣量对桩承载力也影响不大；而对于钻孔端承桩，如果沉渣量过大，势必造成桩受荷时发生大量沉降，同样使桩的承载力失效。但无论是摩擦桩，还是端承桩，其沉渣量不得大于规范要求，对于沉渣量的检查完全取决于技术人员的手感，掌握好检查的尺度。

总而言之，人工挖孔桩质量监督的关键在于桩身混凝土浇捣工艺是否合理与地基承载力是否符合设计要求。钻孔灌注桩的关键不仅在于施工工艺与地基承载力，还在于沉渣量是否符合规范要求，因此对于人工挖孔桩来说，如桩存在质量问题，不是混凝土有缺陷，就是没有挖到持力层。而钻孔灌注桩检验不合格，就可能是桩底沉渣量过大，或混凝土有缺陷，或没有钻到持力层，或兼而有之。

2 混凝土灌注桩基础缺陷及防治措施(以钻孔灌注桩为主)

2.1 桩底地基承载力不足

(1)原因：桩端没有支承在持力层上面。

(2)防治措施：这种情况一般出现在复杂地层，这种地层一般最好取芯检验，如不能孔孔取芯，要参照邻近取芯情况、钻速、泥浆返上的岩屑及钻进情况(一般钻进至微风化岩时，钻头不蹩钻，主动钻杆振动不很厉害，钻进声音感觉较好)、工程地质资料进行综合考虑。

2.2 缩径(孔径小于设计孔径)

(1)原因：地层为塑性土膨胀或泥浆性能不过关。

(2)防治措施：成孔时，应加大泵量，加快成孔速度，快速通过，在成孔一段时间，孔壁形成泥皮，孔壁不会渗水，也不会引起膨胀，如出现缩径，采用上下反复扫孔的办法，以扩大孔径。

对于泥浆的性能指标其稠度、含砂率等要符合设计要求及规范要求。必要时，要用护壁效果较好的泥浆，如膨润土等。

2.3 桩底沉渣量过大

(1)原因：检查不够认真，清孔不干净或没有进行二次清孔。

(2)防治措施：

①认真检查，采用正确的测绳与测锤。

②一次清孔后，不符合要求，要采取措施：如改善泥浆性能，延长清孔时间等进行清孔。在下完钢筋笼后，再检查沉渣量，如沉渣量超过规范要求，应进行二次清孔。二次清孔可利用导管进行，准备一个清孔接头，一头可接导管，一头接胶管。在导管下完后，提离孔底0.4m，在胶管上接上泥浆泵直接进行泥浆循环。二次清孔优点：及时有效保证桩底干净。

2.4 钢筋笼上浮

(1)原因：

①当混凝土灌注至钢筋笼下，若此时提升导管，导管底端距离钢筋笼仅有1m左右的距离时，由于浇注的混凝土自导管流出后冲击力较大，推动了钢筋笼上浮。

②由于混凝土灌注过钢筋笼且导管埋深较大时，其上层混凝土因浇注时间较长，已近初凝，表面形成

硬壳，混凝土与钢筋笼有一定握裹力，如果此时导管底端未及时提到钢筋底部以上，混凝土在导管流出后将以一定的速度向上顶升，同时也带动钢筋笼上移。

(2)防治措施：

①灌注混凝土过程中，应随时掌握混凝土浇注高程及导管埋深，当混凝土埋过钢筋笼底端2～3m时，应及时将导管提至钢筋笼底端以上。

②当发现钢筋笼开始上浮时，应立即停止浇注，并准确计算导管埋深和已浇混凝土高程，提升导管后再进行浇注，上浮现象即可消除。

2.5 断桩与夹泥层

(1)原因：

①泥浆过稠，增加了浇注混凝土的阻力，如泥浆相对密度大且泥浆中含较大的泥块，因此，在施工中经常发生导管堵塞、流动不畅等现象，有时甚至灌满导管还是不行，最后只好提取导管上下振击，由于导管内储存大量混凝土，一旦流出其势甚猛，在混凝土流出导管后，即冲破泥浆最薄弱处急速返上，并将泥浆夹裹于桩内，造成夹泥层。

②灌注混凝土过程中，因导管漏水或导管提漏而二次下球也是造成夹泥层和断桩的原因。导管提漏有两种原因：

a. 当导管堵塞时，一般采用上下振击法，使混凝土强行流出，但如此时导管埋深很少，极易提漏。

b. 因泥浆过稠，如果估算或测混凝土面难，在测量导管埋深时，对混凝土浇注高度判断错误，而在卸管时多提，使导管提离混凝土面，也就产生提漏，引起断桩。

③灌注时间过长，而上部混凝土已接近初凝，形成硬壳，而且随时间增长，泥浆中残渣将不断沉淀，从而加厚了积聚在混凝土表面的沉淀物，造成混凝土灌注极为困难，堵管与导管拔不上来，引发断桩事故。

④导管埋得太深，拔出时底部已接近初凝，导管拔上后混凝土不能及时充填，造成泥浆填入。

(2)防治措施：

①认真做好清孔，防止孔壁坍塌。

②尽可能提高混凝土浇注速度。

a. 开始浇混凝土时，尽量积累大量混凝土，产生极大的冲击力以克服泥浆阻力。

b. 快速连续浇注，使混凝土和泥浆一直保持流动状态，可防导管堵塞。

③提升导管要准确可靠，灌注混凝土过程中随时测量导管埋深，并严格遵守操作规程。

④灌注水下混凝土前检查导管是否漏水、弯曲等缺陷，发现问题要及时更换。

3 混凝土灌注桩质量判定之探讨

3.1 人工挖孔桩强风岩承载力的判定

如果端承桩荷载要求较小(小于1 000kPa)，且地层是由强风化逐渐变到中、微风化，这时在桩底就可能遇到残积强风化物夹硬碎石层，这种情况桩底的承载力就视风化物的结构紧密、软硬情况、硬碎块的大小及含量而来判断地基承载力，即参照碎石土的承载力。但是对于风化成砂土状者，则参照砂土的承载力。由于工程勘察的局限性，这一层的承载力在报告中往往误差很大。这是由于该类岩层标准取值的误差太大，再加上缺乏必要的荷载试验作对比，又因为工程勘察时，取土的样不全面。作为质监部门，有条件的话要尽量通过荷载试验作对比，对于人工挖孔桩，要下孔全面了解桩底岩石情况，参照有关经验知识来鉴定。

3.1.1 中微风化岩承载力判定

前文提到影响桩底承载力的因素有：结构情况、桩底嵌入岩石深度及岩石单轴抗压强度。

一般承载力的判定方法是依据岩样的单轴抗压强度乘以回归系数，换算成岩石单轴饱和抗压强度标准值。

$$f = \gamma f_{rk}$$

式中：f——岩石地基承载力的设计值，kPa；

γ——折减系数；

f_{rk}——岩石饱和单轴抗压强度标准值，kPa。

上述的式子是规范中判定地基承载力的公式，该公式只反映所取岩样水化能力与单轴饱和抗压强度。在单轴抗压强度相同的情况下，由于岩石围岩压力阻碍了桩底岩石的破坏，因此桩嵌入岩石的长度越长，桩底地基承载力越高；在岩石段，对于人工挖孔桩，桩周摩擦阻力非常大，使得岩石对桩的承载力大大增强。当然，构造上的问题影响更大。

3.1.2　在桩基基底验收时，桩承载力的判定

（1）对于人工挖孔桩。应检查岩石的构造情况。如果岩石裂隙发育较少，岩石完整性好，桩承载力可以取高值；反之，取低值。同时，还应检查岩层下面有没有夹层，发现岩石夹层方法包括：

①参考地质勘察报告。

②用锤击孔底岩石，如声脆亮，则没夹层或夹层下卧很深。

③在孔底边岩石层面高位下方，用工具挖小洞探明，如层面高位处下方有软层，根据岩石走向，说明有下卧软夹层。如发现岩石下卧软夹层，施工时应挖除软夹层。

（2）钻孔灌注桩基底承载力判定。岩石构造只能参照工程地质勘察报告与钻进情况（如钻进基岩时，钻杆不会异常振动，孔底钻头研磨岩石声音均匀，说明岩石层比较完整；反之，岩石裂隙比较发育）。要判断岩石承载力，必须作适量抽芯检验，对于没有取芯的桩孔，依下列几个方面进行综合考虑：

①邻近孔的取芯情况。

②泥浆循环返上来的岩屑。

③钻进情况。

④工程地质勘察报告。

对于嵌入岩石比较深的桩，与人工挖孔桩一样，同样可以考虑岩石的围压作用，但是对于桩周摩擦阻力，则不可过高计算在内。因为机械成孔大部分靠泥浆护壁，泥浆循环在孔壁岩石上形成一层坚硬润滑泥皮，由于在桩体与孔壁之间存在这层润滑泥皮，使得桩在该段岩石的摩擦阻力大大降低，甚至没有存在，因此在判定钻孔桩底地基承载力时应着重考虑取上岩样本身构造情况、力学性能、物理性能、围压作用，不宜考虑桩周摩擦力。虽然机械湿孔作业的摩擦桩主要靠摩擦力承载，但由于其桩长比较大，整体桩不规则外形，使其具有较大的桩周摩擦力。

3.2　桩身混凝土质量判定

比较准确判断桩身混凝土质量的是静载与抽芯，但是由于静载、抽芯为损伤性检验，且费用高、时间长，所以常常采用动测法判定桩身混凝土的质量，而动测法具有一定的局限性，动测结果不能作为桩基工程竣工的验收依据，用于普查质量仅供验收参考。

判断混凝土质量还要依施工单位素质，掌握施工过程实际情况与施工记录。主要依据：掌握施工过程情况与施工记录。

（1）审查主要施工人员、施工单位所施工过的工程质量情况。

（2）审查施工工艺是否适合于施工的实际情况，采取了什么质量保证措施，如挖孔桩水位高、水量大、有没有采用水下混凝土配合比与水下导管法灌注，若没有，依据水量大及浇捣方法，就可推断混凝土严重离析等；钻孔桩钢筋笼若没有设置混凝土保护层垫块，再检查一下灌完桩钢筋笼的位置情况，可推定保护层是否严重不足。

（3）对施工记录进行审查，要求施工单位认真做好成孔记录与灌注记录，认真分析记录中出现的机械故障及孔内异常情况、事故等，并进行推断。比如，在成孔记录中没有发现塌孔现象，而桩的充盈系数又大，说明在浇注的过程中有塌孔现象，必然导致桩底沉渣量过多或桩身混凝土夹砂、夹泥，桩体形成“大肚子”。如果在施工过程中曾发生过堵管事故，拔管后进行二次灌注，就会存在断桩或夹泥层。但缺陷的严重程度还要分析其事故具体处理措施而得知。笔者曾在福州火电厂罐基础桩施工时，其中的一个桩孔混凝土灌了一段，因机械出现故障，导管很难拔上来，最后强行拔上，由于底部泥浆很浓，冲洗孔底孔壁会坍塌，泥浆循环渣不能彻底清除，该孔再进行二次灌注肯定出现断桩，因此该桩孔报废。如用套管护壁，

就可以把孔底清洗干净，再二次灌混凝土。

总之，质量监督中桩混凝土质量的判定，要掌握现场施工实际情况与工艺情况、准确的现场施工记录，并了解施工单位素质，方可比较准确判定混凝土质量。

4 结语

混凝土桩质量监督的关键环节在于鉴定地基承载力，审查混凝土的施工工艺，掌握桩缺陷的防治措施。只有这样，才能对混凝土桩质量进行控制，达到质量监督的目的。

参考文献

[1] JTJ 041—2000 公路桥涵施工技术规范[S]. 北京：人民交通出版社，2000.

57 浅谈如何提高墩身混凝土的外观质量

王 雷

（无锡市高速公路建设指挥部办公室）

摘 要 桥梁墩身混凝土质量通病的防治一直是一个摆在工程技术人员面前的难题。几年来，笔者一直在从事这方面的研究，为了提高墩身混凝土的外观质量，更是组织技术人员进行了多次试验，通过使用 ZM－90 建筑模板长效脱模剂提高了墩身混凝土的外观质量。现将我们的试验成果与大家分享，希望能在大家今后的施工中起到一些借鉴作用。

关键词 桥梁墩身 外观质量 脱模剂 ZM－90

1 前言

如何提高桥梁墩身混凝土的外观质量一直是摆在我们工程技术人员面前的一道难题，我们为了解决墩身气泡多、细小裂纹多、色差明显、泌水的问题进行了不懈的努力。笔者在几年的工作中，对如何提高墩身混凝土的外观质量也稍做了研究，但没取得什么成果。由于业主对混凝土的外观质量要求较高，我们组织技术人员进行了更深入的研究，从混凝土配合比的选用、脱模剂的选择、振捣机械设备的选择上着手：在配合比的选用上主要是看使用不同品种的外掺剂时混凝土的和易性及强度如何；振捣机具的选择主要是看振捣的效果；脱模剂的选择主要看脱模的效果及可重复使用的次数。通过三种因素的交叉改变，我们发现选用不同的脱模剂对混凝土的外观质量的影响很大。传统的脱模剂（轻机油、色拉油）的使用效果明显不如 ZM－90 建筑模板长效脱模剂。

2 产品特点

ZM－90 建筑模板长效脱模剂为单组分改性聚氨酯产品。经涂装后，涂层不仅有良好的脱模性，而且还具有良好的耐碱性、耐热性、耐磨性及优良的附着力，可反复脱模。

使用方便：只要将本品涂刷（或喷涂）于竹胶板、钢模板、木夹板及纤维模板上，自然养护 3～5d 即可使用。

维修简单：如模板在使用过程中，由于模板在涂装前表面处理不好而涂层脱落，或在使用过程中遇电焊、钢筋划伤等人为性破坏，只要将破损面稍加清理、砂毛，便可随时修补。

3 施工方法

因 ZM－90 建筑模板长效脱模剂为反应性涂料，故涂层的质量与施工工艺有着密切的关系，在施工时除了一般涂料共同性的施工注意事项外，尚需特别注意：

（1）取料时，要遵循用多少取多少的原则，切不可将用剩的涂料倒回储罐中。

（2）取料完毕，罐盖要盖紧密闭，以免吸潮变质。

（3）脱模剂经搅拌后，须静置 20min，待气泡消失后再进行施工。

（4）涂布工具（机具）必须保持干燥清洁。

(5)被涂物应保证干燥,不含油污杂物,表面一定要处理好,竹胶板表面需用砂皮打毛。钢模板一定要去锈除油。

(6)涂料的涂布方式可采用刷涂,也可采用喷涂、且每道不宜涂得太厚,一般以 1.5um 左右为宜,待第一道尚未完成固化之前(用手指按上去有指纹,不黏手为宜),直接涂第二道,这样会使两层结合良好,否则会因底层固化的时间太长而引起剥落脱皮。对固化已久的膜面,必须用砂皮将其打毛后再涂,如涂层局部修补,则只要将该局部周围打毛后再涂。每次脱模后,应稍加清理。

(7)喷涂时,宜采用无气喷涂工艺,这样不仅效率高,而且不会带入压缩空气中的水、油等杂物。若采用普通的空气喷涂,则必须将空气中的水、油污等除净。

(8)普通的硝基稀释剂不可用来作为本涂料的稀释剂。

(9)在涂装时,涂层常会出现一些小气泡的情形,其中只有一小部分是因为搅拌时夹入空气所致,而产生气泡的主要原因是涂料遇到空气中的水分而发生交联固化时,产生了二氧化碳的缘故。若交联反应较慢,涂层又尚未结膜,产生的二氧化碳又少,则二氧化碳可逐渐透过涂层逸出不会出现气泡;反之,反应迅速,涂层结膜或发黏,且产生的二氧化碳又多,则不易使二氧化碳从涂膜中逸出,会形成许多小气泡,影响涂层的性能。因此,施工时,遇到湿度大、温度高、被涂物面水分含量高、压缩空气、中含有水分时,都会出现这种情况,务必要引起高度重视。

(10)施工场所必须要有良好的通风,操作工人要注意劳动保护。

4 产品缺陷

4.1 模板倒用周期长

由于涂刷该涂料后需要进行自然养护 3 ~ 5d 后方可使用,因此模板的倒用周期较长。对于工期紧、模板数量少的工程,不宜采用这种类型的脱模剂。

4.2 不可修复

使用 ZM - 90 建筑模板长效脱模剂施工的混凝土,其表面光洁,气泡少,色泽一致,但其有一个致命的缺陷,就是产品的不可修复性,也就是说采用这种脱模剂施工的混凝土一旦产生某种缺陷,修饰的效果总是不理想(主要是因为混凝土表面太亮)。因此,在使用前一定要根据不同构造物的结构特点进行试验,成功后方可用于工程实物上。

5 企业效益

ZM - 90 长效脱模剂的使用,大大延长了钢竹模板的使用寿命,原来竹胶板表面没有处理前,在日照雨淋等气候作用下,表面极易氧化剥离。同时,减少了污染,促进了文明生产。

58　预应力混凝土梁裂缝的预防及处理

王　雷

（无锡市高速公路建设指挥部办公室）

摘　要　通过对预应力混凝土裂缝的调查分析，发现预应力混凝土梁裂缝问题越来越突出，论述了裂缝的危害及应采取的预防、处理措施。

关键词　预应力　混凝土　梁　裂缝　危害　预防　处理

1　概述

随着科学技术的进步，桥梁结构正向整体、大跨度、高强度方向发展。其中，预应力混凝土箱梁因其设计跨度大、整体性强、抗弯抗扭刚度大、外观简洁优美、行车速度高、维护费用低、噪声小等优点，而被越来越多的桥梁设计所采纳。但在已建成的或正在施工中桥梁中，都或多或少地产生了微小裂缝。怎样防止梁体裂缝的发生以及裂缝产生后应采取何种处理方法与措施，是工程技术人员普遍关心的问题。

2　预应力混凝土梁裂缝的形成原因及分类

预应力混凝土梁裂缝根据混凝土形成的时间分为三类：硬化前裂缝、硬化过程中裂缝及硬化后裂缝。

2.1　硬化前形成的裂缝

硬化前产生裂缝的主要原因是由于支架沉降不均匀形成的，其裂缝产生的裂纹如图1a)所示。硬化前产生还有另外一个原因就是箱梁模板的变形引起的，其裂缝产生的裂纹如图1b)所示。

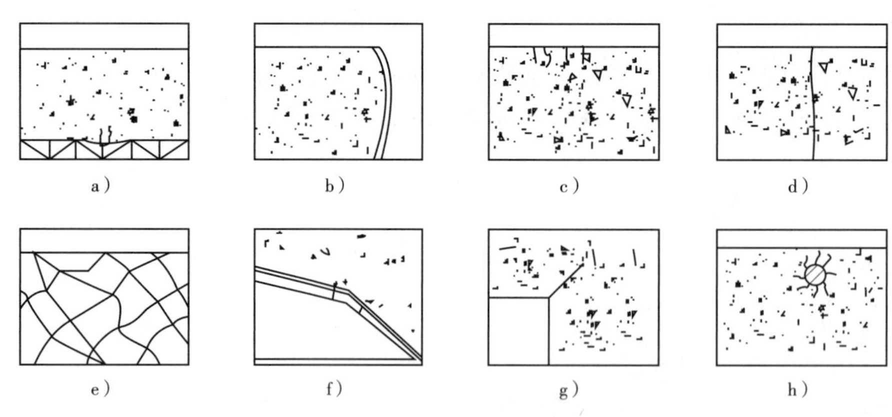

图1　裂缝类型

2.2　硬化过程中形成的裂缝

硬化过程中形成裂缝的原因之一是混凝土失水干缩形成的。混凝土失水主要是由于混凝土在凝固的过程中所产生的水化热使混凝土表面的水分迅速蒸发，因此使混凝土表面产生收缩裂缝。其裂缝的形式如图1c)所示。另外，混凝土水化热导致混凝土内部膨胀变形引起的膨胀裂缝，虽然该裂缝比较少见，但由于水泥本身的原因所造成的裂缝也不可忽视。该裂缝形式如图1d)所示。混凝土在硬化过程中产生的裂缝的另外一个原因是采用碱性骨料而导致碱性骨料反应引起的裂缝，如图1e)所示。

2.3 硬化过程后产生的裂缝

在混凝土硬化以后，当混凝土中拉应力超过混凝土抗拉强度时即产生裂缝。拉应力可以由各种荷载、构件自由活动受阻、温度变化等因素引起。主要表现为：不适当的钢筋及预应力筋的布置、施工中预应力不足引起的拉应力而导致的裂缝，如图1f)所示。梁体截面积设计尺寸不适当而引起的拉应力所导致的裂缝，如图1g)所示。钢筋锈蚀时铁锈膨胀所产生的裂缝，如图1h)所示。

由于各种混凝土裂缝的成因及对结构的影响不同，应采用不同的限制和防止方法。

3 裂缝对预应力混凝土结构的危害

预应力混凝土结构是由胶凝材料、骨料、钢筋、预应力钢筋及存留其中的气体组成。在温度、湿度变化及硬化产生的体积变形下，由于各种组成材料变形不一致，在混凝土内部即产生用显微镜才能看得见的细微裂缝。这种细微裂缝的分布是不规则且不连贯的，但在荷载作用下或进一步温差和干缩的情况下，这些裂缝的长度、宽度和数量均有相应的增大，并逐渐互相贯通，从而出现较大的肉眼可见的裂缝。

一般情况下，裂缝宽度较小时，裂缝对使用无多大危害；但是裂缝宽度较大时，对结构有很大危害。危害主要表现在以下方面：

(1)冰冻的影响。混凝土裂缝因裂缝水的冻融循环，使裂缝逐渐加宽，造成混凝土结构寿命降低。

(2)钢筋锈蚀。钢筋锈蚀削减了钢筋的截面积，降低结构的承载能力，并因铁锈膨胀，致使混凝土裂缝继续扩展，破坏钢筋和混凝土的黏结力。

(3)加快混凝土碳化剥落，降低抗疲劳能力，影响结构的耐久性。

(4)影响混凝土的外观质量。

4 防止预应力混凝土结构裂缝产生的主要措施

由于裂缝产生的原因多种多样，为防止这些裂缝的产生主要采取的措施也是各不相同，下面从设计和施工两个方面分别进行探讨。

4.1 结构设计方面

(1)在结构设计方面，不仅要避免运营荷载下的裂缝产生，还要避免施工荷载下的裂缝产生。在结构设计时，往往对运营荷载下的安全较为重视。随着施工技术的革新，要求设计人员在进行结构计算时，在考虑运营荷载下结构安全的前提下，提出合理可进行的施工方案，并对施工过程的关键工序进行检算。尤其是箱梁结构和连续结构，其结构在形成过程中支撑条件、荷载状况是不一样的，这就要求对其施工工况进行划分，对每一个工况都要进行应力分析计算，避免结构在施工过程中造成裂缝。

(2)在考虑梁体结构整体安全的同时，不能忽略梁体局部的应力分析。因为局部应力集中往往造成混凝土开裂，因此要加强对局部应力的分析试验。

(3)随着预应力梁体向整体、大跨度、高强度发展，梁体自重越来越大，混凝土的收缩徐变对梁体的影响越来越大，由此可能造成梁体的开裂。例如，当混凝土浇灌完成后，随着混凝土的硬化，混凝土产生收缩徐变，在早期没有施加预应力时，由于混凝土与模板之间存在摩擦力，致使梁底收缩受阻，可能造成梁底开裂。为保证梁底不开裂，在设计时要考虑混凝土强度达到某一强度时，对梁体进行一次预张拉，以防止初期裂纹的产生。

(4)在结构设计时，结构形式要合理，应特别注意腹板和底板厚度要合适，以免造成混凝土结构开裂甚至断裂，有些桥梁已发生这种情况。

4.2 施工方面

(1)首先，在混凝土原材料方面要求严格选材，选用干缩性较小的水泥，注意骨料的化学性质，选用不含碱性的骨料，合理制订混凝土配合比。

(2)要严格遵循设计规定的施工工况进行施工，需要改变方案，则要进行补充验算。在设计的施工工况中，每一个工况都要经过设计检算，如果随意改变施工方案，施工荷载发生变化，其内部应力发生改变，当因施工荷载变化引起应力超出混凝土抗拉强度时，混凝土就会开裂。因此，在改变施工方案时，一定要重新进行检验计算。

(3)对于现浇梁，特别是现浇连续梁，其梁底的脚手架在施工前要按照设计的荷载进行预压，必要时要进行超荷载预压。因为施工脚手架在安装完后，由于支架本身有弹性及非弹性变形，另外地基也存在不均匀的沉降，容易造成梁体因支架不均匀下沉而发生混凝土开裂。支架拆除时，应对称、均匀、有序地进行。

(4)施工用模板也是容易造成混凝土开裂的原因，模板设计不但要做到满足结构尺寸及平整度要求，而且还要有足够的强度、刚度及稳定性。随着现代桥梁结构跨度越来越大，梁体自重越来越重，如果模板设计强度和刚度不够，容易造成模板变形、失稳，致使混凝土开裂。

(5)孔道摩阻试验要随时进行及时调整张拉力，以免欠张拉。预应力孔道的摩阻力施工前是根据理论计算的，往往与实际情况有一定的出入。如果实际孔道摩阻力小于设计值，即欠张拉。因此，首次张拉前，应对孔道的摩阻力进行测定，以确定预应力损失，并且随着施工进展随时进行摩阻力试验及预加力调整，以保证梁体有足够的预应力。

(6)温差变化也是影响混凝土开裂的重要原因，混凝土的养护很重要，尤其是在施工箱梁混凝土时，由于混凝土水化热的作用，箱梁内外温差较大，要采取有效措施控制箱梁内外的温差。当梁体内温度较高时，应采取通风、保湿、降温措施；当夜间或秋冬季节温度较低时，应对外部采取保温、保湿措施。另外，还要控制好拆模时间，不要拆得太早，容易使混凝土产生开裂。

5 裂缝的处理方法

裂缝产生后，对结构影响同样是多种多样的，因此处理的方法和措施也不一样。裂缝的处理方法有以下几种主要方法：

(1)对结构本身受影响不大或暂时没有较大影响的，主要采用表面封闭修补法，如采用砂浆填缝、表面抹灰、凿槽嵌补、表面喷浆等方法。

(2)对结构暂时没有影响而长期因雨水、气体侵蚀而对结构有较大影响的，多采用压力灌浆法来修补，即将某种浆液(如水泥浆、环氧树脂浆液等)通过施加一定的压力灌入结构内部裂缝中去，已达到封闭裂缝，恢复并提高结构强度、耐久性和抗渗性。

(3)对结构危害较大的裂缝处理，方法有以下几种：钢板粘贴补强法、增加梁体截面尺寸补强法、增加梁体截面积尺寸补强法、预应力加固法等。

6 结语

近年来，预应力混凝土箱梁的结构设计出现了较大的变化，截面变化也越来越复杂，跨度也越来越大，在此情况下，防止梁体的混凝土开裂，对设计与施工提出了更高的要求，因此必须从设计和施工两个方面共同提高技术水平，针对结构特点结合施工方法采取相应技术措施。今后在科学技术进步的基础上，将研究出一些更好的设计和施工方法，以防止预应力混凝土结构裂缝的产生。

参考文献

[1] 杨文渊. 桥梁维修与加固[M]. 北京：人民交通出版社，1995.
[2] 李农. 公路工程材料试验手册[M]. 北京：人民交通出版社，2003.